国家科技支撑计划项目(2012BAD29B01)
国家科技基础性工作专项(2015FY111200)

中国市售茶叶农药残留报告 2019

(华中卷)

庞国芳　梁淑轩　主编

科学出版社
北京

内 容 简 介

《中国市售茶叶农药残留报告》共分8卷：华北卷(北京市、天津市、石家庄市、太原市、呼和浩特市)，东北卷-电商平台卷(沈阳市、长春市、哈尔滨市和电商平台)，华东卷一(上海市、南京市、杭州市、合肥市)，华东卷二(福州市、南昌市、济南市)，华中卷(郑州市、武汉市、长沙市)，华南卷(广州市、南宁市、海口市)，西南卷(重庆市、成都市、贵阳市、昆明市、拉萨市及林芝地区)和西北卷(西安市、兰州市、西宁市、银川市、乌鲁木齐市)。

每卷包括2019年市售7种茶叶农药残留侦测报告和膳食暴露风险与预警风险评估报告。分别介绍了市售茶叶样品采集情况，液相色谱-四极杆飞行时间质谱(LC-Q-TOF/MS)和气相色谱-四极杆飞行时间质谱(GC-Q-TOF/MS)农药残留检测结果，农药残留分布情况，农药残留检出水平与最大残留限量(MRL)标准对比分析，以及农药残留膳食暴露风险评估与预警风险评估结果。

本书对从事农产品安全生产、农药科学管理与施用、食品安全研究与管理的相关人员具有重要参考价值,同时可供高等院校食品安全与质量检测等相关专业的师生参考，广大消费者也可从中获取健康饮食的裨益。

图书在版编目（CIP）数据

中国市售茶叶农药残留报告. 2019. 华中卷 / 庞国芳，梁淑轩主编. —北京：科学出版社，2020.2

ISBN 978-7-03-063881-6

Ⅰ. ①中… Ⅱ. ①庞… ②梁… Ⅲ. ①茶叶－农药残留物－研究报告－华中地区－2019 Ⅳ. ①S481

中国版本图书馆 CIP 数据核字（2019）第 287938 号

责任编辑：杨 震 刘 冉 杨新改/责任校对：杨聪敏

责任印制：肖 兴/封面设计：北京图阅盛世

科学出版社出版

北京东黄城根北街16号

邮政编码：100717

http：//www.sciencep.com

北京九天鸿程印刷有限责任公司印刷

科学出版社发行 各地新华书店经销

*

2020年2月第 一 版 开本：787×1092 1/16

2020年2月第一次印刷 印张：17 1/2

字数：410 000

定价：169.00 元

（如有印装质量问题，我社负责调换）

中国市售茶叶农药残留报告
2019
(华中卷)

编　委　会

主　编： 庞国芳　梁淑轩

副主编： 申世刚　杨　方　李笑颜　白若镔
宋　伟　徐建中

编　委：(按姓名汉语拼音排序)

白若镔　常巧英　陈　辉　范春林
胡雪艳　李　慧　李　捷　李笑颜
梁淑轩　庞国芳　申世刚　宋　伟
徐建中　杨　方　郑　平

序

据世界卫生组织统计，全世界每年至少发生50万例农药中毒事件，死亡11.5万人，数十种疾病与农药残留有关。为此，世界各国均制定了严格的食品标准，对不同农产品设置了农药最大残留限量（MRL）标准。我国将于2020年2月实施《食品安全国家标准　食品中农药最大残留限量》（GB 2763—2019），规定食品中483种农药的7107项最大残留限量标准；欧盟、美国和日本等发达国家和地区分别制定了162248项、39147项和51600项农药最大残留限量标准。作为农业大国，我国是世界上农药生产和使用最多的国家。据中国统计年鉴数据统计，2000~2015年我国化学农药原药产量从60万吨/年增加到374万吨/年，农药化学污染物已经是当前食品安全源头污染的主要来源之一。

因此，深受广大消费者及政府相关部门关注的各种问题也随之而来：我国市售茶叶农药残留污染状况和风险水平到底如何？我国农产品农药残留水平是否影响我国农产品走向国际市场？这些看似简单实则难度相当大的问题，涉及农药的科学管理与施用，食品农产品的安全监管，农药残留检测技术标准以及资源保障等多方面因素。

可喜的是，此次由庞国芳院士科研团队承担完成的国家科技支撑计划项目（2012BAD29B01）和国家科技基础性工作专项（2015FY111200）研究成果之一《中国市售茶叶农药残留报告》（以下简称《报告》），对上述问题给出了全面、深入、直观的答案，为形成我国农药残留监控体系提供了海量的科学数据支撑。

该《报告》包括茶叶农药残留侦测报告和茶叶农药残留膳食暴露风险与预警风险评估报告两大重点内容。其中，“茶叶农药残留侦测报告”是庞国芳院士科研团队利用他们所取得的具有国际领先水平的多元融合技术，包括高通量非靶向农药残留侦测技术、农药残留侦测数据智能分析及残留侦测结果可视化等研究成果，对我国32个城市363个采样点的4944例7种市售茶叶进行非靶向农药残留侦测的结果汇总；同时，解决了数据维度多、数据关系复杂、数据分析要求高等技术难题，运用自主研发的海量数据智能分析软件，深入比较分析了农药残留侦测数据结果，初步普查了我国主要城市茶叶农药残留的“家底”。而“茶叶农药残留膳食暴露风险与预警风险评估报告”是在上述农药残留侦测数据的基础上，利用食品安全指数模型和风险系数模型，结合农药残留水平、特性、致害效应，进行系统的农药残留风险评价，最终给出了我国主要城市市售茶叶农药残留的膳食暴露风险和预警风险结论。

该《报告》包含了海量的农药残留侦测结果和相关信息，数据准确、真实可靠，具有以下几个特点：

一、样品采集具有代表性。侦测地域范围覆盖全国除港澳台以外省级行政区的32个城市（包括4个直辖市，27个省会城市，1个地级市）的363个采样点。随机从超市、茶叶专营店或电商平台采集样品4944批。样品采集地覆盖全国25%人口的生活区域，具有代表性。

二、检测过程遵循统一性和科学性原则。所有侦测数据来源于10个网络联盟实验室，按“五统一”规范操作（统一采样标准、统一制样技术、统一检测方法、统一格式数据上传、统一模式统计分析报告）全封闭运行，保障数据的准确性、统一性、完整性、安全性和可靠性。

三、农残数据分析与评价的自动化。充分运用互联网的智能化技术，实现从农产品、农药残留、地域、农药残留最高限量标准等多维度的自动统计和综合评价与预警。

总之，该《报告》数据庞大，信息丰富，内容翔实，图文并茂，直观易懂。它的出版，将有助于广大读者全面了解我国主要城市市售茶叶农药残留的现状、动态变化及风险水平。这对于全面认识我国茶叶食用安全水平、掌握各种农药残留对人体健康的影响，具有十分重要的理论价值和实用意义。

该书适合政府监管部门、食品安全专家、茶叶生产和经营者以及广大消费者等各类人员阅读参考，其受众之广、影响之大是该领域内前所未有的，值得大家高度关注。

2019 年 12 月

前　言

食品是人类生存和发展的基本物质基础，食品安全是全球的重大民生问题，也是世界各国目前所面临的共同难题，而食品中农药残留问题是引发食品安全事件的重要因素，尤其受到关注。目前，世界上常用的农药种类超过1000种，而且不断地有新的农药被研发和应用，在关注农药残留对人类身体健康和生存环境造成新的潜在危害的同时，也对农药残留的检测技术、监控手段和风险评估能力提出了更高的要求和全新的挑战。

为解决上述难题，作者团队此前一直围绕世界常用的1200多种农药和化学污染物展开多学科合作研究，例如，采用高分辨质谱技术开展无需实物标准品作参比的高通量非靶向农药残留检测技术研究；运用互联网技术与数据科学理论对海量农药残留检测数据的自动采集和智能分析研究；引入网络地理信息系统(Web-GIS)技术用于农药残留检测结果的空间可视化研究等等。与此同时，对这些前沿及主流技术进行多元融合研究，在农药残留检测技术、农药残留数据智能分析及结果可视化等多个方面取得了原创性突破，实现了农药残留检测技术信息化、检测结果大数据处理智能化、风险溯源可视化。这些创新研究成果已整理成《食用农产品农药残留监测与风险评估溯源技术研究》一书另行出版。

《中国市售茶叶农药残留报告》(以下简称《报告》)是上述多项研究成果综合应用于我国农产品农药残留检测与风险评估的科学报告。为了真实反映我国市售茶叶中农药残留污染状况以及残留农药的相关风险，2019年作者团队采用液相色谱-四极杆飞行时间质谱(LC-Q-TOF/MS)及气相色谱-四极杆飞行时间质谱(GC-Q-TOF/MS)两种高分辨质谱技术，从全国32个城市(包括27个省会、4个直辖市、1个地级市)363个采样点(包括超市、茶叶专营店、电商平台等)随机采集了7种市售茶叶4944例样品进行了非靶向农药残留筛查，初步摸清了这些城市市售茶叶农药残留的“家底”，形成了2019年全国重点城市市售茶叶农药残留检测报告。在这基础上，运用食品安全指数模型和风险系数模型，开发了风险评价应用程序，对上述茶叶农药残留分别开展膳食暴露风险评估和预警风险评估，形成了2019年全国重点城市市售茶叶农药残留膳食暴露风险与预警风险评估报告。现将这两大报告整理成书，以飨读者。

为了便于查阅，本次出版的《报告》按我国自然地理区域共分为八卷：华北卷(北京市、天津市、石家庄市、太原市、呼和浩特市)，东北卷-电商平台卷(沈阳市、长春市、哈尔滨市和电商平台)，华东卷一(上海市、南京市、杭州市、合肥市)，华东卷二(福州市、南昌市、济南市)，华中卷(郑州市、武汉市、长沙市)，华南卷(广州市、南宁市、海口市)，西南卷(重庆市、成都市、贵阳市、昆明市、拉萨市及林芝地区)和西北卷(西安市、兰州市、西宁市、银川市、乌鲁木齐市)。

《报告》的每一卷内容均采用统一的结构和方式进行叙述，对每个城市的市售茶叶农药残留状况和风险评估结果均按照LC-Q-TOF/MS及GC-Q-TOF/MS两种技术分别阐述。主要包括以下几方面内容：①每个城市的样品采集情况与农药残留检测结果；②每个城市的农药残留检出水平与最大残留限量（MRL）标准对比分析；③每个城市的茶叶中农药残留分布情况；④每个城市茶叶农药残留报告的初步结论；⑤农药残留风险评估方法及风险评价应用程序的开发；⑥每个城市的茶叶农药残留膳食暴露风险评估；⑦每个城市的茶叶农药残留预警风险评估；⑧每个城市茶叶农药残留风险评估结论与建议。

本《报告》是我国“十二五”国家科技支撑计划项目（2012BAD29B01）和“十三五”国家科技基础性工作专项（2015FY111200）的研究成果之一。该项研究成果紧扣国家“十三五”规划纲要“增强农产品安全保障能力”和“推进健康中国建设”的主题，可在这些领域的发展中，发挥重要的技术支撑作用。本《报告》的出版得到河北大学高层次人才科研启动经费项目（521000981273）的支持。

由于作者水平有限，书中不妥之处在所难免，恳请广大读者批评指正。

2019 年 11 月

缩 略 语 表

ADI	allowable daily intake	每日允许最大摄入量
CAC	Codex Alimentarius Commission	国际食品法典委员会
CCPR	Codex Committee on Pesticide Residues	农药残留法典委员会
FAO	Food and Agriculture Organization	联合国粮食及农业组织
GAP	Good Agricultural Practices	农业良好管理规范
GC-Q-TOF/MS	gas chromatograph/quadrupole time-of-flight mass spectrometry	气相色谱-四极杆飞行时间质谱
GEMS	Global Environmental Monitoring System	全球环境监测系统
IFS	index of food safety	食品安全指数
JECFA	Joint FAO/WHO Expert Committee on Food and Additives	FAO、WHO 食品添加剂联合专家委员会
JMPR	Joint FAO/WHO Meeting on Pesticide Residues	FAO、WHO 农药残留联合会议
LC-Q-TOF/MS	liquid chromatograph/quadrupole time-of-flight mass spectrometry	液相色谱-四极杆飞行时间质谱
MRL	maximum residue limit	最大残留限量
R	risk index	风险系数
WHO	World Health Organization	世界卫生组织

凡　例

- 采样城市包括 31 个直辖市及省会城市(未含台北市、香港特别行政区和澳门特别行政区)、1 个地级市及电商平台，分成华北卷(北京市、天津市、石家庄市、太原市、呼和浩特市)、东北卷-电商平台卷(沈阳市、长春市、哈尔滨市、电商平台)、华东卷一(上海市、南京市、杭州市、合肥市)、华东卷二(福州市、南昌市、济南市)、华中卷(郑州市、武汉市、长沙市)、华南卷(广州市、南宁市、海口市)、西南卷(重庆市、成都市、贵阳市、昆明市、拉萨市及林芝地区)、西北卷(西安市、兰州市、西宁市、银川市、乌鲁木齐市)共 8 卷。
- 表中标注*表示剧毒农药；标注◊表示高毒农药；标注▲表示禁用农药；标注 a 表示超标。
- 书中提及的附表(侦测原始数据)，请扫描封底二维码，按对应城市获取。

目　录

郑　州　市

武　汉　市

长　沙　市

郑　州　市

第1章　LC-Q-TOF/MS侦测郑州市184例市售茶叶样品农药残留报告

从郑州市所属4个区，随机采集了184例茶叶样品，使用液相色谱-四极杆飞行时间质谱(LC-Q-TOF/MS)对825种农药化学污染物示范侦测(7种负离子模式ESI⁻未涉及)。

1.1　样品种类、数量与来源

1.1.1　样品采集与检测

为了真实反映百姓日常饮用的茶叶中农药残留污染状况，本次所有检测样品均由检验人员于2019年2月期间，从郑州市所属11个采样点，包括1个茶叶专营店10个超市，以随机购买方式采集，总计11批184例样品，从中检出农药44种，222频次。采样及监测概况见图1-1及表1-1，样品及采样点明细见表1-2及表1-3(侦测原始数据见附表1)。

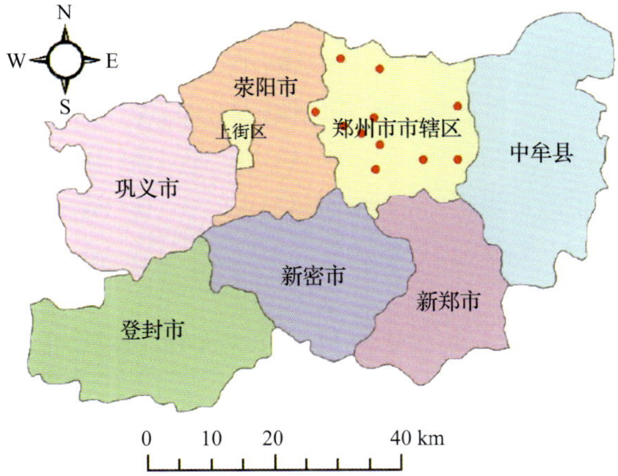

序号	行政区域	茶叶采样量
1	二七区	35
2	管城回族区	25
3	金水区	83
4	中原区	41

图1-1　郑州市所属11个采样点184例样品分布图

表1-1　农药残留监测总体概况

采样地区	郑州市所属4个区
采样点(茶叶专营店+超市)	11
样本总数	184
检出农药品种/频次	44/222
各采样点样本农药残留检出率范围	20.0%~91.7%

表 1-2 样品分类及数量

样品分类	样品名称(数量)	数量小计
1. 茶叶		184
1)发酵类茶叶	黑茶(20),红茶(28),乌龙茶(39)	87
2)未发酵类茶叶	绿茶(97)	97
合计	1.茶叶 4 种	184

表 1-3 郑州市采样点信息

采样点序号	行政区域	采样点
茶叶专营店(1)		
1	管城回族区	***茶庄
超市(10)		
1	二七区	***超市(二七店)
2	二七区	***超市(金博大店)
3	管城回族区	***超市(人民路店)
4	金水区	***超市(丹尼斯大卫城店)
5	金水区	***超市(丰产路店)
6	金水区	***超市(未来店)
7	金水区	***超市(花园路店)
8	中原区	***超市(秦岭路店)
9	中原区	***超市(锦艺店)
10	中原区	***超市(郑州万达广场店)

1.1.2 检测结果

这次使用的检测方法是庞国芳院士团队最新研发的不需使用标准品对照，而以高分辨精确质量数(0.0001 *m/z*)为基准的 LC-Q-TOF/MS 检测技术，对于 184 例样品，每个样品均侦测了 825 种农药化学污染物的残留现状。通过本次侦测，在 184 例样品中共计检出农药化学污染物 44 种，检出 222 频次。

1.1.2.1 各采样点样品检出情况

统计分析发现 11 个采样点中，被测样品的农药检出率范围为 20.0%~91.7%。其中，***超市(未来店)的检出率最高，为 91.7%。***超市(郑州万达广场店)的检出率最低，为 20.0%，见图 1-2。

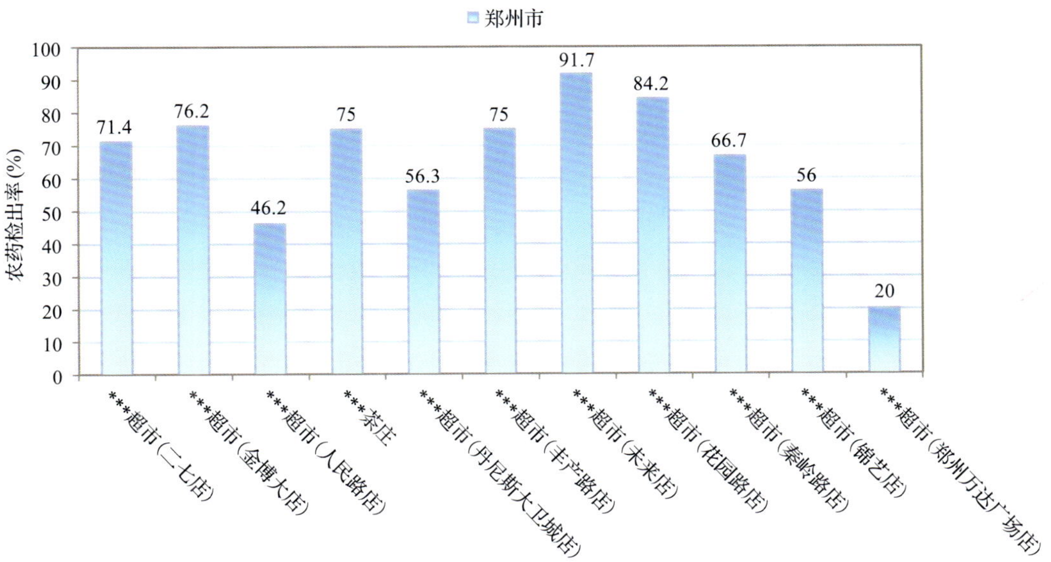

图 1-2　各采样点样品中的农药检出率

1.1.2.2　检出农药的品种总数与频次

统计分析发现，对于 184 例样品中 825 种农药化学污染物的侦测，共检出农药 222 频次，涉及农药 44 种，结果如图 1-3 所示。其中唑虫酰胺检出频次最高，共检出 45 次。检出频次排名前 10 的农药如下：①唑虫酰胺(45),②啶虫脒(35),③噻嗪酮(31),④哒螨灵(16),⑤三唑磷(10),⑥吡唑醚菌酯(8),⑦苯醚甲环唑(6),⑧戊唑醇(6),⑨稻瘟灵(5),⑩环庚草醚(5)。

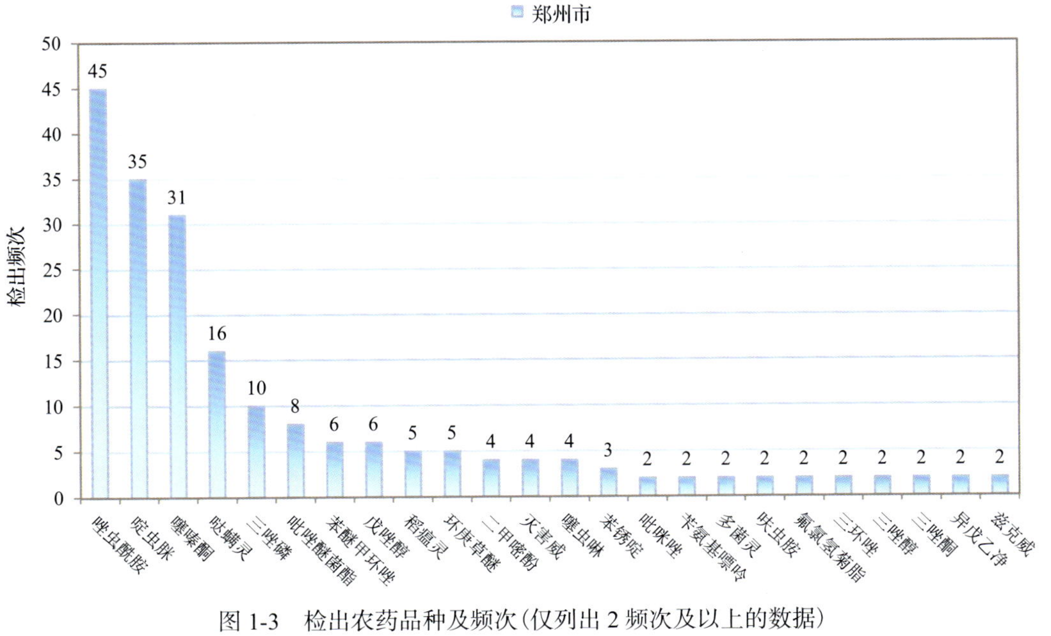

图 1-3　检出农药品种及频次(仅列出 2 频次及以上的数据)

由图 1-4 可见，绿茶、红茶和乌龙茶这 3 种茶叶样品中检出的农药品种数较高，均超过 15 种，其中，绿茶检出农药品种最多，为 19 种。由图 1-5 可见，绿茶、乌龙茶和红茶这 3 种茶叶样品中的农药检出频次较高，均超过 20 次，其中，绿茶检出农药频次最高，为 146 次。

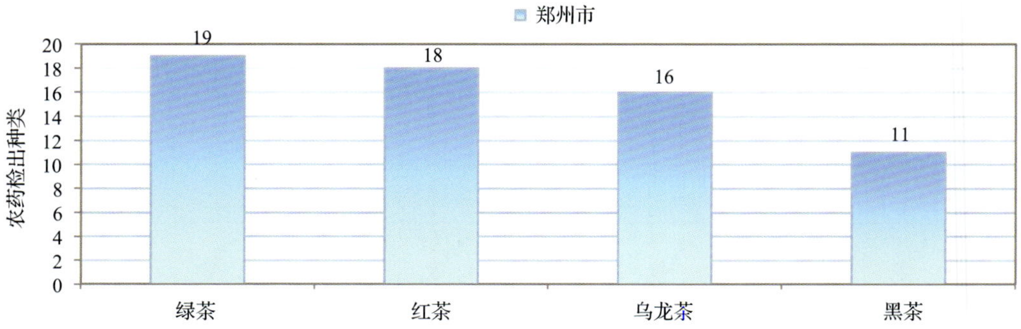

图 1-4　单种茶叶检出农药的种类数

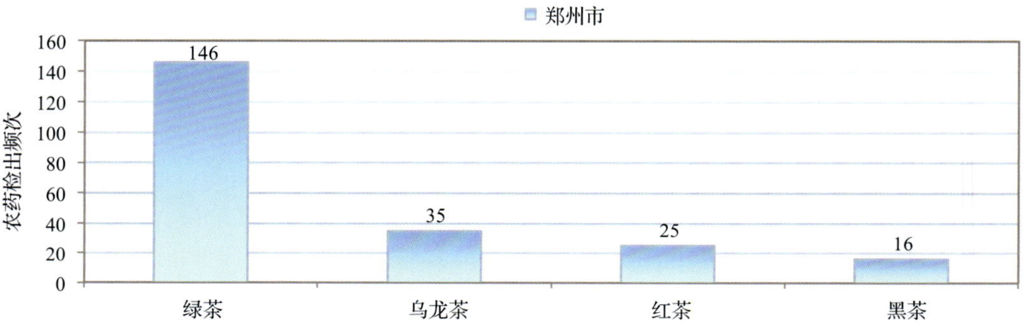

图 1-5　单种茶叶检出农药频次

1.1.2.3　单例样品农药检出种类与占比

对单例样品检出农药种类和频次进行统计发现，未检出农药的样品占总样品数的 31.5%，检出 1 种农药的样品占总样品数的 45.7%，检出 2~5 种农药的样品占总样品数的 20.1%，检出 6~10 种农药的样品占总样品数的 2.7%。每例样品中平均检出农药为 1.2 种，数据见表 1-4 及图 1-6。

表 1-4　单例样品检出农药品种占比

检出农药品种数	样品数量/占比(%)
未检出	58/31.5
1 种	84/45.7
2~5 种	37/20.1
6~10 种	5/2.7
单例样品平均检出农药品种	1.2 种

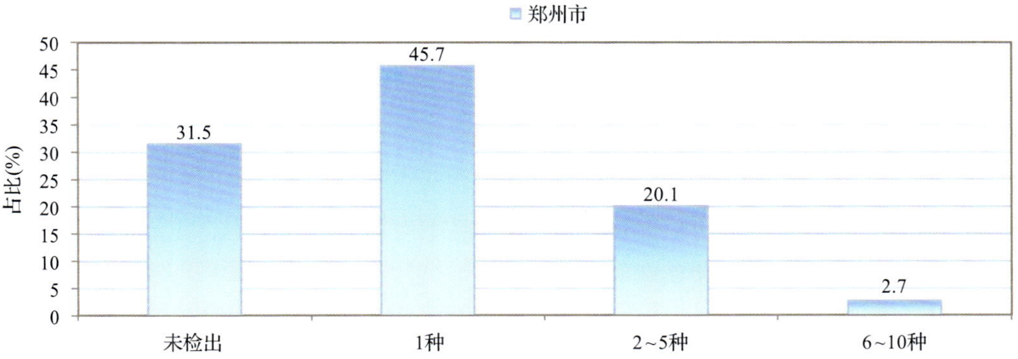

图 1-6　单例样品平均检出农药品种及占比

1.1.2.4　检出农药类别与占比

所有检出农药按功能分类，包括杀虫剂、杀菌剂、除草剂、杀螨剂、植物生长调节剂共 5 类。其中杀虫剂与杀菌剂为主要检出的农药类别，分别占总数的 34.1%和 34.1%，见表 1-5 及图 1-7。

表 1-5　检出农药所属类别/占比

农药类别	数量/占比(%)
杀虫剂	15/34.1
杀菌剂	15/34.1
除草剂	10/22.7
杀螨剂	2/4.5
植物生长调节剂	2/4.5

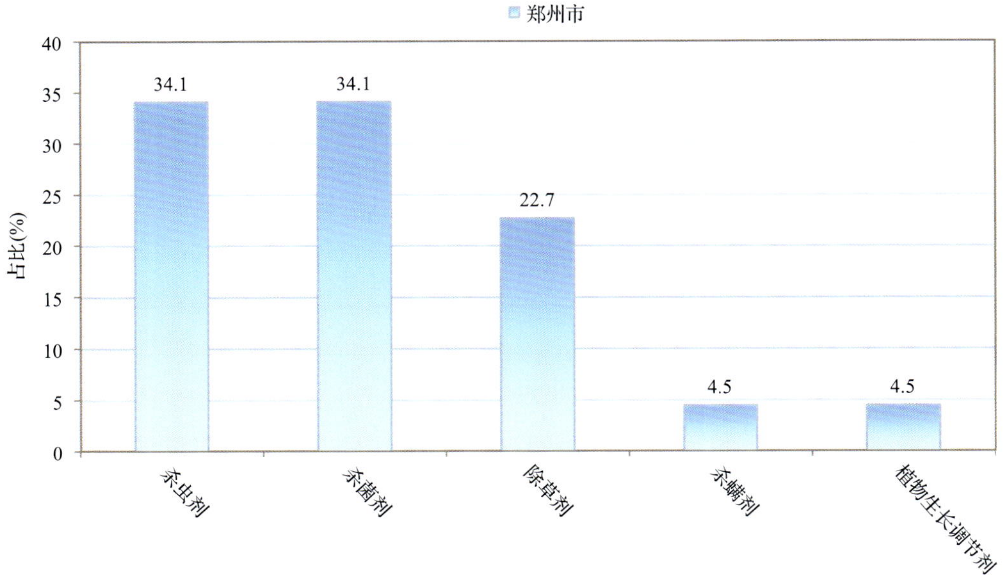

图 1-7　检出农药所属类别和占比

1.1.2.5　检出农药的残留水平

按检出农药残留水平进行统计，残留水平在 1~5 μg/kg（含）的农药占总数的 16.7%，在 5~10 μg/kg（含）的农药占总数的 14.9%，在 10~100 μg/kg（含）的农药占总数的 64.4%，在 100~1000 μg/kg 的农药占总数的 4.1%。

由此可见，这次检测的 11 批 184 例茶叶样品中农药多数处于中高残留水平。结果见表 1-6 及图 1-8，数据见附表 2。

表 1-6　农药残留水平/占比

残留水平（μg/kg)	检出频次数/占比（%)
1~5（含）	37/16.7
5~10（含）	33/14.9
10~100（含）	143/64.4
100~1000	9/4.1

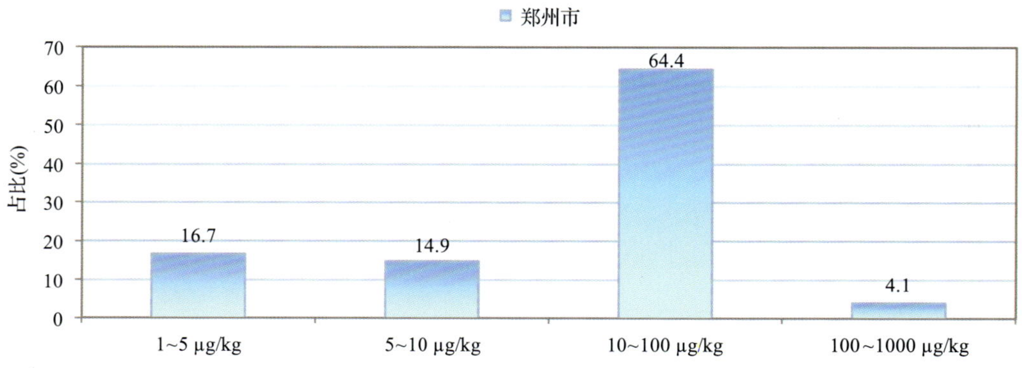

图 1-8　检出农药残留水平及占比

1.1.2.6　检出农药的毒性类别、检出频次和超标频次及占比

对这次检出的 44 种 222 频次的农药，按剧毒、高毒、中毒、低毒和微毒这五个毒性类别进行分类，从中可以看出，郑州市目前普遍使用的农药为中低微毒农药，品种占 88.6%，频次占 91.9%。结果见表 1-7 及图 1-9。

表 1-7　检出农药毒性类别/占比

毒性分类	农药品种/占比（%)	检出频次/占比（%)	超标频次/超标率（%)
剧毒农药	1/2.3	1/0.5	0/0.0
高毒农药	4/9.1	17/7.7	0/0.0
中毒农药	18/40.9	140/63.1	0/0.0
低毒农药	13/29.5	55/24.8	0/0.0
微毒农药	8/18.2	9/4.1	0/0.0

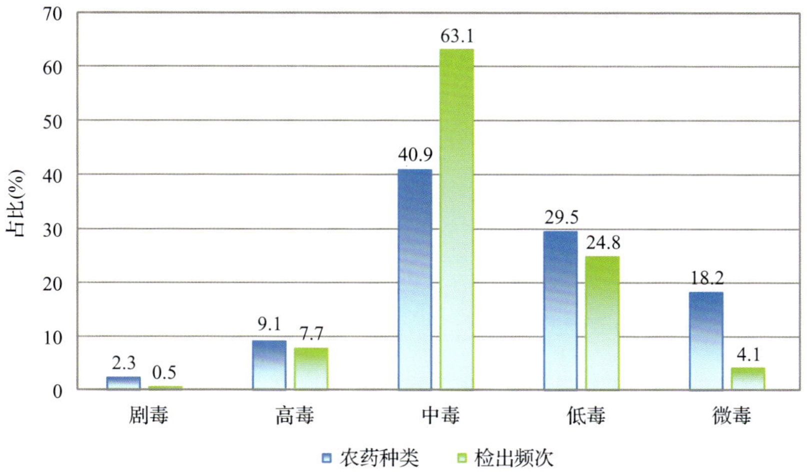

图 1-9　检出农药的毒性分类和占比

1.1.2.7　检出剧毒/高毒类农药的品种和频次

值得特别关注的是，在此次侦测的 184 例样品中有 4 种茶叶的 18 例样品检出了 5 种 18 频次的剧毒和高毒农药，占样品总量的 9.8%，详见图 1-10、表 1-8 及表 1-9。

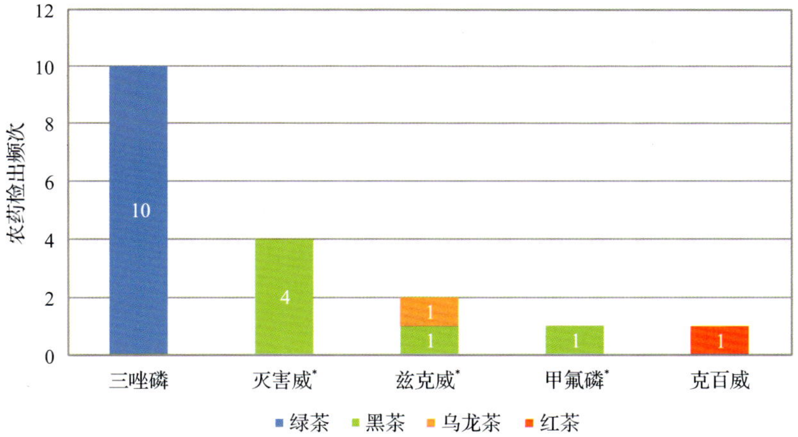

图 1-10　检出剧毒/高毒农药的样品情况

*表示允许在茶叶上使用的农药

表 1-8　剧毒农药检出情况

序号	农药名称	检出频次	超标频次	超标率
从 1 种茶叶中检出 1 种剧毒农药，共计检出 1 次				
1	甲氟磷*	1	0	0.0%
合计		1	0	超标率：0.0%

表 1-9　高毒农药检出情况

序号	农药名称	检出频次	超标频次	超标率
从 4 种茶叶中检出 4 种高毒农药，共计检出 17 次				
1	三唑磷	10	0	0.0%
2	灭害威	4	0	0.0%
3	兹克威	2	0	0.0%
4	克百威	1	0	0.0%
合计		17	0	超标率：0.0%

在检出的剧毒和高毒农药中，有 2 种是我国早已禁止在茶叶上使用的，分别是：克百威和三唑磷。禁用农药的检出情况见表 1-10。

表 1-10　禁用农药检出情况

序号	农药名称	检出频次	超标频次	超标率
从 2 种茶叶中检出 3 种禁用农药，共计检出 12 次				
1	三唑磷	10	0	0.0%
2	丁酰肼	1	0	0.0%
3	克百威	1	0	0.0%
合计		12	0	超标率：0.0%

注：表中*为剧毒农药；超标结果参考 MRL 中国国家标准计算

此次抽检的茶叶样品中，有 1 种茶叶检出了剧毒农药，为黑茶中检出甲氟磷 1 次。

样品中检出剧毒和高毒农药残留水平没有超过 MRL 中国国家标准，但本次检出结果仍表明，高毒、剧毒农药的使用现象依旧存在，详见表 1-11。

表 1-11　各样本中检出剧毒/高毒农药情况

样品名称	农药名称	检出频次	超标频次	检出浓度（μg/kg）
茶叶 4 种				
黑茶	甲氟磷*	1	0	20.0
黑茶	灭害威	4	0	12.9, 15.6, 30.9, 15.6
黑茶	兹克威	1	0	20.0
红茶	克百威▲	1	0	15.0
绿茶	三唑磷▲	10	0	27.6, 5.9, 6.8, 2.8, 5.6, 76.3, 3.8, 17.7, 13.4, 15.4
乌龙茶	兹克威	1	0	52.0
合计		18	0	超标率：0.0%

注：表中*为剧毒农药；▲为禁用农药；a 为超标结果（参考 MRL 中国国家标准）

1.2　农药残留检出水平与最大残留限量标准对比分析

我国于 2016 年 12 月 18 日正式颁布并于 2017 年 6 月 18 日正式实施食品农药残留限量国家标准《食品中农药最大残留限量》(GB 2763—2016)。该标准包括 417 个农药条目，涉及最大残留限量(MRL)标准 4140 项。将 222 频次检出农药的浓度水平与 4140 项国家 MRL 标准进行核对，其中只有 92 频次的结果找到了对应的 MRL，占 41.4%，还有 130 频次的结果则无相关 MRL 标准供参考，占 58.6%。

将此次侦测结果与国际上现行 MRL 对比发现，在 222 频次的检出结果中有 222 频次的结果找到了对应的 MRL 欧盟标准，占 100.0%；其中，141 频次的结果有明确对应的 MRL，占 63.5%，其余 81 频次按照欧盟一律标准判定，占 36.5%；有 222 频次的结果找到了对应的 MRL 日本标准，占 100.0%；其中，169 频次的结果有明确对应的 MRL，占 76.1%，其余 52 频次按照日本一律标准判定，占 23.9%；有 88 频次的结果找到了对应的 MRL 中国香港标准，占 39.6%；有 115 频次的结果找到了对应的 MRL 美国标准，占 51.8%；有 67 频次的结果找到了对应的 MRL CAC 标准，占 30.2%。(见图 1-11 和图 1-12，数据见附表 3 至附表 8)

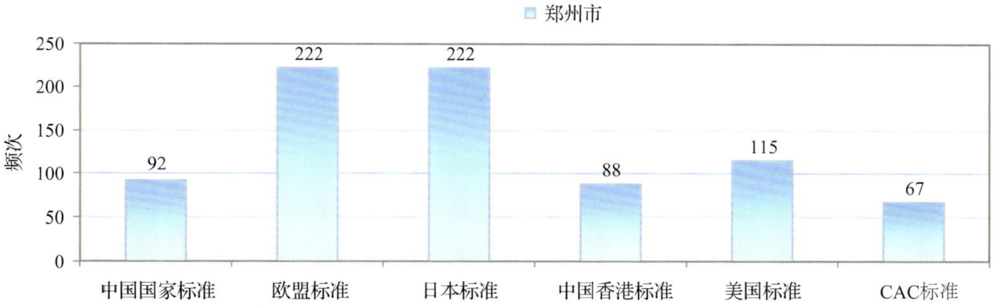

图 1-11　222 频次检出农药可用 MRL 中国国家标准、欧盟标准、日本标准、中国香港标准、美国标准、CAC 标准判定衡量的数量

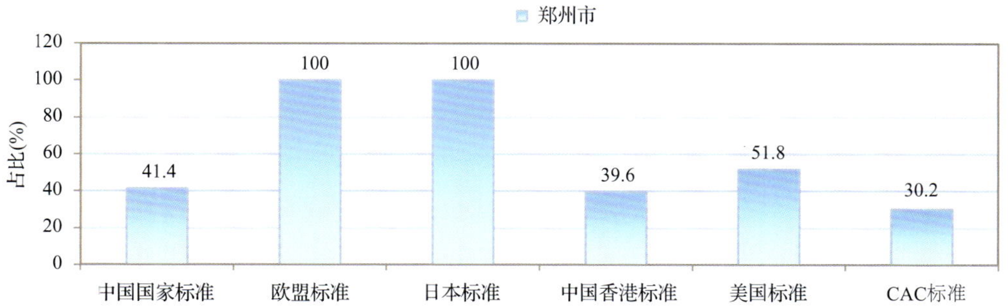

图 1-12　222 频次检出农药可用 MRL 中国国家标准、欧盟标准、日本标准、中国香港标准、美国标准、CAC 标准衡量的占比

1.2.1　超标农药样品分析

本次侦测的 184 例样品中，58 例样品未检出任何残留农药，占样品总量的 31.5%，

126 例样品检出不同水平、不同种类的残留农药，占样品总量的 68.5%。在此，我们将本次侦测的农残检出情况与 MRL 中国国家标准、欧盟标准、日本标准、中国香港标准、美国标准和 CAC 标准这 6 大国际主流 MRL 标准进行对比分析，样品农残检出与超标情况见表 1-12、图 1-13 和图 1-14，详细数据见附表 9 至附表 14。

表 1-12　各 MRL 标准下样本农残检出与超标数量及占比

	MRL 中国国家标准 数量/占比（%）	MRL 欧盟标准 数量/占比（%）	MRL 日本标准 数量/占比（%）	MRL 中国香港标准 数量/占比（%）	MRL 美国 数量/占比（%）	MRL CAC 标准 数量/占比（%）
未检出	58/31.5	58/31.5	58/31.5	58/31.5	58/31.5	58/31.5
检出未超标	126/68.5	58/31.5	88/47.8	126/68.5	126/68.5	126/68.5
检出超标	0/0.0	68/37.0	38/20.7	0/0.0	0/0.0	0/0.0

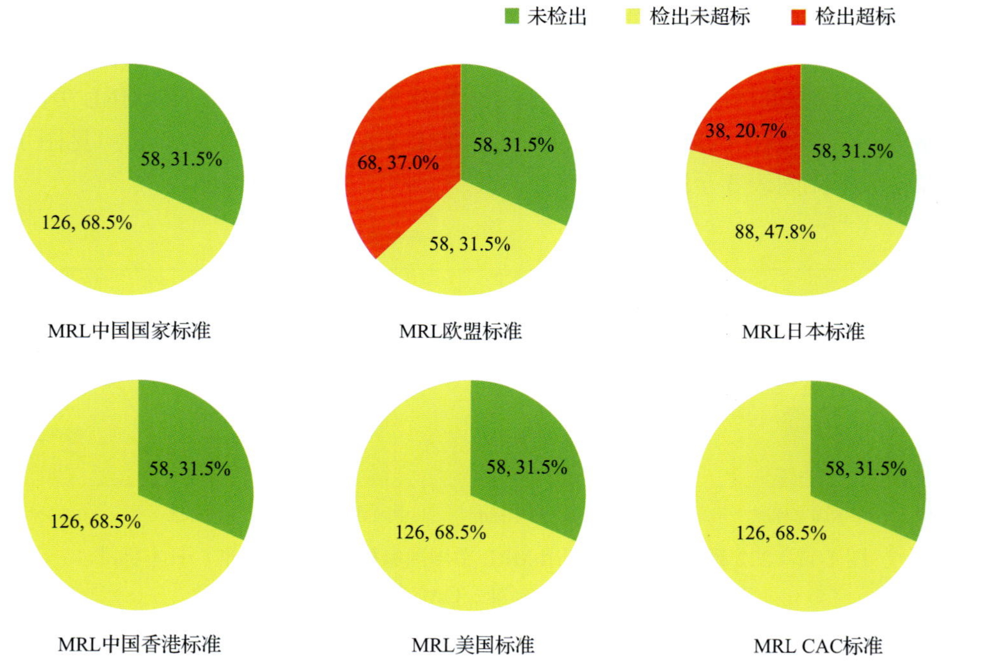

图 1-13　检出和超标样品比例情况

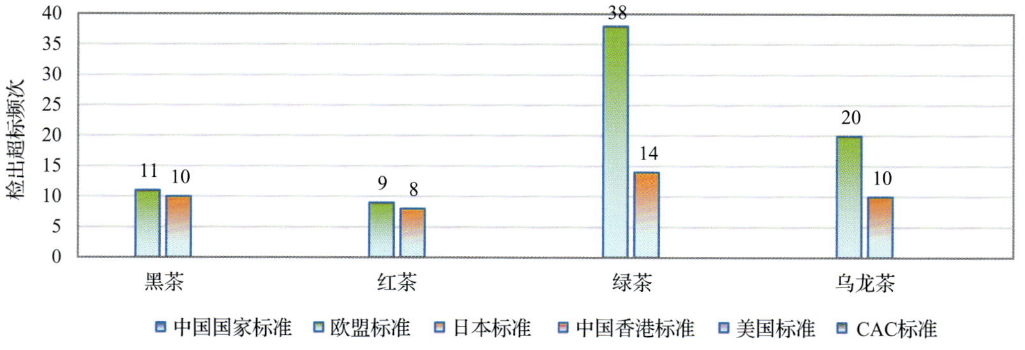

图 1-14　超过 MRL 中国国家标准、欧盟标准、日本标准、中国香港标准、美国标准、CAC 标准结果在茶叶中的分布

1.2.2　超标农药种类分析

按照 MRL 中国国家标准、欧盟标准、日本标准、中国香港标准、美国标准和 CAC 标准这 6 大国际主流 MRL 标准衡量，本次侦测检出的农药超标品种及频次情况见表 1-13。

表 1-13　各 MRL 标准下超标农药品种及频次

	MRL 中国国家标准	MRL 欧盟标准	MRL 日本标准	MRL 中国香港标准	MRL 美国	MRL CAC 标准
超标农药品种	0	28	21	0	0	0
超标农药频次	0	78	42	0	0	0

1.2.2.1　按 MRL 中国国家标准衡量

按 MRL 中国国家标准衡量，无样品检出超标农药残留。

1.2.2.2　按 MRL 欧盟标准衡量

按 MRL 欧盟标准衡量，共有 28 种农药超标，检出 78 频次，分别为剧毒农药甲氟磷，高毒农药三唑磷、灭害威和兹克威，中毒农药苯醚甲环唑、稻瘟灵、吡唑醚菌酯、丁噻隆、异稻瘟净、啶虫脒、三唑酮、三环唑、仲丁威、唑虫酰胺和戊唑醇，低毒农药吡咪唑、特丁净、猛杀威、苄氨基嘌呤、噻嗪酮、烯啶虫胺、呋虫胺、二甲嘧酚、去异丙基莠去津和环庚草醚，微毒农药咪唑乙烟酸、萘草胺和非草隆。

按超标程度比较，黑茶中环庚草醚超标 59.0 倍，乌龙茶中环庚草醚超标 17.0 倍，绿茶中唑虫酰胺超标 10.0 倍，绿茶中稻瘟灵超标 6.3 倍，乌龙茶中兹克威超标 4.2 倍。检测结果见图 1-15 和附表 16。

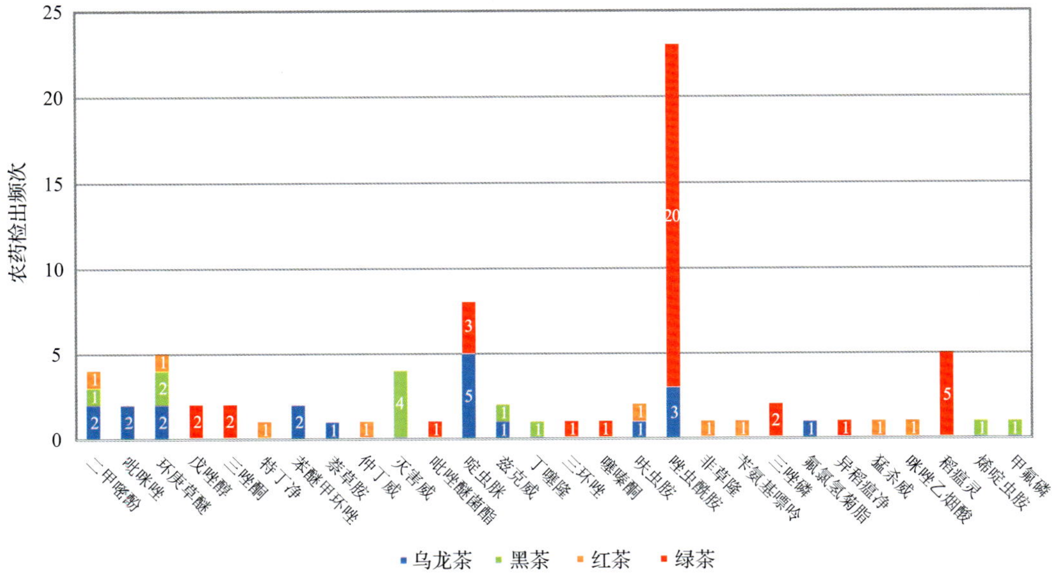

图 1-15　超过 MRL 欧盟标准农药品种及频次

1.2.2.3　按 MRL 日本标准衡量

按 MRL 日本标准衡量，共有 21 种农药超标，检出 42 频次，分别为剧毒农药甲氟磷，高毒农药灭害威、三唑磷和兹克威，中毒农药稻瘟灵、丁噻隆、异稻瘟净、三环唑、仲丁威和茚虫威，低毒农药吡咪唑、特丁津、特丁净、猛杀威、苄氨基嘌呤、二甲嘧酚、去异丙基莠去津和环庚草醚，微毒农药萘草胺、丁酰肼和非草隆。

按超标程度比较，黑茶中环庚草醚超标 59.0 倍，乌龙茶中环庚草醚超标 17.0 倍，绿茶中三环唑超标 6.9 倍，绿茶中三唑磷超标 6.6 倍，绿茶中稻瘟灵超标 6.3 倍。检测结果见图 1-16 和附表 17。

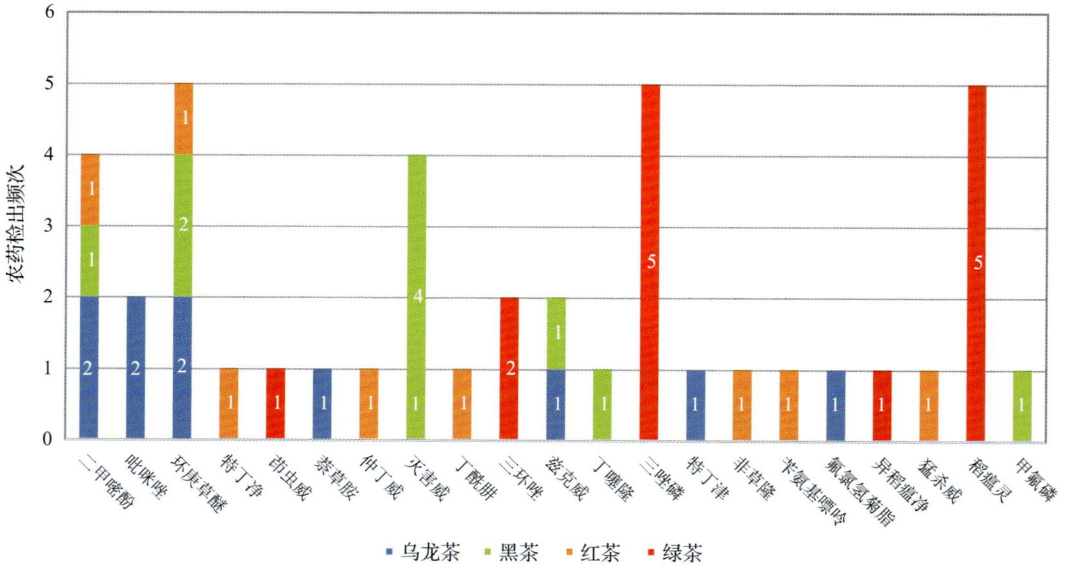

图 1-16　超过 MRL 日本标准农药品种及频次

1.2.2.4　按 MRL 中国香港标准衡量

按 MRL 中国香港标准衡量，无样品检出超标农药残留。

1.2.2.5　按 MRL 美国标准衡量

按 MRL 美国标准衡量，无样品检出超标农药残留。

1.2.2.6　按 MRL CAC 标准衡量

按 MRL CAC 标准衡量，无样品检出超标农药残留。

1.2.3　11 个采样点超标情况分析

1.2.3.1　按 MRL 中国国家标准衡量

按 MRL 中国国家标准衡量，所有采样点的样品均未检出超标农药残留。

1.2.3.2　按 MRL 欧盟标准衡量

按 MRL 欧盟标准衡量，所有采样点的样品存在不同程度的超标农药检出，其中***超市(未来店)的超标率最高，为 62.5%，如表 1-14 和图 1-17 所示。

表 1-14　超过 MRL 欧盟标准茶叶在不同采样点分布

	采样点	样品总数	超标数量	超标率(%)	行政区域
1	***超市(锦艺店)	25	9	36.0	中原区
2	***超市(未来店)	24	15	62.5	金水区
3	***超市(丰产路店)	24	11	45.8	金水区
4	***超市(金博大店)	21	7	33.3	二七区
5	***超市(花园路店)	19	7	36.8	金水区
6	***超市(丹尼斯大卫城店)	16	3	18.8	金水区
7	***超市(二七店)	14	5	35.7	二七区
8	***超市(人民路店)	13	4	30.8	管城回族区
9	***茶庄	12	4	33.3	管城回族区
10	***超市(郑州万达广场店)	10	1	10.0	中原区
11	***超市(秦岭路店)	6	2	33.3	中原区

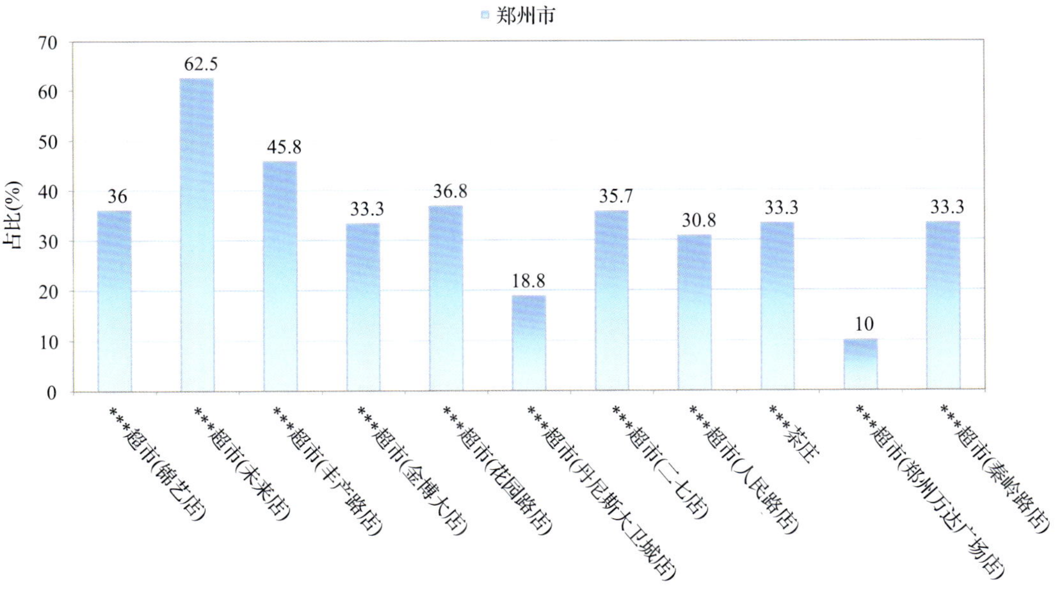

图 1-17　超过 MRL 欧盟标准茶叶在不同采样点分布

1.2.3.3　按 MRL 日本标准衡量

按 MRL 日本标准衡量，有 9 个采样点的样品存在不同程度的超标农药检出，其中***超市(未来店)和***茶庄的超标率最高，为 33.3%，如表 1-15 和图 1-18 所示。

表 1-15　超过 MRL 日本标准茶叶在不同采样点分布

	采样点	样品总数	超标数量	超标率(%)	行政区域
1	***超市(锦艺店)	25	4	16.0	中原区
2	***超市(未来店)	24	8	33.3	金水区
3	***超市(丰产路店)	24	5	20.8	金水区
4	***超市(金博大店)	21	4	19.0	二七区
5	***超市(花园路店)	19	6	31.6	金水区
6	***超市(丹尼斯大卫城店)	16	1	6.2	金水区
7	***超市(二七店)	14	4	28.6	二七区
8	***超市(人民路店)	13	2	15.4	管城回族区
9	***茶庄	12	4	33.3	管城回族区

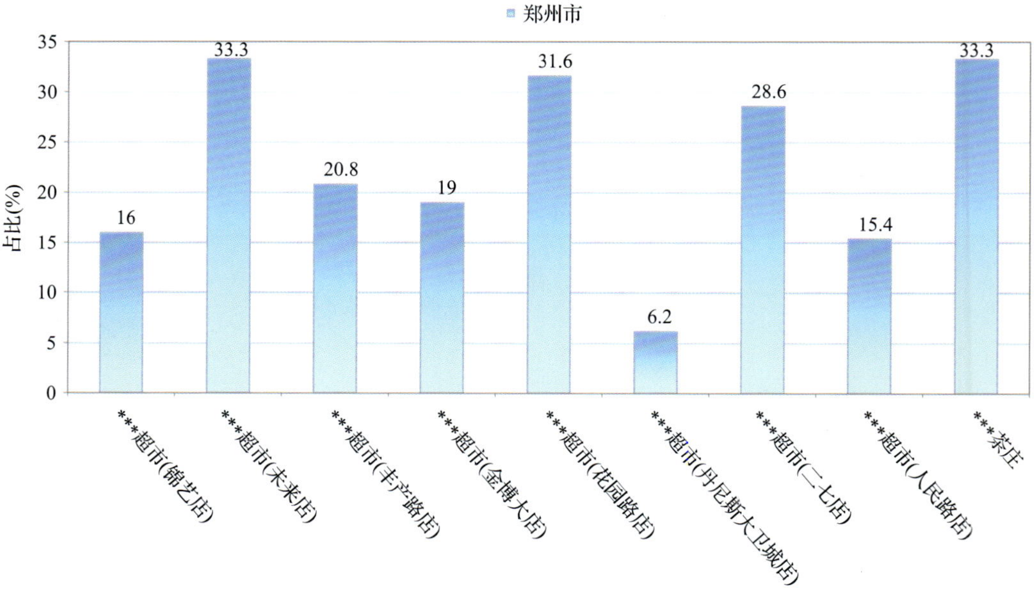

图 1-18　超过 MRL 日本标准茶叶在不同采样点分布

1.2.3.4　按 MRL 中国香港标准衡量

按 MRL 中国香港标准衡量，所有采样点的样品均未检出超标农药残留。

1.2.3.5　按 MRL 美国标准衡量

按 MRL 美国标准衡量，所有采样点的样品均未检出超标农药残留。

1.2.3.6　按 MRL CAC 标准衡量

按 MRL CAC 标准衡量，所有采样点的样品均未检出超标农药残留。

1.3 茶叶中农药残留分布

1.3.1 茶叶按检出农药品种和频次排名

本次残留侦测的茶叶共 4 种，包括黑茶、红茶、乌龙茶和绿茶。

根据检出农药品种及频次进行排名，将各项排名茶叶样品检出情况列表说明，详见表 1-16。

表 1-16 茶叶按检出农药品种和频次排名

按检出农药品种排名(品种)	①绿茶(19),②红茶(18),③乌龙茶(16),④黑茶(11)
按检出农药频次排名(频次)	①绿茶(146),②乌龙茶(35),③红茶(25),④黑茶(16)
按检出禁用、高毒及剧毒农药品种排名(品种)	①黑茶(3),②红茶(2),③绿茶(1),④乌龙茶(1)
按检出禁用、高毒及剧毒农药频次排名(频次)	①绿茶(10),②黑茶(6),③红茶(2),④乌龙茶(1)

1.3.2 茶叶按超标农药品种和频次排名

鉴于 MRL 欧盟标准和日本标准制定比较全面且覆盖率较高，我们参照 MRL 中国国家标准、欧盟标准和日本标准衡量茶叶样品中农残检出情况，将茶叶按超标农药品种及频次排名列表说明，详见表 1-17。

表 1-17 茶叶按超标农药品种和频次排名

按超标农药品种排名(农药品种数)	MRL 中国国家标准	
	MRL 欧盟标准	①绿茶(10),②乌龙茶(10),③红茶(9),④黑茶(7)
	MRL 日本标准	①红茶(8),②乌龙茶(7),③黑茶(6),④绿茶(5)
按超标农药频次排名(农药频次数)	MRL 中国国家标准	
	MRL 欧盟标准	①绿茶(38),②乌龙茶(20),③黑茶(11),④红茶(9)
	MRL 日本标准	①绿茶(14),②黑茶(10),③乌龙茶(10),④红茶(8)

通过对各品种茶叶样本总数及检出率进行综合分析发现，绿茶、红茶和乌龙茶的残留污染最为严重，在此，我们参照 MRL 中国国家标准、欧盟标准和日本标准对这 3 种茶叶的农残检出情况进行进一步分析。

1.3.3 农药残留检出率较高的茶叶样品分析

1.3.3.1 绿茶

这次共检测 97 例绿茶样品，58 例样品中检出了农药残留，检出率为 59.8%，检出农药共计 19 种。其中唑虫酰胺、噻嗪酮、啶虫脒、哒螨灵和三唑磷检出频次较高，分别检出了 41、24、21、15 和 10 次。绿茶中农药检出品种和频次见图 1-19，超标农药见图 1-20 和表 1-18。

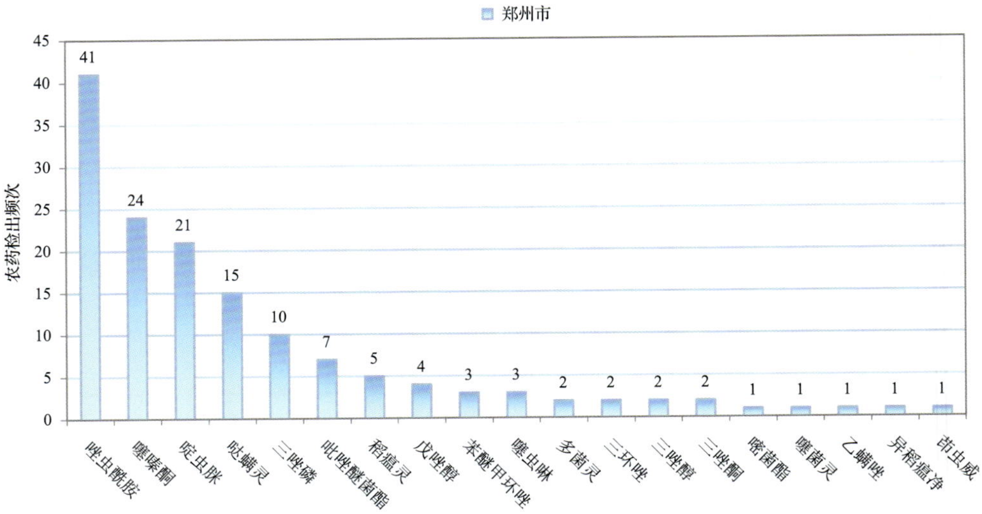

图 1-19　绿茶样品检出农药品种和频次分析

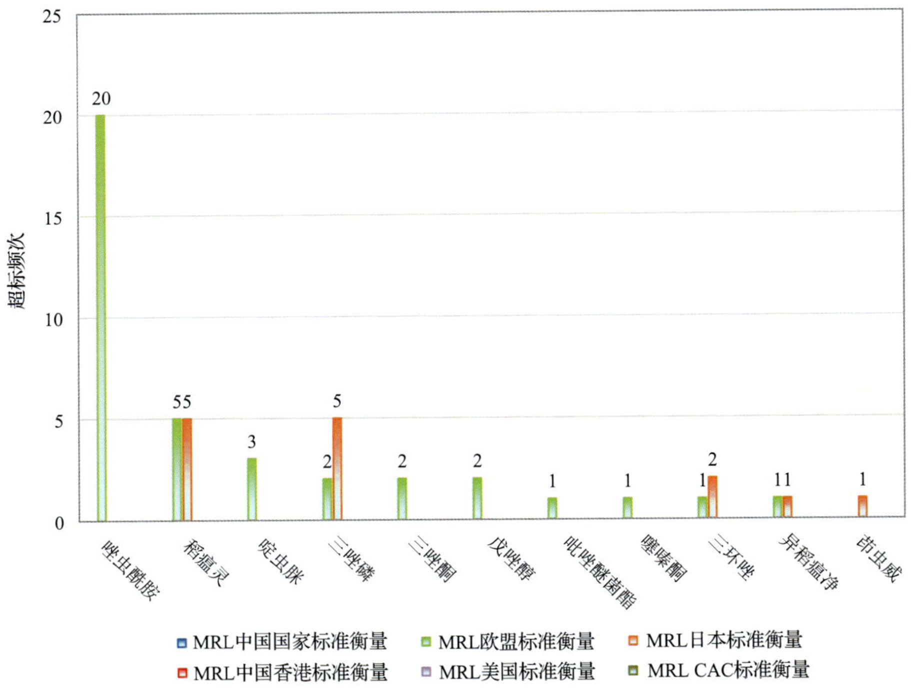

图 1-20　绿茶样品中超标农药分析

表 1-18　绿茶中农药残留超标情况明细表

样品总数			检出农药样品数	样品检出率(%)	检出农药品种总数
97			58	59.8	19
	超标农药品种	超标农药频次	按照 MRL 中国国家标准、欧盟标准和日本标准衡量超标农药名称及频次		
MRL 中国国家标准	0	0			
MRL 欧盟标准	10	38	唑虫酰胺(20),稻瘟灵(5),啶虫脒(3),三唑磷(2),三唑酮(2),戊唑醇(2),吡唑醚菌酯(1),噻嗪酮(1),三环唑(1),异稻瘟净(1)		
MRL 日本标准	5	14	稻瘟灵(5),三唑磷(5),三环唑(2),异稻瘟净(1),茚虫威(1)		

1.3.3.2　红茶

这次共检测 28 例红茶样品，22 例样品中检出了农药残留，检出率为 78.6%，检出农药共计 18 种。其中啶虫脒、噻嗪酮、苯锈啶、苄氨基嘌呤和戊唑醇检出频次较高，分别检出了 3、3、2、2 和 2 次。红茶中农药检出品种和频次见图 1-21，超标农药见图 1-22 和表 1-19。

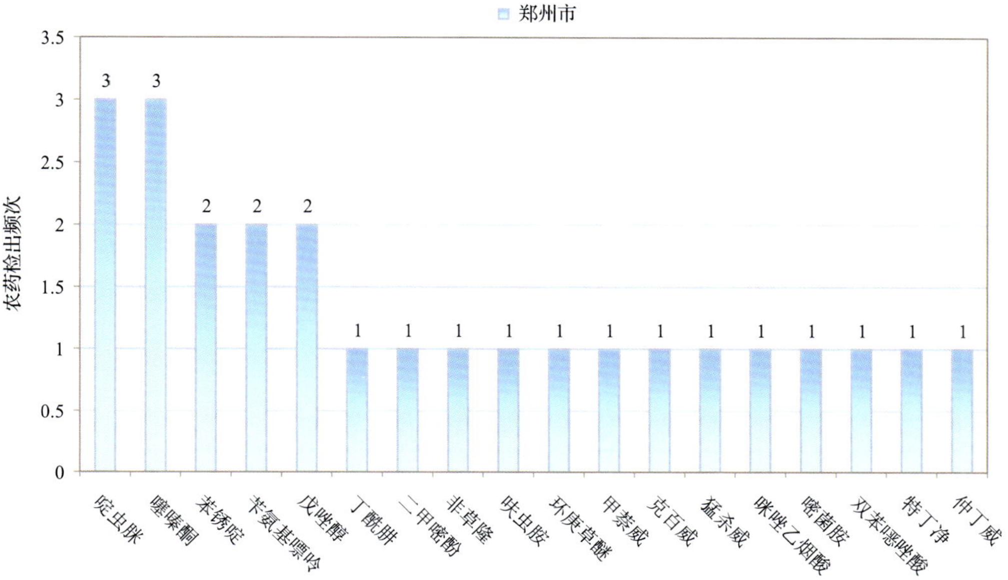

图 1-21　红茶样品检出农药品种和频次分析

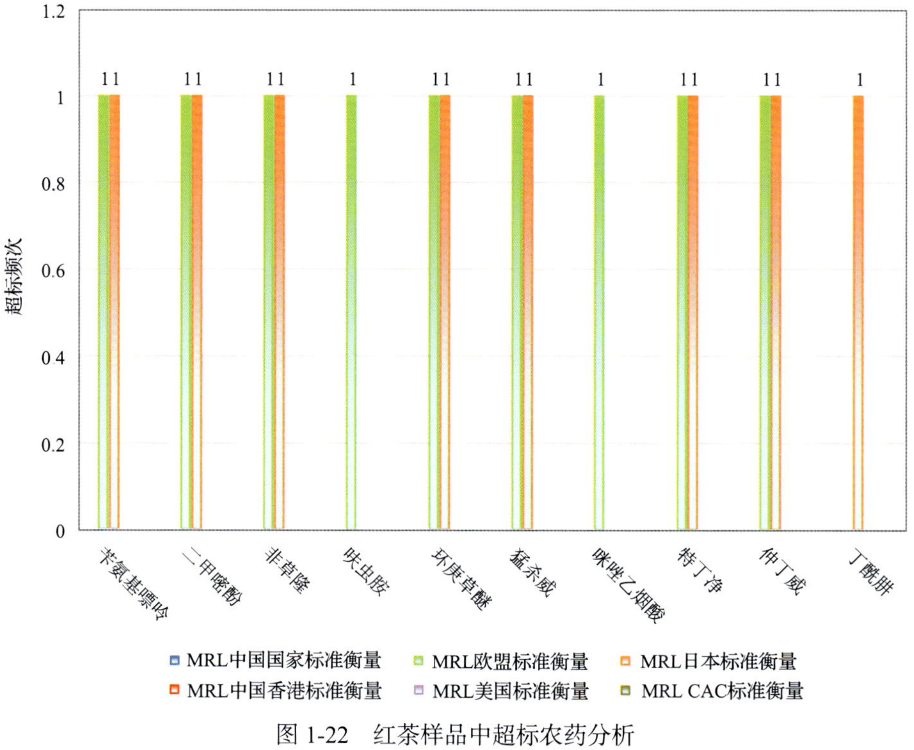

图 1-22　红茶样品中超标农药分析

表 1-19　红茶中农药残留超标情况明细表

样品总数			检出农药样品数	样品检出率(%)	检出农药品种总数
28			22	78.6	18
	超标农药品种	超标农药频次	按照 MRL 中国国家标准、欧盟标准和日本标准衡量超标农药名称及频次		
MRL 中国国家标准	0	0			
MRL 欧盟标准	9	9	苄氨基嘌呤(1),二甲嘧酚(1),非草隆(1),呋虫胺(1),环庚草醚(1),猛杀威(1),咪唑乙烟酸(1),特丁净(1),仲丁威(1)		
MRL 日本标准	8	8	苄氨基嘌呤(1),丁酰肼(1),二甲嘧酚(1),非草隆(1),环庚草醚(1),猛杀威(1),特丁净(1),仲丁威(1)		

1.3.3.3　乌龙茶

这次共检测 39 例乌龙茶样品，30 例样品中检出了农药残留，检出率为 76.9%，检出农药共计 16 种。其中啶虫脒、苯醚甲环唑、噻嗪酮、唑虫酰胺和吡咪唑检出频次较高，分别检出了 10、3、3、3 和 2 次。乌龙茶中农药检出品种和频次见图 1-23，超标农药见图 1-24 和表 1-20。

表 1-20　乌龙茶中农药残留超标情况明细表

样品总数			检出农药样品数	样品检出率(%)	检出农药品种总数
39			30	76.9	16
	超标农药品种	超标农药频次	按照 MRL 中国国家标准、欧盟标准和日本标准衡量超标农药名称及频次		
MRL 中国国家标准	0	0			
MRL 欧盟标准	10	20	啶虫脒(5),唑虫酰胺(3),苯醚甲环唑(2),吡咪唑(2),二甲嘧酚(2),环庚草醚(2),呋虫胺(1),去异丙基莠去津(1),萘草胺(1),兹克威(1)		
MRL 日本标准	7	10	吡咪唑(2),二甲嘧酚(2),环庚草醚(2),去异丙基莠去津(1),萘草胺(1),特丁津(1),兹克威(1)		

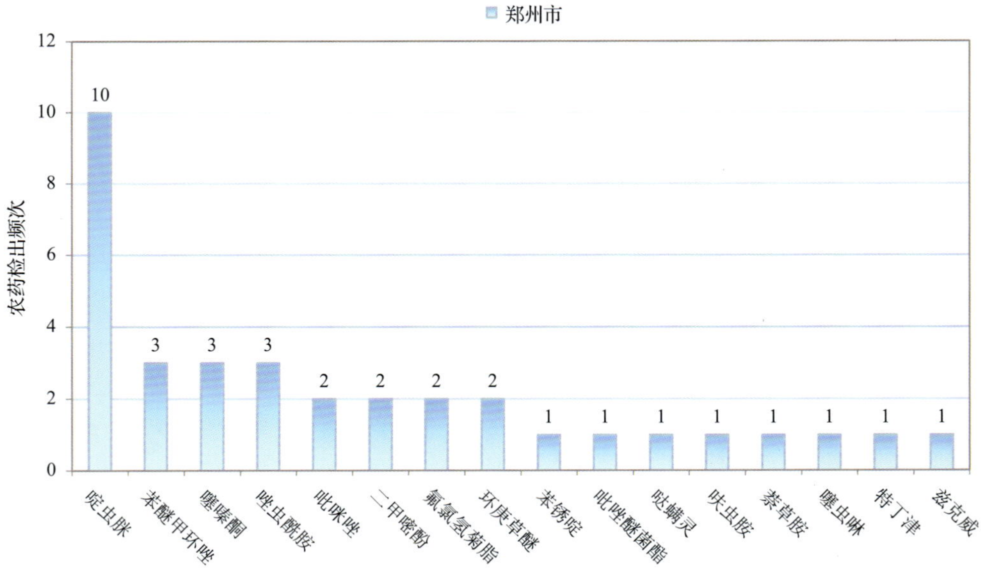

图 1-23　乌龙茶样品检出农药品种和频次分析

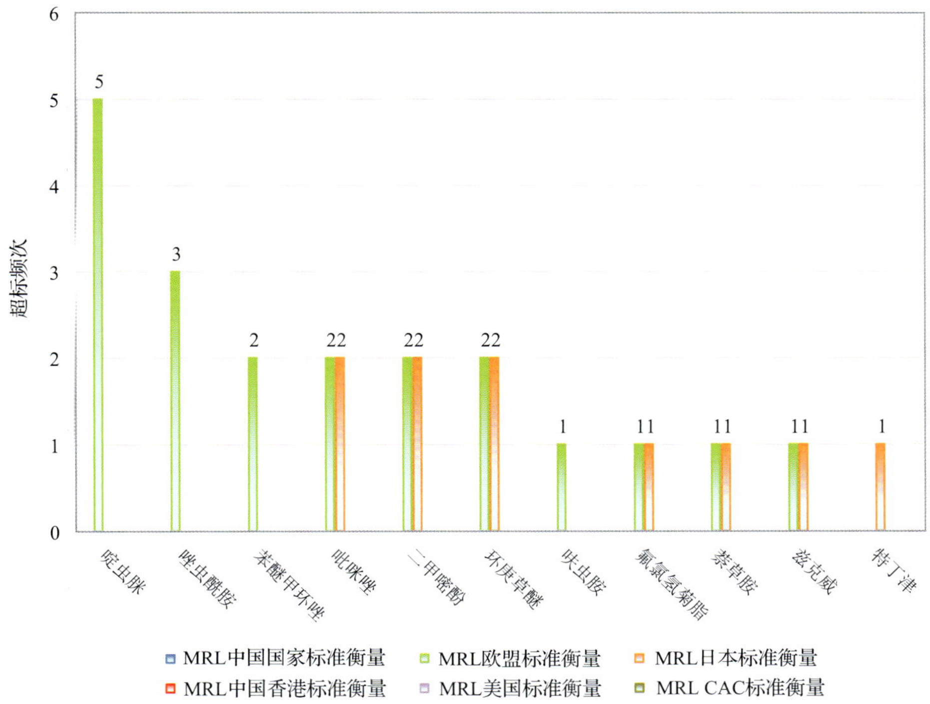

图 1-24　乌龙茶样品中超标农药分析

1.4　初步结论

1.4.1　郑州市市售茶叶按 MRL 中国国家标准和国际主要 MRL 标准衡量的合格率

本次侦测的 184 例样品中，58 例样品未检出任何残留农药，占样品总量的 31.5%，126 例样品检出不同水平、不同种类的残留农药，占样品总量的 68.5%。在这 126 例检出农药残留的样品中。

按照 MRL 中国国家标准衡量，有 126 例样品检出残留农药但含量没有超标，占样品总数的 68.5%，无检出残留农药超标的样品。

按照 MRL 欧盟标准衡量，有 58 例样品检出残留农药但含量没有超标，占样品总数的 31.5%，有 68 例样品检出了超标农药，占样品总数的 37.0%。

按照 MRL 日本标准衡量，有 88 例样品检出残留农药但含量没有超标，占样品总数的 47.8%，有 38 例样品检出了超标农药，占样品总数的 20.7%。

按照 MRL 中国香港标准衡量，有 126 例样品检出残留农药但含量没有超标，占样品总数的 68.5%，无检出残留农药超标的样品。

按照 MRL 美国标准衡量，有 126 例样品检出残留农药但含量没有超标，占样品总数的 68.5%，无检出残留农药超标的样品。

按照 MRL CAC 标准衡量，有 126 例样品检出残留农药但含量没有超标，占样品总数的 68.5%，无检出残留农药超标的样品。

1.4.2 郑州市市售茶叶中检出农药以中低微毒农药为主，占市场主体的 88.6%

这次侦测的 184 例茶叶样品共检出了 44 种农药，检出农药的毒性以中低微毒为主，详见表 1-21。

表 1-21　市场主体农药毒性分布

毒性	检出品种	占比	检出频次	占比
剧毒农药	1	2.3%	1	0.5%
高毒农药	4	9.1%	17	7.7%
中毒农药	18	40.9%	140	63.1%
低毒农药	13	29.5%	55	24.8%
微毒农药	8	18.2%	9	4.1%
中低微毒农药，品种占比 88.6%，频次占比 91.9%				

1.4.3 检出剧毒、高毒和禁用农药现象应该警醒

在此次侦测的 184 例样品中有 4 种茶叶的 19 例样品检出了 6 种 19 频次的剧毒和高毒或禁用农药，占样品总量的 10.3%。其中剧毒农药甲氟磷以及高毒农药三唑磷、灭害威和兹克威检出频次较高。

按 MRL 中国国家标准衡量，剧毒农药和高毒农药按超标程度比较均未超标。

剧毒、高毒或禁用农药的检出情况及按照 MRL 中国国家标准衡量的超标情况见表 1-22。

表 1-22　剧毒、高毒或禁用农药的检出及超标明细

序号	农药名称	样品名称	检出频次	超标频次	最大超标倍数	超标率
1.1	甲氟磷*	黑茶	1	0	0	0.0%
2.1	克百威◊▲	红茶	1	0	0	0.0%
3.1	灭害威◊	黑茶	4	0	0	0.0%
4.1	三唑磷◊▲	绿茶	10	0	0	0.0%
5.1	兹克威◊	黑茶	1	0	0	0.0%
5.2	兹克威◊	乌龙茶	1	0	0	0.0%
6.1	丁酰肼▲	红茶	1	0	0	0.0%
合计			19	0		0.0%

注：表中*为剧毒农药；◊ 为高毒农药；▲为禁用农药；超标倍数参照 MRL 中国国家标准衡量

这些剧毒和高毒农药都是中国政府早有规定禁止在茶叶中使用的，为什么还屡次被检出，应该引起警惕。

1.4.4　残留限量标准与先进国家或地区差距较大

222 频次的检出结果与我国公布的《食品中农药最大残留限量》(GB 2763—2016) 对比，有 92 频次能找到对应的 MRL 中国国家标准，占 41.4%；还有 130 频次的侦测数据无相关 MRL 标准供参考，占 58.6%。

与国际上现行 MRL 对比发现：

有 222 频次能找到对应的 MRL 欧盟标准，占 100.0%；

有 222 频次能找到对应的 MRL 日本标准，占 100.0%；

有 88 频次能找到对应的 MRL 中国香港标准，占 39.6%；

有 115 频次能找到对应的 MRL 美国标准，占 51.8%；

有 67 频次能找到对应的 MRL CAC 标准，占 30.2%。

由上可见，MRL 中国国家标准与先进国家或地区标准还有很大差距，我们无标准，境外有标准，这就会导致我们在国际贸易中，处于受制于人的被动地位。

1.4.5　茶叶单种样品检出 16~19 种农药残留，拷问农药使用的科学性

通过此次监测发现，绿茶、红茶和乌龙茶是检出农药品种最多的 3 种茶叶，从中检出农药品种及频次详见表 1-23。

表 1-23　单种样品检出农药品种及频次

样品名称	样品总数	检出农药样品数	检出率	检出农药品种数	检出农药(频次)
绿茶	97	58	59.8%	19	唑虫酰胺(41),噻嗪酮(24),啶虫脒(21),哒螨灵(15),三唑磷(10),吡唑醚菌酯(7),稻瘟灵(5),戊唑醇(4),苯醚甲环唑(3),噻虫啉(3),多菌灵(2),三环唑(2),三唑醇(2),三唑酮(2),嘧菌酯(1),噻菌灵(1),乙螨唑(1),异稻瘟净(1),茚虫威(1)
红茶	28	22	78.6%	18	啶虫脒(3),噻嗪酮(3),苯锈啶(2),苄氨基嘌呤(2),戊唑醇(2),丁酰肼(1),二甲嘧酚(1),非草隆(1),呋虫胺(1),环庚草醚(1),甲萘威(1),克百威(1),猛杀威(1),咪唑乙烟酸(1),嘧菌胺(1),双苯噁唑酸(1),特丁净(1),仲丁威(1)
乌龙茶	39	30	76.9%	16	啶虫脒(10),苯醚甲环唑(3),噻嗪酮(3),唑虫酰胺(3),吡咪唑(2),二甲嘧酚(2),去异丙基莠去津(2),环庚草醚(2),苯锈啶(1),吡唑醚菌酯(1),哒螨灵(1),呋虫胺(1),萘草胺(1),噻虫啉(1),特丁津(1),兹克威(1)

上述 3 种茶叶，检出农药 16~19 种，是多种农药综合防治，还是未严格实施农业良好管理规范(GAP)，抑或根本就是乱施药，值得我们思考。

第 2 章　LC-Q-TOF/MS 侦测郑州市市售茶叶农药残留膳食暴露风险与预警风险评估

2.1　农药残留风险评估方法

2.1.1　郑州市农药残留侦测数据分析与统计

庞国芳院士科研团队建立的农药残留高通量侦测技术以高分辨精确质量数（0.0001 *m/z* 为基准）为识别标准，采用 LC-Q-TOF/MS 技术对 825 种农药化学污染物进行侦测。

科研团队于 2019 年 2 月期间在郑州市 11 个采样点，随机采集了 184 例茶叶样品，具体位置如图 2-1 所示。

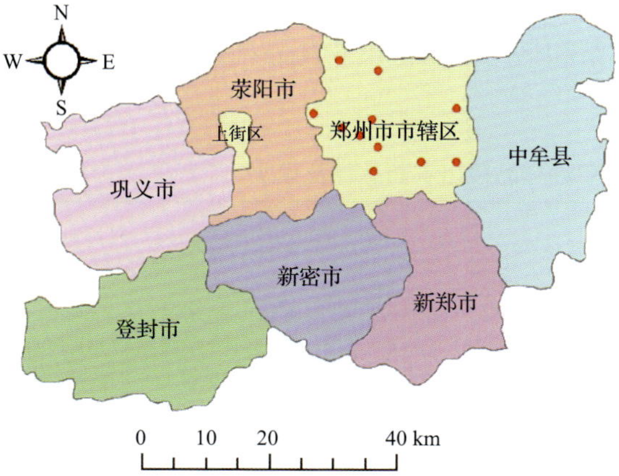

序号	行政区域	茶叶采样量
1	二七区	35
2	管城回族区	25
3	金水区	83
4	中原区	41

图 2-1　LC-Q-TOF/MS 侦测郑州市 11 个采样点 184 例样品分布示意图

利用 LC-Q-TOF/MS 技术对 184 例样品中的农药进行侦测，侦测出残留农药 44 种，222 频次。侦测出农药残留水平如表 2-1 和图 2-2 所示。检出频次最高的前 10 种农药如表 2-2 所示。从检测结果中可以看出，在茶叶中农药残留普遍存在，且有些茶叶存在高浓度的农药残留，这些可能存在膳食暴露风险，对人体健康产生危害，因此，为了定量地评价茶叶中农药残留的风险程度，有必要对其进行风险评价。

表 2-1　侦测出农药的不同残留水平及其所占比例列表

残留水平（μg/kg）	检出频次	占比（%）
1~5（含）	37	16.7
5~10（含）	33	14.9
10~100（含）	143	64.4
100~1000（含）	9	4.1
合计	222	100.1

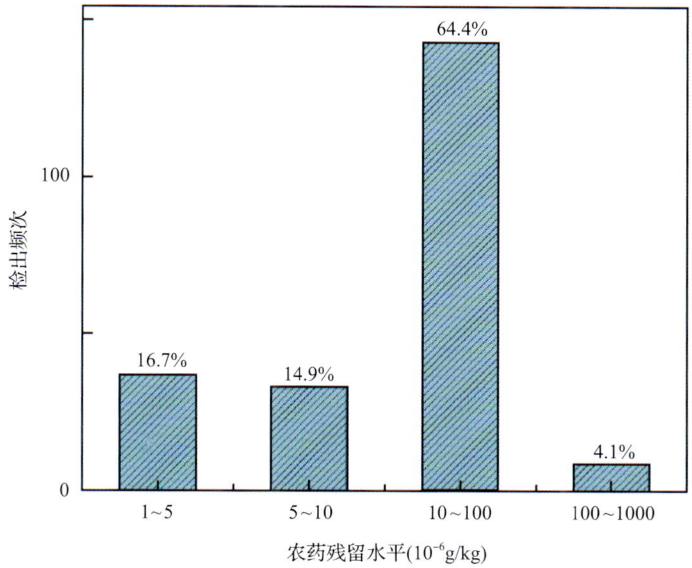

图 2-2 残留农药检出浓度频数分布图

表 2-2 检出频次最高的前 10 种农药列表

序号	农药	检出频次(次)
1	唑虫酰胺	45
2	唑虫酰胺	35
3	噻嗪酮	31
4	哒螨灵	16
5	三唑磷	10
6	吡唑醚菌酯	8
7	苯醚甲环唑	6
8	戊唑醇	6
9	稻瘟灵	5
10	环庚草醚	5

2.1.2 农药残留风险评价模型

对郑州市茶叶中农药残留分别开展暴露风险评估和预警风险评估。膳食暴露风险评估利用食品安全指数模型对茶叶中的残留农药对人体可能产生的危害程度进行评价，该模型结合残留监测和膳食暴露评估评价化学污染物的危害；预警风险评价模型运用风险系数(risk index，*R*)，风险系数综合考虑了危害物的超标率、施检频率及其本身敏感性的影响，能直观而全面地反映出危害物在一段时间内的风险程度。

2.1.2.1 食品安全指数模型

为了加强食品安全管理，《中华人民共和国食品安全法》第二章第十七条规定“国家建立食品安全风险评估制度，运用科学方法，根据食品安全风险监测信息、科学数据以及有关信息，对食品、食品添加剂、食品相关产品中生物性、化学性和物理性危害因素进行风险评估”[1]，膳食暴露评估是食品危险度评估的重要组成部分，也是膳食安全性的衡量标准[2]。国际上最早研究膳食暴露风险评估的机构主要是 JMPR（FAO、WHO 农药残留联合会议），该组织自 1995 年就已制定了急性毒性物质的风险评估急性毒性农药残留摄入量的预测。1960 年美国规定食品中不得加入致癌物质进而提出零阈值理论，渐渐零阈值理论发展成在一定概率条件下可接受风险的概念[3]，后衍变为食品中每日允许最大摄入量（ADI），而国际食品农药残留法典委员会（CCPR）认为 ADI 不是独立风险评估的唯一标准[4]，1995 年 JMPR 开始研究农药急性膳食暴露风险评估，并对食品国际短期摄入量的计算方法进行了修正，亦对膳食暴露评估准则及评估方法进行了修正[5]，2002 年，在对世界上现行的食品安全评价方法，尤其是国际公认的 CAC 评价方法、全球环境监测系统/食品污染监测和评估规划（WHO GEMS/Food）及 FAO、WHO 食品添加剂联合专家委员会（JECFA）和 JMPR 对食品安全风险评估工作研究的基础之上，检验检疫食品安全管理的研究人员提出了结合残留监控和膳食暴露评估，以食品安全指数 IFS 计算食品中各种化学污染物对消费者的健康危害程度[6]。IFS 是表示食品安全状态的新方法，可有效地评价某种农药的安全性，进而评价食品中各种农药化学污染物对消费者健康的整体危害程度[7, 8]。从理论上分析，IFS_c 可指出食品中的污染物 c 对消费者健康是否存在危害及危害的程度[9]。其优点在于操作简单且结果容易被接受和理解，不需要大量的数据来对结果进行验证，使用默认的标准假设或者模型即可[10, 11]。

1）IFS_c 的计算

IFS_c 计算公式如下：

$$IFS_c = \frac{EDI_c \times f}{SI_c \times bw} \tag{2-1}$$

式中，c 为所研究的农药；EDI_c 为农药 c 的实际日摄入量估算值，等于 $\Sigma(R_i \times F_i \times E_i \times P_i)$（$i$ 为食品种类；R_i 为食品 i 中农药 c 的残留水平，mg/kg；F_i 为食品 i 的估计日消费量，g/（人・天）；E_i 为食品 i 的可食用部分因子；P_i 为食品 i 的加工处理因子）；SI_c 为安全摄入量，可采用每日允许最大摄入量 ADI；bw 为人平均体重，kg；f 为校正因子，如果安全摄入量采用 ADI，则 f 取 1。

$IFS_c \ll 1$，农药 c 对食品安全没有影响；$IFS_c \leqslant 1$，农药 c 对食品安全的影响可以接受；$IFS_c > 1$，农药 c 对食品安全的影响不可接受。

本次评价中：

$IFS_c \leqslant 0.1$，农药 c 对茶叶安全没有影响；

$0.1 < IFS_c \leqslant 1$，农药 c 对茶叶安全的影响可以接受；

$IFS_c > 1$，农药 c 对茶叶安全的影响不可接受。

本次评价中残留水平 R_i 取值为中国检验检疫科学研究院庞国芳院士课题组利用以高分辨精确质量数（0.0001 m/z）为基准的 LC-Q-TOF/MS 侦测技术于 2019 年 2 月期间对郑州市茶叶农药残留的侦测结果，估计日消费量 F_i 取值 0.0047 kg/（人·天），E_i=1，P_i=1，

f=1，SI_c 采用《食品安全国家标准　食品中农药最大残留限量》(GB 2763—2016) 中 ADI 值(具体数值见表 2-3)，人平均体重(bw)取值 60 kg。

表 2-3　郑州市茶叶中侦测出农药的 ADI 值

序号	农药	ADI	序号	农药	ADI	序号	农药	ADI
1	苯醚甲环唑	0.01	16	噻嗪酮	0.009	31	丁噻隆	—
2	苯锈啶	0.02	17	三环唑	0.04	32	二甲嘧酚	—
3	吡唑醚菌酯	0.03	18	三唑醇	0.03	33	非草隆	—
4	哒螨灵	0.01	19	三唑磷	0.001	34	氟氯氰菊酯	—
5	稻瘟灵	0.016	20	三唑酮	0.03	35	环庚草醚	—
6	丁酰肼	0.5	21	特丁津	0.003	36	甲氟磷	—
7	啶虫脒	0.07	22	戊唑醇	0.03	37	猛杀威	—
8	多菌灵	0.03	23	烯啶虫胺	0.53	38	嘧菌胺	—
9	呋虫胺	0.2	24	乙螨唑	0.05	39	灭害威	—
10	甲萘威	0.008	25	异稻瘟净	0.035	40	萘草胺	—
11	克百威	0.001	26	茚虫威	0.01	41	双苯噁唑酸	—
12	咪唑乙烟酸	2.5	27	仲丁威	0.06	42	特丁净	—
13	嘧菌酯	0.2	28	唑虫酰胺	0.006	43	异戊乙净	—
14	噻虫啉	0.01	29	吡咪唑	—	44	兹克威	—
15	噻菌灵	0.1	30	苄氨基嘌呤	—			

注：“—”表示为国家标准中无 ADI 值规定；ADI 值单位为 mg/kg bw

2) 计算 IFS_c 的平均值 $\overline{IFS}$，评价农药对食品安全的影响程度

以 $\overline{IFS}$ 评价各种农药对人体健康危害的总程度，评价模型见公式(2-2)。

$$\overline{IFS}=\frac{\sum_{i=1}^{n}IFS_c}{n} \tag{2-2}$$

$\overline{IFS}\ll1$，所研究消费者人群的食品安全状态很好；$\overline{IFS}\leqslant1$，所研究消费者人群的食品安全状态可以接受；$\overline{IFS}>1$，所研究消费者人群的食品安全状态不可接受。

本次评价中：

$\overline{IFS}\leqslant0.1$，所研究消费者人群的茶叶安全状态很好；

$0.1<\overline{IFS}\leqslant1$，所研究消费者人群的茶叶安全状态可以接受；

$\overline{IFS}>1$，所研究消费者人群的茶叶安全状态不可接受。

2.1.2.2　预警风险评估模型

2003 年，我国检验检疫食品安全管理的研究人员根据 WTO 的有关原则和我国的具体规定，结合危害物本身的敏感性、风险程度及其相应的施检频率，首次提出了食品中

危害物风险系数 R 的概念[12]。R 是衡量一个危害物的风险程度大小最直观的参数，即在一定时期内其超标率或阳性检出率的高低，但受其施检频率的高低及其本身的敏感性（受关注程度）影响。该模型综合考察了农药在茶叶中的超标率、施检频率及其本身敏感性，能直观而全面地反映出农药在一段时间内的风险程度[13]。

1）R 计算方法

危害物的风险系数综合考虑了危害物的超标率或阳性检出率、施检频率和其本身的敏感性影响，并能直观而全面地反映出危害物在一段时间内的风险程度。风险系数 R 的计算公式如式（2-3）：

$$R = aP + \frac{b}{F} + S \tag{2-3}$$

式中，P 为该种危害物的超标率；F 为危害物的施检频率；S 为危害物的敏感因子；a, b 分别为相应的权重系数。

本次评价中 F=1；S=1；a =100；b =0.1，对参数 P 进行计算，计算时首先判断是否为禁用农药，如果为非禁用农药，P=超标的样品数（侦测出的含量高于食品最大残留限量标准值，即 MRL）除以总样品数（包括超标、不超标、未侦测出）；如果为禁用农药，则侦测出即为超标，P=能侦测出的样品数除以总样品数。判断郑州市茶叶农药残留是否超标的标准限值 MRL 分别以 MRL 中国国家标准[14]和 MRL 欧盟标准作为对照，具体值列于本报告附表一中。

2）评价风险程度

$R \leqslant 1.5$，受检农药处于低度风险；

$1.5 < R \leqslant 2.5$，受检农药处于中度风险；

$R > 2.5$，受检农药处于高度风险。

2.1.2.3　食品膳食暴露风险和预警风险评估应用程序的开发

1）应用程序开发的步骤

为成功开发膳食暴露风险和预警风险评估应用程序，与软件工程师多次沟通讨论，逐步提出并描述清楚计算需求，开发了初步应用程序。为明确出不同茶叶、不同农药、不同地域的风险水平，向软件工程师提出不同的计算需求，软件工程师对计算需求进行逐一分析，经过反复的细节沟通，需求分析得到明确后，开始进行解决方案的设计，在保证需求的完整性、一致性的前提下，编写出程序代码，最后设计出满足需求的风险评估专用计算软件，并通过一系列的软件测试和改进，完成专用程序的开发。软件开发基本步骤见图 2-3。

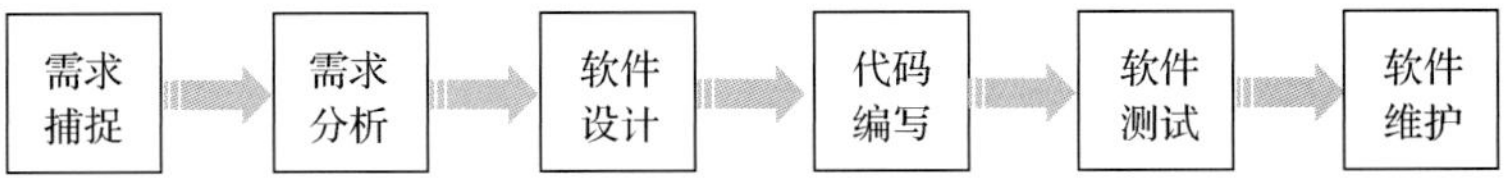

图 2-3　专用程序开发总体步骤

2) 膳食暴露风险评估专业程序开发的基本要求

首先直接利用公式(2-1)，分别计算 LC-Q-TOF/MS 和 GC-Q-TOF/MS 仪器侦测出的各茶叶样品中每种农药 IFS_c，将结果列出。为考察超标农药和禁用农药的使用安全性，分别以我国《食品安全国家标准　食品中农药最大残留限量》(GB 2763—2016)和欧盟食品中农药最大残留限量(以下简称 MRL 中国国家标准和 MRL 欧盟标准)为标准，对侦测出的禁用农药和超标的非禁用农药 IFS_c 单独进行评价；按 IFS_c 大小列表，并找出 IFS_c 值排名前 20 的样本重点关注。

对不同茶叶 i 中每一种侦测出的农药 c 的安全指数进行计算，多个样品时求平均值。

按农药种类，计算整个监测时间段内每种农药的 IFS_c，不区分茶叶。

3) 预警风险评估专业程序开发的基本要求

分别以 MRL 中国国家标准和 MRL 欧盟标准，按公式(2-3)逐个计算不同茶叶、不同农药的风险系数，禁用农药和非禁用农药分别列表。

为清楚了解各种农药的预警风险，不分时间，不分茶叶，按禁用农药和非禁用农药分类，分别计算各种侦测出农药全部检测时段内风险系数。由于有 MRL 中国国家标准的农药种类太少，无法计算超标数，非禁用农药的风险系数只以 MRL 欧盟标准为标准，进行计算。

4) 风险程度评价专业应用程序的开发方法

采用 Python 计算机程序设计语言，Python 是一个高层次地结合了解释性、编译性、互动性和面向对象的脚本语言。风险评价专用程序主要功能包括：分别读入每例样品 LC-Q-TOF/MS 和 GC-Q-TOF/MS 农药残留检测数据，根据风险评价工作要求，依次对不同农药、不同食品、不同时间、不同采样点的 IFS_c 值和 R 值分别进行数据计算，筛选出禁用农药、超标农药(分别与 MRL 中国国家标准、MRL 欧盟标准限值进行对比)单独重点分析，再分别对各农药、各茶叶种类分类处理，设计出计算和排序程序，编写计算机代码，最后将生成的膳食暴露风险评估和超标风险评估定量计算结果列入设计好的各个表格中，并定性判断风险对目标的影响程度，直接用文字描述风险发生的高低，如“不可接受”、“可以接受”、“没有影响”、“高度风险”、“中度风险”、“低度风险”。

2.2　LC-Q-TOF/MS 侦测郑州市市售茶叶农药残留膳食暴露风险评估

2.2.1　每例茶叶样品中农药残留安全指数分析

基于 2019 年 2 月的农药残留侦测数据，发现在 184 例样品中侦测出农药 222 频次，计算样品中每种残留农药的安全指数 IFS_c，并分析农药对样品安全的影响程度，结果详见附表二，农药残留对茶叶样品安全的影响程度频次分布情况如图 2-4 所示。

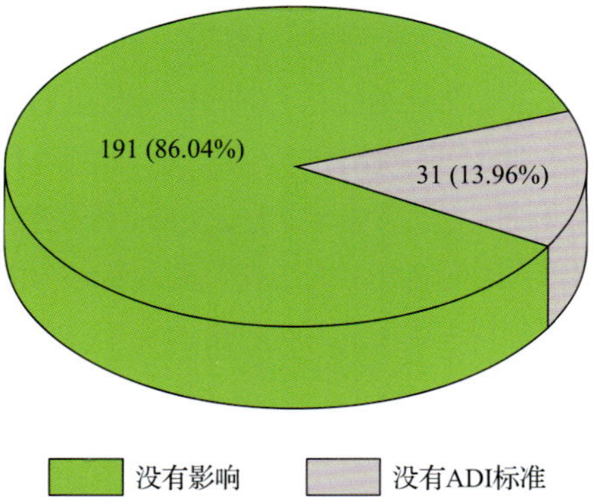

图 2-4　农药残留对茶叶样品安全的影响程度频次分布图

由图 2-4 可以看出，农药残留对样品安全的没有影响的频次为 191，占 86.04%。

部分样品侦测出禁用农药 3 种 12 频次，为了明确残留的禁用农药对样品安全的影响，分析侦测出禁用农药残留的样品安全指数，禁用农药残留对茶叶样品安全的影响程度频次分布情况如图 2-5 所示，农药残留对样品安全没有影响的频次为 12，占 100.00%。

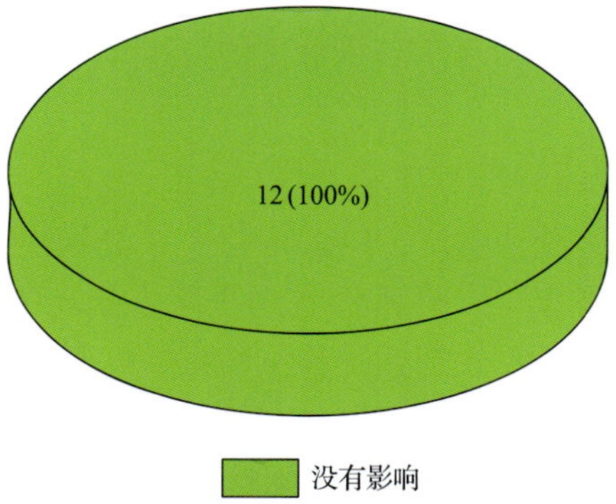

图 2-5　禁用农药对茶叶样品安全影响程度的频次分布图

残留量超过 MRL 欧盟标准的非禁用农药对茶叶样品安全的影响程度频次分布情况如图 2-6 所示。可以看出超过 MRL 欧盟标准的非禁用农药共 78 频次，其中农药没有 ADI 的频次为 25，占 32.05%；农药残留对样品安全没有影响的频次为 53，占 67.95%。表 2-4 为茶叶样品中安全指数排名前 10 的残留超标非禁用农药列表。

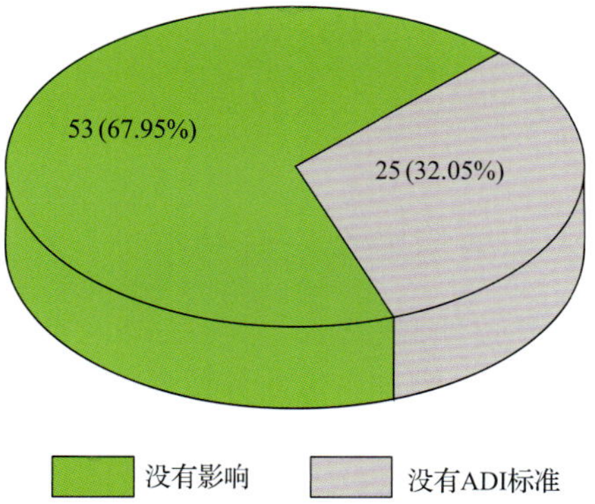

图 2-6　残留超标的非禁用农药对茶叶样品安全的影响程度频次分布图（MRL 欧盟标准）

表 2-4　茶叶样品中安全指数排名前 10 的残留超标非禁用农药列表(MRL 欧盟标准)

序号	样品编号	采样点	基质	农药	含量(mg/kg)	欧盟标准	IFS_c	影响程度
1	20190225-410100-AHCIQ-GT-06K	***超市(未来店)	绿茶	三唑磷	0.0763	0.02	1.57×10^{-3}	没有影响
2	20190225-410100-AHCIQ-GT-05C	***茶庄	绿茶	三唑磷	0.0276	0.02	1.44×10^{-3}	没有影响
3	20190225-410100-AHCIQ-OT-08A	***超市(花园路店)	乌龙茶	苯醚甲环唑	0.2	0.05	1.26×10^{-3}	没有影响
4	20190225-410100-AHCIQ-GT-06G	***超市(未来店)	绿茶	唑虫酰胺	0.11	0.01	7.59×10^{-4}	没有影响
5	20190226-410100-AHCIQ-GT-09M	***超市(锦艺店)	绿茶	唑虫酰胺	0.0967	0.01	7.03×10^{-4}	没有影响
6	20190225-410100-AHCIQ-GT-07H	***超市(丰产路店)	绿茶	唑虫酰胺	0.0581	0.01	6.27×10^{-4}	没有影响
7	20190226-410100-AHCIQ-OT-09C	***超市(锦艺店)	乌龙茶	苯醚甲环唑	0.0897	0.05	5.94×10^{-4}	没有影响
8	20190225-410100-AHCIQ-GT-06B	***超市(未来店)	绿茶	唑虫酰胺	0.048	0.01	5.21×10^{-4}	没有影响
9	20190225-410100-AHCIQ-GT-05C	***茶庄	绿茶	噻嗪酮	0.0683	0.05	5.20×10^{-4}	没有影响
10	20190225-410100-AHCIQ-GT-07B	***超市(丰产路店)	绿茶	唑虫酰胺	0.0399	0.01	4.00×10^{-4}	没有影响

2.2.2　单种茶叶中农药残留安全指数分析

本次 4 种茶叶侦测 44 种农药，检出频次为 222 次，其中 16 种农药没有 ADI，28 种农药存在 ADI 标准。4 种茶叶按不同种类分别计算侦测出的具有 ADI 标准的各种农药的 IFS_c 值，农药残留对茶叶的安全指数分布图如图 2-7 所示。

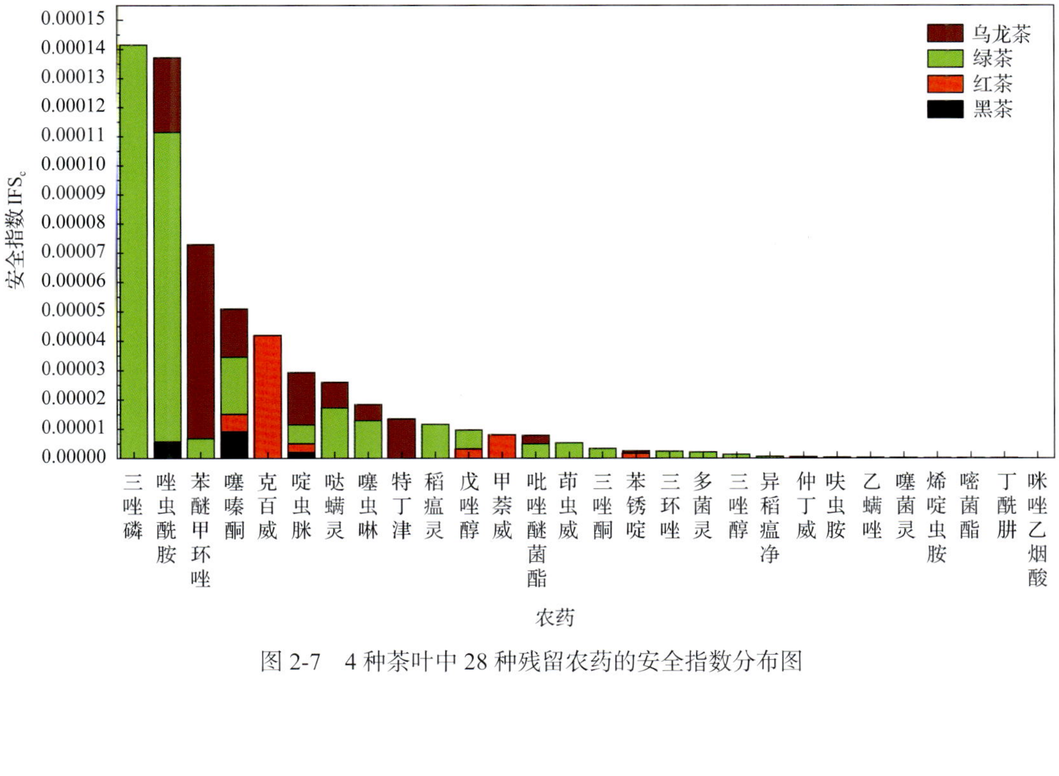

图 2-7　4 种茶叶中 28 种残留农药的安全指数分布图

本次侦测中，4 种茶叶和 44 种残留农药（包括没有 ADI）共涉及 64 个分析样本，农药对单种茶叶安全的影响程度分布情况如图 2-8 所示。可以看出，67.19%的样本中农药对茶叶安全没有影响。

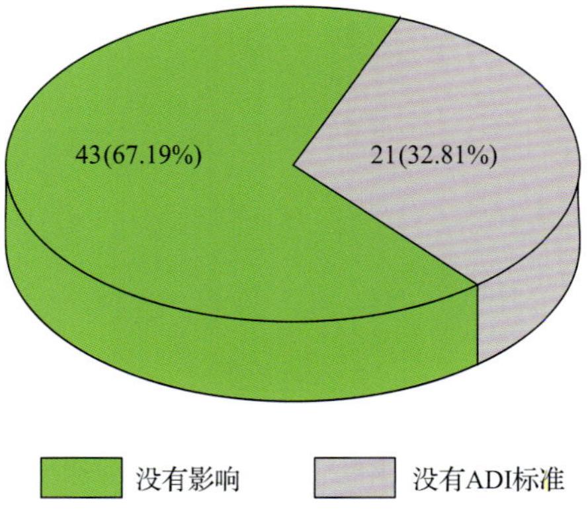

图 2-8　64 个分析样本的影响程度频次分布图

2.2.3　所有茶叶中农药残留安全指数分析

计算所有茶叶中 28 种农药的 IFS_c 值，结果如图 2-9 及表 2-5 所示。

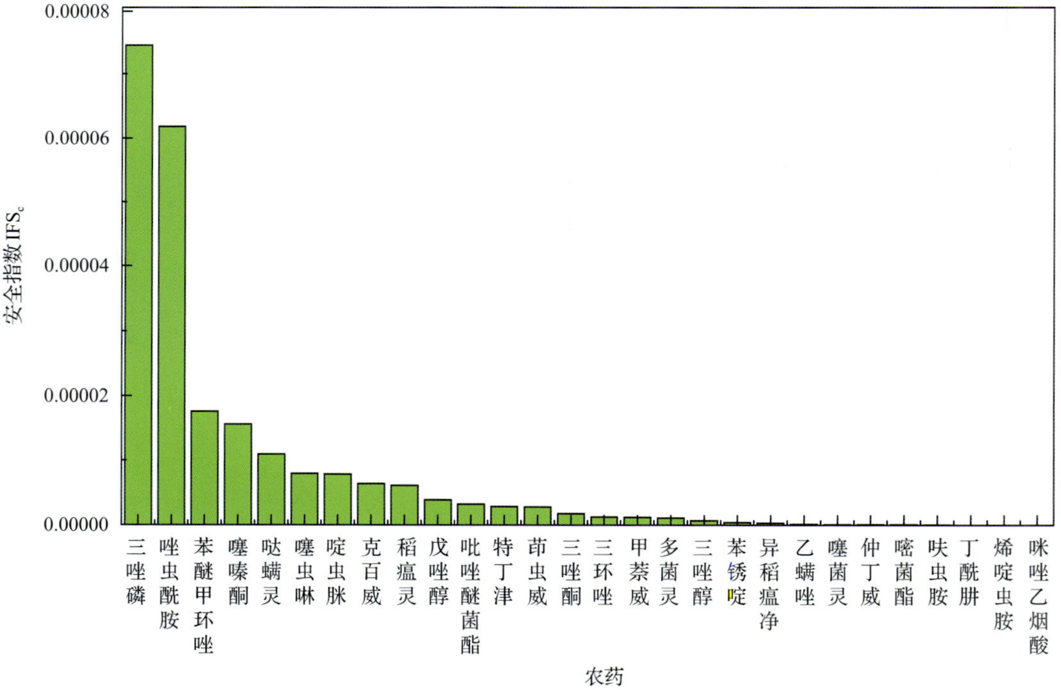

图 2-9　28 种残留农药对茶叶的安全影响程度统计图

分析发现，所有的农药对茶叶安全的影响程度均为没有影响，说明茶叶中残留的农药不会对茶叶安全造成影响。

表 2-5　茶叶中 28 种农药残留的安全指数表

序号	农药	检出频次	检出率(%)	IFS_c	影响程度	序号	农药	检出频次	检出率(%)	IFS_c	影响程度
1	三唑磷	10	0.05	7.46×10^{-5}	没有影响	15	三环唑	2	0.01	1.29×10^{-6}	没有影响
2	唑虫酰胺	45	0.24	6.18×10^{-5}	没有影响	16	甲萘威	1	0.01	1.22×10^{-6}	没有影响
3	苯醚甲环唑	6	0.03	1.76×10^{-5}	没有影响	17	多菌灵	2	0.01	1.12×10^{-6}	没有影响
4	噻嗪酮	31	0.17	1.56×10^{-5}	没有影响	18	三唑醇	2	0.01	7.22×10^{-7}	没有影响
5	哒螨灵	16	0.09	1.09×10^{-5}	没有影响	19	苯锈啶	3	0.02	4.38×10^{-7}	没有影响
6	噻虫啉	4	0.02	7.97×10^{-6}	没有影响	20	异稻瘟净	1	0.01	3.28×10^{-7}	没有影响
7	啶虫脒	35	0.19	7.85×10^{-6}	没有影响	21	乙螨唑	1	0.01	1.28×10^{-7}	没有影响
8	克百威	1	0.01	6.39×10^{-6}	没有影响	22	噻菌灵	1	0.01	1.06×10^{-7}	没有影响
9	稻瘟灵	5	0.03	6.13×10^{-6}	没有影响	23	仲丁威	1	0.01	7.88×10^{-8}	没有影响
10	戊唑醇	6	0.03	3.89×10^{-6}	没有影响	24	嘧菌酯	1	0.01	7.19×10^{-8}	没有影响
11	吡唑醚菌酯	8	0.04	3.24×10^{-6}	没有影响	25	呋虫胺	2	0.01	6.24×10^{-8}	没有影响
12	特丁津	1	0.01	2.87×10^{-6}	没有影响	26	丁酰肼	1	0.01	1.70×10^{-8}	没有影响
13	茚虫威	1	0.01	2.81×10^{-6}	没有影响	27	烯啶虫胺	1	0.01	1.61×10^{-8}	没有影响
14	三唑酮	2	0.01	1.77×10^{-6}	没有影响	28	咪唑乙烟酸	1	0.01	3.95×10^{-9}	没有影响

2.3　LC-Q-TOF/MS 侦测郑州市市售茶叶农药残留预警风险评估

基于郑州市茶叶样品中农药残留 LC-Q-TOF/MS 侦测数据，分析禁用农药的检出率，同时参照中华人民共和国国家标准 GB 2763—2016 和欧盟农药最大残留限量(MRL)标准分析非禁用农药残留的超标率，并计算农药残留风险系数。分析单种茶叶中农药残留以及所有茶叶中农药残留的风险程度。

2.3.1　单种茶叶中农药残留风险系数分析

2.3.1.1　单种茶叶中禁用农药残留风险系数分析

侦测出的 44 种残留农药中有 3 种为禁用农药，且它们分布在 2 种茶叶中，计算 2 种茶叶中禁用农药的检出率，根据检出率计算风险系数 R，进而分析茶叶中禁用农药的风险程度，结果如图 2-10 与表 2-6 所示。分析发现 3 种禁用农药在 2 种茶叶中的残留处均于高度风险。

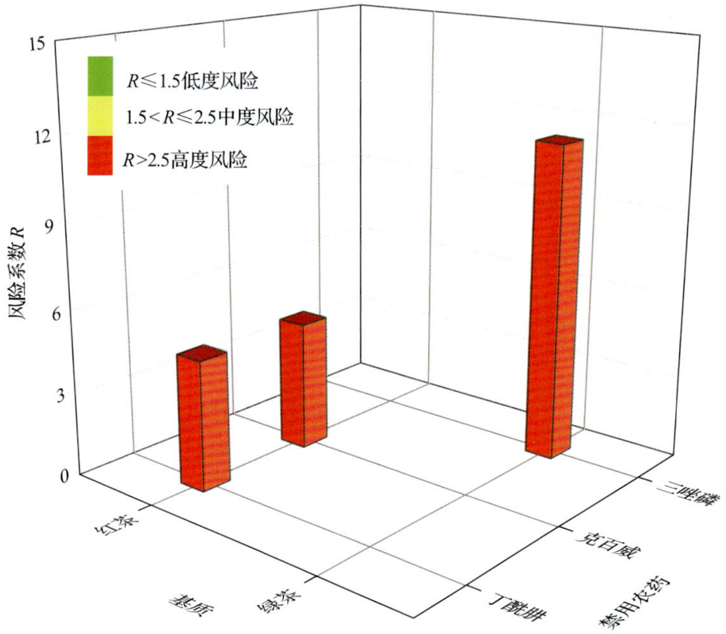

图 2-10　2 种茶叶中 3 种禁用农药残留的风险系数

表 2-6　2 种茶叶中 3 种禁用农药残留的风险系数表

序号	基质	农药	检出频次	检出率（%）	风险系数 R	风险程度
1	红茶	丁酰肼	1	0.04	4.67	高度风险
2	红茶	克百威	1	0.04	4.67	高度风险
3	绿茶	三唑磷	10	0.10	11.41	高度风险

2.3.1.2　基于 MRL 中国国家标准的单种茶叶中非禁用农药残留风险系数分析

参照中华人民共和国国家标准 GB 2763—2016 中农药残留限量计算每种茶叶中每种非禁用农药的超标率，进而计算其风险系数，根据风险系数大小判断残留农药的预警风险程度，茶叶中非禁用农药残留风险程度分布情况如图 2-11 所示。

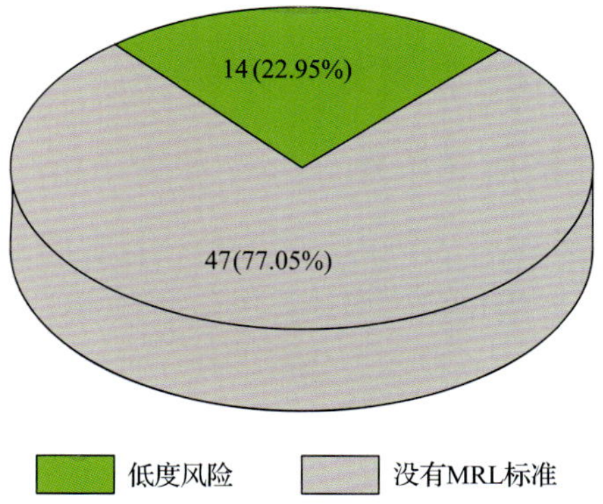

图 2-11　茶叶中非禁用农药残留的风险程度分布图（MRL 中国国家标准）

本次分析中，发现在 4 种茶叶检出 41 种残留非禁用农药，涉及样本 61 个，在 61 个样本中，22.95%处于低度风险，此外发现有 47 个样本没有 MRL 中国国家标准值，无法判断其风险程度，有 MRL 中国国家标准值的 14 个样本涉及 4 种茶叶中的 6 种非禁用农药，其风险系数 R 值如图 2-12 所示。

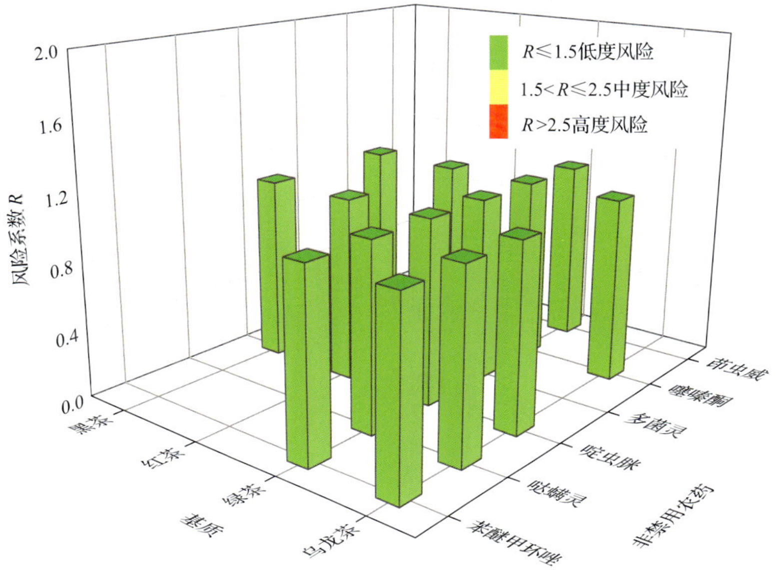

图 2-12　4 种茶叶中 6 种非禁用农药的风险系数分布图(MRL 中国国家标准)

2.3.1.3　基于 MRL 欧盟标准的单种茶叶中非禁用农药残留风险系数分析

参照 MRL 欧盟标准计算每种茶叶中每种非禁用农药的超标率，进而计算其风险系数，根据风险系数大小判断农药残留的预警风险程度，茶叶中非禁用农药残留风险程度分布情况如图 2-13 所示。

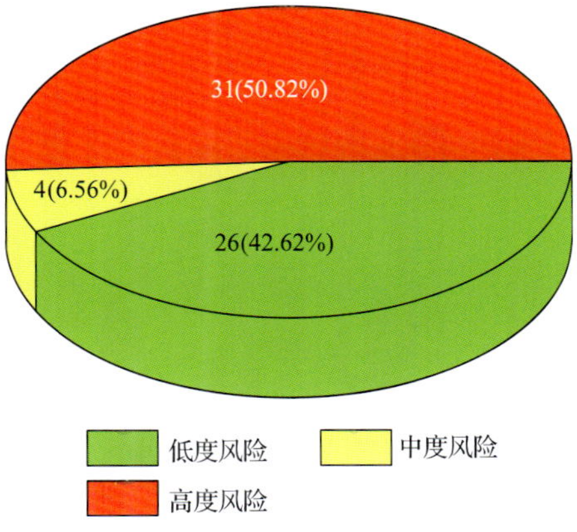

图 2-13　茶叶中非禁用农药残留的风险程度分布图(MRL 欧盟标准)

本次分析中，发现在 4 种茶叶中共侦测出 41 种非禁用农药，涉及样本 61 个，其中，50.82%处于高度风险，涉及 4 种茶叶和 23 种农药；6.56%处于中度风险，涉及 1 种茶叶和 4 种农药，42.62%处于低度风险，涉及 4 种茶叶和 20 种农药。单种茶叶中的非禁用农药风险系数分布图如图 2-14 所示。单种茶叶中处于高度风险的非禁用农药风险系数如图 2-15 和表 2-7 所示。

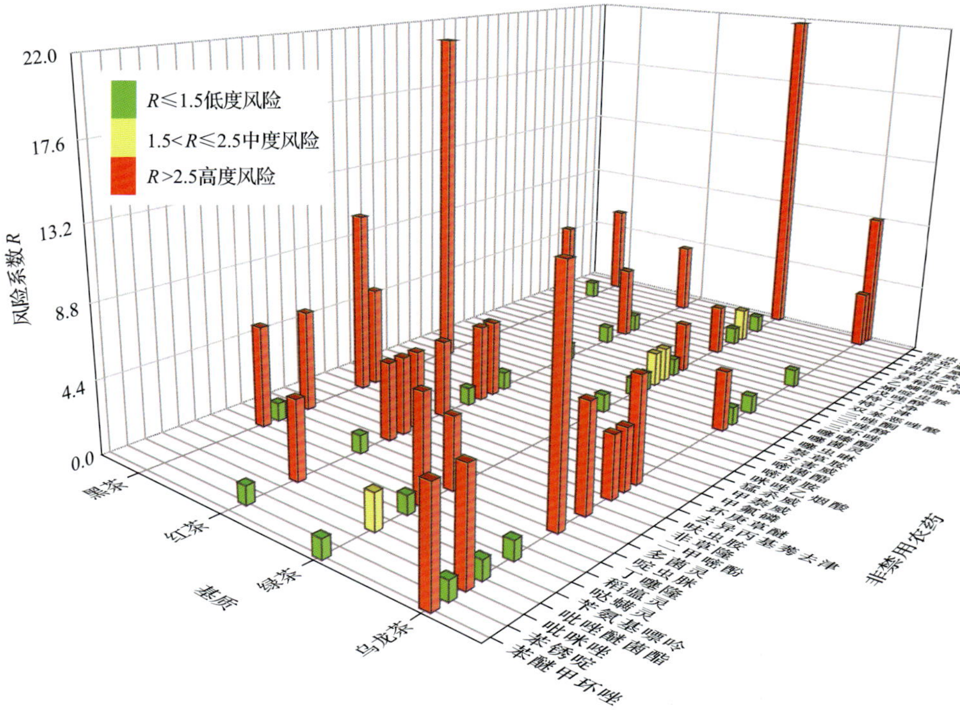

图 2-14　4 种茶叶中 41 种非禁用农药残留的风险系数（MRL 欧盟标准）

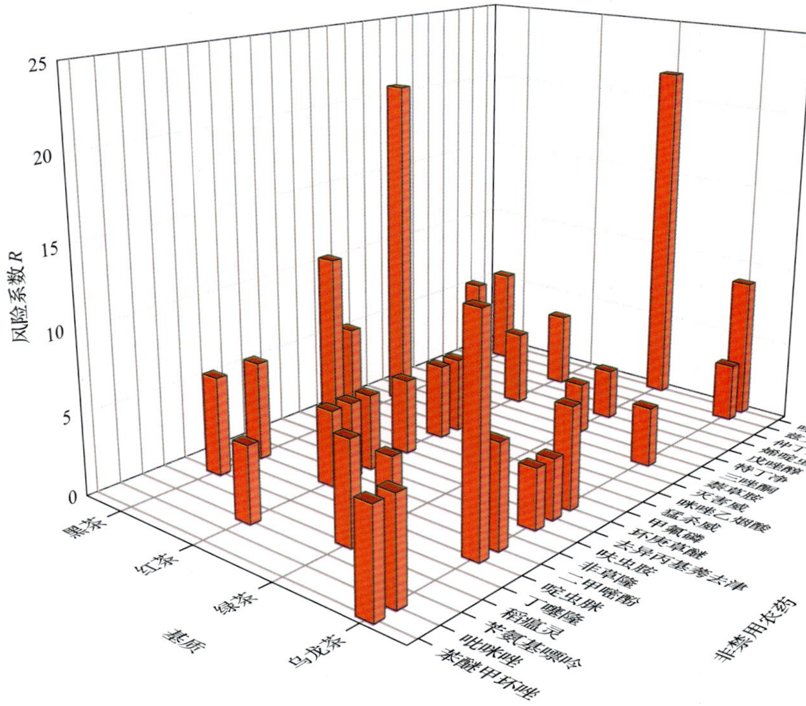

图 2-15　单种茶叶中处于高度风险的非禁用农药的风险系数（MRL 欧盟标准）

表 2-7　单种茶叶中处于高度风险的非禁用农药残留的风险系数表（MRL 欧盟标准）

序号	基质	农药	超标频次	超标率 P(%)	风险系数 R
1	绿茶	唑虫酰胺	20	0.21	21.72
2	黑茶	灭害威	4	0.20	21.10
3	乌龙茶	啶虫脒	5	0.13	13.92
4	黑茶	环庚草醚	2	0.10	11.10
5	乌龙茶	唑虫酰胺	3	0.08	8.79
6	绿茶	稻瘟灵	5	0.05	6.25
7	乌龙茶	二甲嘧酚	2	0.05	6.23
8	乌龙茶	吡咪唑	2	0.05	6.23
9	乌龙茶	环庚草醚	2	0.05	6.23
10	乌龙茶	苯醚甲环唑	2	0.05	6.23
11	黑茶	丁噻隆	1	0.05	6.10
12	黑茶	二甲嘧酚	1	0.05	6.10
13	黑茶	兹克威	1	0.05	6.10
14	黑茶	烯啶虫胺	1	0.05	6.10
15	黑茶	甲氟磷	1	0.05	6.10
16	红茶	二甲嘧酚	1	0.04	4.67
17	红茶	仲丁威	1	0.04	4.67
18	红茶	呋虫胺	1	0.04	4.67
19	红茶	咪唑乙烟酸	1	0.04	4.67
20	红茶	特丁净	1	0.04	4.67
21	红茶	猛杀威	1	0.04	4.67
22	红茶	环庚草醚	1	0.04	4.67
23	红茶	苄氨基嘌呤	1	0.04	4.67
24	红茶	非草隆	1	0.04	4.67
25	绿茶	啶虫脒	3	0.03	4.19
26	乌龙茶	兹克威	1	0.03	3.66
27	乌龙茶	呋虫胺	1	0.03	3.66
28	乌龙茶	氟氯氰菊酯	1	0.03	3.66
29	乌龙茶	萘草胺	1	0.03	3.66
30	绿茶	三唑酮	2	0.02	3.16
31	绿茶	戊唑醇	2	0.02	3.16

2.3.2 所有茶叶中农药残留风险系数分析

2.3.2.1 所有茶叶中禁用农药残留风险系数分析

在侦测出的 44 种农药中有 3 种为禁用农药，计算所有茶叶中禁用农药的风险系数，结果如表 2-8 所示。在 3 种禁用农药中，1 种农药残留处于高度风险，2 种农药残留处于中度风险。

表 2-8　茶叶中 3 种禁用农药的风险系数表

序号	农药	检出频次	检出率(%)	风险系数 *R*	风险程度
1	三唑磷	10	0.05	6.53	高度风险
2	丁酰肼	1	0.01	1.64	中度风险
3	克百威	1	0.01	1.64	中度风险

2.3.2.2 所有茶叶中非禁用农药残留风险系数分析

参照 MRL 欧盟标准计算所有茶叶中每种非禁用农药残留的风险系数，如图 2-16 与表 2-9 所示。在侦测出的 41 种非禁用农药中，6 种农药(14.63%)残留处于高度风险，21 种农药(51.22%)残留处于中度风险，14 种农药(34.15%)残留处于低度风险。

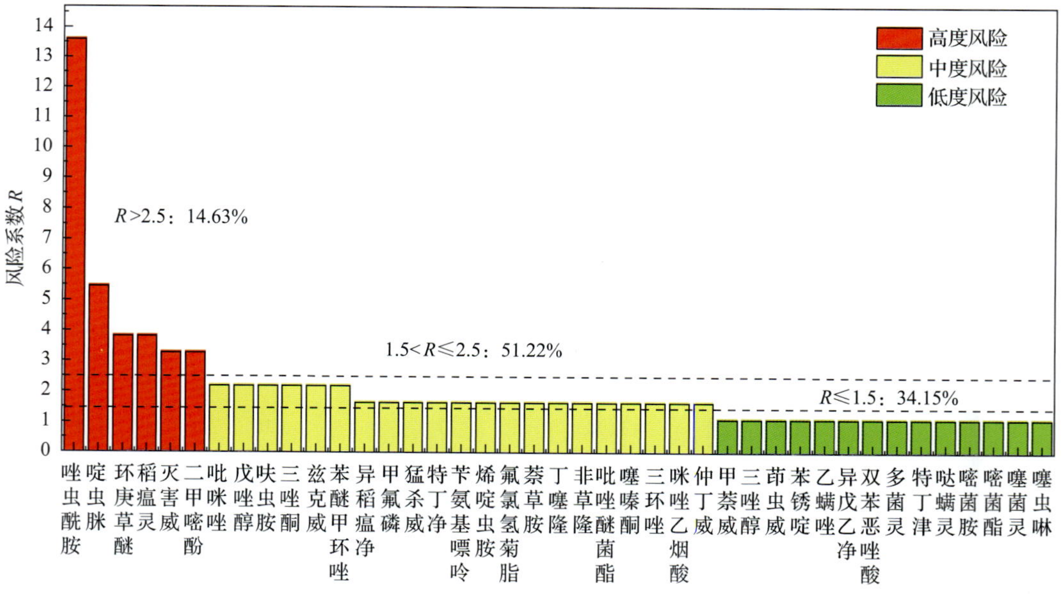

图 2-16　茶叶中 41 种非禁用农药的风险程度统计图

表 2-9 茶叶中 41 种非禁用农药的风险系数表

序号	农药	超标频次	超标率 P(%)	风险系数 R	风险程度
1	唑虫酰胺	23	0.13	13.60	高度风险
2	啶虫脒	8	0.04	5.45	高度风险
3	环庚草醚	5	0.03	3.82	高度风险
4	稻瘟灵	5	0.03	3.82	高度风险
5	灭害威	4	0.02	3.27	高度风险
6	二甲嘧酚	4	0.02	3.27	高度风险
7	吡咪唑	2	0.01	2.19	中度风险
8	戊唑醇	2	0.01	2.19	中度风险
9	呋虫胺	2	0.01	2.19	中度风险
10	三唑酮	2	0.01	2.19	中度风险
11	兹克威	2	0.01	2.19	中度风险
12	苯醚甲环唑	2	0.01	2.19	中度风险
13	异稻瘟净	1	0.01	1.64	中度风险
14	甲氟磷	1	0.01	1.64	中度风险
15	猛杀威	1	0.01	1.64	中度风险
16	特丁净	1	0.01	1.64	中度风险
17	苄氨基嘌呤	1	0.01	1.64	中度风险
18	烯啶虫胺	1	0.01	1.64	中度风险
19	氟氯氰菊酯	1	0.01	1.64	中度风险
20	萘草胺	1	0.01	1.64	中度风险
21	丁噻隆	1	0.01	1.64	中度风险
22	非草隆	1	0.01	1.64	中度风险
23	吡唑醚菌酯	1	0.01	1.64	中度风险
24	噻嗪酮	1	0.01	1.64	中度风险
25	三环唑	1	0.01	1.64	中度风险
26	咪唑乙烟酸	1	0.01	1.64	中度风险
27	仲丁威	1	0.01	1.64	中度风险
28	甲萘威	0	0.00	1.10	低度风险
29	三唑醇	0	0.00	1.10	低度风险
30	茚虫威	0	0.00	1.10	低度风险
31	苯锈啶	0	0.00	1.10	低度风险
32	乙螨唑	0	0.00	1.10	低度风险
33	异戊乙净	0	0.00	1.10	低度风险
34	双苯噁唑酸	0	0.00	1.10	低度风险
35	多菌灵	0	0.00	1.10	低度风险
36	特丁津	0	0.00	1.10	低度风险
37	哒螨灵	0	0.00	1.10	低度风险
38	嘧菌胺	0	0.00	1.10	低度风险
39	嘧菌酯	0	0.00	1.10	低度风险
40	噻菌灵	0	0.00	1.10	低度风险
41	噻虫啉	0	0.00	1.10	低度风险

2.4 LC-Q-TOF/MS 侦测郑州市市售茶叶农药残留风险评估结论与建议

农药残留是影响茶叶安全和质量的主要因素，也是我国食品安全领域备受关注的敏感话题和亟待解决的重大问题之一[15,16]。各种茶叶均存在不同程度的农药残留现象，本研究主要针对郑州市各类茶叶存在的农药残留问题，基于 2019 年 2 月对郑州市 184 例茶叶样品中农药残留侦测得出的 222 个侦测结果，分别采用食品安全指数模型和风险系数模型，开展茶叶中农药残留的膳食暴露风险和预警风险评估。茶叶样品取自超市和茶叶专营店，符合大众的膳食来源，风险评价时更具有代表性和可信度。

本研究力求通用简单地反映食品安全中的主要问题，且为管理部门和大众容易接受，为政府及相关管理机构建立科学的食品安全信息发布和预警体系提供科学的规律与方法，加强对农药残留的预警和食品安全重大事件的预防，控制食品风险。

2.4.1 郑州市茶叶中农药残留膳食暴露风险评价结论

1）茶叶样品中农药残留安全状态评价结论

采用食品安全指数模型，对 2019 年 2 月期间郑州市茶叶农药残留膳食暴露风险进行评价，根据 IFS_c 的计算结果发现，茶叶中农药的 $\overline{IFS}$ 为 0.000008，说明郑州市茶叶总体处于可以接受的安全状态，但部分禁用农药、高残留农药在茶叶中仍有侦测出，导致膳食暴露风险的存在，成为不安全因素。

2）禁用农药膳食暴露风险评价

本次检测发现部分茶叶样品中有禁用农药侦测出，侦测出禁用农药 3 种，侦测出频次为 12，茶叶样品中的禁用农药 IFS_c 计算结果表明，禁用农药残留膳食暴露风险没有影响的频次为 12，占 100.00%。

2.4.2 郑州市茶叶中农药残留预警风险评价结论

1）单种茶叶中禁用农药残留的预警风险评价结论

本次检测过程中，在 2 种茶叶中检测出 3 种禁用农药，禁用农药为：丁酰肼、克百威、三唑磷，茶叶为：红茶、绿茶，茶叶中禁用农药的风险系数分析结果显示，2 种禁用农药在 3 种茶叶中的残留均处于高度风险，说明在单种茶叶中禁用农药的残留会导致较高的预警风险。

2）单种茶叶中非禁用农药残留的预警风险评价结论

以 MRL 中国国家标准为标准，计算茶叶中非禁用农药风险系数情况下，61 个样本中，14 个处于低度风险（22.95%），47 个样本没有 MRL 中国国家标准（77.05%）。以 MRL 欧盟标准为标准，计算茶叶中非禁用农药风险系数情况下，发现有 31 个处于高度风险

(50.82%)，4 个处于中度风险(6.56%)，26 个处于低度风险(42.62%)。基于两种 MRL 标准，评价的结果差异显著，可以看出 MRL 欧盟标准比中国国家标准更加严格和完善，过于宽松的 MRL 中国国家标准值能否有效保障人体的健康有待研究。

2.4.3 加强郑州市茶叶食品安全建议

我国食品安全风险评价体系仍不够健全，相关制度不够完善，多年来，由于农药用药次数多、用药量大或用药间隔时间短，产品残留量大，农药残留所造成的食品安全问题日益严峻，给人体健康带来了直接或间接的危害。据估计，美国与农药有关的癌症患者数约占全国癌症患者总数的 50%，中国更高。同样，农药对其他生物也会形成直接杀伤和慢性危害，植物中的农药可经过食物链逐级传递并不断蓄积，对人和动物构成潜在威胁，并影响生态系统。

基于本次农药残留侦测数据的风险评价结果，提出以下几点建议：

1) 加快食品安全标准制定步伐

我国食品标准中对农药每日允许最大摄入量 ADI 的数据严重缺乏，在本次评价所涉及的 44 种农药中，仅有 63.6%的农药具有 ADI 值，而 36.4%的农药中国尚未规定相应的 ADI 值，亟待完善。

我国食品中农药最大残留限量值的规定严重缺乏，对评估涉及的不同茶叶中不同农药 64 个 MRL 限值进行统计来看，我国仅制定出 15 个标准，我国标准完整率仅为 23.4%，欧盟的完整率达到 100%(表 2-10)。因此，中国更应加快 MRL 的制定步伐。

表 2-10 我国国家食品标准农药的 ADI、MRL 值与欧盟标准的数量差异

分类		中国 ADI	MRL 中国国家标准	MRL 欧盟标准
标准限值(个)	有	28	15	64
	无	16	49	0
总数(个)		44	64	64
无标准限值比例(%)		36.4	76.6	0

此外，MRL 中国国家标准限值普遍高于欧盟标准限值，这些标准中共有 13 个高于欧盟。过高的 MRL 值难以保障人体健康，建议继续加强对限值基准和标准的科学研究，将农产品中的危险性减少到尽可能低的水平。

2) 加强农药的源头控制和分类监管

在郑州市某些茶叶中仍有禁用农药残留，利用 LC-Q-TOF/MS 技术侦测出 3 种禁用农药，检出频次为 12 次，残留禁用农药均存在较大的膳食暴露风险和预警风险。早已列入黑名单的禁用农药在我国并未真正退出，有些药物由于价格便宜、工艺简单，此类高毒农药一直生产和使用。建议在我国采取严格有效的控制措施，从源头控制禁用农药。

对于非禁用农药，在我国作为“田间地头”最典型单位的县级茶叶产地中，农药残留的检测几乎缺失。建议根据农药的毒性，对高毒、剧毒、中毒农药实现分类管理，减少使用高毒和剧毒高残留农药，进行分类监管。

3）加强农药生物基准和降解技术研究

市售茶叶残留农药的品种多、频次高、禁用农药多次检出这一现状，说明了我国的田间土壤和水体因农药长期、频繁、不合理的使用而遭到严重污染。为此，建议中国相关部门出台相关政策，鼓励高校及科研院所积极开展分子生物学、酶学等研究，加强土壤、水体中残留农药的生物修复及降解新技术研究，切实加大农药监管力度，以控制农药的面源污染问题。

综上所述，在本工作基础上，根据茶叶残留危害，可进一步针对其成因提出和采取严格管理、大力推广无公害茶叶种植与生产、健全食品安全控制技术体系、加强茶叶质量检测体系建设和积极推行茶叶质量追溯制度等相应对策。建立和完善食品安全综合评价指数与风险监测预警系统，对食品安全进行实时、全面的监控与分析，为我国的食品安全科学监管与决策提供新的技术支持，可实现各类检验数据的信息化系统管理，降低食品安全事故的发生。

第 3 章　GC-Q-TOF/MS 侦测郑州市 184 例市售茶叶样品农药残留报告

从郑州市所属 4 个区，随机采集了 184 例茶叶样品，使用气相色谱-四极杆飞行时间质谱(GC-Q-TOF/MS)对 684 种农药化学污染物示范侦测。

3.1　样品种类、数量与来源

3.1.1　样品采集与检测

为了真实反映百姓日常饮用的茶叶中农药残留污染状况，本次所有检测样品均由检验人员于 2019 年 2 月期间，从郑州市所属 11 个采样点，包括 1 个茶叶专营店 10 个超市，以随机购买方式采集，总计 11 批 184 例样品，从中检出农药 50 种，562 频次。采样及监测概况见图 3-1 及表 3-1，样品及采样点明细见表 3-2 及表 3-3(侦测原始数据见附表 1)。

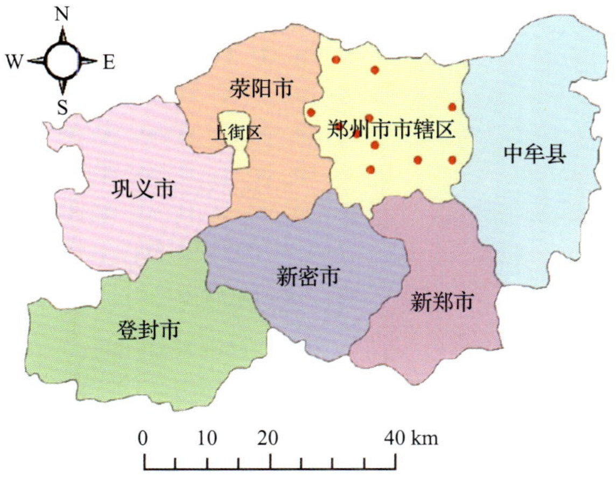

序号	行政区域	茶叶采样量
1	二七区	35
2	管城回族区	25
3	金水区	83
4	中原区	41

图 3-1　郑州市所属 11 个采样点 184 例样品分布图

表 3-1　农药残留监测总体概况

采样地区	郑州市所属 4 个区
采样点(茶叶专营店+超市)	11
样本总数	184
检出农药品种/频次	50/562
各采样点样本农药残留检出率范围	60.0%~100.0%

表 3-2　样品分类及数量

样品分类	样品名称（数量）	数量小计
1. 茶叶		184
1）发酵类茶叶	黑茶（20），红茶（28），乌龙茶（39）	87
2）未发酵类茶叶	绿茶（97）	97
合计	1.茶叶 4 种	184

表 3-3　郑州市采样点信息

采样点序号	行政区域	采样点
茶叶专营店（1）		
1	管城回族区	***茶庄
超市（10）		
1	二七区	***超市（二七店）
2	二七区	***超市（金博大店）
3	管城回族区	***超市（人民路店）
4	金水区	***超市（丹尼斯大卫城店）
5	金水区	***超市（丰产路店）
6	金水区	***超市（未来店）
7	金水区	***超市（花园路店）
8	中原区	***超市（秦岭路店）
9	中原区	***超市（锦艺店）
10	中原区	***超市（郑州万达广场店）

3.1.2　检测结果

这次使用的检测方法是庞国芳院士团队最新研发的不需使用标准品对照，而以高分辨精确质量数（0.0001 *m/z*）为基准的 GC-Q-TOF/MS 检测技术，对于 184 例样品，每个样品均侦测了 684 种农药化学污染物的残留现状。通过本次侦测，在 184 例样品中共计检出农药化学污染物 50 种，检出 562 频次。

3.1.2.1　各采样点样品检出情况

统计分析发现 11 个采样点中，被测样品的农药检出率范围为 60.0%~100.0%。其中，***超市（人民路店）的检出率最高，为 100.0%。***超市（郑州万达广场店）的检出率最低，为 60.0%，见图 3-2。

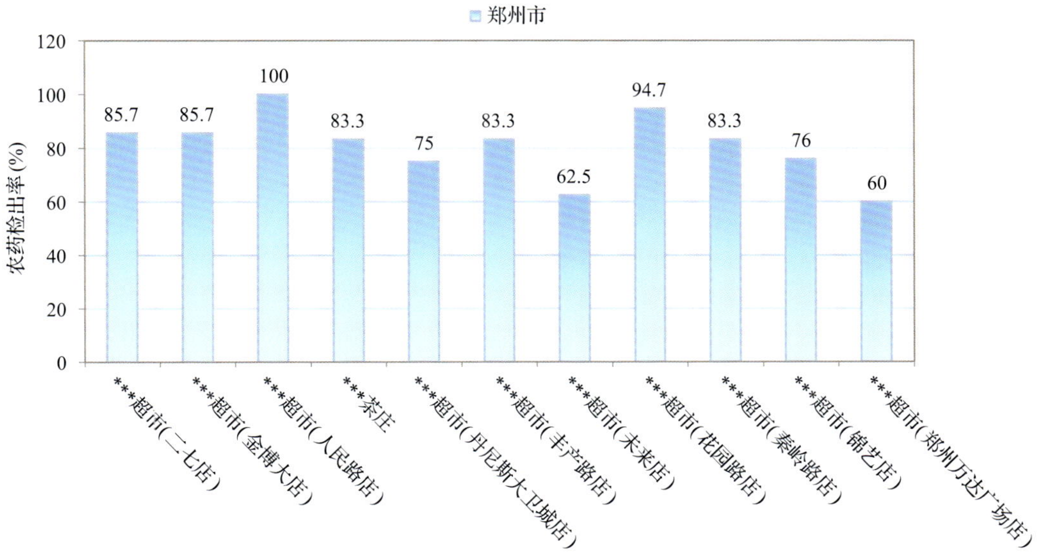

图 3-2 各采样点样品中的农药检出率

3.1.2.2 检出农药的品种总数与频次

统计分析发现，对于 184 例样品中 684 种农药化学污染物的侦测，共检出农药 562 频次，涉及农药 50 种，结果如图 3-3 所示。其中烯虫炔酯检出频次最高，共检出 61 次。检出频次排名前 10 的农药如下：①烯虫炔酯(61)，②异丙威(51)，③速灭威(46)，④联苯菊酯(40)，⑤呋草黄(27)，⑥二苯胺(25)，⑦烯虫酯(24)，⑧甲醚菊酯(20)，⑨仲丁威(20)，⑩噁虫威(19)。

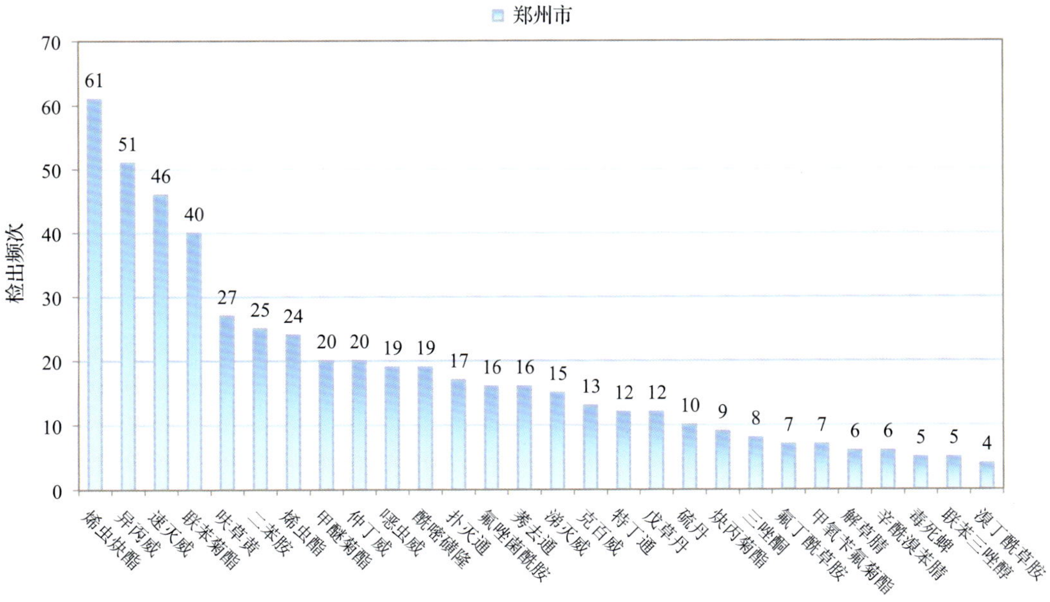

图 3-3 检出农药品种及频次(仅列出 4 频次及以上的数据)

由图 3-4 可见，红茶、绿茶和黑茶这 3 种茶叶样品中检出的农药品种数较高，均超过 20 种，其中，红茶检出农药品种最多，为 32 种。由图 3-5 可见，绿茶、黑茶和红茶这 3 种茶叶样品中的农药检出频次较高，均超过 100 次，其中，绿茶检出农药频次最高，为 184 次。

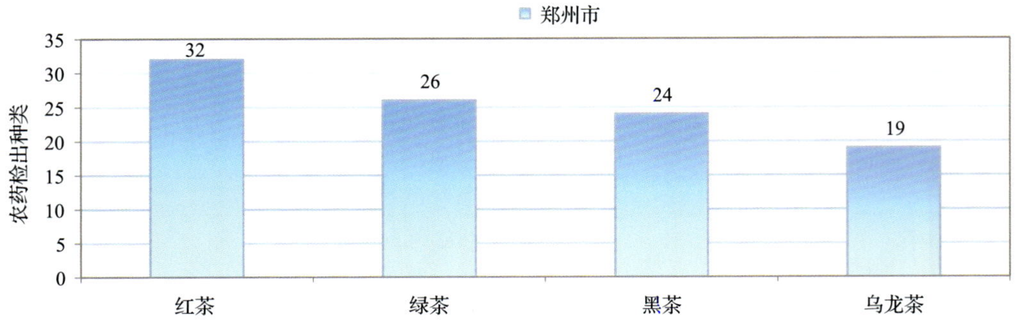

图 3-4　单种茶叶检出农药的种类数

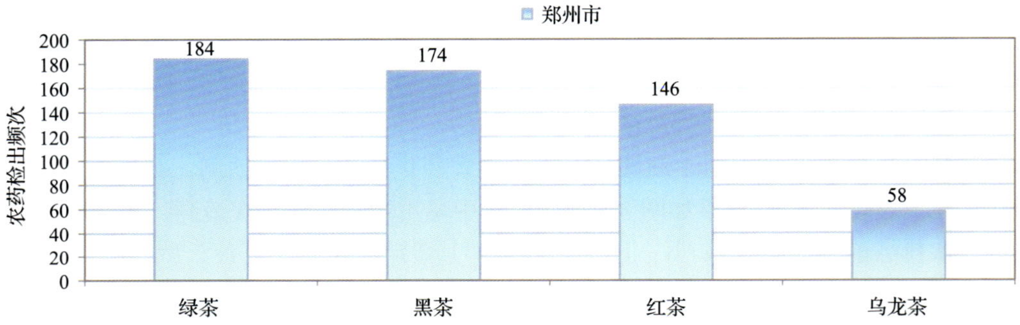

图 3-5　单种茶叶检出农药频次

3.1.2.3　单例样品农药检出种类与占比

对单例样品检出农药种类和频次进行统计发现，未检出农药的样品占总样品数的 19.6%，检出 1 种农药的样品占总样品数的 31.5%，检出 2~5 种农药的样品占总样品数的 29.9%，检出 6~10 种农药的样品占总样品数的 11.4%，检出大于 10 种农药的样品占总样品数的 7.6%。每例样品中平均检出农药为 3.1 种，数据见表 3-4 及图 3-6。

表 3-4　单例样品检出农药品种占比

检出农药品种数	样品数量/占比（%）
未检出	36/19.6
1 种	58/31.5
2~5 种	55/29.9
6~10 种	21/11.4
大于 10 种	14/7.6
单例样品平均检出农药品种	3.1 种

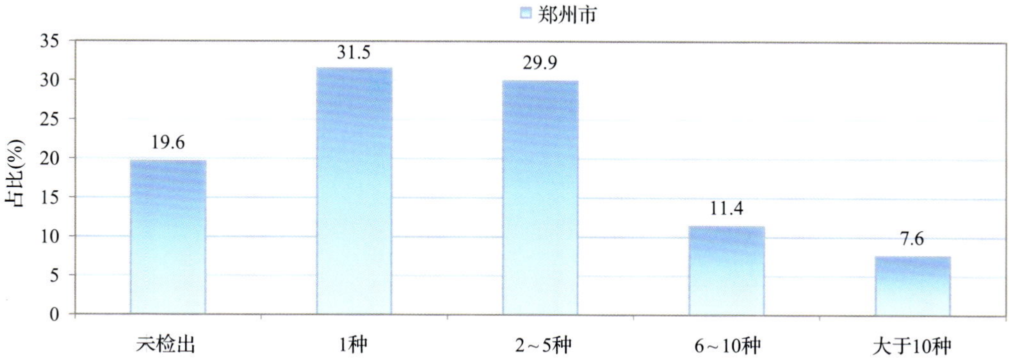

图 3-6 单例样品平均检出农药品种及占比

3.1.2.4 检出农药类别与占比

所有检出农药按功能分类，包括杀虫剂、除草剂、杀菌剂、杀螨剂和其他共 5 类。其中杀虫剂与除草剂为主要检出的农药类别，分别占总数的 36.0%和 34.0%，见表 3-5 及图 3-7。

表 3-5 检出农药所属类别/占比

农药类别	数量/占比(%)
杀虫剂	18/36.0
除草剂	17/34.0
杀菌剂	8/16.0
杀螨剂	4/8.0
其他	3/6.0

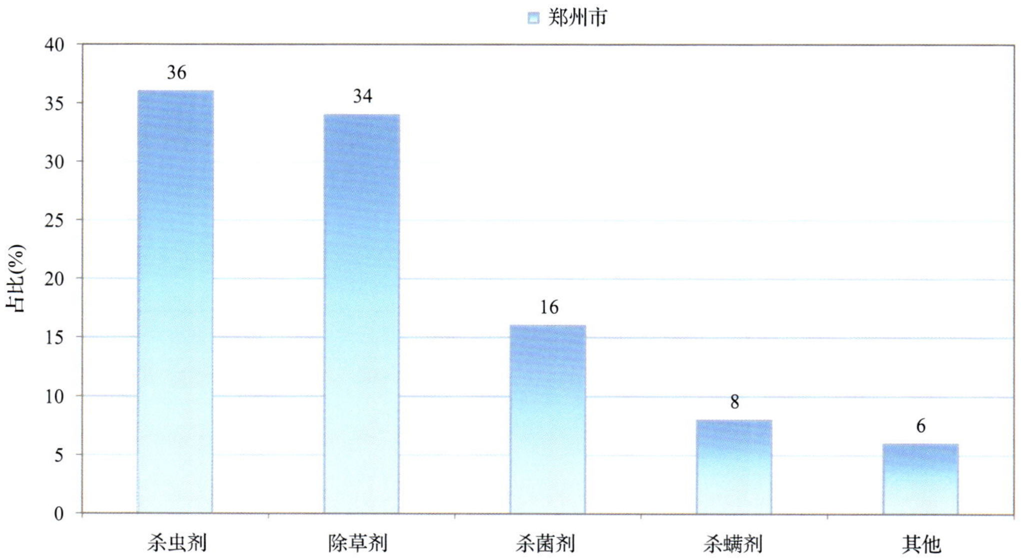

图 3-7 检出农药所属类别和占比

3.1.2.5 检出农药的残留水平

按检出农药残留水平进行统计，残留水平在 1~5 μg/kg（含）的农药占总数的 14.9%，在 5~10 μg/kg（含）的农药占总数的 20.1%，在 10~100 μg/kg（含）的农药占总数的 61.2%，在 100~1000 μg/kg 的农药占总数的 3.7%。

由此可见，这次检测的 11 批 184 例茶叶样品中农药多数处于中高残留水平。结果见表 3-6 及图 3-8，数据见附表 2。

表 3-6 农药残留水平/占比

残留水平（μg/kg）	检出频次数/占比（%）
1~5（含）	84/14.9
5~10（含）	113/20.1
10~100（含）	344/61.2
100~1000	21/3.7

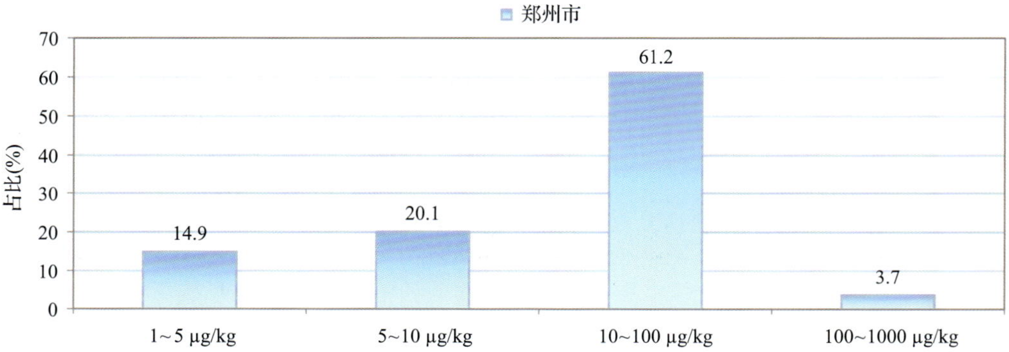

图 3-8 检出农药残留水平及占比

3.1.2.6 检出农药的毒性类别、检出频次和超标频次及占比

对这次检出的 50 种 562 频次的农药，按剧毒、高毒、中毒、低毒和微毒这五个毒性类别进行分类，从中可以看出，郑州市目前普遍使用的农药为中低微毒农药，品种占 94.0%，频次占 94.5%。结果见表 3-7 及图 3-9。

表 3-7 检出农药毒性类别/占比

毒性分类	农药品种/占比（%）	检出频次/占比（%）	超标频次/超标率（%）
剧毒农药	1/2.0	15/2.7	0/0.0
高毒农药	2/4.0	16/2.8	6/37.5
中毒农药	19/38.0	239/42.5	0/0.0
低毒农药	17/34.0	177/31.5	0/0.0
微毒农药	11/22.0	115/20.5	0/0.0

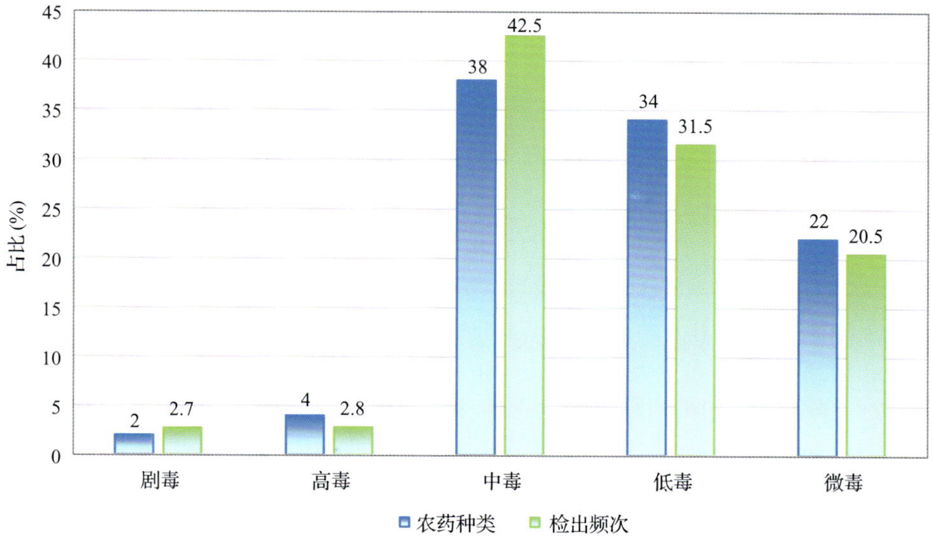

图 3-9　检出农药的毒性分类和占比

3.1.2.7　检出剧毒/高毒类农药的品种和频次

值得特别关注的是，在此次侦测的 184 例样品中有 3 种茶叶的 27 例样品检出了 3 种 31 频次的剧毒和高毒农药，占样品总量的 14.7%，详见图 3-10、表 3-8 及表 3-9。

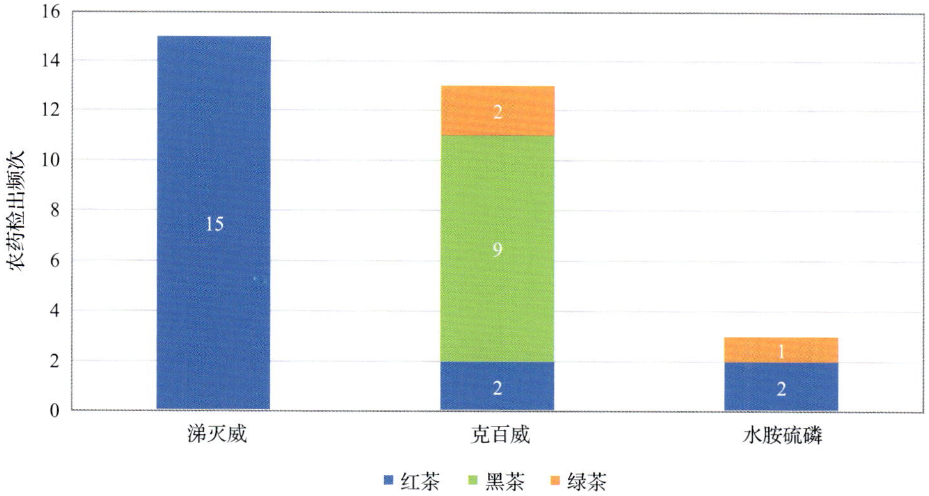

图 3-10　检出剧毒/高毒农药的样品情况

表 3-8　剧毒农药检出情况

序号	农药名称	检出频次	超标频次	超标率
从 1 种茶叶中检出 1 种剧毒农药，共计检出 15 次				
1	涕灭威*	15	0	0.0%
合计		15	0	超标率：0.0%

表 3-9　高毒农药检出情况

序号	农药名称	检出频次	超标频次	超标率
从 3 种茶叶中检出 2 种高毒农药，共计检出 16 次				
1	克百威	13	5	38.5%
2	水胺硫磷	3	1	33.3%
合计		16	6	超标率：37.5%

在检出的剧毒和高毒农药中，有 3 种是我国早已禁止在茶叶上使用的，分别是：克百威、水胺硫磷和涕灭威。禁用农药的检出情况见表 3-10。

表 3-10　禁用农药检出情况

序号	农药名称	检出频次	超标频次	超标率
从 3 种茶叶中检出 6 种禁用农药，共计检出 47 次				
1	涕灭威*	15	0	0.0%
2	克百威	13	5	38.5%
3	硫丹	10	0	0.0%
4	毒死蜱	5	0	0.0%
5	水胺硫磷	3	1	33.3%
6	三氯杀螨醇	1	0	0.0%
合计		47	6	超标率：12.8%

注：表中*为剧毒农药；超标结果参考 MRL 中国国家标准计算

此次抽检的茶叶样品中，有 1 种茶叶检出了剧毒农药，为红茶中检出涕灭威 15 次。

样品中检出剧毒和高毒农药残留水平超过 MRL 中国国家标准的频次为 6 次，其中：黑茶检出克百威超标 3 次；绿茶检出克百威超标 2 次，检出水胺硫磷超标 1 次。本次检出结果表明，高毒、剧毒农药的使用现象依旧存在。详见表 3-11。

表 3-11　各样本中检出剧毒/高毒农药情况

样品名称	农药名称	检出频次	超标频次	检出浓度（μg/kg）
茶叶 3 种				
黑茶	克百威▲	9	3	159.0[a], 51.4[a], 91.0[a], 16.5, 31.1, 30.5, 4.0, 47.7, 34.5
红茶	涕灭威*▲	15	0	8.4, 6.2, 40.7, 161.6, 7.4, 66.9, 60.8, 20.9, 109.0, 53.5, 53.1, 53.4, 79.7, 124.2, 4.5
红茶	克百威▲	2	0	17.4, 44.0
红茶	水胺硫磷▲	2	0	15.5, 15.5
绿茶	克百威▲	2	2	56.6[a], 92.8[a]
绿茶	水胺硫磷▲	1	1	78.2[a]
合计		31	6	超标率：19.4%

注：表中*为剧毒农药；▲为禁用农药；a 为超标结果（参考 MRL 中国国家标准）

3.2　农药残留检出水平与最大残留限量标准对比分析

我国于 2016 年 12 月 18 日正式颁布并于 2017 年 6 月 18 日正式实施食品农药残留限量国家标准《食品中农药最大残留限量》(GB 2763—2016)。该标准包括 417 个农药条目，涉及最大残留限量(MRL)标准 4140 项。将 562 频次检出农药的浓度水平与 4140 项国家 MRL 标准进行核对，其中只有 79 频次的结果找到了对应的 MRL，占 14.1%，还有 483 频次的结果则无相关 MRL 标准供参考，占 85.9%。

将此次侦测结果与国际上现行 MRL 对比发现，在 562 频次的检出结果中有 562 频次的结果找到了对应的 MRL 欧盟标准，占 100.0%；其中，212 频次的结果有明确对应的 MRL，占 37.7%，其余 350 频次按照欧盟一律标准判定，占 62.3%；有 562 频次的结果找到了对应的 MRL 日本标准，占 100.0%；其中，122 频次的结果有明确对应的 MRL，占 21.7%，其余 440 频次按照日本一律标准判定，占 78.3%；有 63 频次的结果找到了对应的 MRL 中国香港标准，占 11.2%；有 59 频次的结果找到了对应的 MRL 美国标准，占 10.5%；有 61 频次的结果找到了对应的 MRL CAC 标准，占 10.9%。(见图 3-11 和图 3-12，数据见附表 3 至附表 8)

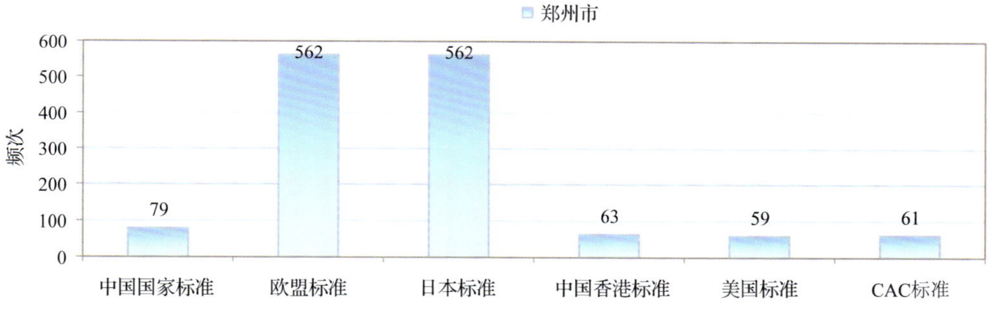

图 3-11　562 频次检出农药可用 MRL 中国国家标准、欧盟标准、日本标准、中国香港标准、美国标准、CAC 标准判定衡量的数量

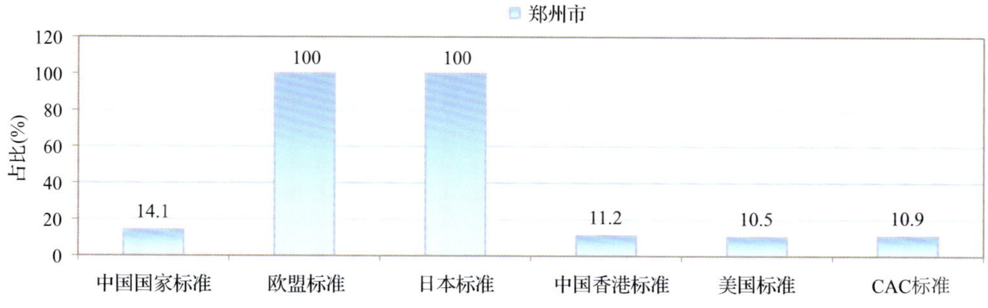

图 3-12　562 频次检出农药可用 MRL 中国国家标准、欧盟标准、日本标准、中国香港标准、美国标准、CAC 标准衡量的占比

3.2.1　超标农药样品分析

本次侦测的 184 例样品中，36 例样品未检出任何残留农药，占样品总量的 19.6%，

148 例样品检出不同水平、不同种类的残留农药，占样品总量的 80.4%。在此，我们将本次侦测的农残检出情况与 MRL 中国国家标准、欧盟标准、日本标准、中国香港标准、美国标准和 CAC 标准这 6 大国际主流 MRL 标准进行对比分析，样品农残检出与超标情况见表 3-12、图 3-13 和图 3-14，详细数据见附表 9 至附表 14。

表 3-12 各 MRL 标准下样本农残检出与超标数量及占比

	MRL 中国国家标准 数量/占比(%)	MRL 欧盟标准 数量/占比(%)	MRL 日本标准 数量/占比(%)	MRL 中国香港标准 数量/占比(%)	MRL 美国标准 数量/占比(%)	MRL CAC 标准 数量/占比(%)
未检出	36/19.6	36/19.6	36/19.6	36/19.6	36/19.6	36/19.6
检出未超标	142/77.2	47/25.5	44/23.9	148/80.4	148/80.4	148/80.4
检出超标	6/3.3	101/54.9	104/56.5	0/0.0	0/0.0	0/0.0

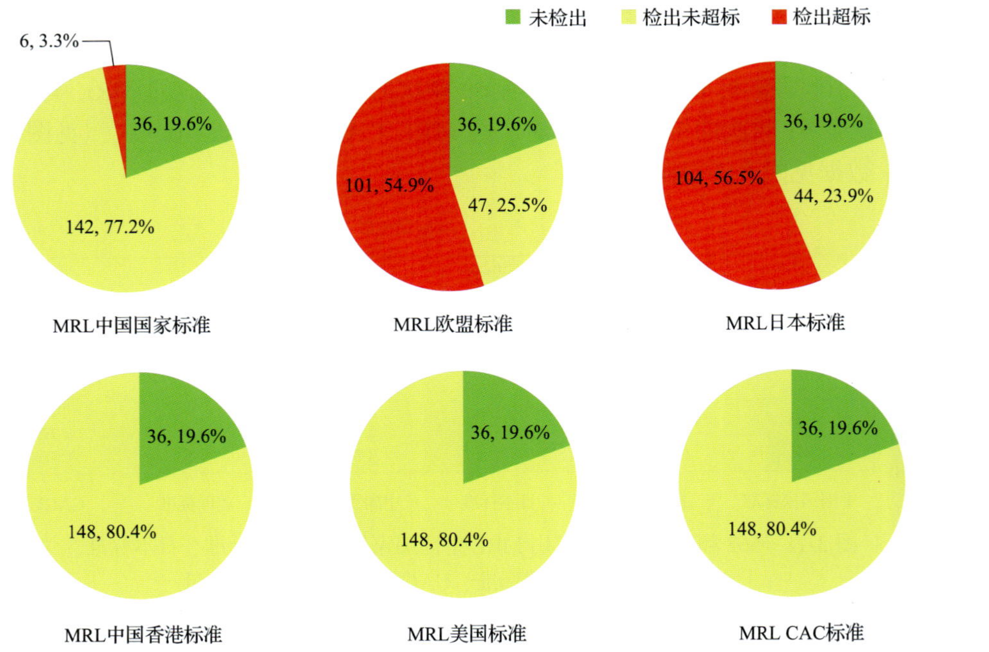

图 3-13 检出和超标样品比例情况

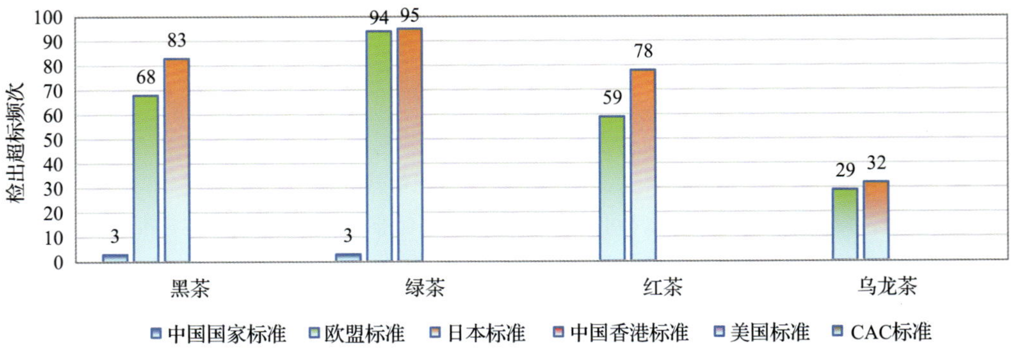

图 3-14 超过 MRL 中国国家标准、欧盟标准、日本标准、中国香港标准、美国标准、CAC 标准结果在茶叶中的分布

3.2.2 超标农药种类分析

按照 MRL 中国国家标准、欧盟标准、日本标准、中国香港标准、美国标准和 CAC 标准这 6 大国际主流 MRL 标准衡量,本次侦测检出的农药超标品种及频次情况见表 3-13。

表 3-13 各 MRL 标准下超标农药品种及频次

	MRL 中国国家标准	MRL 欧盟标准	MRL 日本标准	MRL 中国香港标准	MRL 美国标准	MRL CAC 标准
超标农药品种	2	31	32	0	0	0
超标农药频次	6	250	288	0	0	0

3.2.2.1 按 MRL 中国国家标准衡量

按 MRL 中国国家标准衡量，共有 2 种农药超标，检出 6 频次，分别为高毒农药克百威和水胺硫磷。

按超标程度比较，黑茶中克百威超标 2.2 倍，绿茶中克百威超标 0.9 倍，绿茶中水胺硫磷超标 0.6 倍。检测结果见图 3-15 和附表 15。

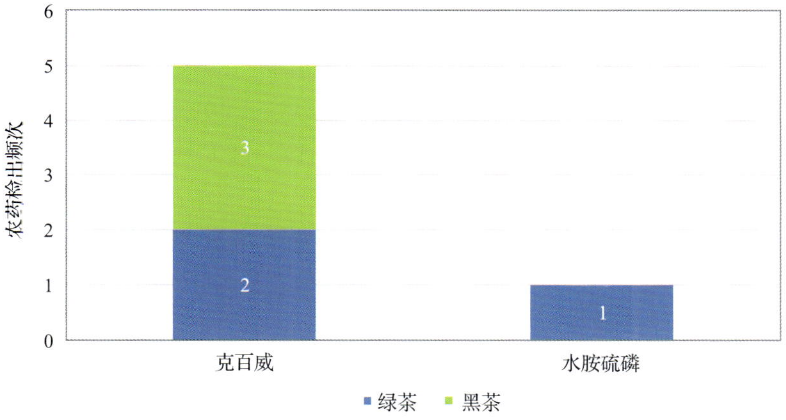

图 3-15 超过 MRL 中国国家标准农药品种及频次

3.2.2.2 按 MRL 欧盟标准衡量

按 MRL 欧盟标准衡量，共有 31 种农药超标，检出 250 频次，分别为剧毒农药涕灭威，高毒农药克百威和水胺硫磷，中毒农药速灭威、氯氟氰菊酯、异丙威、特丁通、三唑酮、仲丁威、炔丙菊酯、噁虫威和辛酰溴苯腈，低毒农药氟唑菌酰胺、乙草胺、邻苯二甲酰亚胺、莠去通、呋草黄、酰嘧磺隆、猛杀威、扑灭通、甲醚菊酯、新燕灵、二苯胺、戊草丹和甲氧苄氟菊酯，微毒农药烯虫炔酯、氟丁酰草胺、吡喃灵、溴丁酰草胺、胺菊酯和解草腈。

按超标程度比较，黑茶中戊草丹超标 31.4 倍，绿茶中速灭威超标 16.5 倍，黑茶中炔丙菊酯超标 15.4 倍，黑茶中仲丁威超标 13.8 倍，红茶中莠去通超标 13.8 倍。检测结果见图 3-16 和附表 16。

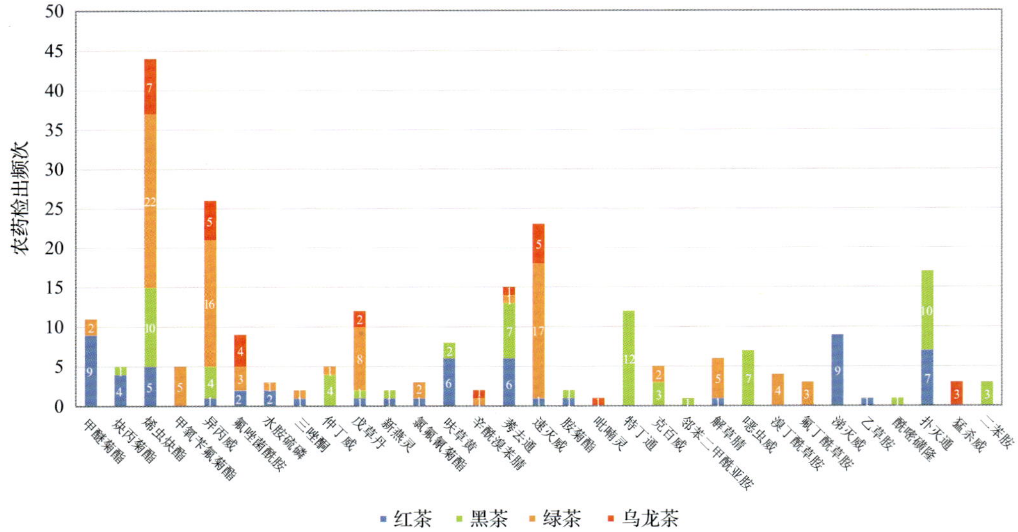

图 3-16　超过 MRL 欧盟标准农药品种及频次

3.2.2.3　按 MRL 日本标准衡量

按 MRL 日本标准衡量，共有 32 种农药超标，检出 288 频次，分别为剧毒农药涕灭威，高毒农药水胺硫磷，中毒农药速灭威、异丙威、特丁通、毒草胺、仲丁威、甲草胺、炔丙菊酯、噁虫威和辛酰溴苯腈，低毒农药氟唑菌酰胺、异丙草胺、乙草胺、邻苯二甲酰亚胺、莠去通、呋草黄、酰嘧磺隆、猛杀威、扑灭通、甲醚菊酯、新燕灵、二苯胺、戊草丹和甲氧苄氟菊酯，微毒农药烯虫酯、烯虫炔酯、氟丁酰草胺、吡喃灵、溴丁酰草胺、胺菊酯和解草腈。

按超标程度比较，黑茶中戊草丹超标 31.4 倍，绿茶中速灭威超标 16.5 倍，黑茶中炔丙菊酯超标 15.4 倍，红茶中涕灭威超标 15.2 倍，黑茶中仲丁威超标 13.8 倍。检测结果见图 3-17 和附表 17。

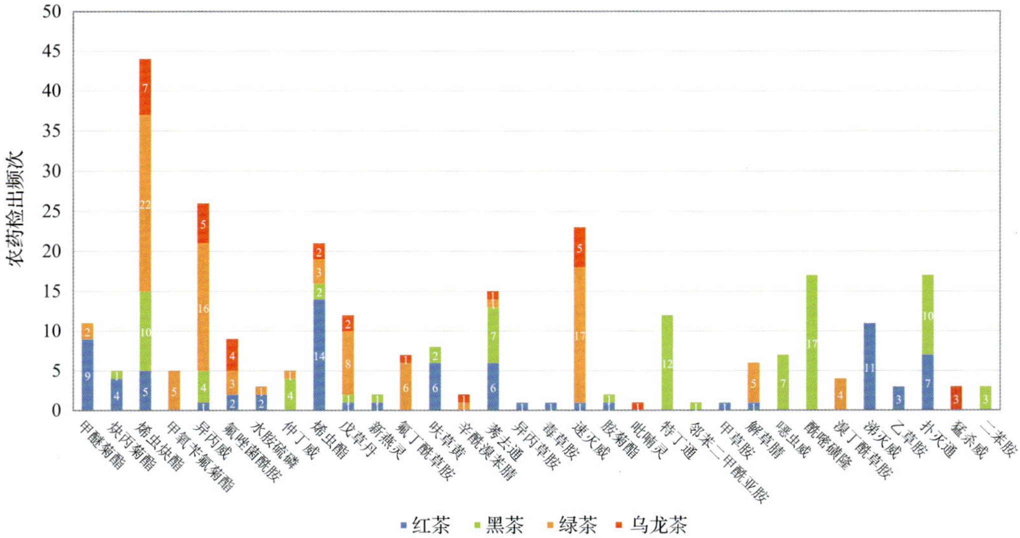

图 3-17　超过 MRL 日本标准农药品种及频次

3.2.2.4　按 MRL 中国香港标准衡量

按 MRL 中国香港标准衡量，无样品检出超标农药残留。

3.2.2.5　按 MRL 美国标准衡量

按 MRL 美国标准衡量，无样品检出超标农药残留。

3.2.2.6　按 MRL CAC 标准衡量

按 MRL CAC 标准衡量，无样品检出超标农药残留。

3.2.3　11 个采样点超标情况分析

3.2.3.1　按 MRL 中国国家标准衡量

按 MRL 中国国家标准衡量，有 4 个采样点的样品存在不同程度的超标农药检出，其中***超市(锦艺店)的超标率最高，为 12.0%，如图 3-18 和表 3-14 所示。

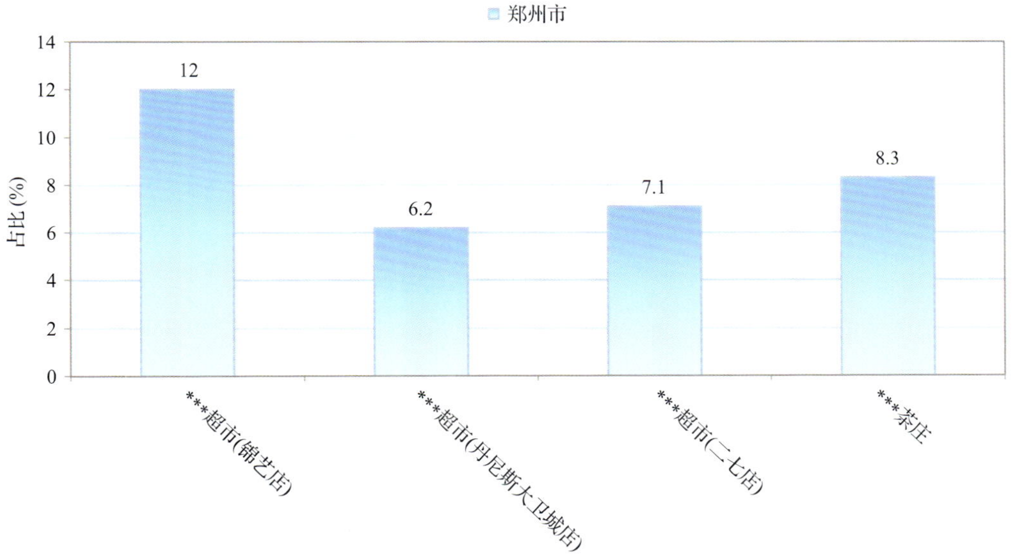

图 3-18　超过 MRL 中国国家标准茶叶在不同采样点分布

表 3-14　超过 MRL 中国国家标准茶叶在不同采样点分布

	采样点	样品总数	超标数量	超标率(%)	行政区域
1	***超市(锦艺店)	25	3	12.0	中原区
2	***超市(丹尼斯大卫城店)	16	1	6.2	金水区
3	***超市(二七店)	14	1	7.1	二七区
4	***茶庄	12	1	8.3	管城回族区

3.2.3.2　按 MRL 欧盟标准衡量

按 MRL 欧盟标准衡量，所有采样点的样品存在不同程度的超标农药检出，其中***超市（二七店）的超标率最高，为 78.6%，如表 3-15 和图 3-19 所示。

表 3-15　超过 MRL 欧盟标准茶叶在不同采样点分布

	采样点	样品总数	超标数量	超标率（%）	行政区域
1	***超市（锦艺店）	25	13	52.0	中原区
2	***超市（未来店）	24	10	41.7	金水区
3	***超市（丰产路店）	24	12	50.0	金水区
4	***超市（金博大店）	21	14	66.7	二七区
5	***超市（花园路店）	19	13	68.4	金水区
6	***超市（丹尼斯大卫城店）	16	9	56.2	金水区
7	***超市（二七店）	14	11	78.6	二七区
8	***超市（人民路店）	13	10	76.9	管城回族区
9	***茶庄	12	3	25.0	管城回族区
10	***超市（郑州万达广场店）	10	2	20.0	中原区
11	***超市（秦岭路店）	6	4	66.7	中原区

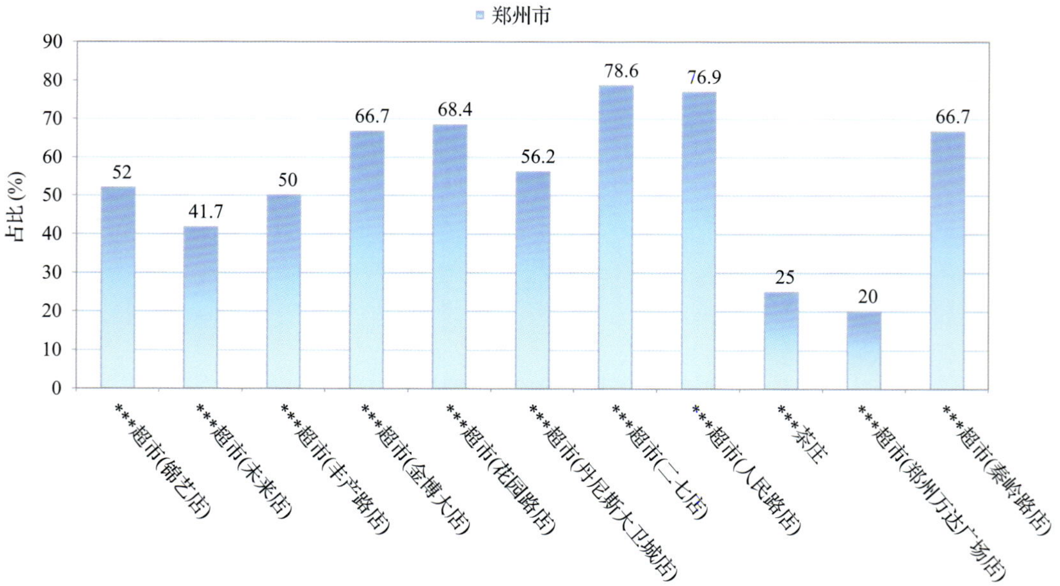

图 3-19　超过 MRL 欧盟标准茶叶在不同采样点分布

3.2.3.3　按 MRL 日本标准衡量

按 MRL 日本标准衡量，所有采样点的样品存在不同程度的超标农药检出，其中***生活超市（二七店）的超标率最高，为 78.6%，如表 3-16 和图 3-20 所示。

表 3-16 超过 MRL 日本标准茶叶在不同采样点分布

	采样点	样品总数	超标数量	超标率(%)	行政区域
1	***超市(锦艺店)	25	13	52.0	中原区
2	***超市(未来店)	24	10	41.7	金水区
3	***超市(丰产路店)	24	14	58.3	金水区
4	***超市(金博大店)	21	14	66.7	二七区
5	***超市(花园路店)	19	13	68.4	金水区
6	***超市(丹尼斯大卫城店)	16	10	62.5	金水区
7	***超市(二七店)	14	11	78.6	二七区
8	***超市(人民路店)	13	10	76.9	管城回族区
9	***茶庄	12	3	25.0	管城回族区
10	***超市(郑州万达广场店)	10	2	20.0	中原区
11	***超市(秦岭路店)	6	4	66.7	中原区

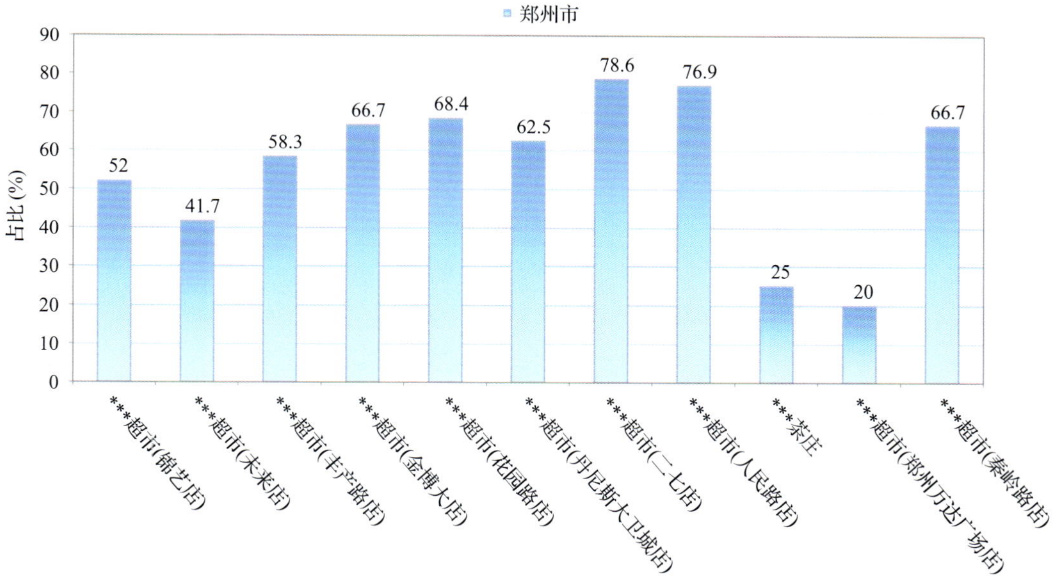

图 3-20 超过 MRL 日本标准茶叶在不同采样点分布

3.2.3.4 按 MRL 中国香港标准衡量

按 MRL 中国香港标准衡量，所有采样点的样品均未检出超标农药残留。

3.2.3.5 按 MRL 美国标准衡量

按 MRL 美国标准衡量，所有采样点的样品均未检出超标农药残留。

3.2.3.6 按 MRL CAC 标准衡量

按 MRL CAC 标准衡量，所有采样点的样品均未检出超标农药残留。

3.3 茶叶中农药残留分布

3.3.1 茶叶按检出农药品种和频次排名

本次残留侦测的茶叶共 4 种，包括黑茶、红茶、乌龙茶和绿茶。

根据检出农药品种及频次进行排名，将各项排名茶叶样品检出情况列表说明，详见表 3-17。

表 3-17 茶叶按检出农药品种和频次排名

按检出农药品种排名（品种）	①红茶（32），②绿茶（26），③黑茶（24），④乌龙茶（19）
按检出农药频次排名（频次）	①绿茶（184），②黑茶（174），③红茶（146），④乌龙茶（58）
按检出禁用、高毒及剧毒农药品种排名（品种）	①红茶（5），②绿茶（4），③黑茶（2）
按检出禁用、高毒及剧毒农药频次排名（频次）	①红茶（21），②绿茶（16），③黑茶（10）

3.3.2 茶叶按超标农药品种和频次排名

鉴于 MRL 欧盟标准和日本标准制定比较全面且覆盖率较高，我们参照 MRL 中国国家标准、欧盟标准和日本标准衡量茶叶样品中农残检出情况，将茶叶按超标农药品种及频次排名列表说明，详见表 3-18。

表 3-18 茶叶按超标农药品种和频次排名

按超标农药品种排名（农药品种数）	MRL 中国国家标准	①绿茶（2），②黑茶（1）
	MRL 欧盟标准	①红茶（18），②绿茶（17），③黑茶（16），④乌龙茶（9）
	MRL 日本标准	①红茶（20），②黑茶（16），③绿茶（15），④乌龙茶（11）
按超标农药频次排名（农药频次数）	MRL 中国国家标准	①黑茶（3），②绿茶（3）
	MRL 欧盟标准	①绿茶（94），②黑茶（68），③红茶（59），④乌龙茶（29）
	MRL 日本标准	①绿茶（95），②黑茶（83），③红茶（78），④乌龙茶（32）

通过对各品种茶叶样本总数及检出率进行综合分析发现，红茶、绿茶和黑茶的残留污染最为严重，在此，我们参照 MRL 中国国家标准、欧盟标准和日本标准对这 3 种茶叶的农残检出情况进行进一步分析。

3.3.3 农药残留检出率较高的茶叶样品分析

3.3.3.1 红茶

这次共检测 28 例红茶样品，26 例样品中检出了农药残留，检出率为 92.9%，检出农药共计 32 种。其中烯虫炔酯、呋草黄、涕灭威、联苯菊酯和烯虫酯检出频次较高，分别检出了 20、15、15、14 和 14 次。红茶中农药检出品种和频次见图 3-21，超标农药见图 3-22 和表 3-19。

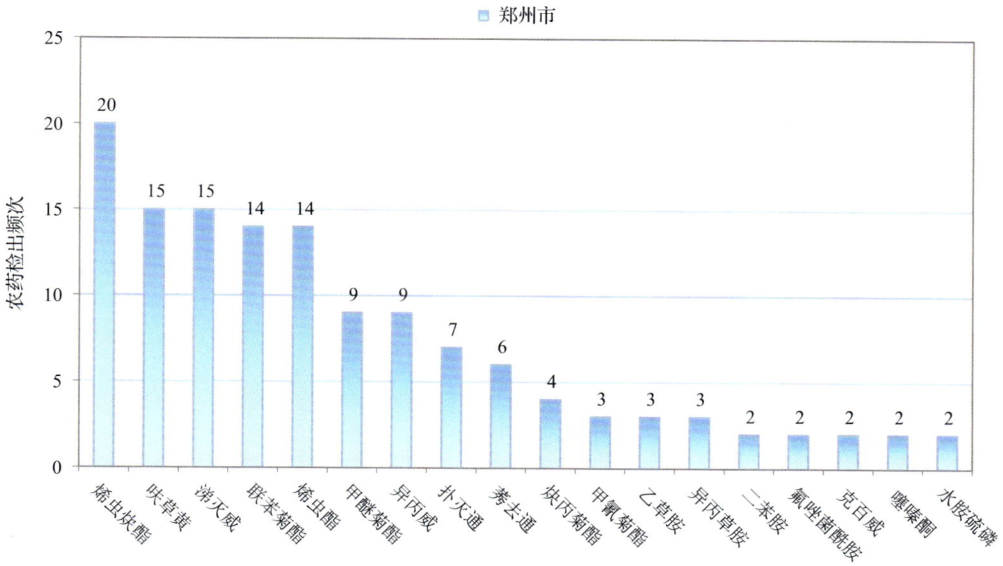

图 3-21　红茶样品检出农药品种和频次分析(仅列出 2 频次及以上的数据)

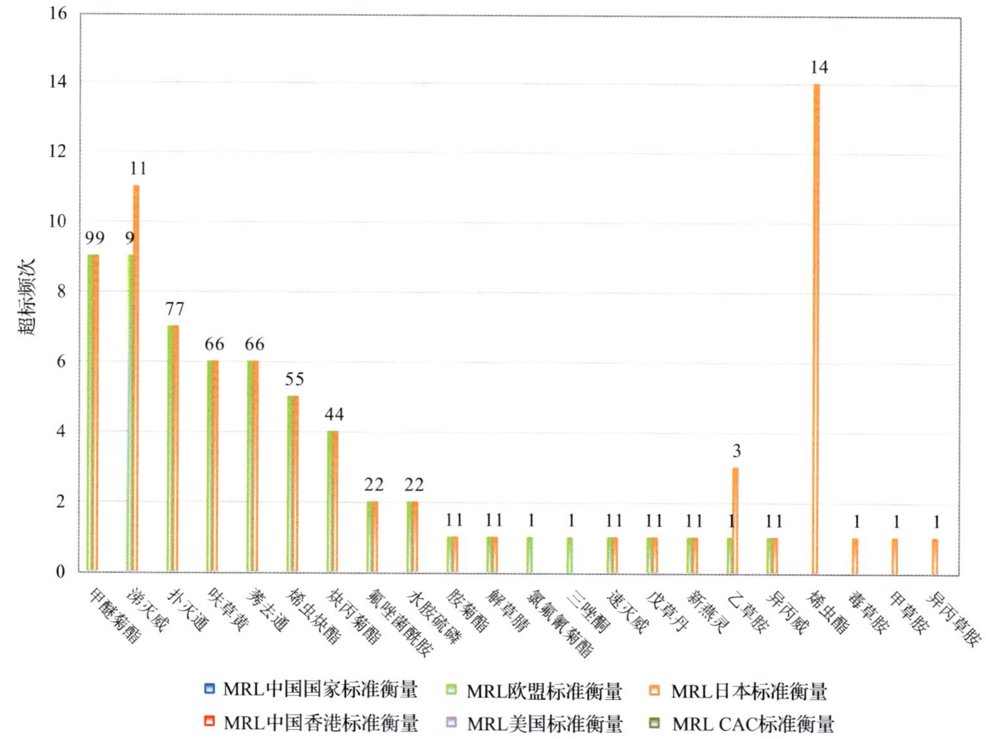

图 3-22　红茶样品中超标农药分析

3.3.3.2　绿茶

这次共检测 97 例绿茶样品，73 例样品中检出了农药残留，检出率为 75.3%，检出农药共计 26 种。其中速灭威、烯虫炔酯、异丙威、联苯菊酯和硫丹检出频次较高，分别检出了 38、22、21、11 和 10 次。绿茶中农药检出品种和频次见图 3-23，超标农药见图 3-24 和表 3-20。

表 3-19　红茶中农药残留超标情况明细表

样品总数	检出农药样品数	样品检出率(%)	检出农药品种总数
28	26	92.9	32

	超标农药品种	超标农药频次	按照 MRL 中国国家标准、欧盟标准和日本标准衡量超标农药名称及频次
MRL 中国国家标准	0	0	
MRL 欧盟标准	18	59	甲醚菊酯(9),涕灭威(9),扑灭通(7),呋草黄(6),莠去通(6),烯虫炔酯(5),炔丙菊酯(4),氟唑菌酰胺(2),水胺硫磷(2),胺菊酯(1),解草腈(1),氯氟氰菊酯(1),三唑酮(1),速灭威(1),戊草丹(1),新燕灵(1),乙草胺(1),异丙威(1)
MRL 日本标准	20	78	烯虫酯(14),涕灭威(11),甲醚菊酯(9),扑灭通(7),呋草黄(6),莠去通(6),烯虫炔酯(5),炔丙菊酯(4),乙草胺(3),氟唑菌酰胺(2),水胺硫磷(2),胺菊酯(1),毒草胺(1),甲草胺(1),解草腈(1),速灭威(1),戊草丹(1),新燕灵(1),异丙草胺(1),异丙威(1)

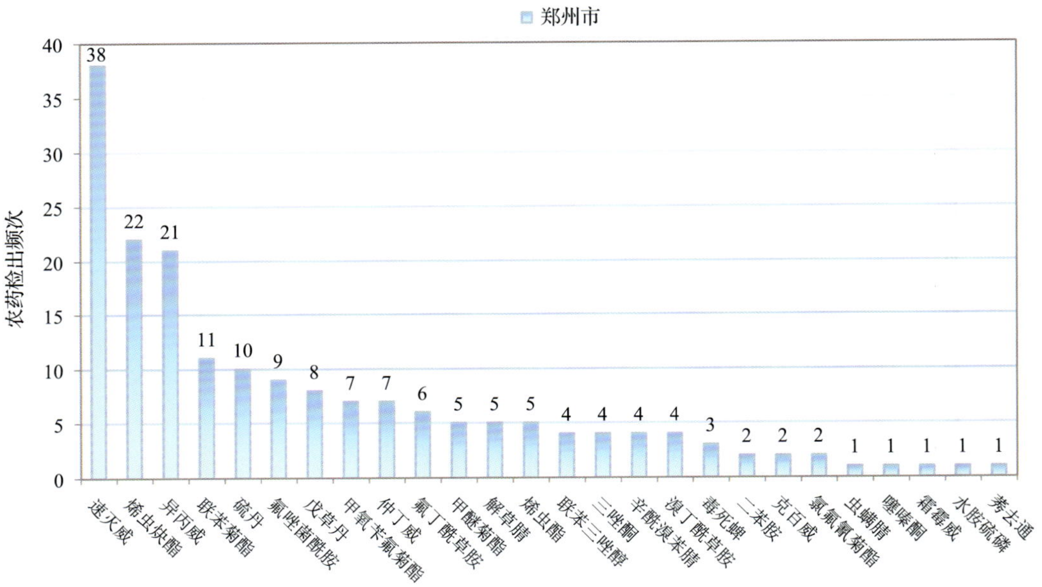

图 3-23　绿茶样品检出农药品种和频次分析

表 3-20　绿茶中农药残留超标情况明细表

样品总数	检出农药样品数	样品检出率(%)	检出农药品种总数
97	73	75.3	26

	超标农药品种	超标农药频次	按照 MRL 中国国家标准、欧盟标准和日本标准衡量超标农药名称及频次
MRL 中国国家标准	2	3	克百威(2),水胺硫磷(1)
MRL 欧盟标准	17	94	烯虫炔酯(22),速灭威(17),异丙威(16),戊草丹(8),甲氧苄氟菊酯(5),解草腈(5),溴丁酰草胺(4),氟丁酰草胺(3),氟唑菌酰胺(3),甲醚菊酯(2),克百威(2),氯氟氰菊酯(2),三唑酮(1),水胺硫磷(1),辛酰溴苯腈(1),莠去通(1),仲丁威(1)
MRL 日本标准	15	95	烯虫炔酯(22),速灭威(17),异丙威(16),戊草丹(8),氟丁酰草胺(6),甲氧苄氟菊酯(5),解草腈(5),溴丁酰草胺(4),氟唑菌酰胺(3),烯虫酯(3),甲醚菊酯(2),水胺硫磷(1),辛酰溴苯腈(1),莠去通(1),仲丁威(1)

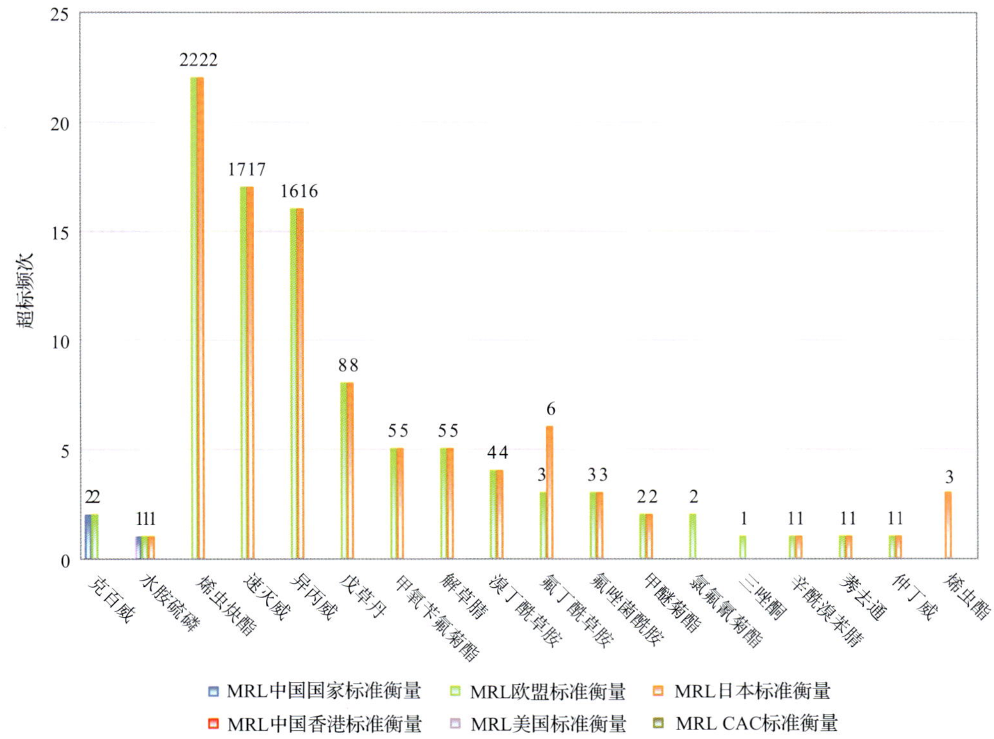

图 3-24　绿茶样品中超标农药分析

3.3.3.3　黑茶

这次共检测 20 例黑茶样品，19 例样品中检出了农药残留，检出率为 95.0%，检出农药共计 24 种。其中噁虫威、酰嘧磺隆、二苯胺、异丙威和联苯菊酯检出频次较高，分别检出了 19、19、14、14 和 13 次。黑茶中农药检出品种和频次见图 3-25，超标农药见图 3-26 和表 3-21。

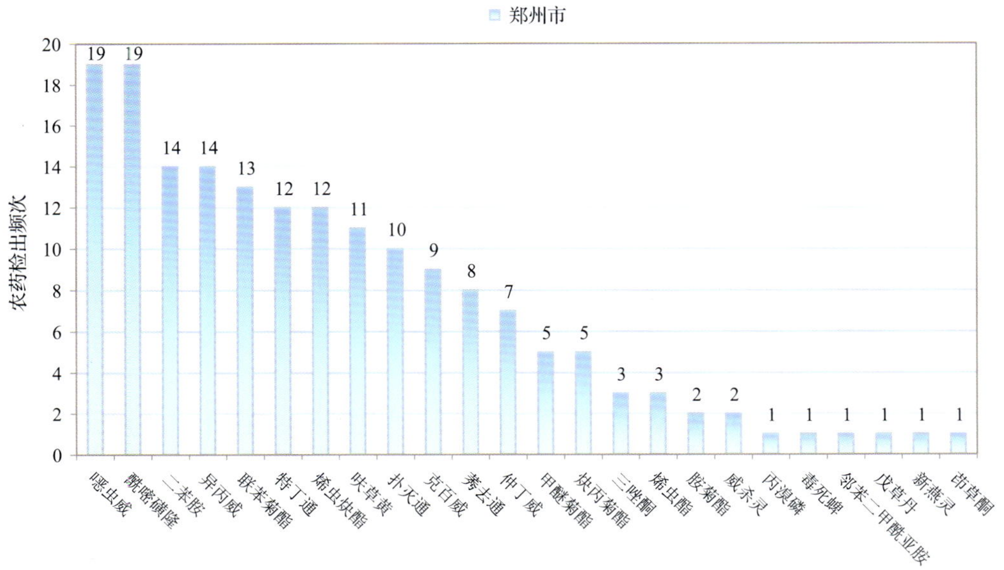

图 3-25　黑茶样品检出农药品种和频次分析

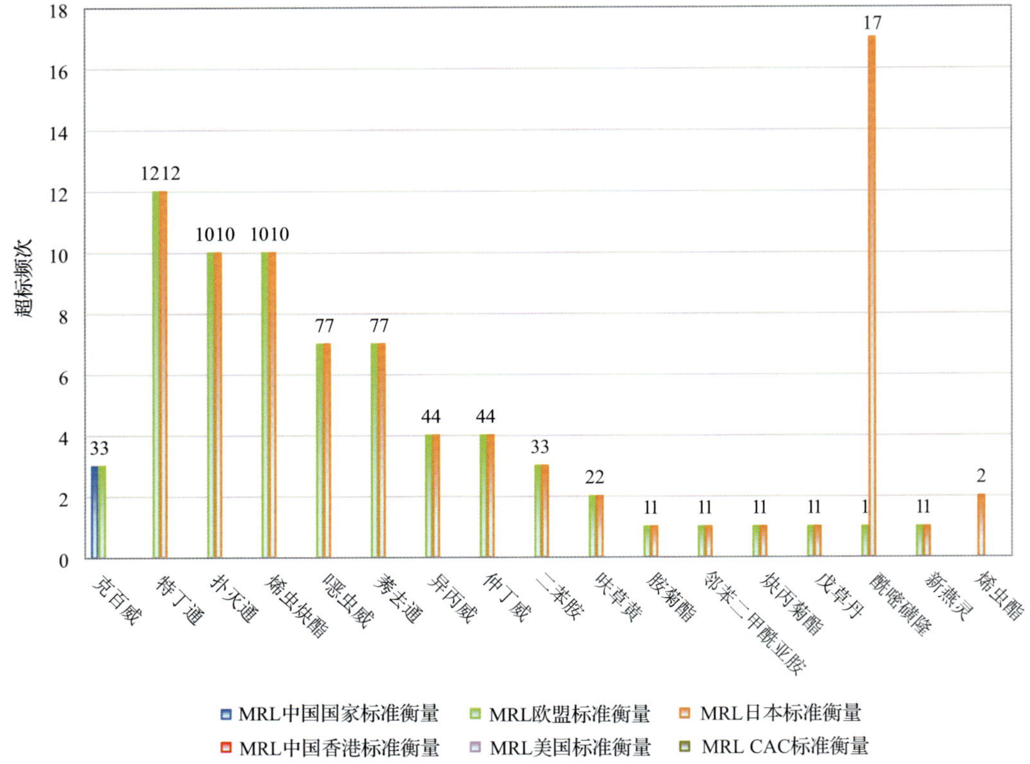

图 3-26　黑茶样品中超标农药分析

表 3-21　黑茶中农药残留超标情况明细表

样品总数			检出农药样品数	样品检出率(%)	检出农药品种总数
20			19	95	24
	超标农药品种	超标农药频次	按照 MRL 中国国家标准、欧盟标准和日本标准衡量超标农药名称及频次		
MRL 中国国家标准	1	3	克百威(3)		
MRL 欧盟标准	16	68	特丁通(12),扑灭通(10),烯虫炔酯(10),噁虫威(7),莠去通(7),异丙威(4),仲丁威(4),二苯胺(3),克百威(3),呋草黄(2),胺菊酯(1),邻苯二甲酰亚胺(1),炔丙菊酯(1),戊草丹(1),酰嘧磺隆(1),新燕灵(1)		
MRL 日本标准	16	83	酰嘧磺隆(17),特丁通(12),扑灭通(10),烯虫炔酯(10),噁虫威(7),莠去通(7),异丙威(4),仲丁威(4),二苯胺(3),呋草黄(2),烯虫酯(2),胺菊酯(1),邻苯二甲酰亚胺(1),炔丙菊酯(1),戊草丹(1),新燕灵(1)		

3.4　初 步 结 论

3.4.1　郑州市市售茶叶按 MRL 中国国家标准和国际主要 MRL 标准衡量的合格率

本次侦测的 184 例样品中，36 例样品未检出任何残留农药，占样品总量的 19.6%，148 例样品检出不同水平、不同种类的残留农药，占样品总量的 80.4%。在这 148 例检出农药残留的样品中：

按照 MRL 中国国家标准衡量，有 142 例样品检出残留农药但含量没有超标，占样品总数的 77.2%，有 6 例样品检出了超标农药，占样品总数的 3.3%。

按照 MRL 欧盟标准衡量，有 47 例样品检出残留农药但含量没有超标，占样品总数的 25.5%，有 101 例样品检出了超标农药，占样品总数的 54.9%。

按照 MRL 日本标准衡量，有 44 例样品检出残留农药但含量没有超标，占样品总数的 23.9%，有 104 例样品检出了超标农药，占样品总数的 56.5%。

按照 MRL 中国香港标准衡量，有 148 例样品检出残留农药但含量没有超标，占样品总数的 80.4%，无检出残留农药超标的样品。

按照 MRL 美国标准衡量，有 148 例样品检出残留农药但含量没有超标，占样品总数的 80.4%，无检出残留农药超标的样品。

按照 MRL CAC 标准衡量，有 148 例样品检出残留农药但含量没有超标，占样品总数的 80.4%，无检出残留农药超标的样品。

3.4.2 郑州市市售茶叶中检出农药以中低微毒农药为主，占市场主体的 94.0%

这次侦测的 184 例茶叶样品共检出了 50 种农药，检出农药的毒性以中低微毒为主，详见表 3-22。

表 3-22 市场主体农药毒性分布

毒性	检出品种	占比	检出频次	占比
剧毒农药	1	2.0%	15	2.7%
高毒农药	2	4.0%	16	2.8%
中毒农药	19	38.0%	239	42.5%
低毒农药	17	34.0%	177	31.5%
微毒农药	11	22.0%	115	20.5%
中低微毒农药，品种占比 94.0%，频次占比 94.5%				

3.4.3 检出剧毒、高毒和禁用农药现象应该警醒

在此次侦测的 184 例样品中有 3 种茶叶的 39 例样品检出了 6 种 47 频次的剧毒和高毒或禁用农药，占样品总量的 21.2%。其中剧毒农药涕灭威以及高毒农药克百威和水胺硫磷检出频次较高。

按 MRL 中国国家标准衡量，高毒农药克百威，检出 13 次，超标 5 次；水胺硫磷，检出 3 次，超标 1 次；按超标程度比较，黑茶中克百威超标 2.2 倍，绿茶中克百威超标 0.9 倍，绿茶中水胺硫磷超标 0.6 倍。

剧毒、高毒或禁用农药的检出情况及按照 MRL 中国国家标准衡量的超标情况见表 3-23。

表 3-23　剧毒、高毒或禁用农药的检出及超标明细

序号	农药名称	样品名称	检出频次	超标频次	最大超标倍数	超标率
1.1	涕灭威*▲	红茶	15	0	0	0.0%
2.1	克百威◊▲	黑茶	9	3	2.18	33.3%
2.2	克百威◊▲	绿茶	2	2	0.856	100.0%
2.3	克百威◊▲	红茶	2	0	0	0.0%
3.1	水胺硫磷◊▲	红茶	2	0	0	0.0%
3.2	水胺硫磷◊▲	绿茶	1	1	0.564	100.0%
4.1	毒死蜱▲	绿茶	3	0	0	0.0%
4.2	毒死蜱▲	黑茶	1	0	0	0.0%
4.3	毒死蜱▲	红茶	1	0	0	0.0%
5.1	硫丹▲	绿茶	10	0	0	0.0%
6.1	三氯杀螨醇▲	红茶	1	0	0	0.0%
合计			47	6		12.8%

注：表中*为剧毒农药；◊ 为高毒农药；▲为禁用农药；超标倍数参照 MRL 中国国家标准衡量

这些剧毒和高毒农药都是中国政府早有规定禁止在茶叶中使用的，为什么还屡次被检出，应该引起警惕。

3.4.4　残留限量标准与先进国家或地区差距较大

562 频次的检出结果与我国公布的《食品中农药最大残留限量》(GB 2763—2016)对比，有 79 频次能找到对应的 MRL 中国国家标准，占 14.1%；还有 483 频次的侦测数据无相关 MRL 标准供参考，占 85.9%。

与国际上现行 MRL 对比发现：

有 562 频次能找到对应的 MRL 欧盟标准，占 100.0%；

有 562 频次能找到对应的 MRL 日本标准，占 100.0%；

有 63 频次能找到对应的 MRL 中国香港标准，占 11.2%；

有 59 频次能找到对应的 MRL 美国标准，占 10.5%；

有 61 频次能找到对应的 MRL CAC 标准，占 10.9%。

由上可见，MRL 中国国家标准与先进国家或地区标准还有很大差距，我们无标准，境外有标准，这就会导致我们在国际贸易中，处于受制于人的被动地位。

3.4.5　茶叶单种样品检出 24~32 种农药残留，拷问农药使用的科学性

通过此次监测发现，红茶、绿茶和黑茶是检出农药品种最多的 3 种茶叶，从中检出农药品种及频次详见表 3-24。

表 3-24 单种样品检出农药品种及频次

样品名称	样品总数	检出农药样品数	检出率	检出农药品种数	检出农药(频次)
红茶	28	26	92.9%	32	烯虫炔酯(20),呋草黄(15),涕灭威(15),联苯菊酯(14),烯虫酯(14),甲醚菊酯(9),异丙威(9),扑灭通(7),莠去通(6),炔丙菊酯(4),甲氰菊酯(3),乙草胺(3),异丙草胺(3),二苯胺(2),氟唑菌酰胺(2),克百威(2),噻嗪酮(2),水胺硫磷(2),胺菊酯(1),虫螨腈(1),毒草胺(1),毒死蜱(1),氟丙菊酯(1),甲草胺(1),解草腈(1),喹螨醚(1),氯氟氰菊酯(1),三氯杀螨醇(1),三唑酮(1),速灭威(1),戊草丹(1),新燕灵(1)
绿茶	97	73	75.3%	26	速灭威(38),烯虫炔酯(22),异丙威(21),联苯菊酯(11),硫丹(10),氟唑菌酰胺(9),戊草丹(8),甲氧苄氟菊酯(7),仲丁威(7),氟丁酰草胺(6),甲醚菊酯(5),解草腈(5),烯虫酯(5),联苯三唑醇(4),三唑酮(4),辛酰溴苯腈(4),溴丁酰草胺(4),毒死蜱(3),二苯胺(2),克百威(2),氯氟氰菊酯(2),虫螨腈(1),噻嗪酮(1),霜霉威(1),水胺硫磷(1),莠去通(1)
黑茶	20	19	95.0%	24	噁虫威(19),酰嘧磺隆(19),二苯胺(14),异丙威(14),联苯菊酯(13),特丁通(12),烯虫炔酯(12),呋草黄(11),扑灭通(10),克百威(9),莠去通(8),仲丁威(7),甲醚菊酯(5),炔丙菊酯(5),三唑酮(3),烯虫酯(3),胺菊酯(2),威杀灵(2),丙溴磷(1),毒死蜱(1),邻苯二甲酰亚胺(1),戊草丹(1),新燕灵(1),茚草酮(1)

上述 3 种茶叶，检出农药 24~32 种，是多种农药综合防治，还是未严格实施农业良好管理规范(GAP)，抑或根本就是乱施药，值得我们思考。

第 4 章　GC-Q-TOF/MS 侦测郑州市市售茶叶农药残留膳食暴露风险与预警风险评估

4.1　农药残留风险评估方法

4.1.1　郑州市农药残留侦测数据分析与统计

庞国芳院士科研团队建立的农药残留高通量侦测技术以高分辨精确质量数(0.0001 *m/z* 为基准)为识别标准，采用 GC-Q-TOF/MS 技术对 684 种农药化学污染物进行侦测。

科研团队于 2019 年 2 月期间在郑州市 11 个采样点，随机采集了 184 例茶叶样品，具体位置如图 4-1 所示。

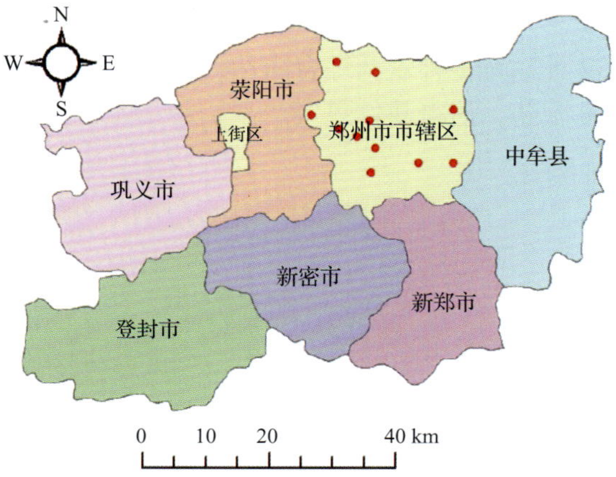

序号	行政区域	茶叶采样量
1	二七区	35
2	管城回族区	25
3	金水区	83
4	中原区	41

图 4-1　GC-Q-TOF/MS 侦测郑州市 11 个采样点 184 例样品分布示意图

利用 GC-Q-TOF/MS 技术对 184 例样品中的农药进行侦测，侦测出残留农药 50 种，562 频次。侦测出农药残留水平如表 4-1 和图 4-2 所示。检出频次最高的前 10 种农药如表 4-2 所示。从检测结果中可以看出，在茶叶中农药残留普遍存在，且有些茶叶存在高浓度的农药残留，这些可能存在膳食暴露风险，对人体健康产生危害，因此，为了定量地评价茶叶中农药残留的风险程度，有必要对其进行风险评价。

表 4-1　侦测出农药的不同残留水平及其所占比例列表

残留水平(μg/kg)	检出频次	占比(%)
1~5(含)	84	14.9
5~10(含)	113	20.1
10~100(含)	344	61.2
100~1000(含)	21	3.7
合计	562	99.9

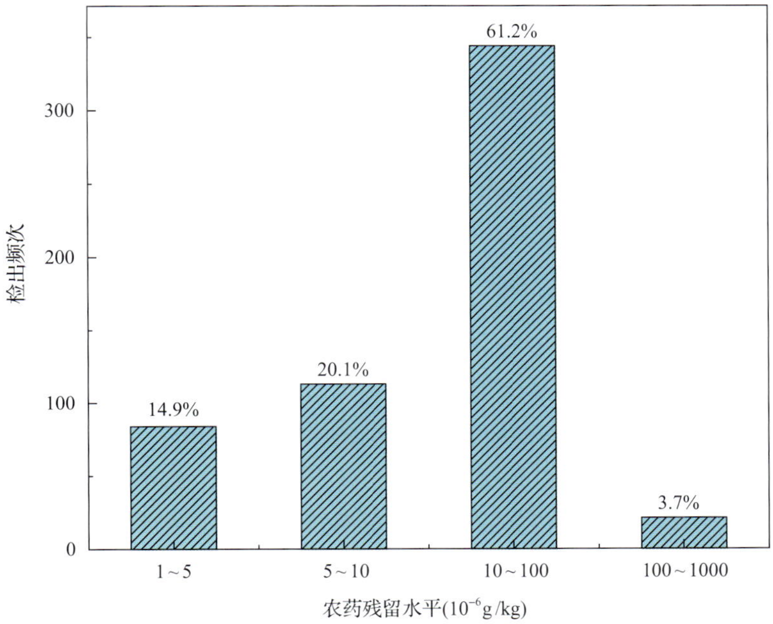

图 4-2 残留农药检出浓度频数分布图

表 4-2 检出频次最高的前 10 种农药列表

序号	农药	检出频次(次)
1	烯虫炔酯	61
2	异丙威	51
3	速灭威	46
4	联苯菊酯	40
5	呋草黄	27
6	二苯胺	25
7	烯虫酯	24
8	甲醚菊酯	20
9	仲丁威	20
10	噁虫威	19

4.1.2 农药残留风险评价模型

对郑州市茶叶中农药残留分别开展暴露风险评估和预警风险评估。膳食暴露风险评估利用食品安全指数模型对茶叶中的残留农药对人体可能产生的危害程度进行评价，该模型结合残留监测和膳食暴露评估评价化学污染物的危害；预警风险评价模型运用风险系数(risk index，*R*)，风险系数综合考虑了危害物的超标率、施检频率及其本身敏感性的影响，能直观而全面地反映出危害物在一段时间内的风险程度。

4.1.2.1　食品安全指数模型

为了加强食品安全管理，《中华人民共和国食品安全法》第二章第十七条规定“国家建立食品安全风险评估制度，运用科学方法，根据食品安全风险监测信息、科学数据以及有关信息，对食品、食品添加剂、食品相关产品中生物性、化学性和物理性危害因素进行风险评估”[1]，膳食暴露评估是食品危险度评估的重要组成部分，也是膳食安全性的衡量标准[2]。国际上最早研究膳食暴露风险评估的机构主要是 JMPR（FAO、WHO 农药残留联合会议），该组织自 1995 年就已制定了急性毒性物质的风险评估急性毒性农药残留摄入量的预测。1960 年美国规定食品中不得加入致癌物质进而提出零阈值理论，渐渐零阈值理论发展成在一定概率条件下可接受风险的概念[3]，后衍变为食品中每日允许最大摄入量（ADI），而国际食品农药残留法典委员会（CCPR）认为 ADI 不是独立风险评估的唯一标准[4]，1995 年 JMPR 开始研究农药急性膳食暴露风险评估，并对食品国际短期摄入量的计算方法进行了修正，亦对膳食暴露评估准则及评估方法进行了修正[5]，2002 年，在对世界上现行的食品安全评价方法，尤其是国际公认的 CAC 评价方法、全球环境监测系统/食品污染监测和评估规划（WHO GEMS/Food）及 FAO、WHO 食品添加剂联合专家委员会（JECFA）和 JMPR 对食品安全风险评估工作研究的基础之上，检验检疫食品安全管理的研究人员提出了结合残留监控和膳食暴露评估，以食品安全指数 IFS 计算食品中各种化学污染物对消费者的健康危害程度[6]。IFS 是表示食品安全状态的新方法，可有效地评价某种农药的安全性，进而评价食品中各种农药化学污染物对消费者健康的整体危害程度[7, 8]。从理论上分析，IFS_c 可指出食品中的污染物 c 对消费者健康是否存在危害及危害的程度[9]。其优点在于操作简单且结果容易被接受和理解，不需要大量的数据来对结果进行验证，使用默认的标准假设或者模型即可[10, 11]。

1）IFS_c 的计算

IFS_c 计算公式如下：

$$IFS_c = \frac{EDI_c \times f}{SI_c \times bw} \tag{4-1}$$

式中，c 为所研究的农药；EDI_c 为农药 c 的实际日摄入量估算值，等于 $\Sigma(R_i \times F_i \times E_i \times P_i)$（$i$ 为食品种类；R_i 为食品 i 中农药 c 的残留水平，mg/kg；F_i 为食品 i 的估计日消费量，g/（人·天）；E_i 为食品 i 的可食用部分因子；P_i 为食品 i 的加工处理因子）；SI_c 为安全摄入量，可采用每日允许最大摄入量 ADI；bw 为人平均体重，kg；f 为校正因子，如果安全摄入量采用 ADI，则 f 取 1。

$IFS_c \ll 1$，农药 c 对食品安全没有影响；$IFS_c \leqslant 1$，农药 c 对食品安全的影响可以接受；$IFS_c > 1$，农药 c 对食品安全的影响不可接受。

本次评价中：

$IFS_c \leqslant 0.1$，农药 c 对茶叶安全没有影响；

$0.1 < IFS_c \leqslant 1$，农药 c 对茶叶安全的影响可以接受；

$IFS_c > 1$，农药 c 对茶叶安全的影响不可接受。

本次评价中残留水平 R_i 取值为中国检验检疫科学研究院庞国芳院士课题组利用以高分辨精确质量数(0.0001 m/z)为基准的 GC-Q-TOF/MS 侦测技术于 2019 年 2 月期间对郑州市茶叶农药残留的侦测结果，估计日消费量 F_i 取值 0.0047kg/(人·天)，E_i=1，P_i=1，f=1，SI_c 采用《食品安全国家标准食品中农药最大残留限量》(GB 2763—2016)中 ADI 值(具体数值见表 4-3)，人平均体重(bw)取值 60 kg。

表 4-3　郑州市茶叶中侦测出农药的 ADI 值

序号	农药	ADI	序号	农药	ADI	序号	农药	ADI
1	克百威	0.001	18	水胺硫磷	0.003	35	解草腈	—
2	异丙威	0.03	19	涕灭威	0.003	36	邻苯二甲酰亚胺	—
3	虫螨腈	0.03	20	酰嘧磺隆	0.2	37	溴丁酰草胺	—
4	毒草胺	0.54	21	辛酰溴苯腈	0.015	38	扑灭通	—
5	毒死蜱	0.01	22	乙草胺	0.02	39	炔丙菊酯	—
6	二苯胺	0.08	23	异丙草胺	0.013	40	速灭威	—
7	甲草胺	0.01	24	异丙威	0.002	41	特丁通	—
8	甲氰菊酯	0.03	25	仲丁威	0.06	42	威杀灵	—
9	喹螨醚	0.005	26	胺菊酯	—	43	戊草丹	—
10	联苯菊酯	0.01	27	吡喃灵	—	44	烯虫炔酯	—
11	联苯三唑醇	0.01	28	噁虫威	—	45	烯虫酯	—
12	硫丹	0.006	29	呋草黄	—	46	新燕灵	—
13	氯氟氰菊酯	0.02	30	氟丙菊酯	—	47	溴丁酰草胺	—
14	噻嗪酮	0.009	31	氟丁酰草胺	—	48	茚草酮	—
15	三氯杀螨醇	0.002	32	氟唑菌酰胺	—	49	莠去通	—
16	三唑酮	0.03	33	甲醚菊酯	—	50	仲草丹	—
17	霜霉威	0.4	34	甲氧苄氟菊酯	—			

注："—"表示为国家标准中无 ADI 值规定；ADI 值单位为 mg/kg bw

2) 计算 IFS_c 的平均值 $\overline{IFS}$，评价农药对食品安全的影响程度

以 $\overline{IFS}$ 评价各种农药对人体健康危害的总程度，评价模型见公式(4-2)。

$$\overline{IFS}=\frac{\sum_{i=1}^{n}IFS_c}{n} \tag{4-2}$$

$\overline{IFS}\ll 1$，所研究消费者人群的食品安全状态很好；$\overline{IFS}\leqslant 1$，所研究消费者人群的食品安全状态可以接受；$\overline{IFS}>1$，所研究消费者人群的食品安全状态不可接受。

本次评价中：

$\overline{IFS}\leqslant 0.1$，所研究消费者人群的茶叶安全状态很好；

$0.1<\overline{IFS}\leqslant 1$，所研究消费者人群的茶叶安全状态可以接受；

$\overline{\mathrm{IFS}}>1$，所研究消费者人群的茶叶安全状态不可接受。

4.1.2.2 预警风险评估模型

2003 年，我国检验检疫食品安全管理的研究人员根据 WTO 的有关原则和我国的具体规定，结合危害物本身的敏感性、风险程度及其相应的施检频率，首次提出了食品中危害物风险系数 *R* 的概念[12]。*R* 是衡量一个危害物的风险程度大小最直观的参数，即在一定时期内其超标率或阳性检出率的高低，但受其施检频率的高低及其本身的敏感性（受关注程度）影响。该模型综合考察了农药在茶叶中的超标率、施检频率及其本身敏感性，能直观而全面地反映出农药在一段时间内的风险程度[13]。

1）*R* 计算方法

危害物的风险系数综合考虑了危害物的超标率或阳性检出率、施检频率和其本身的敏感性影响，并能直观而全面地反映出危害物在一段时间内的风险程度。风险系数 *R* 的计算公式如式（4-3）：

$$R = aP + \frac{b}{F} + S \tag{4-3}$$

式中，*P* 为该种危害物的超标率；*F* 为危害物的施检频率；*S* 为危害物的敏感因子；*a*, *b* 分别为相应的权重系数。

本次评价中 F=1；S=1；a=100；b=0.1，对参数 *P* 进行计算，计算时首先判断是否为禁用农药，如果为非禁用农药，*P*=超标的样品数（侦测出的含量高于食品最大残留限量标准值，即 MRL）除以总样品数（包括超标、不超标、未侦测出）；如果为禁用农药，则侦测出即为超标，*P*=能侦测出的样品数除以总样品数。判断郑州市茶叶农药残留是否超标的标准限值 MRL 分别以 MRL 中国国家标准[14]和 MRL 欧盟标准作为对照，具体值列于本报告附表一中。

2）评价风险程度

$R\leqslant 1.5$，受检农药处于低度风险；

$1.5<R\leqslant 2.5$，受检农药处于中度风险；

$R>2.5$，受检农药处于高度风险。

4.1.2.3 食品膳食暴露风险和预警风险评估应用程序的开发

1）应用程序开发的步骤

为成功开发膳食暴露风险和预警风险评估应用程序，与软件工程师多次沟通讨论，逐步提出并描述清楚计算需求，开发了初步应用程序。为明确出不同茶叶、不同农药、不同地域的风险水平，向软件工程师提出不同的计算需求，软件工程师对计算需求进行逐一分析，经过反复的细节沟通，需求分析得到明确后，开始进行解决方案的设计，在保证需求的完整性、一致性的前提下，编写出程序代码，最后设计出满足需求的风险评估专用计算软件，并通过一系列的软件测试和改进，完成专用程序的开发。软件开发基本步骤见图 4-3。

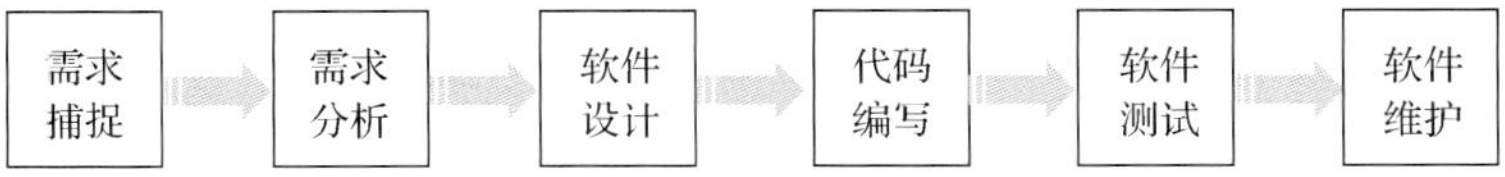

图 4-3　专用程序开发总体步骤

2) 膳食暴露风险评估专业程序开发的基本要求

首先直接利用公式(4-1)，分别计算 LC-Q-TOF/MS 和 GC-Q-TOF/MS 仪器侦测出的各茶叶样品中每种农药 IFS_c，将结果列出。为考察超标农药和禁用农药的使用安全性，分别以我国《食品安全国家标准　食品中农药最大残留限量》(GB 2763—2016) 和欧盟食品中农药最大残留限量(以下简称 MRL 中国国家标准和 MRL 欧盟标准)为标准，对侦测出的禁用农药和超标的非禁用农药 IFS_c 单独进行评价；按 IFS_c 大小列表，并找出 IFS_c 值排名前 20 的样本重点关注。

对不同茶叶 i 中每一种侦测出的农药 c 的安全指数进行计算，多个样品时求平均值。

按农药种类，计算整个监测时间段内每种农药的 IFS_c，不区分茶叶。

3) 预警风险评估专业程序开发的基本要求

分别以 MRL 中国国家标准和 MRL 欧盟标准，按公式(4-3)逐个计算不同茶叶、不同农药的风险系数，禁用农药和非禁用农药分别列表。

为清楚了解各种农药的预警风险，不分时间，不分茶叶，按禁用农药和非禁用农药分类，分别计算各种侦测出农药全部检测时段内风险系数。由于有 MRL 中国国家标准的农药种类太少，无法计算超标数，非禁用农药的风险系数只以 MRL 欧盟标准为标准，进行计算。

4) 风险程度评价专业应用程序的开发方法

采用 Python 计算机程序设计语言，Python 是一个高层次地结合了解释性、编译性、互动性和面向对象的脚本语言。风险评价专用程序主要功能包括：分别读入每例样品 LC-Q-TOF/MS 和 GC-Q-TOF/MS 农药残留检测数据，根据风险评价工作要求，依次对不同农药、不同食品、不同时间、不同采样点的 IFS_c 值和 R 值分别进行数据计算，筛选出禁用农药、超标农药(分别与 MRL 中国国家标准、MRL 欧盟标准限值进行对比)单独重点分析，再分别对各农药、各茶叶种类分类处理，设计出计算和排序程序，编写计算机代码，最后将生成的膳食暴露风险评估和超标风险评估定量计算结果列入设计好的各个表格中，并定性判断风险对目标的影响程度，直接用文字描述风险发生的高低，如“不可接受”、“可以接受”、“没有影响”、“高度风险”、“中度风险”、“低度风险”。

4.2　GC-Q-TOF/MS 侦测郑州市市售茶叶农药残留膳食暴露风险评估

4.2.1　每例茶叶样品中农药残留安全指数分析

基于 2019 年 2 月的农药残留侦测数据，发现在 184 例样品中侦测出农药 562 频次，计算样品中每种残留农药的安全指数 IFS_c，并分析农药对样品安全的影响程度，结果详见附表二，农药残留对茶叶样品安全的影响程度频次分布情况如图 4-4 所示。

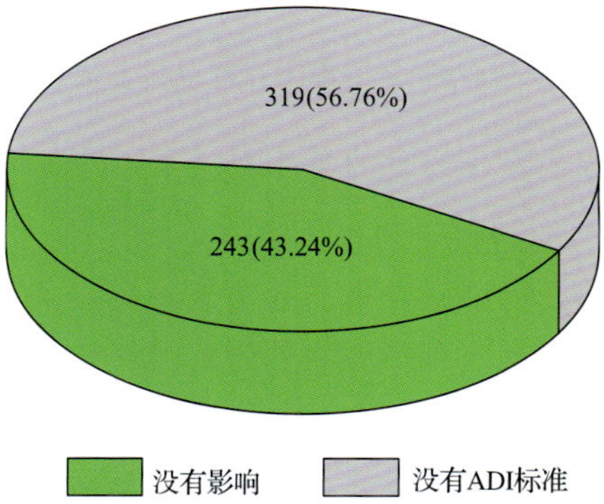

图 4-4　农药残留对茶叶样品安全的影响程度频次分布图

由图 4-4 可以看出，农药残留对样品安全的没有影响的频次为 243，占 43.24%。

部分样品侦测出禁用农药 6 种 47 频次，为了明确残留的禁用农药对样品安全的影响，分析侦测出禁用农药残留的样品安全指数，禁用农药残留对茶叶样品安全的影响程度频次分布情况如图 4-5 所示，农药残留对样品安全没有影响的频次为 47，占 100.00%。

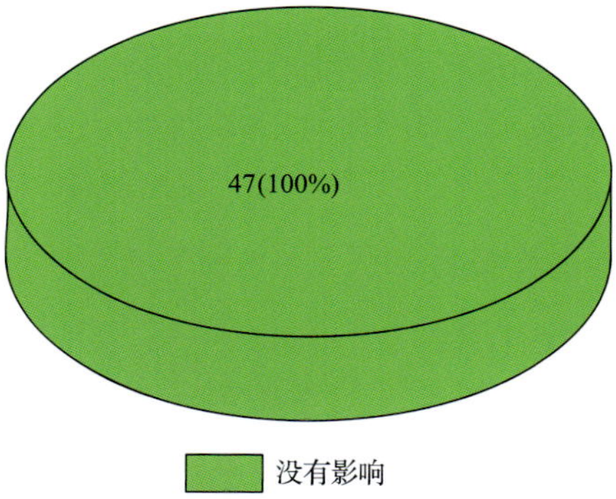

图 4-5　禁用农药对茶叶样品安全影响程度的频次分布图

残留量超过 MRL 欧盟标准的非禁用农药对茶叶样品安全的影响程度频次分布情况如图 4-6 所示。可以看出超过 MRL 欧盟标准的非禁用农药共 233 频次，其中农药没有 ADI 的频次为 190，占 81.55%；农药残留对样品安全没有影响的频次为 43，占 18.45%。表 4-4 为茶叶样品中安全指数排名前 10 的残留超标非禁用农药列表。

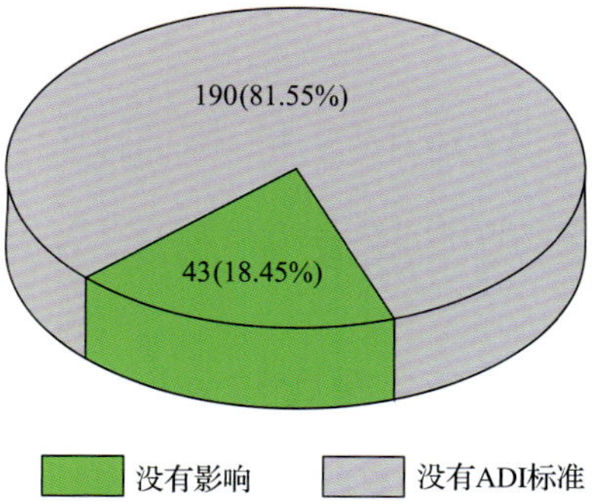

图 4-6　残留超标的非禁用农药对茶叶样品安全的影响程度频次分布图（MRL 欧盟标准）

表 4-4 茶叶样品中安全指数排名前 10 的残留超标非禁用农药列表(MRL 欧盟标准)

序号	样品编号	采样点	基质	农药	含量(mg/kg)	欧盟标准	IFS_c	影响程度
1	20190225-410100-AHCIQ-DT-05B	***茶庄	黑茶	异丙威	0.1221	0.01	4.78×10^{-3}	没有影响
2	20190224-410100-AHCIQ-GT-01F	***超市(二七店)	绿茶	异丙威	0.0931	0.01	3.65×10^{-3}	没有影响
3	20190226-410100-AHCIQ-GT-09J	***超市(锦艺店)	绿茶	异丙威	0.0639	0.01	2.50×10^{-3}	没有影响
4	20190225-410100-AHCIQ-GT-08E	***超市(花园路店)	绿茶	异丙威	0.0479	0.01	1.88×10^{-3}	没有影响
5	20190224-410100-AHCIQ-GT-02F	***超市(人民路店)	绿茶	异丙威	0.0333	0.01	1.30×10^{-3}	没有影响
6	20190226-410100-AHCIQ-OT-09B	***超市(锦艺店)	乌龙茶	异丙威	0.031	0.01	1.21×10^{-3}	没有影响
7	20190226-410100-AHCIQ-GT-09×10	***超市(锦艺店)	绿茶	异丙威	0.0292	0.01	1.14×10^{-3}	没有影响
8	20190225-410100-AHCIQ-DT-07A	***超市(丰产路店)	黑茶	异丙威	0.024	0.01	9.40×10^{-4}	没有影响
9	20190224-410100-AHCIQ-GT-01B	***超市(二七店)	绿茶	异丙威	0.0227	0.01	8.89×10^{-4}	没有影响
10	20190224-410100-AHCIQ-GT-02C	***超市(人民路店)	绿茶	异丙威	0.0226	0.01	8.85×10^{-4}	没有影响

4.2.2 单种茶叶中农药残留安全指数分析

本次 4 种茶叶侦测 50 种农药，检出频次为 562 次，其中 25 种农药没有 ADI，25 种农药存在 ADI 标准。4 种茶叶按不同种类分别计算侦测出的具有 ADI 标准的各种农药的 IFS_c 值，农药残留对茶叶的安全指数分布图如图 4-7 所示。

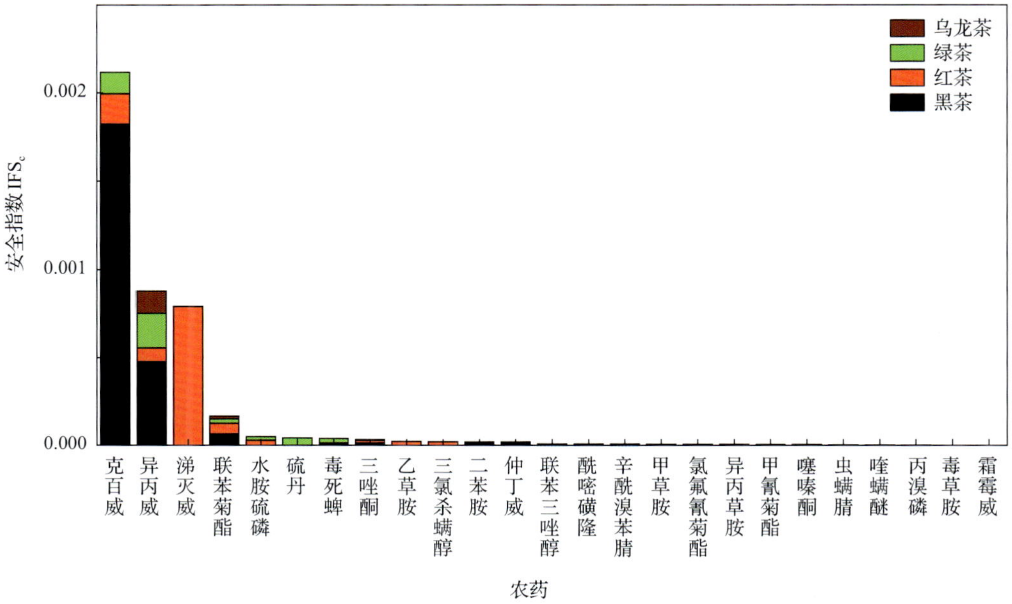

图 4-7 4 种茶叶中 25 种残留农药的安全指数分布图

本次侦测中，4 种茶叶和 50 种残留农药（包括没有 ADI）共涉及 101 个分析样本，农药对单种茶叶安全的影响程度分布情况如图 4-8 所示。可以看出，47.52%的样本中农药对茶叶安全没有影响。

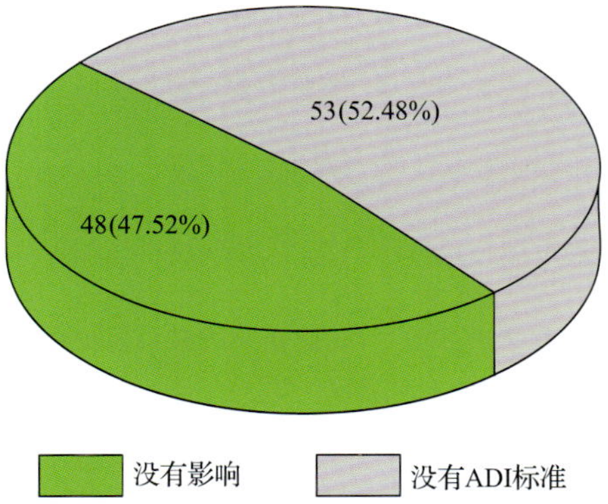

图 4-8　101 个分析样本的影响程度频次分布图

4.2.3　所有茶叶中农药残留安全指数分析

计算所有茶叶中 25 种农药的 IFS_c 值，结果如图 4-9 及表 4-5 所示。

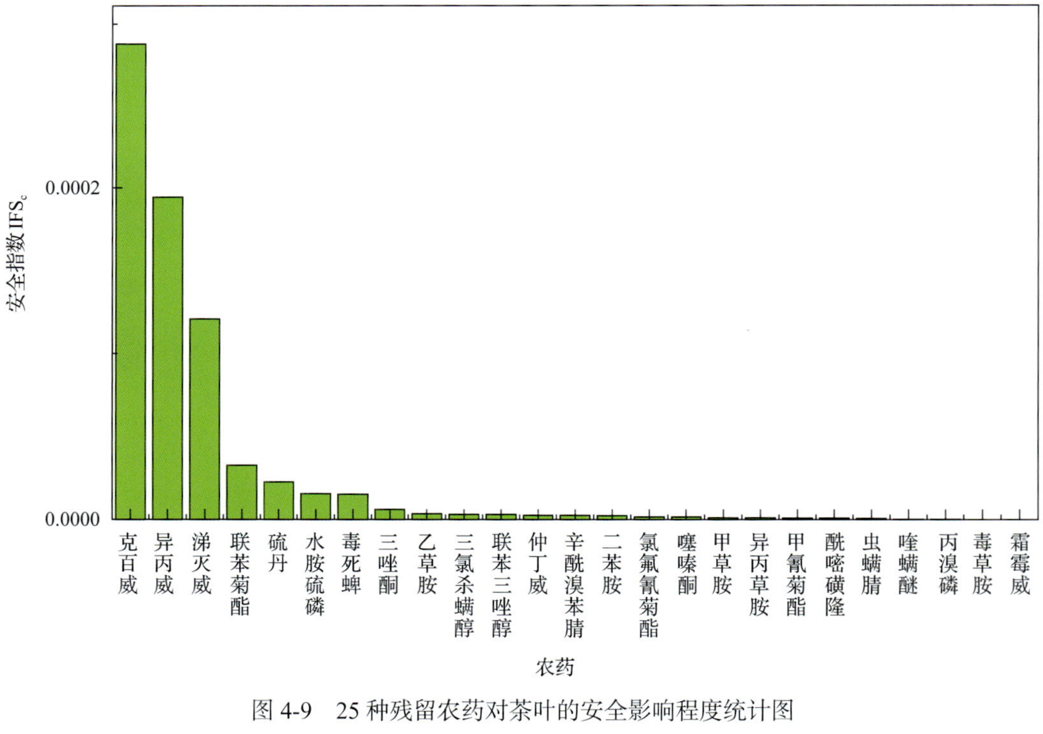

图 4-9　25 种残留农药对茶叶的安全影响程度统计图

分析发现，所有农药对茶叶安全的影响程度均为没有影响，所以茶叶中的农药残留对健康没有影响。

表 4-5 茶叶中 25 种农药残留的安全指数表

序号	农药	检出频次	检出率(%)	IFS_c	影响程度	序号	农药	检出频次	检出率(%)	IFS_c	影响程度
1	克百威	13	7.07	2.88×10^{-4}	没有影响	14	二苯胺	25	13.59	2.32×10^{-6}	没有影响
2	异丙威	51	27.72	1.94×10^{-4}	没有影响	15	氯氟氰菊酯	3	1.63	1.69×10^{-6}	没有影响
3	涕灭威	15	8.15	1.21×10^{-4}	没有影响	16	噻嗪酮	3	1.63	1.60×10^{-6}	没有影响
4	联苯菊酯	40	21.74	3.25×10^{-5}	没有影响	17	甲草胺	1	0.54	1.05×10^{-6}	没有影响
5	硫丹	10	5.43	2.24×10^{-5}	没有影响	18	异丙草胺	3	1.63	1.02×10^{-6}	没有影响
6	水胺硫磷	3	1.63	1.55×10^{-5}	没有影响	19	甲氰菊酯	3	1.63	8.81×10^{-7}	没有影响
7	毒死蜱	5	2.72	1.51×10^{-5}	没有影响	20	酰嘧磺隆	19	10.33	8.28×10^{-7}	没有影响
8	三唑酮	8	4.35	6.03×10^{-6}	没有影响	21	虫螨腈	2	1.09	6.73×10^{-7}	没有影响
9	乙草胺	3	1.63	3.50371×10^{-6}	没有影响	22	喹螨醚	1	0.54	2.55×10^{-7}	没有影响
10	三氯杀螨醇	1	0.54	3.10779×10^{-6}	没有影响	23	丙溴磷	1	0.54	1.45×10^{-7}	没有影响
11	联苯三唑醇	5	2.72	3.11×10^{-6}	没有影响	24	毒草胺	1	0.54	2.54×10^{-8}	没有影响
12	仲丁威	20	10.87	2.50×10^{-6}	没有影响	25	霜霉威	1	0.54	5.00×10^{-9}	没有影响
13	辛酰溴苯腈	6	3.26	2.50×10^{-6}	没有影响						

4.3 GC-Q-TOF/MS 侦测郑州市市售茶叶农药残留预警风险评估

基于郑州市茶叶样品中农药残留 GC-Q-TOF/MS 侦测数据，分析禁用农药的检出率，同时参照中华人民共和国国家标准 GB 2763—2016 和欧盟农药最大残留限量(MRL)标准分析非禁用农药残留的超标率，并计算农药残留风险系数。分析单种茶叶中农药残留以及所有茶叶中农药残留的风险程度。

4.3.1 单种茶叶中农药残留风险系数分析

4.3.1.1 单种茶叶中禁用农药残留风险系数分析

侦测出的 50 种残留农药中有 6 种为禁用农药，且它们分布在 3 种茶叶中，计算 3 种茶叶中禁用农药的检出率，根据检出率计算风险系数 R，进而分析茶叶中禁用农药的风险程度，结果如图 4-10 与表 4-6 所示。

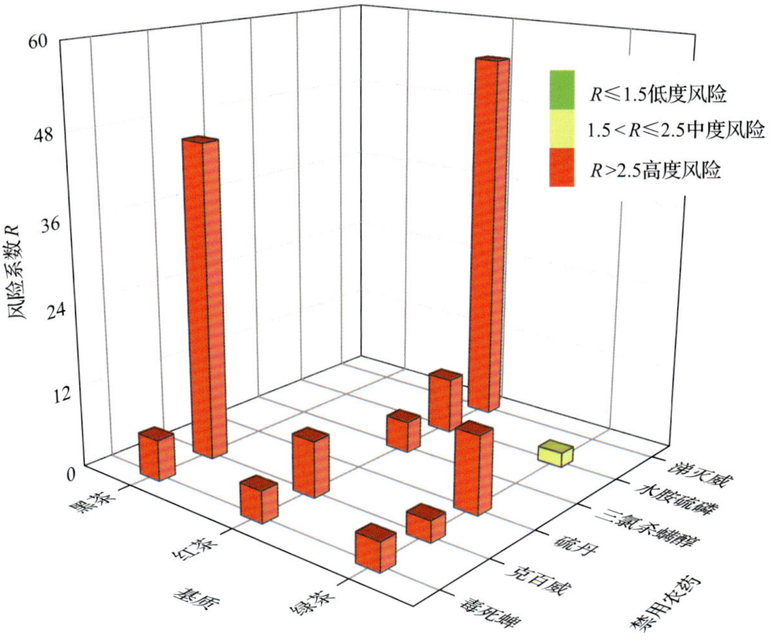

图 4-10　3 种茶叶中 6 种禁用农药的风险系数分布图

表 4-6　3 种茶叶中 6 种禁用农药的风险系数列表

序号	基质	农药	检出频次	检出率（%）	风险系数 R	风险程度
1	红茶	涕灭威	15	0.54	54.67	高度风险
2	黑茶	克百威	9	0.45	46.1	高度风险
3	绿茶	硫丹	10	0.1	11.41	高度风险
4	红茶	克百威	2	0.07	8.24	高度风险
5	红茶	水胺硫磷	2	0.07	8.24	高度风险
6	黑茶	毒死蜱	1	0.05	6.1	高度风险
7	红茶	三氯杀螨醇	1	0.04	4.67	高度风险
8	红茶	毒死蜱	1	0.04	4.67	高度风险
9	绿茶	毒死蜱	3	0.03	4.19	高度风险
10	绿茶	克百威	2	0.02	3.16	高度风险
11	绿茶	水胺硫磷	1	0.01	2.13	中度风险

4.3.1.2　基于 MRL 中国国家标准的单种茶叶中非禁用农药残留风险系数分析

参照中华人民共和国国家标准 GB 2763—2016 中农药残留限量计算每种茶叶中每种非禁用农药的超标率，进而计算其风险系数，根据风险系数大小判断残留农药的预警风险程度，茶叶中非禁用农药残留风险程度分布情况如图 4-11 所示。

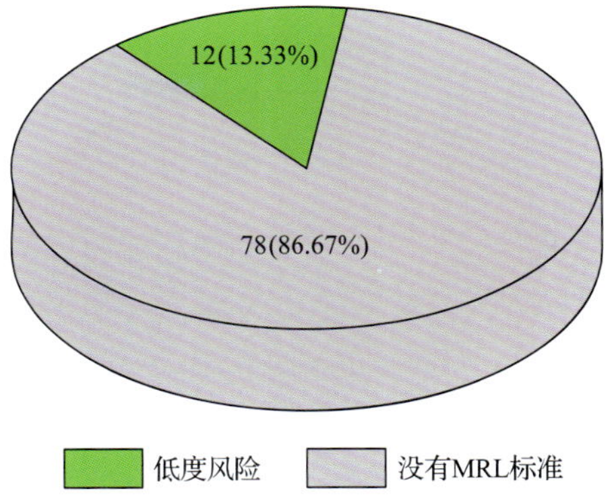

图 4-11　茶叶中非禁用农药残留的风险程度分布图(MRL 中国国家标准)

本次分析中，发现在 4 种茶叶检出 44 种残留非禁用农药，涉及样本 90 个，在 90 个样本中，13.33%处于低度风险，此外发现有 78 个样本没有 MRL 中国国家标准值，无法判断其风险程度，有 MRL 中国国家标准值的 12 个样本涉及 4 种茶叶中的 6 种非禁用农药，其风险系数 *R* 值如图 4-12 所示。

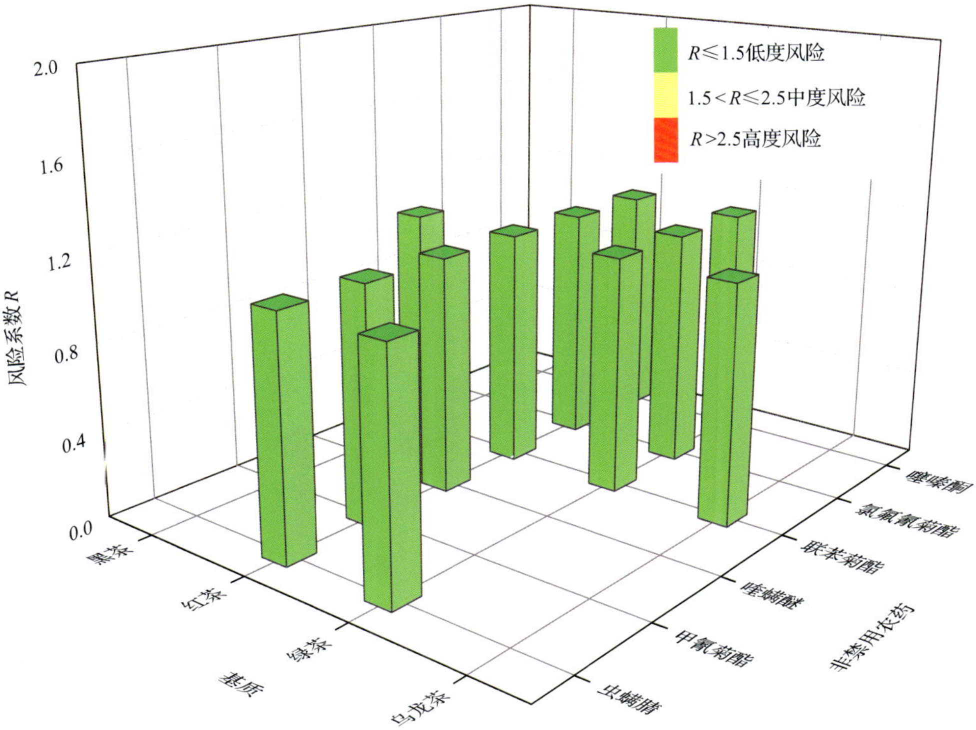

图 4-12　4 种茶叶中 6 种非禁用农药的风险系数分布图(MRL 中国国家标准)

4.3.1.3　基于 MRL 欧盟标准的单种茶叶中非禁用农药残留风险系数分析

参照 MRL 欧盟标准计算每种茶叶中每种非禁用农药的超标率，进而计算其风险系数，根据风险系数大小判断农药残留的预警风险程度，茶叶中非禁用农药残留风险程度分布情况如图 4-13 所示。

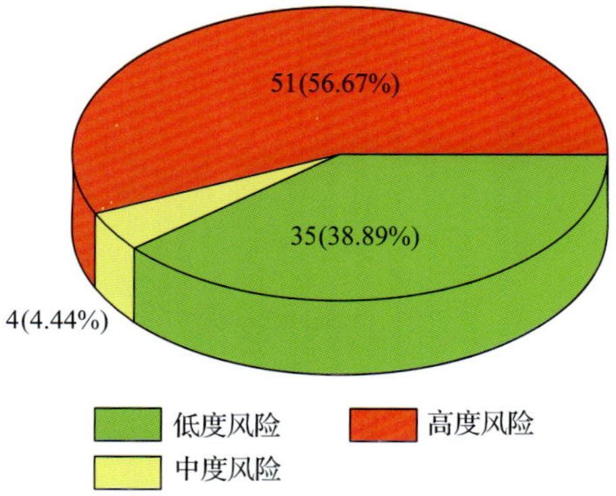

图 4-13　茶叶中非禁用农药残留的风险程度分布图（MRL 欧盟标准）

本次分析中，发现在 4 种茶叶中共侦测出 44 种非禁用农药，涉及样本 90 个，其中，56.67%处于高度风险，涉及 4 种茶叶和 28 种农药；4.44%处于中度风险，涉及 1 种茶叶和 4 种农药，38.89%处于低度风险，涉及 4 种茶叶和 22 种农药。单种茶叶中的非禁用农药风险系数分布图如图 4-14 所示。单种茶叶中处于高度风险的非禁用农药风险系数如图 4-15 和表 4-7 所示。

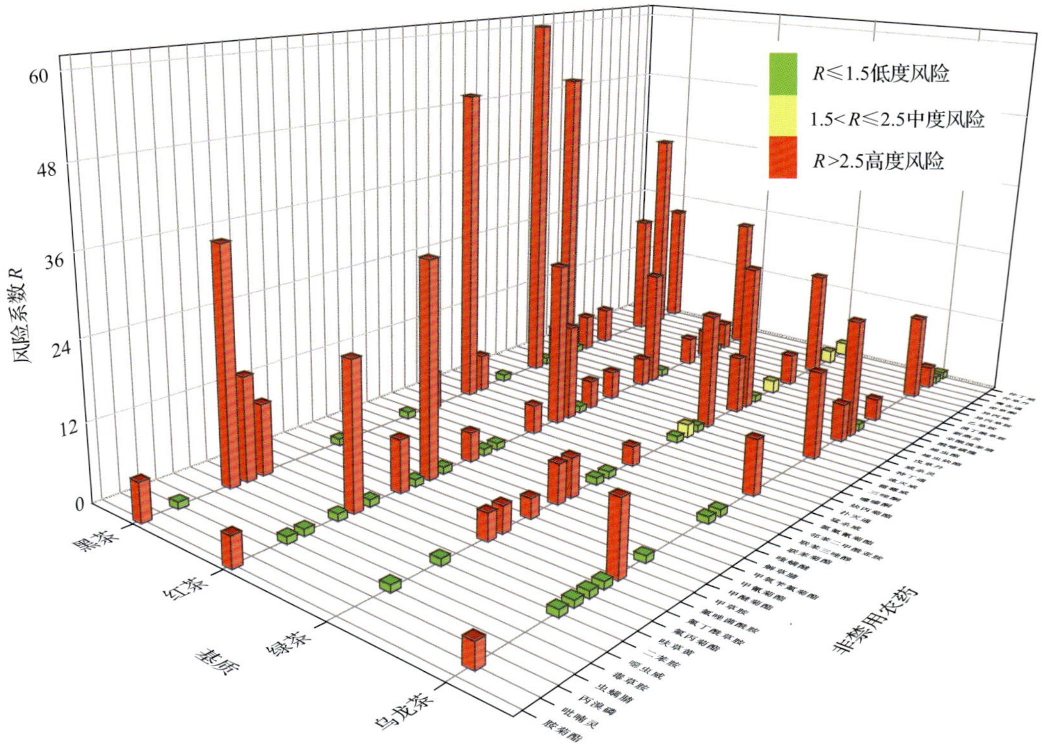

图 4-14　4 种茶叶中 44 种非禁用农药残留的风险系数（MRL 欧盟标准）

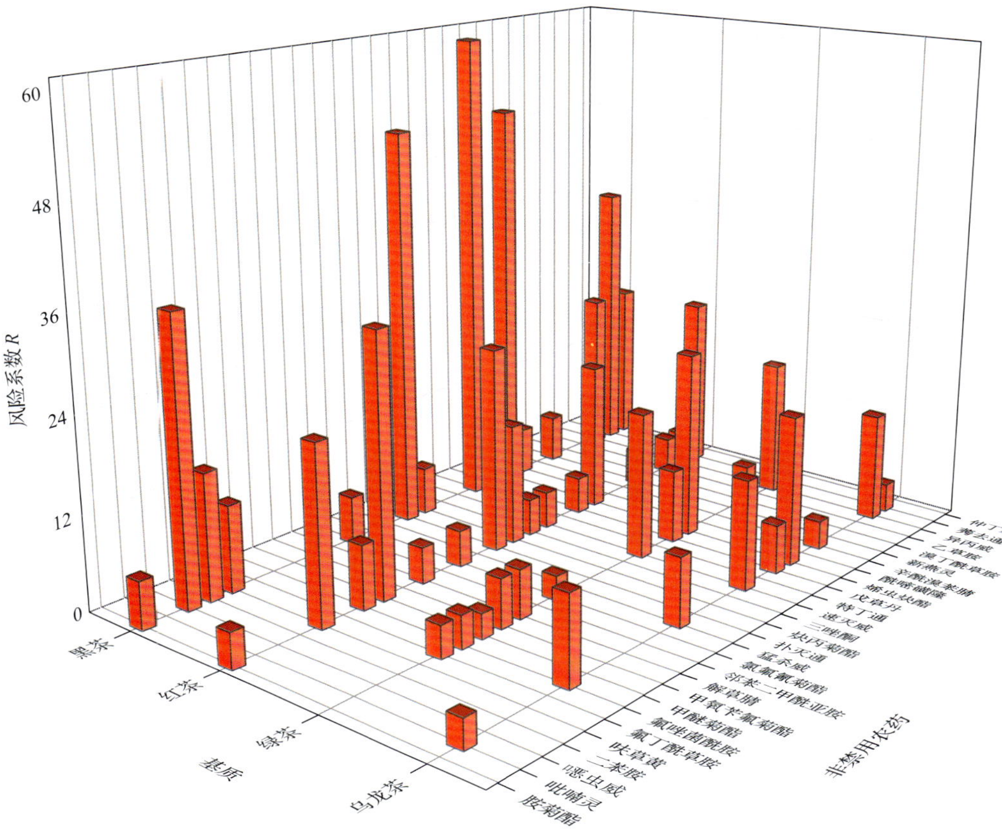

图 4-15　单种茶叶中处于高度风险的非禁用农药的风险系数分布图（MRL 欧盟标准）

表 4-7　单种茶叶中处于高度风险的非禁用农药的风险系数表（MRL 欧盟标准）

序号	基质	农药	超标频次	超标率 P(%)	风险系数 R
1	黑茶	特丁通	12	0.6	61.1
2	黑茶	扑灭通	10	0.5	51.1
3	黑茶	烯虫炔酯	10	0.5	51.1
4	黑茶	噁虫威	7	0.35	36.1
5	黑茶	莠去通	7	0.35	36.1
6	红茶	甲醚菊酯	9	0.32	33.24
7	红茶	扑灭通	7	0.25	26.1
8	绿茶	烯虫炔酯	22	0.23	23.78
9	红茶	呋草黄	6	0.21	22.53
10	红茶	莠去通	6	0.21	22.53
11	黑茶	仲丁威	4	0.2	21.1
12	黑茶	异丙威	4	0.2	21.1
13	乌龙茶	烯虫炔酯	7	0.18	19.05
14	红茶	烯虫炔酯	5	0.18	18.96
15	绿茶	速灭威	17	0.18	18.63

续表

序号	基质	农药	超标频次	超标率 P(%)	风险系数 R
16	绿茶	异丙威	16	0.16	17.59
17	黑茶	二苯胺	3	0.15	16.1
18	红茶	炔丙菊酯	4	0.14	15.39
19	乌龙茶	异丙威	5	0.13	13.92
20	乌龙茶	速灭威	5	0.13	13.92
21	乌龙茶	氟唑菌酰胺	4	0.1	11.36
22	黑茶	呋草黄	2	0.1	11.1
23	绿茶	戊草丹	8	0.08	9.35
24	乌龙茶	猛杀威	3	0.08	8.79
25	红茶	氟唑菌酰胺	2	0.07	8.24
26	绿茶	甲氧苄氟菊酯	5	0.05	6.25
27	绿茶	解草腈	5	0.05	6.25
28	乌龙茶	戊草丹	2	0.05	6.23
29	黑茶	戊草丹	1	0.05	6.1
30	黑茶	新燕灵	1	0.05	6.1
31	黑茶	炔丙菊酯	1	0.05	6.1
32	黑茶	胺菊酯	1	0.05	6.1
33	黑茶	邻苯二甲酰亚胺	1	0.05	6.1
34	黑茶	酰嘧磺隆	1	0.05	6.1
35	绿茶	溴丁酰草胺	4	0.04	5.22
36	红茶	三唑酮	1	0.04	4.67
37	红茶	乙草胺	1	0.04	4.67
38	红茶	异丙威	1	0.04	4.67
39	红茶	戊草丹	1	0.04	4.67
40	红茶	新燕灵	1	0.04	4.67
41	红茶	氯氟氰菊酯	1	0.04	4.67
42	红茶	胺菊酯	1	0.04	4.67
43	红茶	解草腈	1	0.04	4.67
44	红茶	速灭威	1	0.04	4.67
45	绿茶	氟丁酰草胺	3	0.03	4.19
46	绿茶	氟唑菌酰胺	3	0.03	4.19
47	乌龙茶	吡喃灵	1	0.03	3.66
48	乌龙茶	莠去通	1	0.03	3.66
49	乌龙茶	辛酰溴苯腈	1	0.03	3.66
50	绿茶	氯氟氰菊酯	2	0.02	3.16
51	绿茶	甲醚菊酯	2	0.02	3.16

4.3.2 所有茶叶中农药残留风险系数分析

4.3.2.1 所有茶叶中禁用农药残留风险系数分析

在侦测出的 50 种农药中有 6 种为禁用农药，计算所有茶叶中禁用农药的风险系数，结果如表 4-8 所示。在 6 种禁用农药中，5 种农药残留处于高度风险，1 种农药残留处于中度风险。

表 4-8　茶叶中 6 种禁用农药的风险系数表

序号	农药	检出频次	检出率(%)	风险系数 *R*	风险程度
1	涕灭威	15	8.15	9.25	高度风险
2	克百威	13	7.07	8.17	高度风险
3	硫丹	10	5.43	6.53	高度风险
4	毒死蜱	5	2.72	3.82	高度风险
5	水胺硫磷	3	1.63	2.73	高度风险
6	三氯杀螨醇	1	0.54	1.64	中度风险

4.3.2.2 所有茶叶中非禁用农药残留风险系数分析

参照 MRL 欧盟标准计算所有茶叶中每种非禁用农药残留的风险系数，如图 4-16 与表 4-9 所示。在侦测出的 44 种非禁用农药中，20 种农药(45.45%)残留处于高度风险，8 种农药(18.18%)残留处于中度风险，16 种农药(36.36%)残留处于低度风险。

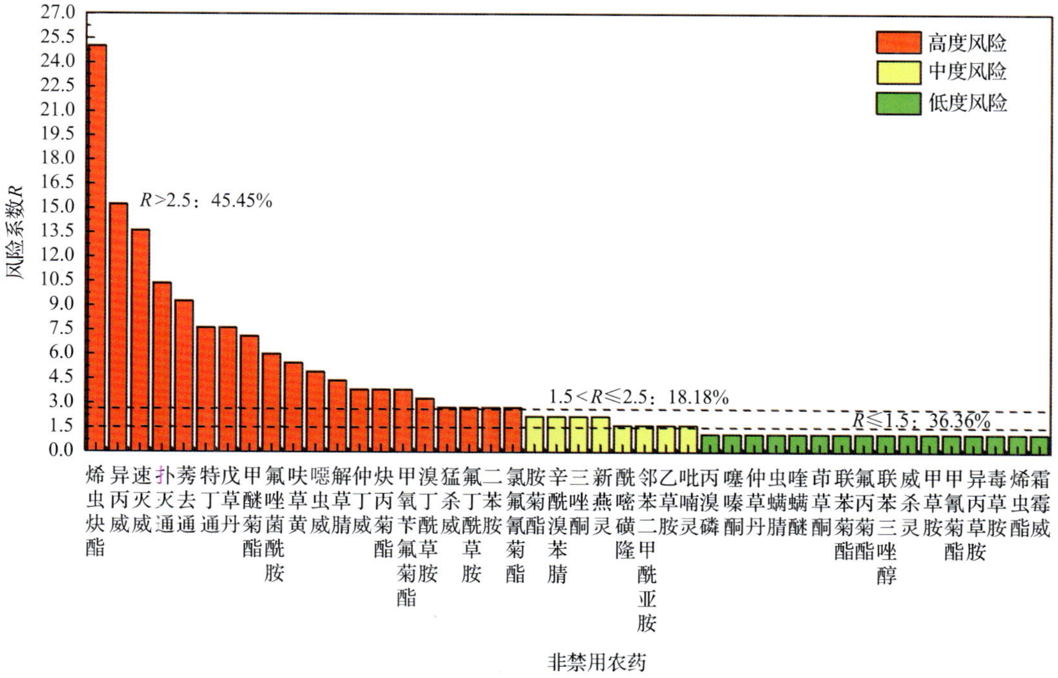

图 4-16　茶叶中 44 种非禁用农药的风险程度统计图

表 4-9　茶叶中 44 种非禁用农药的风险系数表

序号	农药	超标频次	超标率 P(%)	风险系数 R	风险程度
1	烯虫炔酯	44	0.24	25.01	高度风险
2	异丙威	26	0.14	15.23	高度风险
3	速灭威	23	0.13	13.60	高度风险
4	扑灭通	17	0.09	10.34	高度风险
5	莠去通	15	0.08	9.25	高度风险
6	特丁通	12	0.07	7.62	高度风险
7	戊草丹	12	0.07	7.62	高度风险
8	甲醚菊酯	11	0.06	7.08	高度风险
9	氟唑菌酰胺	9	0.05	5.99	高度风险
10	呋草黄	8	0.04	5.45	高度风险
11	噁虫威	7	0.04	4.90	高度风险
12	解草腈	6	0.03	4.36	高度风险
13	仲丁威	5	0.03	3.82	高度风险
14	炔丙菊酯	5	0.03	3.82	高度风险
15	甲氧苄氟菊酯	5	0.03	3.82	高度风险
16	溴丁酰草胺	4	0.02	3.27	高度风险
17	猛杀威	3	0.02	2.73	高度风险
18	氟丁酰草胺	3	0.02	2.73	高度风险
19	二苯胺	3	0.02	2.73	高度风险
20	氯氟氰菊酯	3	0.02	2.73	高度风险
21	胺菊酯	2	0.01	2.19	中度风险
22	辛酰溴苯腈	2	0.01	2.19	中度风险
23	三唑酮	2	0.01	2.19	中度风险
24	新燕灵	2	0.01	2.19	中度风险
25	酰嘧磺隆	1	0.01	1.64	中度风险
26	邻苯二甲酰亚胺	1	0.01	1.64	中度风险
27	乙草胺	1	0.01	1.64	中度风险
28	吡喃灵	1	0.01	1.64	中度风险
29	丙溴磷	0	0.00	1.10	低度风险
30	噻嗪酮	0	0.00	1.10	低度风险
31	仲草丹	0	0.00	1.10	低度风险
32	虫螨腈	0	0.00	1.10	低度风险
33	喹螨醚	0	0.00	1.10	低度风险
34	茚草酮	0	0.00	1.10	低度风险

续表

序号	农药	超标频次	超标率 P(%)	风险系数 R	风险程度
35	联苯菊酯	0	0.00	1.10	低度风险
36	氟丙菊酯	0	0.00	1.10	低度风险
37	联苯三唑醇	0	0.00	1.10	低度风险
38	威杀灵	0	0.00	1.10	低度风险
39	甲草胺	0	0.00	1.10	低度风险
40	甲氰菊酯	0	0.00	1.10	低度风险
41	异丙草胺	0	0.00	1.10	低度风险
42	毒草胺	0	0.00	1.10	低度风险
43	烯虫酯	0	0.00	1.10	低度风险
44	霜霉威	0	0.00	1.10	低度风险

4.4　GC-Q-TOF/MS 侦测郑州市市售茶叶农药残留风险评估结论与建议

农药残留是影响茶叶安全和质量的主要因素，也是我国食品安全领域备受关注的敏感话题和亟待解决的重大问题之一[15,16]。各种茶叶均存在不同程度的农药残留现象，本研究主要针对郑州市各类茶叶存在的农药残留问题，基于 2019 年 2 月对郑州市 184 例茶叶样品中农药残留侦测得出的 562 个侦测结果，分别采用食品安全指数模型和风险系数模型，开展茶叶中农药残留的膳食暴露风险和预警风险评估。茶叶样品取自超市和茶叶专营店，符合大众的膳食来源，风险评价时更具有代表性和可信度。

本研究力求通用简单地反映食品安全中的主要问题，且为管理部门和大众容易接受，为政府及相关管理机构建立科学的食品安全信息发布和预警体系提供科学的规律与方法，加强对农药残留的预警和食品安全重大事件的预防，控制食品风险。

4.4.1　郑州市茶叶中农药残留膳食暴露风险评价结论

1) 茶叶样品中农药残留安全状态评价结论

采用食品安全指数模型，对 2019 年 2 月期间郑州市茶叶农药残留膳食暴露风险进行评价，根据 IFS_c 的计算结果发现，茶叶中农药的 $\overline{IFS}$ 为 2.87×10^{-5}，说明郑州市茶叶总体处于可以接受的安全状态，但部分禁用农药、高残留农药在茶叶中仍有侦测出，导致膳食暴露风险的存在，成为不安全因素。

2) 禁用农药膳食暴露风险评价

本次检测发现部分茶叶样品中有禁用农药侦测出，侦测出禁用农药 6 种，侦测出频次为 47，茶叶样品中的禁用农药 IFS_c 计算结果表明，禁用农药残留膳食暴露风险没有影响的频次为 47，占 100.00%。

4.4.2 郑州市茶叶中农药残留预警风险评价结论

1) 单种茶叶中禁用农药残留的预警风险评价结论

本次检测过程中，在 3 种茶叶中检测出 6 种禁用农药，禁用农药为：三氯杀螨醇、克百威、毒死蜱、水胺硫磷、涕灭威、硫丹，茶叶为：红茶、绿茶、黑茶，茶叶中禁用农药的风险系数分析结果显示，3 种禁用农药在 6 种茶叶中的残留绝大部分处于高度风险，说明在单种茶叶中禁用农药的残留会导致较高的预警风险。

2) 单种茶叶中非禁用农药残留的预警风险评价结论

以 MRL 中国国家标准为标准，计算茶叶中非禁用农药风险系数情况下，90 个样本中，12 个处于低度风险(13.33%)，78 个样本没有 MRL 中国国家标准(86.67%)。以 MRL 欧盟标准为标准，计算茶叶中非禁用农药风险系数情况下，发现有 51 个处于高度风险(56.67%)，4 个处于中度风险(4.44%)，35 个处于低度风险(38.89%)。基于两种 MRL 标准，评价的结果差异显著，可以看出 MRL 欧盟标准比中国国家标准更加严格和完善，过于宽松的 MRL 中国国家标准值能否有效保障人体的健康有待研究。

4.4.3 加强郑州市茶叶食品安全建议

我国食品安全风险评价体系仍不够健全，相关制度不够完善，多年来，由于农药用药次数多、用药量大或用药间隔时间短，产品残留量大，农药残留所造成的食品安全问题日益严峻，给人体健康带来了直接或间接的危害。据估计，美国与农药有关的癌症患者数约占全国癌症患者总数的 50%，中国更高。同样，农药对其他生物也会形成直接杀伤和慢性危害，植物中的农药可经过食物链逐级传递并不断蓄积，对人和动物构成潜在威胁，并影响生态系统。

基于本次农药残留侦测数据的风险评价结果，提出以下几点建议：

1) 加快食品安全标准制定步伐

我国食品标准中对农药每日允许最大摄入量 ADI 的数据严重缺乏，在本次评价所涉及的 50 种农药中，仅有 50%的农药具有 ADI 值，而 50%的农药中国尚未规定相应的 ADI 值，亟待完善。

我国食品中农药最大残留限量值的规定严重缺乏，对评估涉及的不同茶叶中不同农药 101 个 MRL 限值进行统计来看，我国仅制定出 19 个标准，我国标准完整率仅为 18.8%，欧盟的完整率达到 100%(表 4-10)。因此，中国更应加快 MRL 的制定步伐。

表 4-10 我国国家食品标准农药的 ADI、MRL 值与欧盟标准的数量差异

分类		中国 ADI	MRL 中国国家标准	MRL 欧盟标准
标准限值(个)	有	25	19	101
	无	25	82	0
总数(个)		50	101	101
无标准限值比例(%)		50	81.2	0

此外，MRL 中国国家标准限值普遍高于欧盟标准限值，这些标准中共有 8 个高于欧盟。过高的 MRL 值难以保障人体健康，建议继续加强对限值基准和标准的科学研究，将农产品中的危险性减少到尽可能低的水平。

2) 加强农药的源头控制和分类监管

在郑州市某些茶叶中仍有禁用农药残留，利用 GC-Q-TOF/MS 技术侦测出 6 种禁用农药，检出频次为 47 次，残留禁用农药均存在较大的膳食暴露风险和预警风险。早已列入黑名单的禁用农药在我国并未真正退出，有些药物由于价格便宜、工艺简单，此类高毒农药一直生产和使用。建议在我国采取严格有效的控制措施，从源头控制禁用农药。

对于非禁用农药，在我国作为“田间地头”最典型单位的县级茶叶产地中，农药残留的检测几乎缺失。建议根据农药的毒性，对高毒、剧毒、中毒农药实现分类管理，减少使用高毒和剧毒高残留农药，进行分类监管。

3) 加强农药生物基准和降解技术研究

市售茶叶中残留农药的品种多、频次高、禁用农药多次检出这一现状，说明了我国的田间土壤和水体因农药长期、频繁、不合理的使用而遭到严重污染。为此，建议中国相关部门出台相关政策，鼓励高校及科研院所积极开展分子生物学、酶学等研究，加强土壤、水体中残留农药的生物修复及降解新技术研究，切实加大农药监管力度，以控制农药的面源污染问题。

综上所述，在本工作基础上，根据茶叶残留危害，可进一步针对其成因提出和采取严格管理、大力推广无公害茶叶种植与生产、健全食品安全控制技术体系、加强茶叶质量检测体系建设和积极推行茶叶质量追溯制度等相应对策。建立和完善食品安全综合评价指数与风险监测预警系统，对食品安全进行实时、全面的监控与分析，为我国的食品安全科学监管与决策提供新的技术支持，可实现各类检验数据的信息化系统管理，降低食品安全事故的发生。

武 汉 市

第 5 章　LC-Q-TOF/MS 侦测武汉市 141 例市售茶叶样品农药残留报告

从武汉市所属 3 个区，随机采集了 141 例茶叶样品，使用液相色谱-四极杆飞行时间质谱(LC-Q-TOF/MS)对 825 种农药化学污染物示范侦测(7 种负离子模式 ESI⁻未涉及)。

5.1　样品种类、数量与来源

5.1.1　样品采集与检测

为了真实反映百姓日常饮用的茶叶中农药残留污染状况，本次所有检测样品均由检验人员于 2019 年 1 月期间，从武汉市所属 6 个采样点，包括 5 个茶叶专营店 1 个超市，以随机购买方式采集，总计 6 批 141 例样品，从中检出农药 76 种，990 频次。采样及监测概况见图 5-1 及表 5-1，样品及采样点明细见表 5-2 及表 5-3(侦测原始数据见附表 1)。

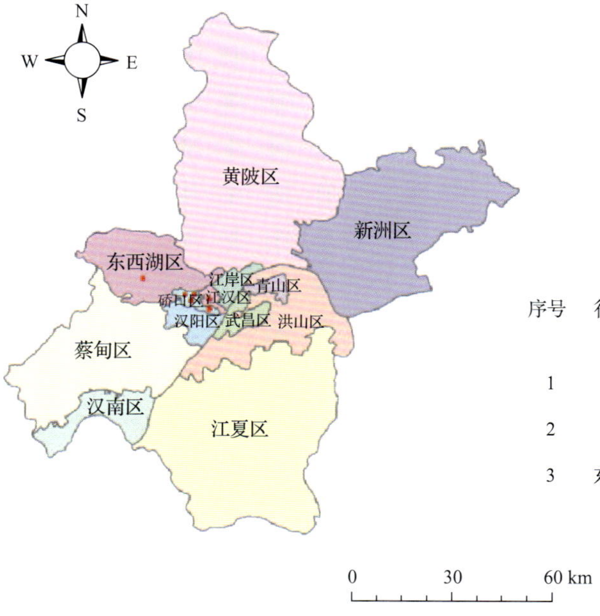

序号	行政区域	茶叶采样量
1	江汉区	25
2	硚口区	87
3	东西湖区	29

图 5-1　武汉市所属 6 个采样点 141 例样品分布图

表 5-1　农药残留监测总体概况

采样地区	武汉市所属 3 个区
采样点(茶叶专营店+超市)	6
样本总数	141
检出农药品种/频次	76/990
各采样点样本农药残留检出率范围	84.6%~100.0%

表 5-2　样品分类及数量

样品分类	样品名称（数量）	数量小计
1. 茶叶		141
1）发酵类茶叶	红茶（31），黄茶（10）	41
2）未发酵类茶叶	绿茶（100）	100
合计	1.茶叶 3 种	141

表 5-3　武汉市采样点信息

采样点序号	行政区域	采样点
茶叶专营店（5）		
1	硚口区	***茶业店
2	硚口区	***茶庄
3	硚口区	***茶叶店
4	硚口区	***茶业店
5	东西湖区	***茶叶有限公司
超市（1）		
1	江汉区	***超市（常青店）

5.1.2　检测结果

这次使用的检测方法是庞国芳院士团队最新研发的不需使用标准品对照，而以高分辨精确质量数（0.0001 *m/z*）为基准的 LC-Q-TOF/MS 检测技术，对于 141 例样品，每个样品均侦测了 825 种农药化学污染物的残留现状。通过本次侦测，在 141 例样品中共计检出农药化学污染物 76 种，检出 990 频次。

5.1.2.1　各采样点样品检出情况

统计分析发现 6 个采样点中，被测样品的农药检出率范围为 84.6%~100.0%。其中，***茶业店的检出率最高，为 100.0%。***茶叶店的检出率最低，为 84.6%，见图 5-2。

5.1.2.2　检出农药的品种总数与频次

统计分析发现，对于 141 例样品中 825 种农药化学污染物的侦测，共检出农药 990 频次，涉及农药 76 种，结果如图 5-3 所示。其中噻嗪酮检出频次最高，共检出 92 次。检出频次排名前 10 的农药如下：①噻嗪酮（92），②唑虫酰胺（91），③哒螨灵（88），④烯丙菊酯（75），⑤啶虫脒（70），⑥毒死蜱（53），⑦茚虫威（43），⑧苯醚甲环唑（36），⑨噻虫嗪（34），⑩阿维菌素（33）。

由图 5-4 可见，绿茶、红茶和黄茶这 3 种茶叶样品中检出的农药品种数较高，均超过 30 种，其中，绿茶检出农药品种最多，为 56 种。由图 5-5 可见，绿茶、红茶和黄茶这 3 种茶叶样品中的农药检出频次较高，均超过 80 次，其中，绿茶检出农药频次最高，为 689 次。

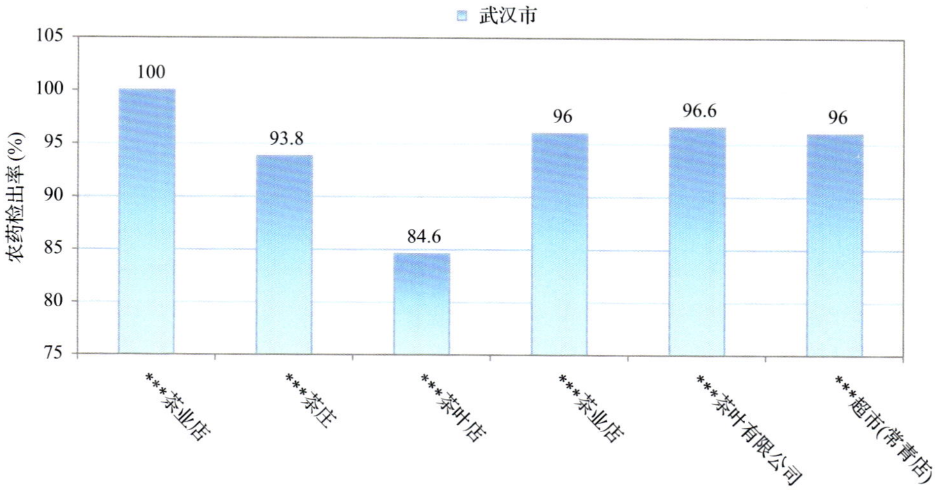

图 5-2　各采样点样品中的农药检出率

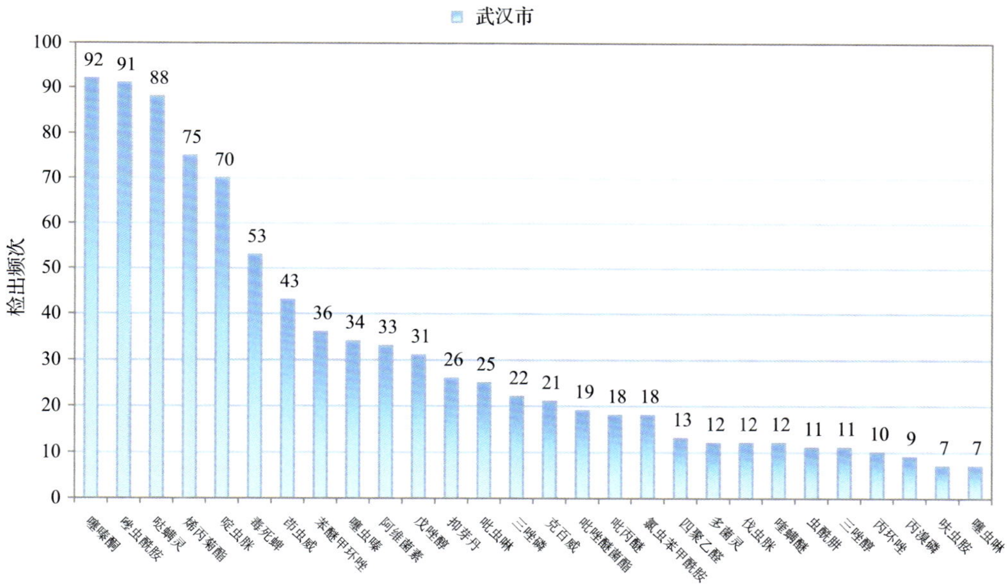

图 5-3　检出农药品种及频次(仅列出检出农药 7 频次及以上的数据)

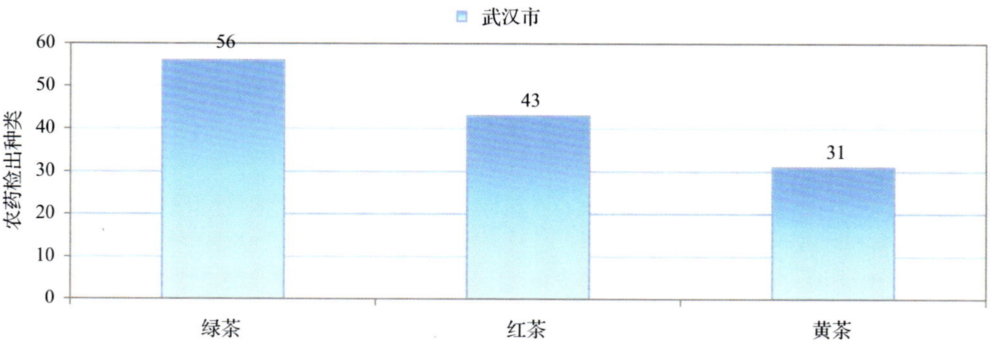

图 5-4　单种茶叶检出农药的种类数

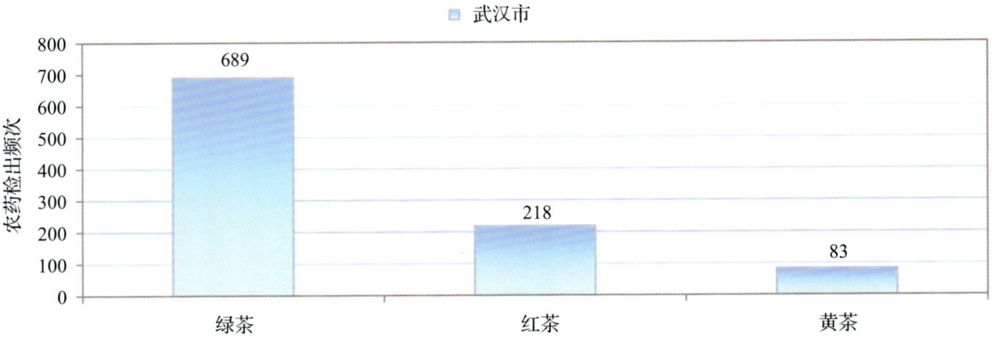

图 5-5 单种茶叶检出农药频次

5.1.2.3 单例样品农药检出种类与占比

对单例样品检出农药种类和频次进行统计发现，未检出农药的样品占总样品数的 4.3%，检出 1 种农药的样品占总样品数的 8.5%，检出 2~5 种农药的样品占总样品数的 31.9%，检出 6~10 种农药的样品占总样品数的 34.0%，检出大于 10 种农药的样品占总样品数的 21.3%。每例样品中平均检出农药为 7.0 种，数据见表 5-4 及图 5-6。

表 5-4 单例样品检出农药品种占比

检出农药品种数	样品数量/占比(%)
未检出	6/4.3
1 种	12/8.5
2~5 种	45/31.9
6~10 种	48/34.0
大于 10 种	30/21.3
单例样品平均检出农药品种	7.0 种

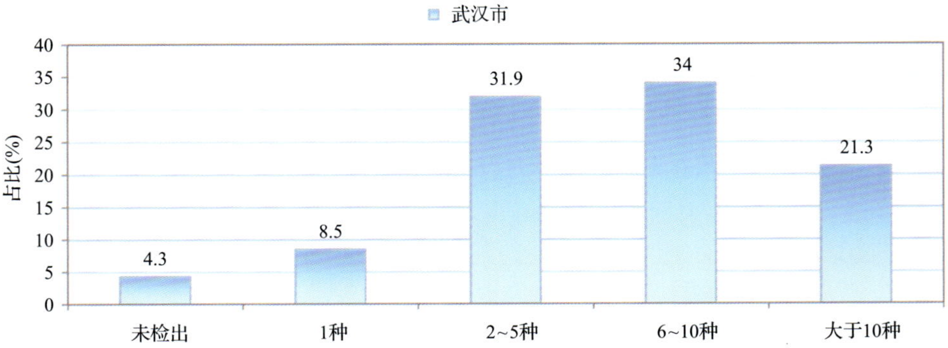

图 5-6 单例样品平均检出农药品种及占比

5.1.2.4 检出农药类别与占比

所有检出农药按功能分类，包括杀虫剂、杀菌剂、杀螨剂、除草剂、植物生长调节剂、驱避剂、增效剂共 7 类。其中杀虫剂与杀菌剂为主要检出的农药类别，分别占总数的 40.8%和 30.3%，见表 5-5 及图 5-7。

表 5-5　检出农药所属类别/占比

农药类别	数量/占比(%)
杀虫剂	31/40.8
杀菌剂	23/30.3
杀螨剂	8/10.5
除草剂	7/9.2
植物生长调节剂	5/6.6
驱避剂	1/1.3
增效剂	1/1.3

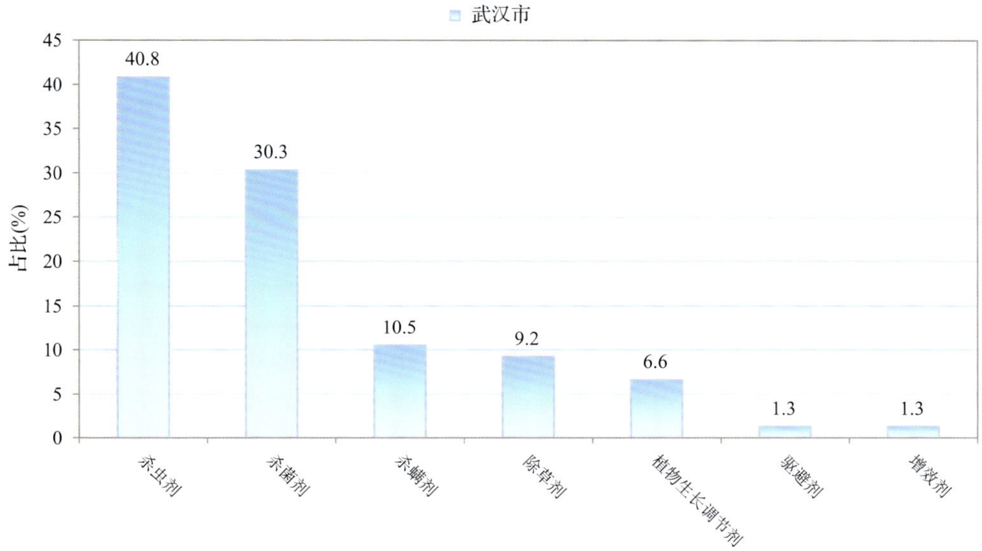

图 5-7　检出农药所属类别和占比

5.1.2.5　检出农药的残留水平

按检出农药残留水平进行统计，残留水平在 1~5 μg/kg(含)的农药占总数的 40.7%，在 5~10 μg/kg(含)的农药占总数的 13.9%，在 10~100 μg/kg(含)的农药占总数的 40.1%，在 100~1000 μg/kg 的农药占总数的 5.3%。

由此可见，这次检测的 6 批 141 例茶叶样品中农药多数处于较低残留水平。结果见表 5-6 及图 5-8，数据见附表 2。

表 5-6　农药残留水平/占比

残留水平(μg/kg)	检出频次数/占比(%)
1~5(含)	403/40.7
5~10(含)	138/13.9
10~100(含)	397/40.1
100~1000	52/5.3

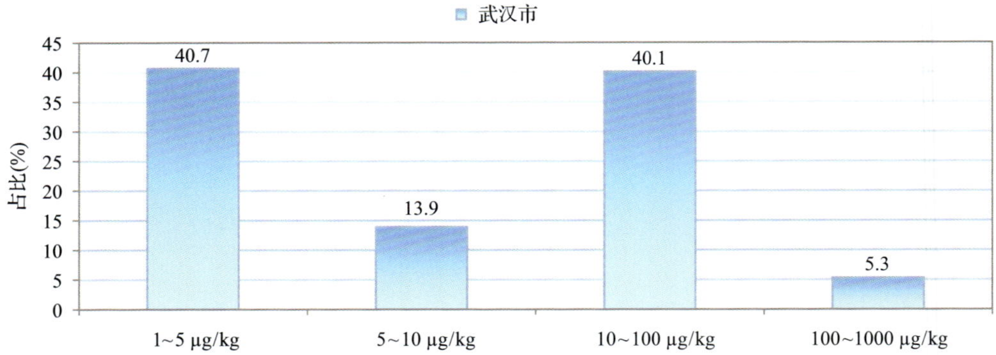

图 5-8　检出农药残留水平及占比

5.1.2.6　检出农药的毒性类别、检出频次和超标频次及占比

对这次检出的 76 种 990 频次的农药，按剧毒、高毒、中毒、低毒和微毒这五个毒性类别进行分类，从中可以看出，武汉市目前普遍使用的农药为中低微毒农药，品种占 90.8%，频次占 90.6%。结果见表 5-7 及图 5-9。

表 5-7　检出农药毒性类别/占比

毒性分类	农药品种/占比(%)	检出频次/占比(%)	超标频次/超标率(%)
剧毒农药	0/0	0/0.0	0/0.0
高毒农药	7/9.2	93/9.4	6/6.5
中毒农药	37/48.7	634/64.0	0/0.0
低毒农药	20/26.3	161/16.3	0/0.0
微毒农药	12/15.8	102/10.3	0/0.0

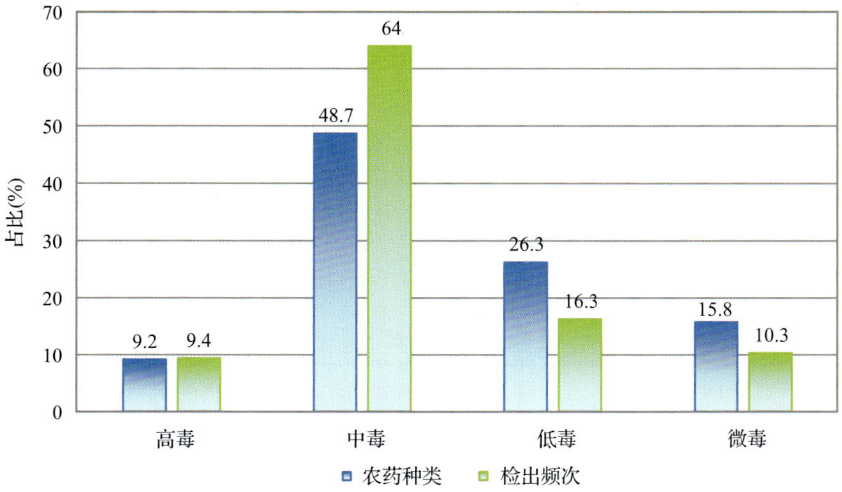

图 5-9　检出农药的毒性分类和占比

5.1.2.7　检出剧毒/高毒类农药的品种和频次

值得特别关注的是，在此次侦测的 141 例样品中有 3 种茶叶的 68 例样品检出了 7 种 93 频次的剧毒和高毒农药，占样品总量的 48.2%，详见图 5-10、表 5-8 及表 5-9。

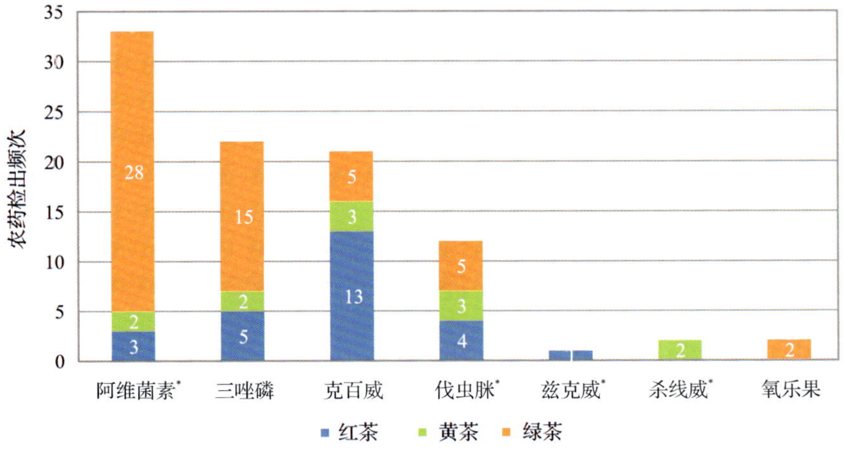

图 5-10　检出剧毒/高毒农药的样品情况

*表示允许在茶叶上使用的农药

表 5-8　剧毒农药检出情况

序号	农药名称	检出频次	超标频次	超标率
茶叶中未检出剧毒农药				
合计		0	0	超标率：0.0%

表 5-9　高毒农药检出情况

序号	农药名称	检出频次	超标频次	超标率
从 3 种茶叶中检出 7 种高毒农药，共计检出 93 次				
1	阿维菌素	33	0	0.0%
2	三唑磷	22	0	0.0%
3	克百威	21	6	28.6%
4	伐虫脒	12	0	0.0%
5	杀线威	2	0	0.0%
6	氧乐果	2	0	0.0%
7	兹克威	1	0	0.0%
合计		93	6	超标率：6.5%

在检出的剧毒和高毒农药中，有 3 种是我国早已禁止在茶叶上使用的，分别是：克百威、氧乐果和三唑磷。禁用农药的检出情况见表 5-10。

表 5-10　禁用农药检出情况

序号	农药名称	检出频次	超标频次	超标率
从 3 种茶叶中检出 6 种禁用农药，共计检出 102 次				
1	毒死蜱	53	0	0.0%
2	三唑磷	22	0	0.0%
3	克百威	21	6	28.6%
4	丁硫克百威	3	0	0.0%
5	氧乐果	2	0	0.0%
6	氟苯虫酰胺	1	0	0.0%
合计		102	6	超标率：5.9%

注：表中*为剧毒农药；超标结果参考 MRL 中国国家标准计算

此次抽检的茶叶样品中，没有检出剧毒农药。

样品中检出剧毒和高毒农药残留水平超过 MRL 中国国家标准的频次为 6 次，其中：红茶检出克百威超标 4 次；黄茶检出克百威超标 2 次。本次检出结果表明，高毒、剧毒农药的使用现象依旧存在，详见表 5-11。

表 5-11　各样本中检出剧毒/高毒农药情况

样品名称	农药名称	检出频次	超标频次	检出浓度（μg/kg）
茶叶 3 种				
红茶	克百威▲	13	4	72.0[a], 109.8[a], 3.0, 15.4, 48.7, 47.0, 13.5, 5.7, 9.1, 3.2, 87.8[a], 63.9[a], 46.7
红茶	三唑磷▲	5	0	6.1, 5.2, 4.5, 1.1, 10.6
红茶	伐虫脒	4	0	323.8, 521.4, 247.6, 79.2
红茶	阿维菌素	3	0	25.3, 29.0, 2.8
红茶	兹克威	1	0	3.2
黄茶	克百威▲	3	2	90.5[a], 24.9, 138.7[a]
黄茶	伐虫脒	3	0	411.1, 689.4, 587.3
黄茶	阿维菌素	2	0	87.2, 61.0
黄茶	三唑磷▲	2	0	2.8, 8.0
黄茶	杀线威	2	0	20.6, 10.9
绿茶	阿维菌素	28	0	23.4, 16.6, 4.3, 23.4, 57.7, 34.6, 158.5, 51.9, 56.5, 30.3, 32.8, 141.3, 72.2, 59.1, 57.9, 9.6, 211.5, 113.3, 76.5, 8.8, 11.3, 31.3, 53.6, 13.1, 11.6, 2.2, 77.4, 22.3
绿茶	三唑磷▲	15	0	1.0, 1.4, 1.4, 25.0, 6.2, 9.2, 1.1, 2.0, 19.6, 6.6, 10.8, 1.8, 1.5, 2.0, 1.7
绿茶	伐虫脒	5	0	194.6, 1.2, 10.1, 217.4, 196.0
绿茶	克百威▲	5	0	1.7, 2.4, 1.3, 1.5, 1.3
绿茶	氧乐果▲	2	0	1.2, 3.7
合计		93	6	超标率：6.5%

注：表中*为剧毒农药；▲为禁用农药；a 为超标结果（参考 MRL 中国国家标准）

5.2　农药残留检出水平与最大残留限量标准对比分析

我国于 2016 年 12 月 18 日正式颁布并于 2017 年 6 月 18 日正式实施食品农药残留限量国家标准《食品中农药最大残留限量》(GB 2763—2016)。该标准包括 417 个农药条目，涉及最大残留限量(MRL)标准 4140 项。将 990 频次检出农药的浓度水平与 4140 项国家 MRL 标准进行核对，其中只有 435 频次的结果找到了对应的 MRL，占 43.9%，还有 555 频次的结果则无相关 MRL 标准供参考，占 56.1%。

将此次侦测结果与国际上现行 MRL 对比发现，在 990 频次的检出结果中有 990 频次的结果找到了对应的 MRL 欧盟标准，占 100.0%；其中，785 频次的结果有明确对应的 MRL，占 79.3%，其余 205 频次按照欧盟一律标准判定，占 20.7%；有 990 频次的结果找到了对应的 MRL 日本标准，占 100.0%；其中，774 频次的结果有明确对应的 MRL，占 78.2%，其余 216 频次按照日本一律标准判定，占 21.8%；有 396 频次的结果找到了对应的 MRL 中国香港标准，占 40.0%；有 390 频次的结果找到了对应的 MRL 美国标准，占 39.4%；有 308 频次的结果找到了对应的 MRL CAC 标准，占 31.1%(见图 5-11 和图 5-12，数据见附表 3 至附表 8)。

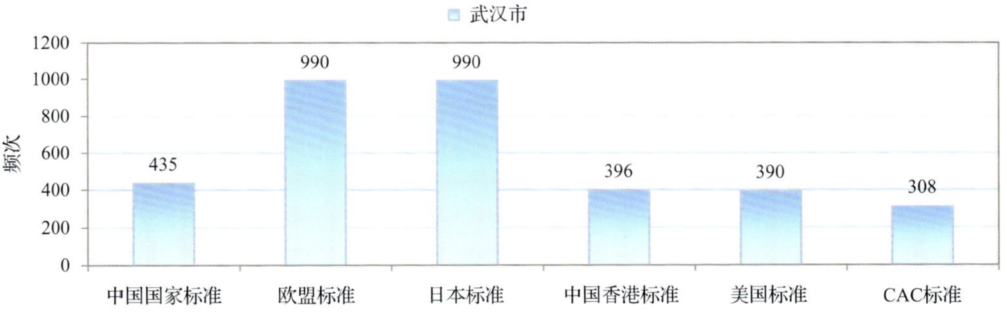

图 5-11　990 频次检出农药可用 MRL 中国国家标准、欧盟标准、日本标准、中国香港标准、美国标准、CAC 标准判定衡量的数量

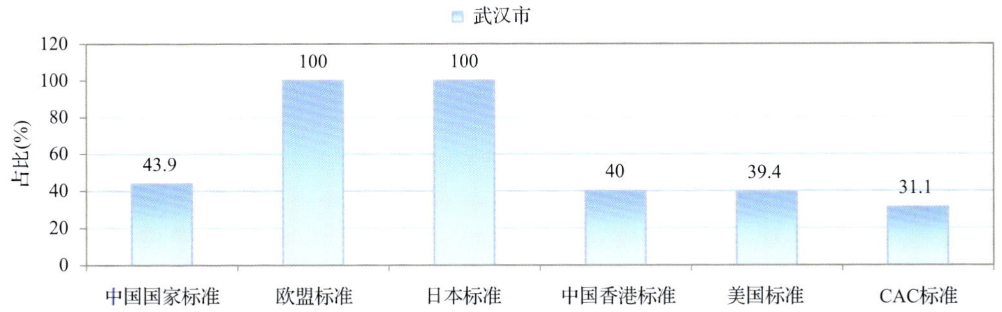

图 5-12　990 频次检出农药可用 MRL 中国国家标准、欧盟标准、日本标准、中国香港标准、美国标准、CAC 标准衡量的占比

5.2.1　超标农药样品分析

本次侦测的 141 例样品中，6 例样品未检出任何残留农药，占样品总量的 4.3%，135

例样品检出不同水平、不同种类的残留农药，占样品总量的 95.7%。在此，我们将本次侦测的农残检出情况与 MRL 中国国家标准、欧盟标准、日本标准、中国香港标准、美国标准和 CAC 标准这 6 大国际主流 MRL 标准进行对比分析，样品农残检出与超标情况见表 5-12、图 5-13 和图 5-14，详细数据见附表 9 至附表 14。

表 5-12　各 MRL 标准下样本农残检出与超标数量及占比

	MRL 中国国家标准 数量/占比（%）	MRL 欧盟标准 数量/占比（%）	MRL 日本标准 数量/占比（%）	MRL 中国香港标准 数量/占比（%）	MRL 美国标准 数量/占比（%）	MRL CAC 标准 数量/占比（%）
未检出	6/4.3	6/4.3	6/4.3	6/4.3	6/4.3	6/4.3
检出未超标	129/91.5	31/22.0	54/38.3	135/95.7	135/95.7	135/95.7
检出超标	6/4.3	104/73.8	81/57.4	0/0.0	0/0.0	0/0.0

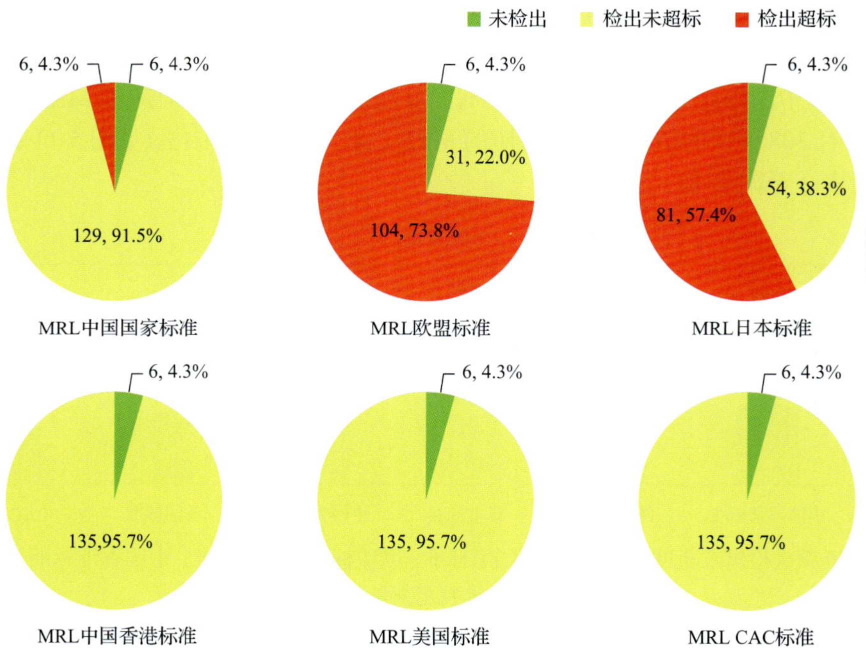

图 5-13　检出和超标样品比例情况

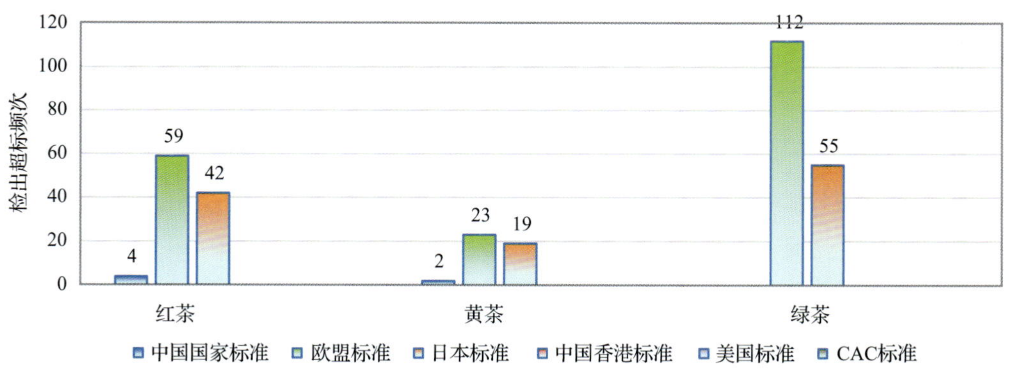

图 5-14　超过 MRL 中国国家标准、欧盟标准、日本标准、中国香港标准、美国标准和 CAC 标准结果在茶叶中的分布

5.2.2　超标农药种类分析

按照 MRL 中国国家标准、欧盟标准、日本标准、中国香港标准、美国标准和 CAC 标准这 6 大国际主流 MRL 标准衡量，本次侦测检出的农药超标品种及频次情况见表 5-13。

表 5-13　各 MRL 标准下超标农药品种及频次

	MRL 中国国家标准	MRL 欧盟标准	MRL 日本标准	MRL 中国香港标准	MRL 美国标准	MRL CAC 标准
超标农药品种	1	21	12	0	0	0
超标农药频次	6	194	116	0	0	0

5.2.2.1　按 MRL 中国国家标准衡量

按 MRL 中国国家标准衡量，有 1 种农药超标，检出 6 频次，为高毒农药克百威。

按超标程度比较，黄茶中克百威超标 1.8 倍，红茶中克百威超标 1.2 倍。检测结果见图 5-15 和附表 15。

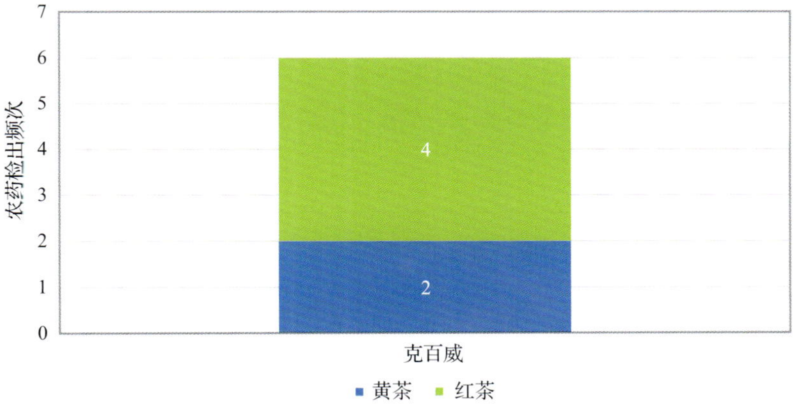

图 5-15　超过 MRL 中国国家标准农药品种及频次

5.2.2.2　按 MRL 欧盟标准衡量

按 MRL 欧盟标准衡量，共有 21 种农药超标，检出 194 频次，分别为高毒农药三唑磷、克百威、阿维菌素和伐虫脒，中毒农药苯醚甲环唑、丙环唑、烯丙菊酯、吡虫啉、异丙威、丙溴磷、三唑醇、唑虫酰胺、仲丁威、丁硫克百威、四聚乙醛和哒螨灵，低毒农药异戊乙净、噻嗪酮、呋虫胺和去乙基另丁津，微毒农药多菌灵。

按超标程度比较，红茶中异丙威超标 32.4 倍，红茶中烯丙菊酯超标 19.7 倍，绿茶中唑虫酰胺超标 14.2 倍，黄茶中伐虫脒超标 12.8 倍，红茶中唑虫酰胺超标 12.3 倍。检测结果见图 5-16 和附表 16。

5.2.2.3　按 MRL 日本标准衡量

按 MRL 日本标准衡量，共有 12 种农药超标，检出 116 频次，分别为高毒农药三唑

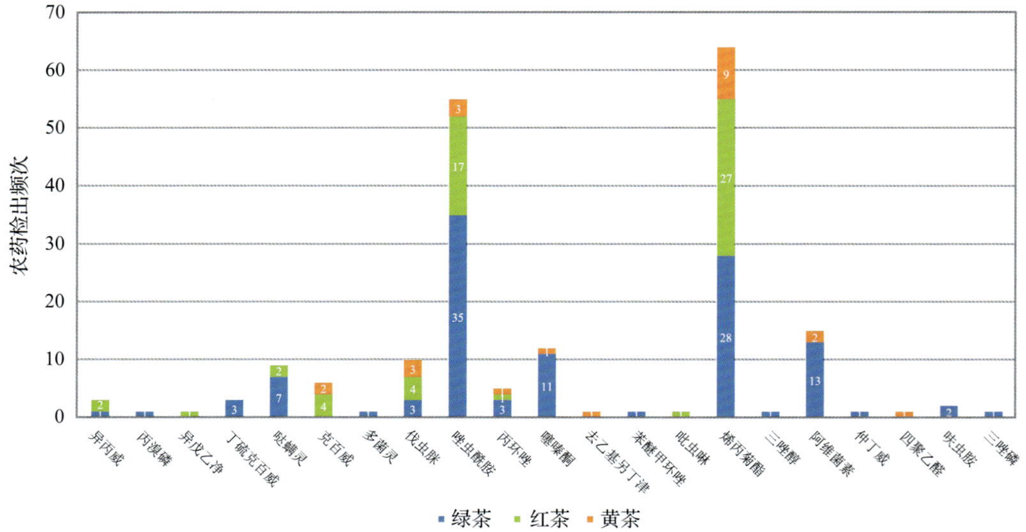

图 5-16　超过 MRL 欧盟标准农药品种及频次

磷、杀线威和伐虫脒，中毒农药丙环唑、烯丙菊酯、异丙威、仲丁威、茚虫威和四聚乙醛，低毒农药异戊乙净、烯酰吗啉和去乙基另丁津。

按超标程度比较，黄茶中伐虫脒超标 67.9 倍，红茶中伐虫脒超标 51.1 倍，红茶中异丙威超标 32.4 倍，绿茶中伐虫脒超标 20.7 倍，红茶中烯丙菊酯超标 19.7 倍。检测结果见图 5-17 和附表 17。

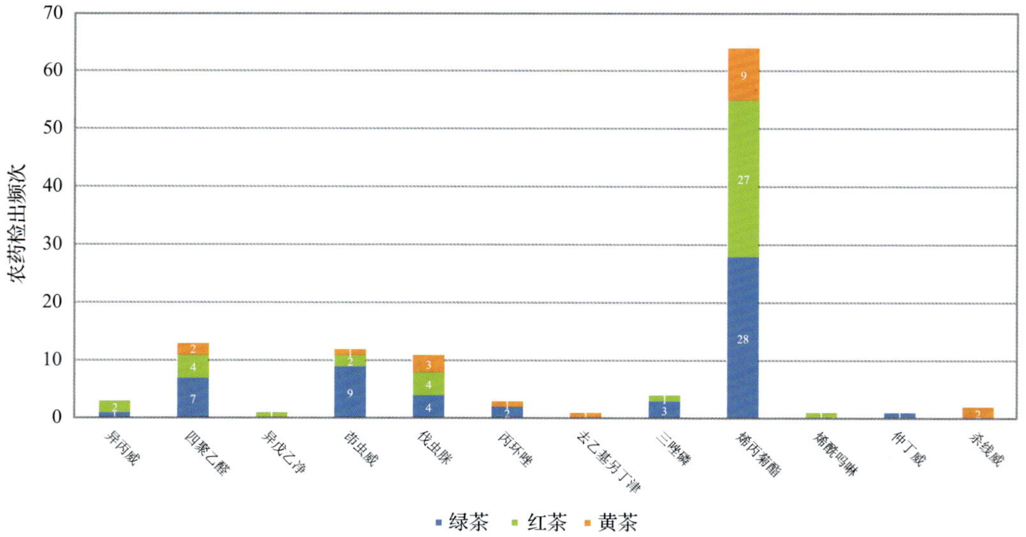

图 5-17　超过 MRL 日本标准农药品种及频次

5.2.2.4　按 MRL 中国香港标准衡量

按 MRL 中国香港标准衡量，无样品检出超标农药残留。

5.2.2.5 按 MRL 美国标准衡量

按 MRL 美国标准衡量，无样品检出超标农药残留。

5.2.2.6 按 MRL CAC 标准衡量

按 MRL CAC 标准衡量，无样品检出超标农药残留。

5.2.3 6 个采样点超标情况分析

5.2.3.1 按 MRL 中国国家标准衡量

按 MRL 中国国家标准衡量，有 4 个采样点的样品存在不同程度的超标农药检出，其中***茶叶店的超标率最高，为 15.4%，如表 5-14 和图 5-18 所示。

表 5-14 超过 MRL 中国国家标准茶叶在不同采样点分布

	采样点	样品总数	超标数量	超标率(%)	行政区域
1	***茶叶有限公司	29	2	6.9	东西湖区
2	***茶业店	25	1	4.0	硚口区
3	***茶庄	16	1	6.2	硚口区
4	***茶叶店	13	2	15.4	硚口区

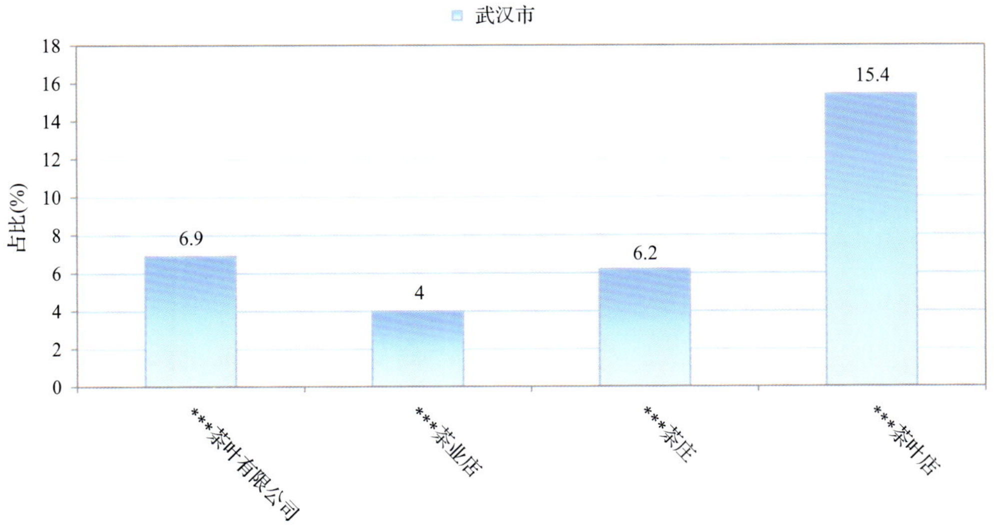

图 5-18 超过 MRL 中国国家标准茶叶在不同采样点分布

5.2.3.2 按 MRL 欧盟标准衡量

按 MRL 欧盟标准衡量，所有采样点的样品存在不同程度的超标农药检出，其中***茶业店的超标率最高，为 88.0%，如表 5-15 和图 5-19 所示。

表 5-15　超过 MRL 欧盟标准茶叶在不同采样点分布

	采样点	样品总数	超标数量	超标率(%)	行政区域
1	***茶业店	33	26	78.8	硚口区
2	***茶叶有限公司	29	17	58.6	东西湖区
3	***超市(常青店)	25	18	72.0	江汉区
4	***茶业店	25	22	88.0	硚口区
5	***茶庄	16	10	62.5	硚口区
6	***茶叶店	13	11	84.6	硚口区

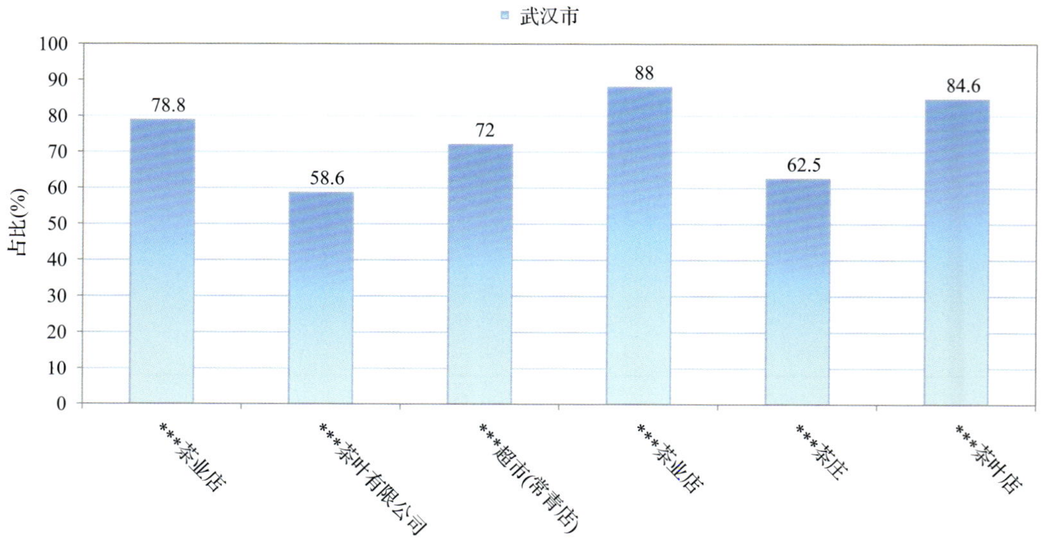

图 5-19　超过 MRL 欧盟标准茶叶在不同采样点分布

5.2.3.3　按 MRL 日本标准衡量

按 MRL 日本标准衡量，所有采样点的样品存在不同程度的超标农药检出，其中***茶业店的超标率最高，为 72.0%，如表 5-16 和图 5-20 所示。

表 5-16　超过 MRL 日本标准茶叶在不同采样点分布

	采样点	样品总数	超标数量	超标率(%)	行政区域
1	***茶业店	33	21	63.6	硚口区
2	***茶叶有限公司	29	17	58.6	东西湖区
3	***超市(常青店)	25	11	44.0	江汉区
4	***茶业店	25	18	72.0	硚口区
5	***茶庄	16	8	50.0	硚口区
6	***茶叶店	13	6	46.2	硚口区

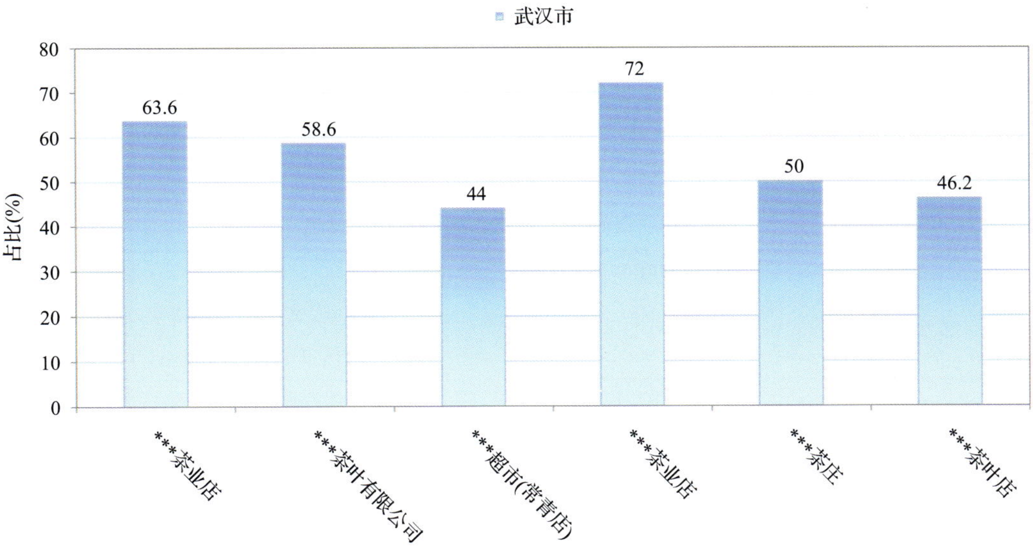

图 5-20　超过 MRL 日本标准茶叶在不同采样点分布

5.2.3.4　按 MRL 中国香港标准衡量

按 MRL 中国香港标准衡量，所有采样点的样品均未检出超标农药残留。

5.2.3.5　按 MRL 美国标准衡量

按 MRL 美国标准衡量，所有采样点的样品均未检出超标农药残留。

5.2.3.6　按 MRL CAC 标准衡量

按 MRL CAC 标准衡量，所有采样点的样品均未检出超标农药残留。

5.3　茶叶中农药残留分布

5.3.1　茶叶按检出农药品种和频次排名

本次残留侦测的茶叶共 3 种，包括红茶、黄茶和绿茶。

根据检出农药品种及频次进行排名，将各项排名茶叶样品检出情况列表说明，详见表 5-17。

表 5-17　茶叶按检出农药品种和频次排名

按检出农药品种排名(品种)	①绿茶(56)，②红茶(43)，③黄茶(31)
按检出农药频次排名(频次)	①绿茶(689)，②红茶(218)，③黄茶(83)
按检出禁用、高毒及剧毒农药品种排名(品种)	①黄茶(7)，②绿茶(7)，③红茶(6)
按检出禁用、高毒及剧毒农药频次排名(频次)	①绿茶(101)，②红茶(31)，③黄茶(18)

5.3.2　茶叶按超标农药品种和频次排名

鉴于 MRL 欧盟标准和日本标准制定比较全面且覆盖率较高，我们参照 MRL 中国国家标准、欧盟标准和日本标准衡量茶叶样品中农残检出情况，将茶叶按超标农药品种及频次排名列表说明，详见表 5-18。

表 5-18　茶叶按超标农药品种和频次排名

按超标农药品种排名（农药品种数）	MRL 中国国家标准	①红茶（1），②黄茶（1）
	MRL 欧盟标准	①绿茶（16），②红茶（9），③黄茶（9）
	MRL 日本标准	①红茶（8），②绿茶（8），③黄茶（7）
按超标农药频次排名（农药频次数）	MRL 中国国家标准	①红茶（4），②黄茶（2）
	MRL 欧盟标准	①绿茶（112），②红茶（59），③黄茶（23）
	MRL 日本标准	①绿茶（55），②红茶（42），③黄茶（19）

通过对各品种茶叶样本总数及检出率进行综合分析发现，绿茶、红茶和黄茶的残留污染最为严重，在此，我们参照 MRL 中国国家标准、欧盟标准和日本标准对这 3 种茶叶的农残检出情况进行进一步分析。

5.3.3　农药残留检出率较高的茶叶样品分析

5.3.3.1　绿茶

这次共检测 100 例绿茶样品，95 例样品中检出了农药残留，检出率为 95.0%，检出农药共计 56 种。其中噻嗪酮、哒螨灵、唑虫酰胺、啶虫脒和毒死蜱检出频次较高，分别检出了 69、64、63、47 和 43 次。绿茶中农药检出品种和频次见图 5-21，超标农药见图 5-22 和表 5-19。

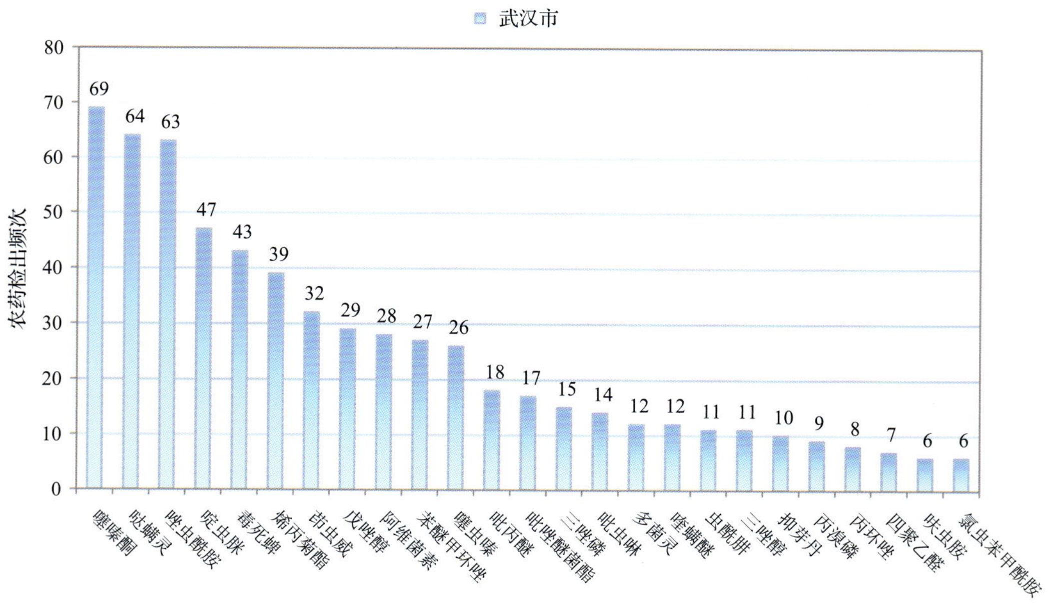

图 5-21　绿茶样品检出农药品种和频次分析（仅列出检出农药 6 频次及以上的数据）

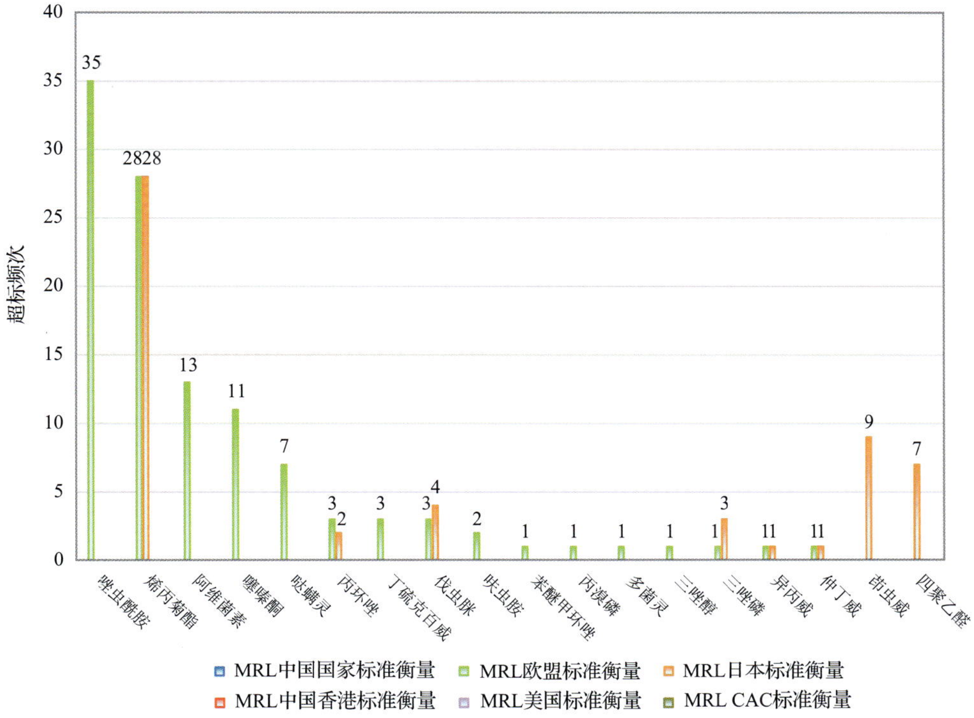

图 5-22　绿茶样品中超标农药分析

表 5-19　绿茶中农药残留超标情况明细表

样品总数			检出农药样品数	样品检出率(%)	检出农药品种总数
100			95	95	56
	超标农药品种	超标农药频次	按照 MRL 中国国家标准、欧盟标准和日本标准衡量超标农药名称及频次		
中国国家标准	0	0			
欧盟标准	16	112	唑虫酰胺(35),烯丙菊酯(28),阿维菌素(13),噻嗪酮(11),哒螨灵(7),丙环唑(3),丁硫克百威(3),伐虫脒(3),呋虫胺(2),苯醚甲环唑(1),丙溴磷(1),多菌灵(1),三唑醇(1),三唑磷(1),异丙威(1),仲丁威(1)		
日本标准	8	55	烯丙菊酯(28),茚虫威(9),四聚乙醛(7),伐虫脒(4),三唑磷(3),丙环唑(2),异丙威(1),仲丁威(1)		

5.3.3.2　红茶

这次共检测 31 例红茶样品，30 例样品中检出了农药残留，检出率为 96.8%，检出农药共计 43 种。其中烯丙菊酯、唑虫酰胺、哒螨灵、啶虫脒和噻嗪酮检出频次较高，分别检出了 27、23、19、18 和 16 次。红茶中农药检出品种和频次见图 5-23，超标农药见图 5-24 和表 5-20。

5.3.3.3　黄茶

这次共检测 10 例黄茶样品，全部检出了农药残留，检出率为 100.0%，检出农药共计 31 种。其中烯丙菊酯、噻嗪酮、吡虫啉、哒螨灵和啶虫脒检出频次较高，分别检出了 9、7、5、5 和 5 次。黄茶中农药检出品种和频次见图 5-25，超标农药见图 5-26 和表 5-21。

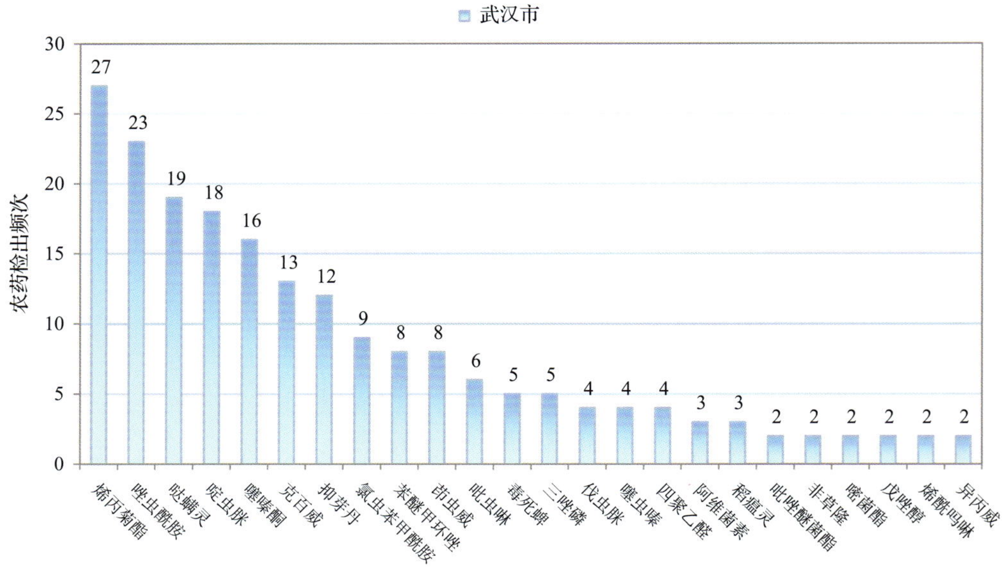

图 5-23　红茶样品检出农药品种和频次分析（仅列出 2 频次及以上的数据）

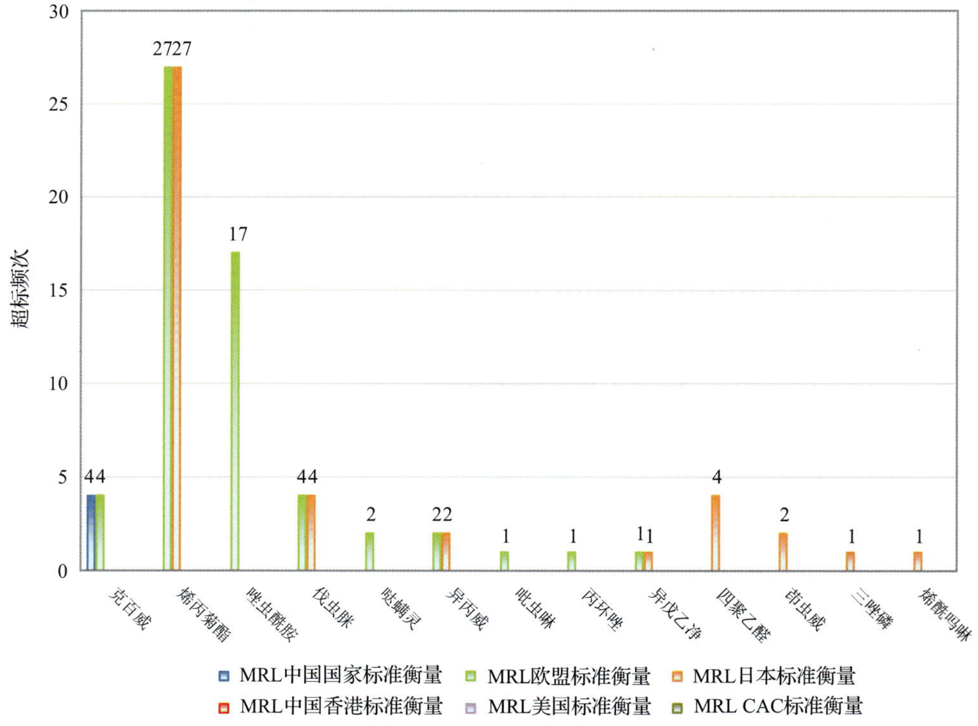

图 5-24　红茶样品中超标农药分析

表 5-20 红茶中农药残留超标情况明细表

样品总数	检出农药样品数	样品检出率(%)	检出农药品种总数
31	30	96.8	43

	超标农药品种	超标农药频次	按照 MRL 中国国家标准、欧盟标准和日本标准衡量超标农药名称及频次
中国国家标准	1	4	克百威(4)
欧盟标准	9	59	烯丙菊酯(27),唑虫酰胺(17),伐虫脒(4),克百威(4),哒螨灵(2),异丙威(2),吡虫啉(1),丙环唑(1),异戊乙净(1)
日本标准	8	42	烯丙菊酯(27),伐虫脒(4),四聚乙醛(4),异丙威(2),茚虫威(2),三唑磷(1),烯酰吗啉(1),异戊乙净(1)

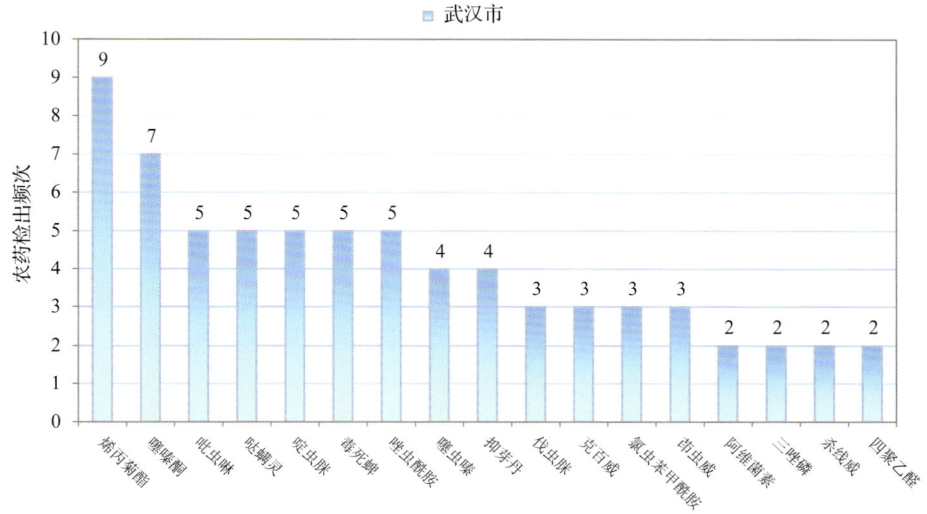

图 5-25 黄茶样品检出农药品种和频次分析(仅列出检出农药 2 频次及以上的数据)

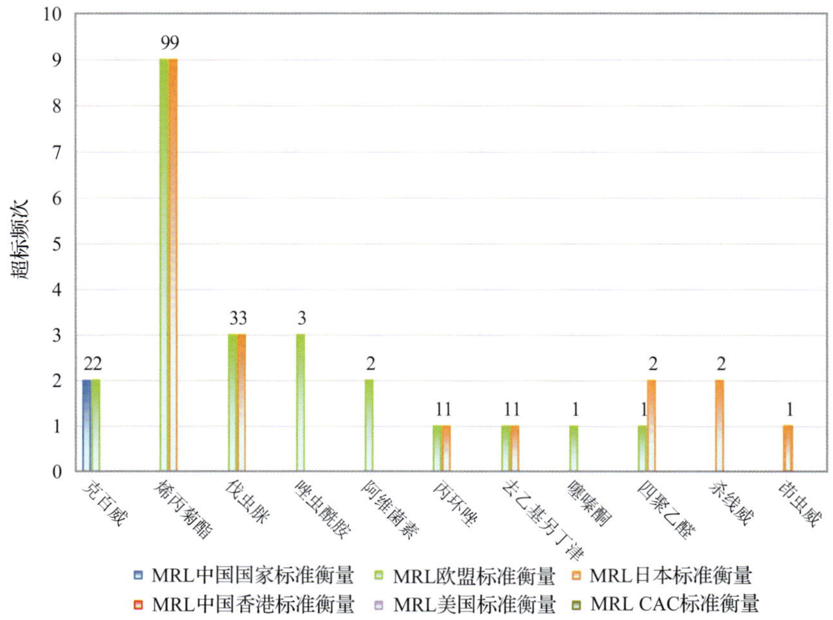

图 5-26 黄茶样品中超标农药分析

表 5-21　黄茶中农药残留超标情况明细表

样品总数			检出农药样品数	样品检出率（%）	检出农药品种总数
10			10	100	31
	超标农药品种	超标农药频次	按照 MRL 中国国家标准、欧盟标准和日本标准衡量超标农药名称及频次		
中国国家标准	1	2	克百威（2）		
欧盟标准	9	23	烯丙菊酯（9），伐虫脒（3），唑虫酰胺（3），阿维菌素（2），克百威（2），丙环唑（1），去乙基另丁津（1），噻嗪酮（1），四聚乙醛（1）		
日本标准	7	19	烯丙菊酯（9），伐虫脒（3），杀线威（2），四聚乙醛（2），丙环唑（1），去乙基另丁津（1），茚虫威（1）		

5.4　初 步 结 论

5.4.1　武汉市市售茶叶按 MRL 中国国家标准和国际主要 MRL 标准衡量的合格率

本次侦测的 141 例样品中，6 例样品未检出任何残留农药，占样品总量的 4.3%，135 例样品检出不同水平、不同种类的残留农药，占样品总量的 95.7%。在这 135 例检出农药残留的样品中：

按照 MRL 中国国家标准衡量，有 129 例样品检出残留农药但含量没有超标，占样品总数的 91.5%，有 6 例样品检出了超标农药，占样品总数的 4.3%。

按照 MRL 欧盟标准衡量，有 31 例样品检出残留农药但含量没有超标，占样品总数的 22.0%，有 104 例样品检出了超标农药，占样品总数的 73.8%。

按照 MRL 日本标准衡量，有 54 例样品检出残留农药但含量没有超标，占样品总数的 38.3%，有 81 例样品检出了超标农药，占样品总数的 57.4%。

按照 MRL 中国香港标准衡量，有 135 例样品检出残留农药但含量没有超标，占样品总数的 95.7%，无检出残留农药超标的样品。

按照 MRL 美国标准衡量，有 135 例样品检出残留农药但含量没有超标，占样品总数的 95.7%，无检出残留农药超标的样品。

按照 MRL CAC 标准衡量，有 135 例样品检出残留农药但含量没有超标，占样品总数的 95.7%，无检出残留农药超标的样品。

5.4.2　武汉市市售茶叶中检出农药以中低微毒农药为主，占市场主体的 90.8%

这次侦测的 141 例茶叶样品共检出了 76 种农药，检出农药的毒性以中低微毒为主，详见表 5-22。

5.4.3　检出剧毒、高毒和禁用农药现象应该警醒

在此次侦测的 141 例样品中有 3 种茶叶的 90 例样品检出了 10 种 150 频次的剧毒和高毒或禁用农药，占样品总量的 63.8%。其中高毒农药阿维菌素、三唑磷和克百威

检出频次较高。

表 5-22　市场主体农药毒性分布

毒性	检出品种	占比	检出频次	占比
高毒农药	7	9.2%	93	9.4%
中毒农药	37	48.7%	634	64.0%
低毒农药	20	26.3%	161	16.3%
微毒农药	12	15.8%	102	10.3%
中低微毒农药，品种占比 90.8%，频次占比 90.6%				

按 MRL 中国国家标准衡量，高毒农药克百威，检出 21 次，超标 6 次；按超标程度比较，黄茶中克百威超标 1.8 倍，红茶中克百威超标 1.2 倍。

剧毒、高毒或禁用农药的检出情况及按照 MRL 中国国家标准衡量的超标情况见表 5-23。

表 5-23　剧毒、高毒或禁用农药的检出及超标明细

序号	农药名称	样品名称	检出频次	超标频次	最大超标倍数	超标率
1.1	阿维菌素◊	绿茶	28	0	0	0.0%
1.2	阿维菌素◊	红茶	3	0	0	0.0%
1.3	阿维菌素◊	黄茶	2	0	0	0.0%
2.1	伐虫脒◊	绿茶	5	0	0	0.0%
2.2	伐虫脒◊	红茶	4	0	0	0.0%
2.3	伐虫脒◊	黄茶	3	0	0	0.0%
3.1	克百威◊▲	红茶	13	4	1.196	30.8%
3.2	克百威◊▲	绿茶	5	0	0	0.0%
3.3	克百威◊▲	黄茶	3	2	1.774	66.7%
4.1	三唑磷◊▲	绿茶	15	0	0	0.0%
4.2	三唑磷◊▲	红茶	5	0	0	0.0%
4.3	三唑磷◊▲	黄茶	2	0	0	0.0%
5.1	杀线威◊	黄茶	2	0	0	0.0%
6.1	氧乐果◊▲	绿茶	2	0	0	0.0%
7.1	兹克威◊	红茶	1	0	0	0.0%
8.1	丁硫克百威▲	绿茶	3	0	0	0.0%
9.1	毒死蜱▲	绿茶	43	0	0	0.0%
9.2	毒死蜱▲	红茶	5	0	0	0.0%
9.3	毒死蜱▲	黄茶	5	0	0	0.0%
10.1	氟苯虫酰胺▲	黄茶	1	0	0	0.0%
合计			150	6		4.0%

注：表中*为剧毒农药；◊ 为高毒农药；▲为禁用农药；超标倍数参照 MRL 中国国家标准衡量

这些剧毒和高毒农药都是中国政府早有规定禁止在茶叶中使用的，为什么还屡次被检出，应该引起警惕。

5.4.4 残留限量标准与先进国家或地区差距较大

990 频次的检出结果与我国公布的《食品中农药最大残留限量》（GB 2763—2016）对比，有 435 频次能找到对应的 MRL 中国国家标准，占 43.9%；还有 555 频次的侦测数据无相关 MRL 标准供参考，占 56.1%。

与国际上现行 MRL 对比发现：

有 990 频次能找到对应的 MRL 欧盟标准，占 100.0%；

有 990 频次能找到对应的 MRL 日本标准，占 100.0%；

有 396 频次能找到对应的 MRL 中国香港标准，占 40.0%；

有 390 频次能找到对应的 MRL 美国标准，占 39.4%；

有 308 频次能找到对应的 MRL CAC 标准，占 31.1%。

由上可见，MRL 中国国家标准与先进国家或地区标准还有很大差距，我们无标准，境外有标准，这就会导致我们在国际贸易中，处于受制于人的被动地位。

5.4.5 茶叶单种样品检出 31~56 种农药残留，拷问农药使用的科学性

通过此次监测发现，绿茶、红茶和黄茶是检出农药品种最多的 3 种茶叶，从中检出农药品种及频次详见表 5-24。

表 5-24 单种样品检出农药品种及频次

样品名称	样品总数	检出农药样品数	检出率	检出农药品种数	检出农药(频次)
绿茶	100	95	95.0%	56	噻嗪酮(69),哒螨灵(64),唑虫酰胺(63),啶虫脒(47),毒死蜱(43),烯丙菊酯(39),茚虫威(32),戊唑醇(29),阿维菌素(28),苯醚甲环唑(27),噻虫嗪(26),吡丙醚(18),吡唑醚菌酯(17),三唑磷(15),吡虫啉(14),多菌灵(12),喹螨醚(12),虫酰肼(11),三唑醇(11),抑芽丹(10),丙溴磷(9),丙环唑(8),四聚乙醛(7),呋虫胺(6),氯虫苯甲酰胺(6),伐虫脒(5),克百威(5),噻虫啉(5),乙螨唑(5),咪鲜胺(4),丁硫克百威(3),嘧菌酯(3),三唑酮(3),异丙威(3),稻瘟灵(2),氟甲喹(2),腈菌唑(2),螺螨酯(2),噻虫胺(2),三环唑(2),氧乐果(2),唑啉草酯(2),埃卡瑞丁(1),胺鲜酯(1),吡虫啉脲(1),丁咪酰胺(1),噁霜灵(1),氟虫脲(1),氟硅唑(1),己唑醇(1),甲霜灵(1),烯唑醇(1),辛噻酮(1),乙嘧硫磷(1),仲丁威(1),唑螨酯(1)
红茶	31	30	96.8%	43	烯丙菊酯(27),唑虫酰胺(23),哒螨灵(19),啶虫脒(18),噻嗪酮(16),克百威(13),抑芽丹(12),氯虫苯甲酰胺(9),苯醚甲环唑(8),茚虫威(8),吡虫啉(6),毒死蜱(5),三唑磷(5),伐虫脒(4),噻虫嗪(4),四聚乙醛(4),阿维菌素(3),稻瘟灵(3),吡唑醚菌酯(2),非草隆(2),嘧菌酯(2),戊唑醇(2),烯酰吗啉(2),异丙威(2),N~去甲基啶虫脒(1),吡虫啉脲(1),苄氨基嘌呤(1),丙环唑(1),啶氧菌酯(1),多效唑(1),甲草胺(1),苦参碱(1),咯喹酮(1),噻虫胺(1),噻虫啉(1),三环唑(1),虱螨脲(1),肟菌酯(1),乙螨唑(1),异戊乙净(1),增效醚(1),兹克威(1),唑啉草酯(1)
黄茶	10	10	100.0%	31	烯丙菊酯(9),噻嗪酮(7),吡虫啉(5),哒螨灵(5),啶虫脒(5),毒死蜱(5),唑虫酰胺(5),噻虫嗪(4),抑芽丹(4),伐虫脒(3),克百威(3),氯虫苯甲酰胺(3),茚虫威(3),阿维菌素(2),三唑磷(2),杀线威(2),四聚乙醛(2),N~去甲基啶虫脒(1),胺鲜酯(1),苯醚甲环唑(1),吡螨胺(1),苄氨基嘌呤(1),丙环唑(1),呋虫胺(1),氟苯虫酰胺(1),己唑醇(1),去乙基另丁津(1),噻虫啉(1),三环唑(1),双酰草胺(1),异戊烯腺嘌呤(1)

上述 3 种茶叶，检出农药 31~56 种，是多种农药综合防治，还是未严格实施农业良好管理规范（GAP），抑或根本就是乱施药，值得我们思考。

第 6 章　LC-Q-TOF/MS 侦测武汉市市售茶叶农药残留膳食暴露风险与预警风险评估

6.1　农药残留风险评估方法

6.1.1　武汉市农药残留侦测数据分析与统计

庞国芳院士科研团队建立的农药残留高通量侦测技术以高分辨精确质量数(0.0001 *m/z* 为基准)为识别标准，采用 LC-Q-TOF/MS 技术对 825 种农药化学污染物进行侦测。

科研团队于 2019 年 1 月期间在武汉市 6 个采样点，包括 5 个茶叶专营店 1 个超市，以随机购买方式采集，总计 6 批 141 例样品，具体位置如图 6-1 所示。

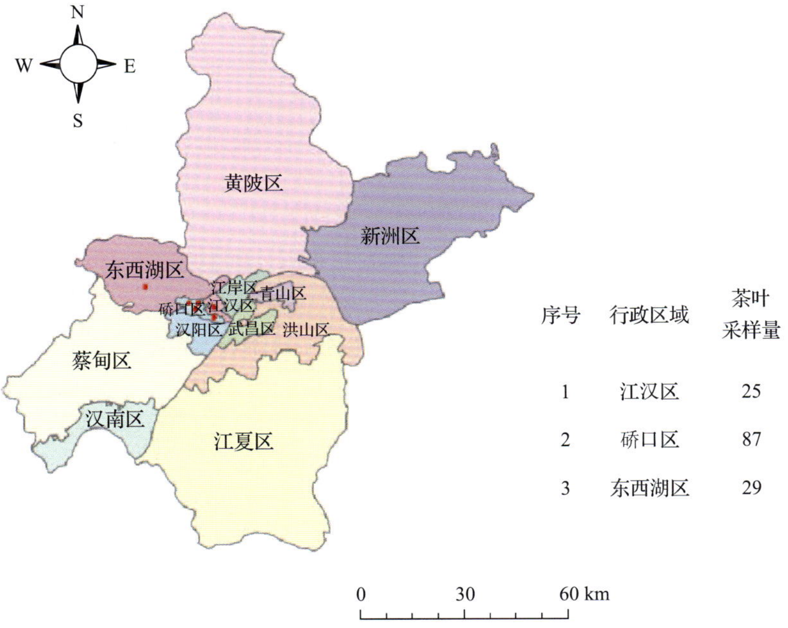

图 6-1　LC-Q-TOF/MS 侦测武汉市 6 个采样点 141 例样品分布示意图

利用 LC-Q-TOF/MS 技术对 141 例样品中的农药进行侦测，侦测出残留农药 76 种，990 频次。侦测出农药残留水平如表 6-1 和图 6-2 所示。检出频次最高的前 10 种农药如表 6-2 所示。从检测结果中可以看出，在茶叶中农药残留普遍存在，且有些茶叶存在高浓度的农药残留，这些可能存在膳食暴露风险，对人体健康产生危害，因此，为了定量地评价茶叶中农药残留的风险程度，有必要对其进行风险评价。

表 6-1　侦测出农药的不同残留水平及其所占比例列表

残留水平（μg/kg）	检出频次	占比（%）
1~5（含）	403	40.7
5~10（含）	138	13.9
10~100（含）	397	40.1
100~1000	52	5.3
合计	990	100

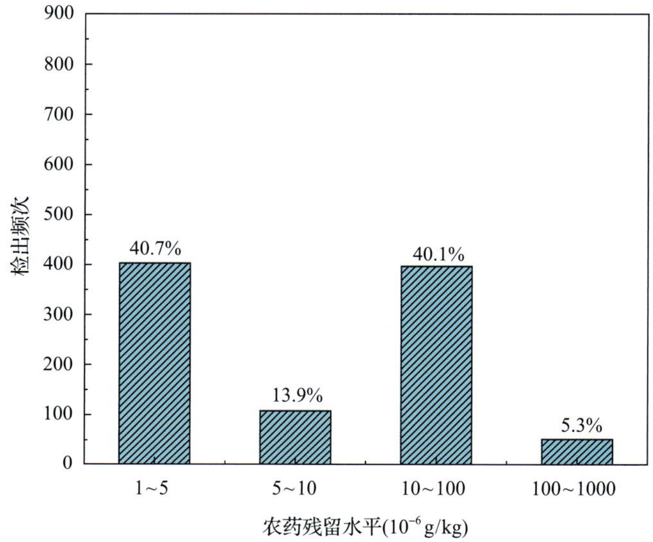

图 6-2　残留农药检出浓度频数分布图

表 6-2　检出频次最高的前 10 种农药列表

序号	农药	检出频次（次）
1	噻嗪酮	92
2	唑虫酰胺	91
3	哒螨灵	88
4	西丙菊酯	75
5	啶虫脒	70
6	毒死蜱	53
7	茚虫威	43
8	苯醚甲环唑	36
9	噻虫嗪	34
10	阿维菌素	33

6.1.2　农药残留风险评价模型

对武汉市茶叶中农药残留分别开展暴露风险评估和预警风险评估。膳食暴露风险评估利用食品安全指数模型对茶叶中的残留农药对人体可能产生的危害程度进行评价，该模型结合残留监测和膳食暴露评估评价化学污染物的危害；预警风险评价模型运用风险系数(risk index，*R*)，风险系数综合考虑了危害物的超标率、施检频率及其本身敏感性的影响，能直观而全面地反映出危害物在一段时间内的风险程度。

6.1.2.1　食品安全指数模型

为了加强食品安全管理，《中华人民共和国食品安全法》第二章第十七条规定“国家建立食品安全风险评估制度，运用科学方法，根据食品安全风险监测信息、科学数据以及有关信息，对食品、食品添加剂、食品相关产品中生物性、化学性和物理性危害因素进行风险评估”[1]，膳食暴露评估是食品危险度评估的重要组成部分，也是膳食安全性的衡量标准[2]。国际上最早研究膳食暴露风险评估的机构主要是 JMPR(FAO、WHO 农药残留联合会议)，该组织自 1995 年就已制定了急性毒性物质的风险评估急性毒性农药残留摄入量的预测。1960 年美国规定食品中不得加入致癌物质进而提出零阈值理论，渐渐零阈值理论发展成在一定概率条件下可接受风险的概念[3]，后衍变为食品中每日允许最大摄入量(ADI)，而国际食品农药残留法典委员会(CCPR)认为 ADI 不是独立风险评估的唯一标准[4]，1995 年 JMPR 开始研究农药急性膳食暴露风险评估，并对食品国际短期摄入量的计算方法进行了修正，亦对膳食暴露评估准则及评估方法进行了修正[5]，2002 年，在对世界上现行的食品安全评价方法，尤其是国际公认的 CAC 评价方法、全球环境监测系统/食品污染监测和评估规划(WHO GEMS/Food)及 FAO、WHO 食品添加剂联合专家委员会(JECFA)和 JMPR 对食品安全风险评估工作研究的基础之上，检验检疫食品安全管理的研究人员提出了结合残留监控和膳食暴露评估，以食品安全指数 IFS 计算食品中各种化学污染物对消费者的健康危害程度[6]。IFS 是表示食品安全状态的新方法，可有效地评价某种农药的安全性，进而评价食品中各种农药化学污染物对消费者健康的整体危害程度[7, 8]。从理论上分析，IFS_c 可指出食品中的污染物 c 对消费者健康是否存在危害及危害的程度[9]。其优点在于操作简单且结果容易被接受和理解，不需要大量的数据来对结果进行验证，使用默认的标准假设或者模型即可[10, 11]。

1) IFS_c 的计算

IFS_c 计算公式如下：

$$IFS_c = \frac{EDI_c \times f}{SI_c \times bw} \tag{6-1}$$

式中，c 为所研究的农药；EDI_c 为农药 c 的实际日摄入量估算值，等于 $\sum(R_i \times F_i \times E_i \times P_i)$（*i* 为食品种类；$R_i$ 为食品 *i* 中农药 c 的残留水平，mg/kg；F_i 为食品 *i* 的估计日消费量，g/(人·天)；E_i 为食品 *i* 的可食用部分因子；P_i 为食品 *i* 的加工处理因子）；SI_c 为安全摄入量，可采用每日允许最大摄入量 ADI；bw 为人平均体重，kg；*f* 为校正因子，如果安全摄入量采用 ADI，则 *f* 取 1。

$IFS_c \ll 1$，农药 c 对食品安全没有影响；$IFS_c \leqslant 1$，农药 c 对食品安全的影响可以接受；$IFS_c > 1$，农药 c 对食品安全的影响不可接受。

本次评价中：

$IFS_c \leqslant 0.1$，农药 c 对茶叶安全没有影响；

$0.1 < IFS_c \leqslant 1$，农药 c 对茶叶安全的影响可以接受；

$IFS_c > 1$，农药 c 对茶叶安全的影响不可接受。

本次评价中残留水平 R_i 取值为中国检验检疫科学研究院庞国芳院士课题组利用以高分辨精确质量数（0.0001 *m/z*）为基准的 LC-Q-TOF/MS 侦测技术于 2019 年 1 月期间对武汉市茶叶农药残留的侦测结果，估计日消费量 F_i 取值 0.0047 kg/（人·天），E_i=1，P_i=1，f=1，SI_c 采用《食品安全国家标准　食品中农药最大残留限量》（GB 2763—2016）中 ADI 值（具体数值见表 6-3），人平均体重（bw）取值 60 kg。

表 6-3　武汉市茶叶中侦测出农药的 ADI 值

序号	农药	ADI	序号	农药	ADI	序号	农药	ADI
1	阿维菌素	0.002	27	噻虫嗪	0.08	53	甲霜灵	0.08
2	克百威	0.001	28	己唑醇	0.005	54	啶氧菌酯	0.09
3	毒死蜱	0.01	29	氟虫脲	0.04	55	唑啉草酯	0.3
4	唑虫酰胺	0.006	30	咪鲜胺	0.01	56	多效唑	0.1
5	异丙威	0.002	31	噻虫啉	0.01	57	苦参碱	0.1
6	噻嗪酮	0.009	32	甲草胺	0.01	58	增效醚	0.2
7	哒螨灵	0.01	33	稻瘟灵	0.016	59	*N*-去甲基啶虫脒	—
8	喹螨醚	0.005	34	仲丁威	0.06	60	丁咪酰胺	—
9	三唑磷	0.001	35	虱螨脲	0.015	61	乙嘧硫磷	—
10	四聚乙醛	0.01	36	三唑酮	0.03	62	伐虫脒	—
11	茚虫威	0.01	37	吡丙醚	0.1	63	兹克威	—
12	苯醚甲环唑	0.01	38	烯唑醇	0.005	64	去乙基另丁津	—
13	丙环唑	0.07	39	胺鲜酯	0.023	65	双酰草胺	—
14	氧乐果	0.0003	40	噁霜灵	0.01	66	吡虫啉脲	—
15	多菌灵	0.03	41	乙螨唑	0.05	67	吡螨胺	—
16	吡唑醚菌酯	0.03	42	呋虫胺	0.2	68	咯喹酮	—
17	丁硫克百威	0.01	43	三环唑	0.04	69	埃卡瑞丁	—
18	丙溴磷	0.03	44	腈菌唑	0.03	70	异戊乙净	—
19	三唑醇	0.03	45	唑螨酯	0.01	71	异戊烯腺嘌呤	—
20	虫酰肼	0.02	46	氟硅唑	0.007	72	氟甲喹	—
21	螺螨酯	0.01	47	氟苯虫酰胺	0.02	73	烯丙菊酯	—
22	啶虫脒	0.07	48	嘧菌酯	0.2	74	苄氨基嘌呤	—
23	杀线威	0.009	49	肟菌酯	0.04	75	辛噻酮	—
24	戊唑醇	0.03	50	噻虫胺	0.1	76	非草隆	—
25	吡虫啉	0.06	51	烯酰吗啉	0.2			
26	抑芽丹	0.3	52	氯虫苯甲酰胺	2			

注：“—”表示为国家标准中无 ADI 值规定；ADI 值单位为 mg/kg bw

2) 计算 IFS_c 的平均值 $\overline{IFS}$，评价农药对食品安全的影响程度

以 $\overline{IFS}$ 评价各种农药对人体健康危害的总程度，评价模型见公式(6-2)。

$$\overline{IFS}=\frac{\sum_{i=1}^{n}IFS_c}{n} \tag{6-2}$$

$\overline{IFS}\ll 1$，所研究消费者人群的食品安全状态很好；$\overline{IFS}\leqslant 1$，所研究消费者人群的食品安全状态可以接受；$\overline{IFS}>1$，所研究消费者人群的食品安全状态不可接受。

本次评价中：

$\overline{IFS}\leqslant 0.1$，所研究消费者人群的茶叶安全状态很好；

$0.1<\overline{IFS}\leqslant 1$，所研究消费者人群的茶叶安全状态可以接受；

$\overline{IFS}>1$，所研究消费者人群的茶叶安全状态不可接受。

6.1.2.2　预警风险评估模型

2003 年，我国检验检疫食品安全管理的研究人员根据 WTO 的有关原则和我国的具体规定，结合危害物本身的敏感性、风险程度及其相应的施检频率，首次提出了食品中危害物风险系数 *R* 的概念[12]。*R* 是衡量一个危害物的风险程度大小最直观的参数，即在一定时期内其超标率或阳性检出率的高低，但受其施检频率的高低及其本身的敏感性(受关注程度)影响。该模型综合考察了农药在茶叶中的超标率、施检频率及其本身敏感性，能直观而全面地反映出农药在一段时间内的风险程度[13]。

1) *R* 计算方法

危害物的风险系数综合考虑了危害物的超标率或阳性检出率、施检频率和其本身的敏感性影响，并能直观而全面地反映出危害物在一段时间内的风险程度。风险系数 *R* 的计算公式如式(6-3)：

$$R=aP+\frac{b}{F}+S \tag{6-3}$$

式中，*P* 为该种危害物的超标率；*F* 为危害物的施检频率；*S* 为危害物的敏感因子；*a*, *b* 分别为相应的权重系数。

本次评价中 F=1；S=1；a=100；b=0.1，对参数 *P* 进行计算，计算时首先判断是否为禁用农药，如果为非禁用农药，*P*=超标的样品数(侦测出的含量高于食品最大残留限量标准值，即 MRL)除以总样品数(包括超标、不超标、未侦测出)；如果为禁用农药，则侦测出即为超标，*P*=能侦测出的样品数除以总样品数。判断武汉市茶叶农药残留是否超标的标准限值 MRL 分别以 MRL 中国国家标准[14]和 MRL 欧盟标准作为对照，具体值列于本报告附表一中。

2) 评价风险程度

$R\leqslant 1.5$，受检农药处于低度风险；

$1.5<R\leqslant 2.5$，受检农药处于中度风险；

$R>2.5$，受检农药处于高度风险。

6.1.2.3　食品膳食暴露风险和预警风险评估应用程序的开发

1）应用程序开发的步骤

为成功开发膳食暴露风险和预警风险评估应用程序，与软件工程师多次沟通讨论，逐步提出并描述清楚计算需求，开发了初步应用程序。为明确出不同茶叶、不同农药、不同地域的风险水平，向软件工程师提出不同的计算需求，软件工程师对计算需求进行逐一分析，经过反复的细节沟通，需求分析得到明确后，开始进行解决方案的设计，在保证需求的完整性、一致性的前提下，编写出程序代码，最后设计出满足需求的风险评估专用计算软件，并通过一系列的软件测试和改进，完成专用程序的开发。软件开发基本步骤见图 6-3。

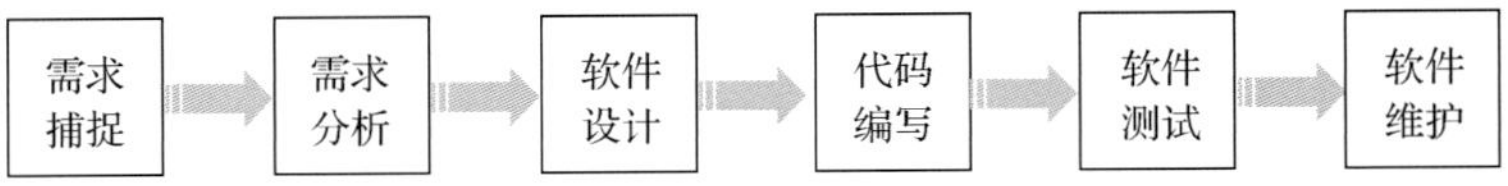

图 6-3　专用程序开发总体步骤

2）膳食暴露风险评估专业程序开发的基本要求

首先直接利用公式（6-1），分别计算 LC-Q-TOF/MS 和 GC-Q-TOF/MS 仪器侦测出的各茶叶样品中每种农药 IFS_c，将结果列出。为考察超标农药和禁用农药的使用安全性，分别以我国《食品安全国家标准　食品中农药最大残留限量》（GB 2763—2016）和欧盟食品中农药最大残留限量（以下简称 MRL 中国国家标准和 MRL 欧盟标准）为标准，对侦测出的禁用农药和超标的非禁用农药 IFS_c 单独进行评价；按 IFS_c 大小列表，并找出 IFS_c 值排名前 20 的样本重点关注。

对不同茶叶 i 中每一种侦测出的农药 c 的安全指数进行计算，多个样品时求平均值。按农药种类，计算整个监测时间段内每种农药的 IFS_c，不区分茶叶种类。

3）预警风险评估专业程序开发的基本要求

分别以 MRL 中国国家标准和 MRL 欧盟标准，按公式（6-3）逐个计算不同茶叶、不同农药的风险系数，禁用农药和非禁用农药分别列表。

为清楚了解各种农药的预警风险，不分时间，不分茶叶，按禁用农药和非禁用农药分类，分别计算各种侦测出农药全部检测时段内风险系数。由于有 MRL 中国国家标准的农药种类太少，无法计算超标数，非禁用农药的风险系数只以 MRL 欧盟标准为标准，进行计算。

4）风险程度评价专业应用程序的开发方法

采用 Python 计算机程序设计语言，Python 是一个高层次地结合了解释性、编译性、互动性和面向对象的脚本语言。风险评价专用程序主要功能包括：分别读入每例样品 LC-Q-TOF/MS 和 GC-Q-TOF/MS 农药残留检测数据，根据风险评价工作要求，依次对不同农药、不同食品、不同时间、不同采样点的 IFS_c 值和 R 值分别进行数据计算，筛选出禁用农药、超标农药（分别与 MRL 中国国家标准、MRL 欧盟标准限值进行对比）单独重点分析，再分别对各农药、各茶叶种类分类处理，设计出计算和排序程序，编写计算机代码，最后将生成的膳食暴露风险评估和超标风险评估定量计算结果列入设计好的各个表格中，并定性判断风险对目标的影响程度，直接用文字描述风险发生的高低，如“不可接受”、“可以接受”、“没有影响”、“高度风险”、“中度风险”、“低度风险”。

6.2　LC-Q-TOF/MS 侦测武汉市市售茶叶农药残留膳食暴露风险评估

6.2.1　每例茶叶样品中农药残留安全指数分析

基于 2019 年 1 月的农药残留侦测数据，发现在 141 例样品中侦测出农药 990 频次，计算样品中每种残留农药的安全指数 IFS_c，并分析农药对样品安全的影响程度，结果详见附表二，农药残留对茶叶样品安全的影响程度频次分布情况如图 6-4 所示。

由图 6-4 可以看出，农药残留对样品安全的没有影响的频次为 882，占 89.09%；农药残留对样品安全的影响没有 ADI 标准的频次为 108，占 10.91%。

部分样品侦测出禁用农药 6 种 102 频次，为了明确残留的禁用农药对样品安全的影响，分析侦测出禁用农药残留的样品安全指数，禁用农药残留对茶叶样品安全的影响程度频次分布情况如图 6-5 所示，农药残留对样品安全没有影响的频次为 102，占 100%。

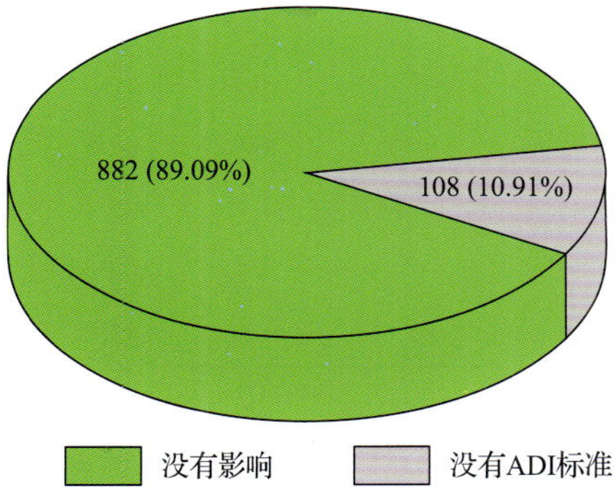

图 6-4　农药残留对茶叶样品安全的影响程度频次分布图

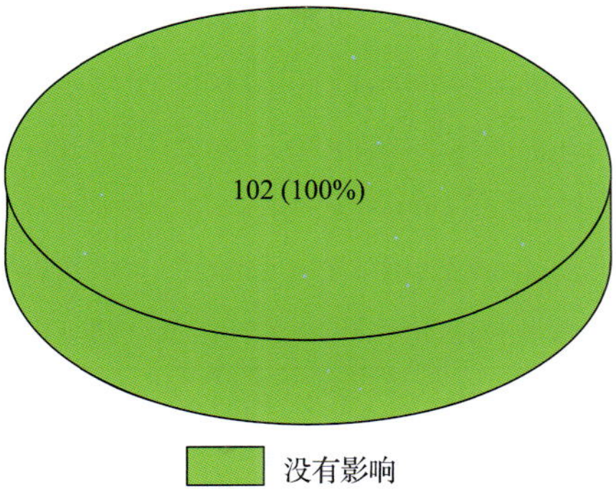

图 6-5　禁用农药对茶叶样品安全影响程度的频次分布图

此外，本次侦测发现部分样品中非禁用农药残留量超过了 MRL 欧盟标准，为了明确超标的非禁用农药对样品安全的影响，分析了非禁用农药残留超标的样品安全指数。

残留量超过 MRL 欧盟标准的非禁用农药对茶叶样品安全的影响程度频次分布情况如图 6-6 所示。可以看出超过 MRL 欧盟标准的非禁用农药共 184 频次，其中农药没有 ADI 的频次为 76，占 41.3%；农药残留对样品安全没有影响的频次为 108，占 58.7%。表 6-4 为茶叶样品中安全指数排名前 10 的残留超标非禁用农药列表。

6.2.2　单种茶叶中农药残留安全指数分析

本次 3 种茶叶侦测 76 种农药，检出频次为 990 次，其中 18 种农药没有 ADI，58 种农药存在 ADI 标准。3 种茶叶按不同种类分别计算侦测出的具有 ADI 标准的各种农药的 IFS_c 值，农药残留对茶叶的安全指数分布图如图 6-7 所示。

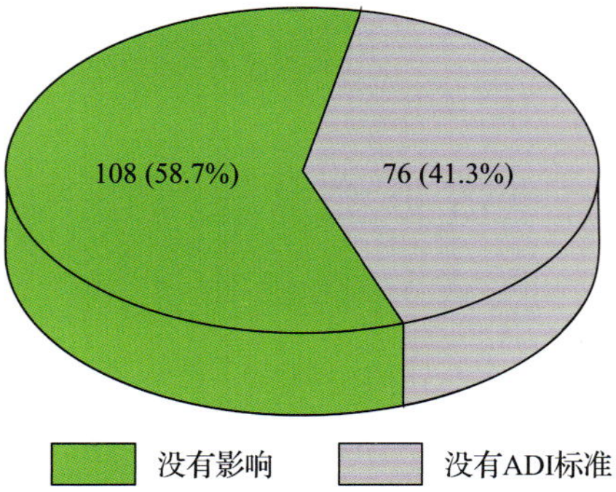

图 6-6　残留超标的非禁用农药对茶叶样品安全的影响程度频次分布图（MRL 欧盟标准）

表 6-4　茶叶样品中安全指数排名前 10 的残留超标非禁用农药列表（MRL 欧盟标准）

序号	样品编号	采样点	基质	农药	含量（mg/kg）	欧盟标准	IFS_c	影响程度
1	20190121-420100-FJCIQ-BT-01D	***茶业店	红茶	异丙威	0.3341	0.01	0.0131	没有影响
2	20190121-420100-FJCIQ-GT-02C	***茶业店	绿茶	阿维菌素	0.2115	0.05	0.0083	没有影响
3	20190121-420100-FJCIQ-GT-01W	***茶业店	绿茶	阿维菌素	0.1585	0.05	0.0062	没有影响
4	20190121-420100-FJCIQ-BT-02H	***茶业店	红茶	异丙威	0.1579	0.01	0.0062	没有影响
5	20190121-420100-FJCIQ-GT-01O	***茶业店	绿茶	阿维菌素	0.1413	0.05	0.0055	没有影响
6	20190121-420100-FJCIQ-GT-02B	***茶业店	绿茶	阿维菌素	0.1133	0.05	0.0044	没有影响
7	20190121-420100-FJCIQ-GT-01Z	***茶业店	绿茶	哒螨灵	0.466	0.05	0.0037	没有影响
8	20190121-420100-FJCIQ-HT-01A	***茶业店	黄茶	阿维菌素	0.0872	0.05	0.0034	没有影响
9	20190119-420100-FJCIQ-GT-06B	***茶叶店	绿茶	阿维菌素	0.0774	0.05	0.0030	没有影响
10	20190121-420100-FJCIQ-GT-02F	***茶业店	绿茶	阿维菌素	0.0765	0.05	0.0030	没有影响

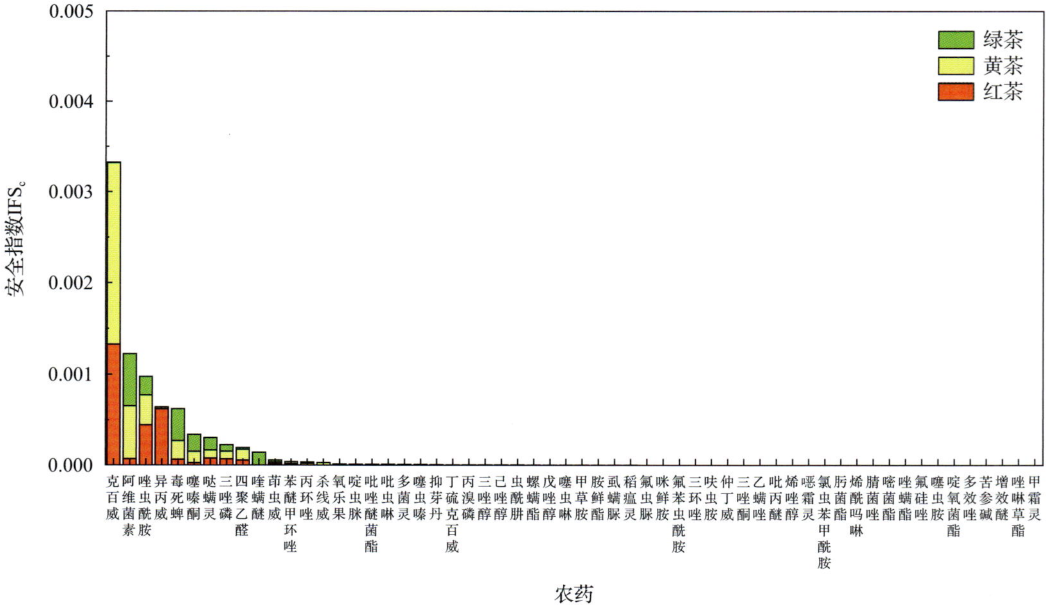

图 6-7　3 种茶叶中 58 种残留农药的安全指数分布图

本次侦测中，3 种茶叶和 58 种残留农药(包括没有 ADI)共涉及 130 个分析样本，农药对单种茶叶安全的影响程度分布情况如图 6-8 所示。可以看出，80.77%的样本中农药对茶叶安全没有影响，19.23%的样本中农药对茶叶安全的影响没有 ADI 标准。

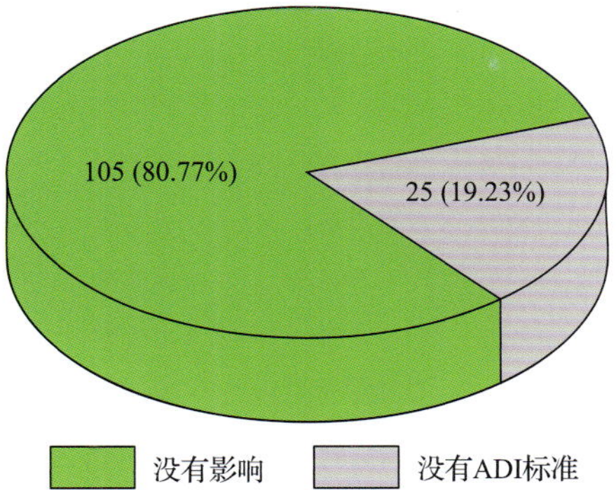

图 6-8 130 个分析样本的影响程度频次分布图

6.2.3 所有茶叶中农药残留安全指数分析

计算所有茶叶中 58 种农药的 IFS_c 值，结果如图 6-9 及表 6-5 所示。

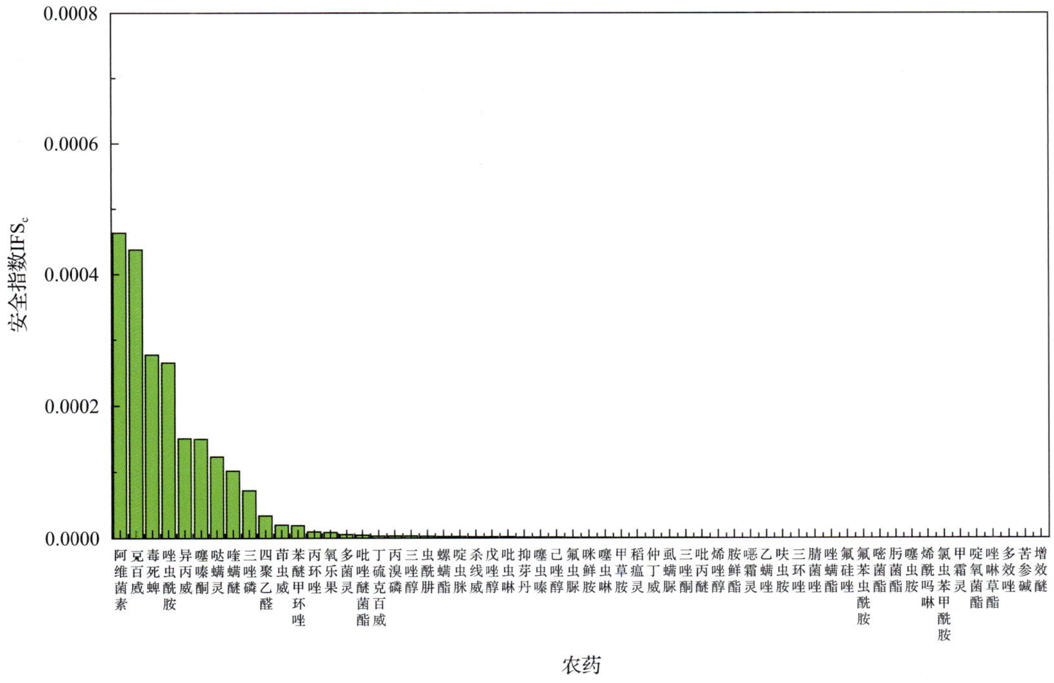

图 6-9 58 种残留农药对茶叶的安全影响程度统计图

分析发现，所有的农药对茶叶安全的影响程度均为没有影响，说明茶叶中残留的农药不会对茶叶安全造成影响。

表 6-5 茶叶中 58 种农药残留的安全指数表

序号	农药	检出频次	检出率(%)	IFS_c	影响程度	序号	农药	检出频次	检出率(%)	IFS_c	影响程度
1	阿维菌素	33	23.40	4.63×10^{-4}	没有影响	30	咪鲜胺	4	2.84	7.44×10^{-7}	没有影响
2	克百威	21	14.89	4.38×10^{-4}	没有影响	31	噻虫啉	7	4.96	7.17×10^{-7}	没有影响
3	毒死蜱	53	37.59	2.77×10^{-4}	没有影响	32	甲草胺	1	0.71	4.28×10^{-7}	没有影响
4	唑虫酰胺	91	64.54	2.65×10^{-4}	没有影响	33	稻瘟灵	5	3.55	3.78×10^{-7}	没有影响
5	异丙威	5	3.55	1.50×10^{-4}	没有影响	34	仲丁威	1	0.71	3.29×10^{-7}	没有影响
6	噻嗪酮	92	65.25	1.49×10^{-4}	没有影响	35	虱螨脲	1	0.71	3.07×10^{-7}	没有影响
7	哒螨灵	88	62.41	1.23×10^{-4}	没有影响	36	三唑酮	3	2.13	2.87×10^{-7}	没有影响
8	喹螨醚	12	8.51	1.01×10^{-4}	没有影响	37	吡丙醚	18	12.76	2.39×10^{-7}	没有影响
9	三唑磷	22	15.60	7.20×10^{-5}	没有影响	38	烯唑醇	1	0.71	2.22×10^{-7}	没有影响
10	四聚乙醛	13	9.22	3.39×10^{-5}	没有影响	39	胺鲜酯	2	1.42	2.03×10^{-7}	没有影响
11	茚虫威	43	30.50	1.99×10^{-5}	没有影响	40	噁霜灵	1	0.71	1.83×10^{-7}	没有影响
12	苯醚甲环唑	36	25.53	1.93×10^{-5}	没有影响	41	乙螨唑	6	4.26	1.80×10^{-7}	没有影响
13	丙环唑	10	7.09	9.89×10^{-6}	没有影响	42	呋虫胺	7	4.96	1.48×10^{-7}	没有影响
14	氧乐果	2	1.42	9.07×10^{-6}	没有影响	43	三环唑	4	2.84	1.15×10^{-7}	没有影响
15	多菌灵	12	8.51	5.50×10^{-6}	没有影响	44	腈菌唑	2	1.42	1.02×10^{-7}	没有影响
16	吡唑醚菌酯	19	13.48	4.81×10^{-6}	没有影响	45	唑螨酯	1	0.71	9.44×10^{-8}	没有影响
17	丁硫克百威	3	2.13	3.37×10^{-6}	没有影响	46	氟硅唑	1	0.71	8.73×10^{-8}	没有影响
18	丙溴磷	9	6.38	3.27×10^{-6}	没有影响	47	氟苯虫酰胺	1	0.71	6.94×10^{-8}	没有影响
19	三唑醇	11	7.80	3.05×10^{-6}	没有影响	48	嘧菌酯	5	3.55	4.36×10^{-8}	没有影响
20	虫酰肼	11	7.80	2.60×10^{-6}	没有影响	49	肟菌酯	1	0.71	3.75×10^{-8}	没有影响
21	螺螨酯	2	1.42	2.27×10^{-6}	没有影响	50	噻虫胺	3	2.13	3.56×10^{-8}	没有影响
22	啶虫脒	70	49.65	2.14×10^{-6}	没有影响	51	烯酰吗啉	2	1.42	3.39×10^{-8}	没有影响
23	杀线威	2	1.42	1.94×10^{-6}	没有影响	52	氯虫苯甲酰胺	18	12.76	2.35×10^{-8}	没有影响
24	戊唑醇	31	21.99	1.74×10^{-6}	没有影响	53	甲霜灵	1	0.71	1.53×10^{-8}	没有影响
25	吡虫啉	25	17.73	1.66×10^{-6}	没有影响	54	啶氧菌酯	1	0.71	1.48×10^{-8}	没有影响
26	抑芽丹	26	18.44	1.42×10^{-6}	没有影响	55	唑啉草酯	3	2.13	1.11×10^{-8}	没有影响
27	噻虫嗪	34	24.11	1.33×10^{-6}	没有影响	56	多效唑	1	0.71	1.06×10^{-8}	没有影响
28	己唑醇	2	1.42	1.18×10^{-6}	没有影响	57	苦参碱	1	0.71	7.22×10^{-9}	没有影响
29	氟虫脲	1	0.71	7.49×10^{-7}	没有影响	58	增效醚	1	0.71	6.67×10^{-9}	没有影响

6.3 LC-Q-TOF/MS 侦测武汉市市售茶叶农药残留预警风险评估

基于武汉市茶叶样品中农药残留 LC-Q-TOF/MS 侦测数据，分析禁用农药的检出率，同时参照中华人民共和国国家标准 GB 2763—2016 和欧盟农药最大残留限量(MRL)标准分析非禁用农药残留的超标率，并计算农药残留风险系数。分析单种茶叶中农药残留以及所有茶叶中农药残留的风险程度。

6.3.1　单种茶叶中农药残留风险系数分析

6.3.1.1　单种茶叶中禁用农药残留风险系数分析

侦测出的 76 种残留农药中有 6 种为禁用农药，且它们分布在 3 种茶叶中，计算 3 种茶叶中禁用农药的检出率，根据检出率计算风险系数 R，进而分析茶叶中禁用农药的风险程度，结果如图 6-10 与表 6-6 所示。分析发现 6 种禁用农药在 3 种茶叶中的残留处均于高度风险。

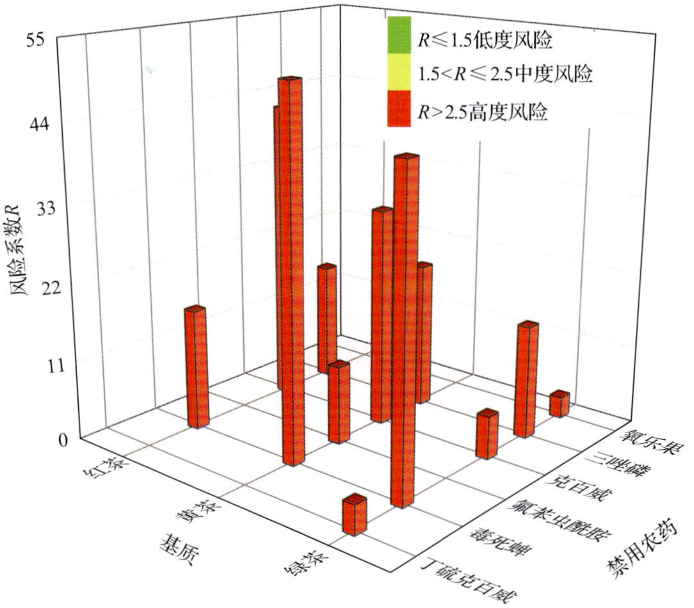

图 6-10　3 种茶叶中 6 种禁用农药残留的风险系数

表 6-6　3 种茶叶中 6 种禁用农药残留的风险系数表

序号	基质	农药	检出频次	检出率(%)	风险系数 R	风险程度
1	黄茶	毒死蜱	5	50	51.1	高度风险
2	绿茶	毒死蜱	43	43	44.1	高度风险
3	红茶	克百威	13	41.94	43.04	高度风险
4	黄茶	克百威	3	30	31.1	高度风险
5	黄茶	三唑磷	2	20	21.1	高度风险
6	红茶	三唑磷	5	16.13	17.23	高度风险
7	红茶	毒死蜱	5	16.13	17.23	高度风险
8	绿茶	三唑磷	15	15	16.1	高度风险
9	黄茶	氟苯虫酰胺	1	10	11.1	高度风险
10	绿茶	克百威	5	5	6.1	高度风险
11	绿茶	丁硫克百威	3	3	4.1	高度风险
12	绿茶	氧乐果	2	2	3.1	高度风险

6.3.1.2　基于 MRL 中国国家标准的单种茶叶中非禁用农药残留风险系数分析

参照中华人民共和国国家标准 GB 2763—2016 中农药残留限量计算每种茶叶中每种非禁用农药的超标率，进而计算其风险系数，根据风险系数大小判断残留农药的预警风险程度，茶叶中非禁用农药残留风险程度分布情况如图 6-11 所示。

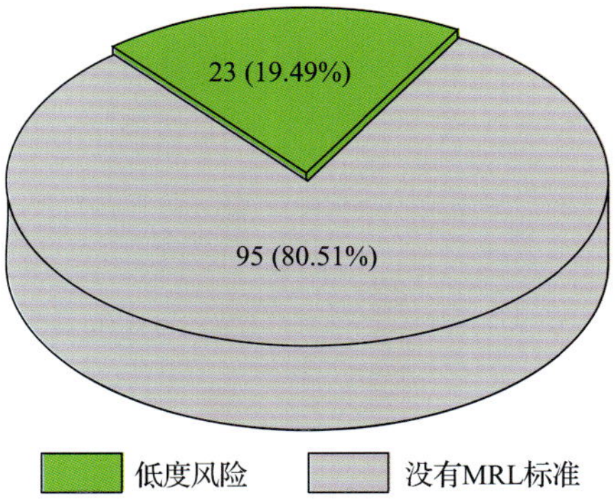

图 6-11　茶叶中非禁用农药残留的风险程度分布图（MRL 中国国家标准）

本次分析中，发现在 3 种茶叶检出 70 种残留非禁用农药，涉及样本 118 个，在 118 个样本中，19.49%处于低度风险，此外发现有 95 个样本没有 MRL 中国国家标准值，无法判断其风险程度，有 MRL 中国国家标准值的 23 个样本涉及 3 种茶叶中的 9 种非禁用农药，其风险系数 *R* 值如图 6-12 所示。

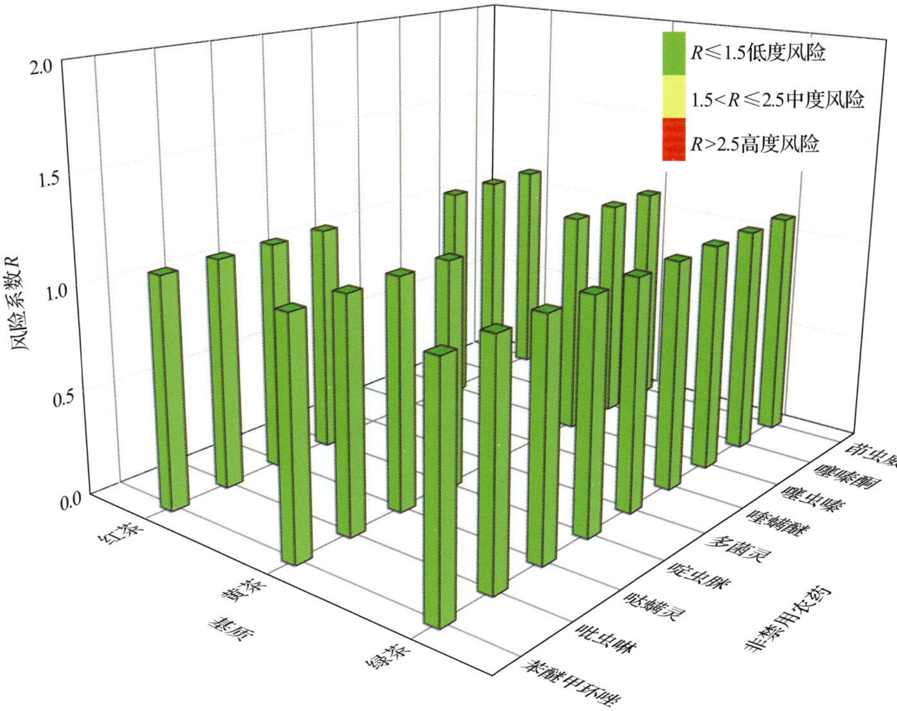

图 6-12　3 种茶叶中 9 种非禁用农药的风险系数分布图（MRL 中国国家标准）

6.3.1.3　基于 MRL 欧盟标准的单种茶叶中非禁用农药残留风险系数分析

参照 MRL 欧盟标准计算每种茶叶中每种非禁用农药的超标率，进而计算其风险系数，根据风险系数大小判断农药残留的预警风险程度，茶叶中非禁用农药残留风险程度分布情况如图 6-13 所示。

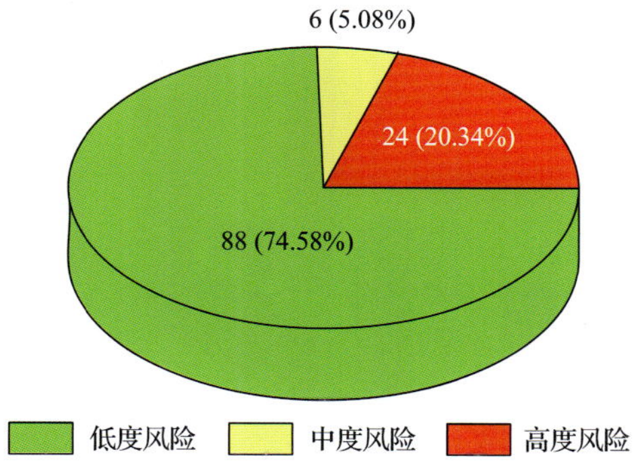

图 6-13　茶叶中非禁用农药残留的风险程度分布图(MRL 欧盟标准)

本次分析中，发现在 3 种茶叶中共侦测出 70 种非禁用农药，涉及样本 118 个，其中，20.34%处于高度风险，涉及 3 种茶叶和 13 种农药；5.08%处于中度风险，涉及 1 种茶叶和 6 种农药；74.58%处于低度风险，涉及 3 种茶叶和 59 种农药。单种茶叶中的非禁用农药风险系数分布图如图 6-14 所示。单种茶叶中处于高度风险的非禁用农药风险系数如图 6-15 和表 6-7 所示。

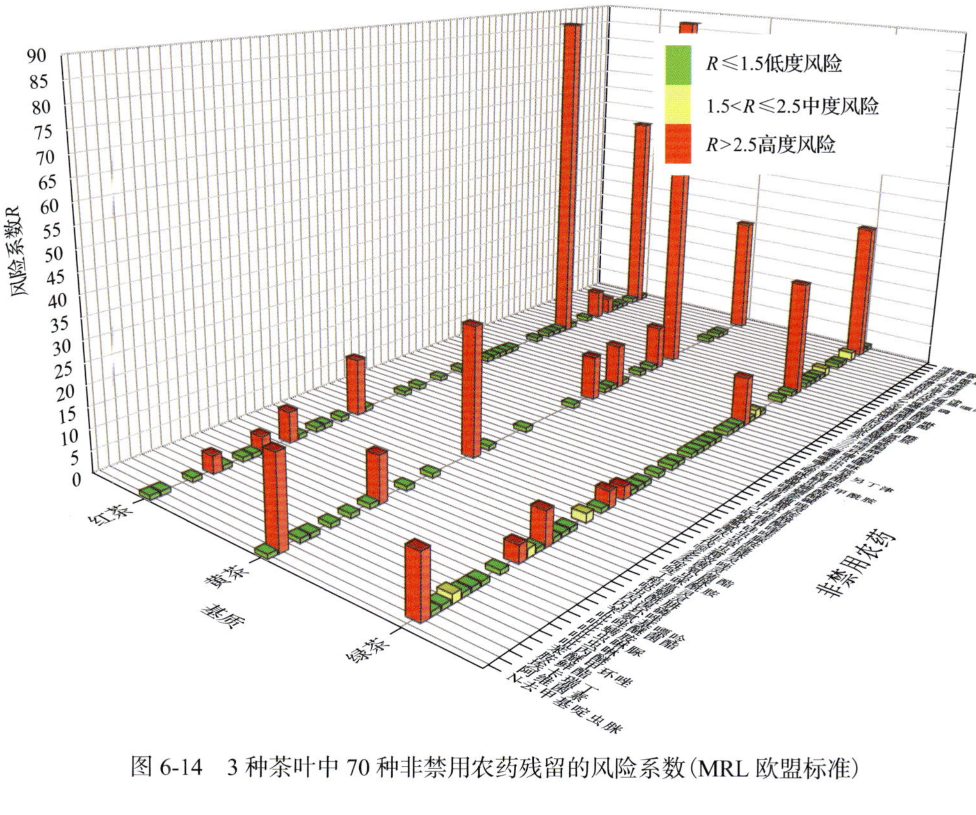

图 6-14　3 种茶叶中 70 种非禁用农药残留的风险系数(MRL 欧盟标准)

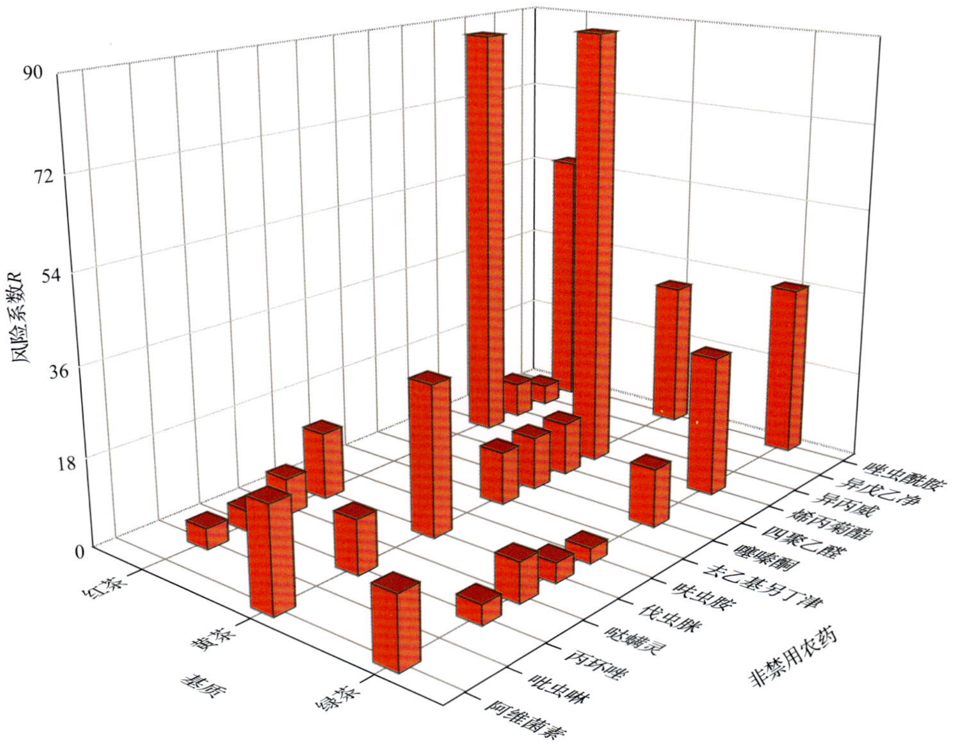

图 6-15　单种茶叶中处于高度风险的非禁用农药的风险系数（MRL 欧盟标准）

表 6-7　单种茶叶中处于高度风险的非禁用农药残留的风险系数表（MRL 欧盟标准）

序号	基质	农药	超标频次	超标率 *P*(%)	风险系数 *R*
1	黄茶	烯丙菊酯	9	90.00	91.10
2	红茶	烯丙菊酯	27	87.10	88.20
3	红茶	唑虫酰胺	17	54.84	55.94
4	绿茶	唑虫酰胺	35	35.00	36.10
5	黄茶	伐虫脒	3	30.00	31.10
6	黄茶	唑虫酰胺	3	30.00	31.10
7	绿茶	烯丙菊酯	28	28.00	29.10
8	黄茶	阿维菌素	2	20.00	21.10
9	绿茶	阿维菌素	13	13.00	14.10
10	红茶	伐虫脒	4	12.90	14.00
11	绿茶	噻嗪酮	11	11.00	12.10
12	黄茶	丙环唑	1	10.00	11.10
13	黄茶	去乙基另丁津	1	10.00	11.10
14	黄茶	噻嗪酮	1	10.00	11.10

续表

序号	基质	农药	超标频次	超标率 P(%)	风险系数 R
15	黄茶	四聚乙醛	1	10.00	11.10
16	绿茶	哒螨灵	7	7.00	8.10
17	红茶	哒螨灵	2	6.45	7.55
18	红茶	异丙威	2	6.45	7.55
19	红茶	丙环唑	1	3.23	4.33
20	红茶	吡虫啉	1	3.23	4.33
21	红茶	异戊乙净	1	3.23	4.33
22	绿茶	丙环唑	3	90.00	4.10
23	绿茶	伐虫脒	3	87.10	4.10
24	绿茶	呋虫胺	2	54.84	3.10

6.3.2 所有茶叶中农药残留风险系数分析

6.3.2.1 所有茶叶中禁用农药残留风险系数分析

在侦测出的 76 种农药中有 6 种为禁用农药，计算所有茶叶中禁用农药的风险系数，结果如表 6-8 所示。在 6 种禁用农药中，5 种农药残留处于高度风险，1 种农药残留处于中度风险。

表 6-8 茶叶中 6 种禁用农药的风险系数表

序号	农药	检出频次	检出率(%)	风险系数 R	风险程度
1	毒死蜱	53	37.59	38.69	高度风险
2	三唑磷	22	15.60	16.70	高度风险
3	克百威	21	14.89	15.99	高度风险
4	丁硫克百威	3	2.13	3.23	高度风险
5	氧乐果	2	1.42	2.52	高度风险
6	氟苯虫酰胺	1	0.71	1.81	中度风险

6.3.2.2 所有茶叶中非禁用农药残留风险系数分析

参照 MRL 欧盟标准计算所有茶叶中每种非禁用农药残留的风险系数，如图 6-16 与表 6-9 所示。在侦测出的 70 种非禁用农药中，9 种农药(12.86%)残留处于高度风险，9 种农药(12.86%)残留处于中度风险，52 种农药(74.28%)残留处于低度风险。

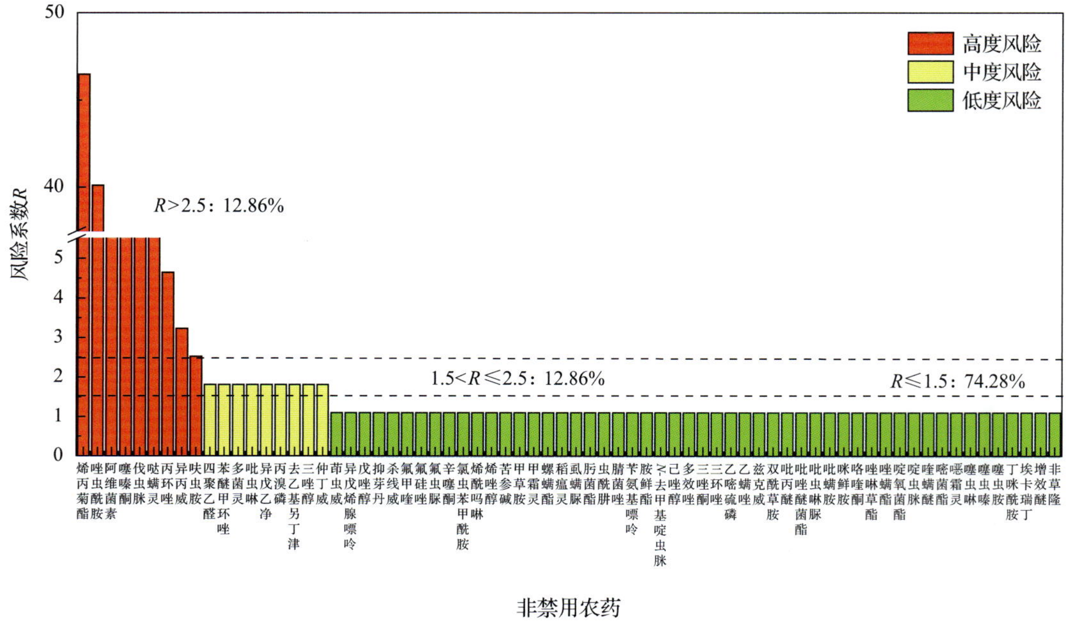

图 6-16　茶叶中 70 种非禁用农药的风险程度统计图

表 6-9　茶叶中 70 种非禁用农药的风险系数表

序号	农药	超标频次	超标率 P(%)	风险系数 R	风险程度
1	烯丙菊酯	64	45.39	46.49	高度风险
2	唑虫酰胺	55	39.01	40.11	高度风险
3	阿维菌素	15	10.64	11.74	高度风险
4	噻嗪酮	12	8.51	9.61	高度风险
5	伐虫脒	10	7.09	8.19	高度风险
6	哒螨灵	9	6.38	7.48	高度风险
7	丙环唑	5	3.55	4.65	高度风险
8	异丙威	3	2.13	3.23	高度风险
9	呋虫胺	2	1.42	2.52	高度风险
10	四聚乙醛	1	0.71	1.81	中度风险
11	苯醚甲环唑	1	0.71	1.81	中度风险
12	多菌灵	1	0.71	1.81	中度风险
13	吡虫啉	1	0.71	1.81	中度风险
14	异戊乙净	1	0.71	1.81	中度风险
15	丙溴磷	1	0.71	1.81	中度风险
16	去乙基另丁津	1	0.71	1.81	中度风险
17	三唑醇	1	0.71	1.81	中度风险
18	仲丁威	1	0.71	1.81	中度风险

续表

序号	农药	超标频次	超标率 P(%)	风险系数 R	风险程度
19	茚虫威	0	0	1.10	低度风险
20	异戊烯腺嘌呤	0	0	1.10	低度风险
21	戊唑醇	0	0	1.10	低度风险
22	抑芽丹	0	0	1.10	低度风险
23	杀线威	0	0	1.10	低度风险
24	氟甲喹	0	0	1.10	低度风险
25	氟硅唑	0	0	1.10	低度风险
26	氟虫脲	0	0	1.10	低度风险
27	辛噻酮	0	0	1.10	低度风险
28	氯虫苯甲酰胺	0	0	1.10	低度风险
29	烯酰吗啉	0	0	1.10	低度风险
30	烯唑醇	0	0	1.10	低度风险
31	苦参碱	0	0	1.10	低度风险
32	甲草胺	0	0	1.10	低度风险
33	甲霜灵	0	0	1.10	低度风险
34	螺螨酯	0	0	1.10	低度风险
35	稻瘟灵	0	0	1.10	低度风险
36	虱螨脲	0	0	1.10	低度风险
37	肟菌酯	0	0	1.10	低度风险
38	虫酰肼	0	0	1.10	低度风险
39	腈菌唑	0	0	1.10	低度风险
40	苄氨基嘌呤	0	0	1.10	低度风险
41	胺鲜酯	0	0	1.10	低度风险
42	*N*-去甲基啶虫脒	0	0	1.10	低度风险
43	己唑醇	0	0	1.10	低度风险
44	多效唑	0	0	1.10	低度风险
45	三唑酮	0	0	1.10	低度风险
46	三环唑	0	0	1.10	低度风险
47	乙嘧硫磷	0	0	1.10	低度风险
48	乙螨唑	0	0	1.10	低度风险
49	兹克威	0	0	1.10	低度风险
50	双酰草胺	0	0	1.10	低度风险
51	吡丙醚	0	0	1.10	低度风险
52	吡唑醚菌酯	0	0	1.10	低度风险
53	吡虫啉脲	0	0	1.10	低度风险

续表

序号	农药	超标频次	超标率 P(%)	风险系数 R	风险程度
54	吡螨胺	0	0	1.10	低度风险
55	咪鲜胺	0	0	1.10	低度风险
56	咯喹酮	0	0	1.10	低度风险
57	唑啉草酯	0	0	1.10	低度风险
58	唑螨酯	0	0	1.10	低度风险
59	啶氧菌酯	0	0	1.10	低度风险
60	啶虫脒	0	0	1.10	低度风险
61	喹螨醚	0	0	1.10	低度风险
62	嘧菌酯	0	0	1.10	低度风险
63	噁霜灵	0	0	1.10	低度风险
64	噻虫啉	0	0	1.10	低度风险
65	噻虫嗪	0	0	1.10	低度风险
66	噻虫胺	0	0	1.10	低度风险
67	丁咪酰胺	0	0	1.10	低度风险
68	埃卡瑞丁	0	0	1.10	低度风险
69	增效醚	0	0	1.10	低度风险
70	非草隆	0	0	1.10	低度风险

6.4 LC-Q-TOF/MS 侦测武汉市市售茶叶农药残留风险评估结论与建议

农药残留是影响茶叶安全和质量的主要因素，也是我国食品安全领域备受关注的敏感话题和亟待解决的重大问题之一[15,16]。各种茶叶均存在不同程度的农药残留现象，本研究主要针对武汉市各类茶叶存在的农药残留问题,基于 2019 年 1 月对武汉市 141 例茶叶样品中农药残留侦测得出的 990 个侦测结果，分别采用食品安全指数模型和风险系数模型，开展茶叶中农药残留的膳食暴露风险和预警风险评估。茶叶样品取自超市和茶叶专营店，符合大众的膳食来源，风险评价时更具有代表性和可信度。

本研究力求通用简单地反映食品安全中的主要问题，且为管理部门和大众容易接受，为政府及相关管理机构建立科学的食品安全信息发布和预警体系提供科学的规律与方法，加强对农药残留的预警和食品安全重大事件的预防，控制食品风险。

6.4.1 武汉市茶叶中农药残留膳食暴露风险评价结论

1）茶叶样品中农药残留安全状态评价结论

采用食品安全指数模型，对 2019 年 1 月期间武汉市茶叶农药残留膳食暴露风险进行评价，根据 IFS_c 的计算结果发现，茶叶中农药的 $\overline{IFS_c}$ 为 3.75×10^{-5}，说明武汉市茶叶总体处于可以接受的安全状态，但部分禁用农药、高残留农药在茶叶中仍有侦测出，导致膳食暴露风险的存在，成为不安全因素。

2) 禁用农药膳食暴露风险评价

本次检测发现部分茶叶样品中有禁用农药侦测出，侦测出禁用农药 6 种，侦测出频次为 102，茶叶样品中的禁用农药 IFS_c 计算结果表明，禁用农药残留膳食暴露风险没有影响的频次为 102，占 100%。

6.4.2 武汉市茶叶中农药残留预警风险评价结论

1) 单种茶叶中禁用农药残留的预警风险评价结论

本次检测过程中，在 3 种茶叶中检测出 6 种禁用农药，禁用农药为：克百威、三唑磷、毒死蜱、丁硫克百威、氧乐果、氟苯虫酰胺，茶叶为：红茶、绿茶、黄茶，茶叶中禁用农药的风险系数分析结果显示，6 种禁用农药在 3 种茶叶中的残留均处于高度风险，说明在单种茶叶中禁用农药的残留会导致较高的预警风险。

2) 单种茶叶中非禁用农药残留的预警风险评价结论

以 MRL 中国国家标准为标准，计算茶叶中非禁用农药风险系数情况下，118 个样本中，23 个处于低度风险(19.49%)，95 个样本没有 MRL 中国国家标准(80.51%)。以 MRL 欧盟标准为标准，计算茶叶中非禁用农药风险系数情况下，发现有 24 个处于高度风险(20.34%)，6 个处于中度风险(5.08%)，88 个处于低度风险(74.58%)。基于两种 MRL 标准，评价的结果差异显著，可以看出 MRL 欧盟标准比中国国家标准更加严格和完善，过于宽松的 MRL 中国国家标准值能否有效保障人体的健康有待研究。

6.4.3 加强武汉市茶叶食品安全建议

我国食品安全风险评价体系仍不够健全，相关制度不够完善，多年来，由于农药用药次数多、用药量大或用药间隔时间短，产品残留量大，农药残留所造成的食品安全问题日益严峻，给人体健康带来了直接或间接的危害。据估计，美国与农药有关的癌症患者数约占全国癌症患者总数的 50%，中国更高。同样，农药对其他生物也会形成直接杀伤和慢性危害，植物中的农药可经过食物链逐级传递并不断蓄积，对人和动物构成潜在威胁，并影响生态系统。

基于本次农药残留侦测数据的风险评价结果，提出以下几点建议：

1) 加快食品安全标准制定步伐

我国食品标准中对农药每日允许最大摄入量 ADI 的数据严重缺乏，在本次评价所涉及的 76 种农药中，仅有 76.3%的农药具有 ADI 值，而 23.7%的农药中国尚未规定相应的 ADI 值，亟待完善。

我国食品中农药最大残留限量值的规定严重缺乏，对评估涉及的不同茶叶中不同农药 130 个 MRL 限值进行统计来看，我国仅制定出 27 个标准，我国标准完整率仅为 20.8%，欧盟的完整率达到 100%（表 6-10）。因此，中国更应加快 MRL 的制定步伐。

表 6-10　我国国家食品标准农药的 ADI、MRL 值与欧盟标准的数量差异

分类		中国 ADI	MRL 中国国家标准	MRL 欧盟标准
标准限值（个）	有	58	27	130
	无	18	103	0
总数（个）		76	130	130
无标准限值比例（%）		23.7	79.2	0

此外，MRL 中国国家标准限值普遍高于欧盟标准限值，这些标准中共有 17 个高于欧盟。过高的 MRL 值难以保障人体健康，建议继续加强对限值基准和标准的科学研究，将农产品中的危险性减少到尽可能低的水平。

2）加强农药的源头控制和分类监管

在武汉市某些茶叶中仍有禁用农药残留，利用 LC-Q-TOF/MS 技术侦测出 6 种禁用农药，检出频次为 102 次，残留禁用农药均存在较大的膳食暴露风险和预警风险。早已列入黑名单的禁用农药在我国并未真正退出，有些药物由于价格便宜、工艺简单，此类高毒农药一直生产和使用。建议在我国采取严格有效的控制措施，从源头控制禁用农药。

对于非禁用农药，在我国作为“田间地头”最典型单位的县级茶叶产地中，农药残留的检测几乎缺失。建议根据农药的毒性，对高毒、剧毒、中毒农药实现分类管理，减少使用高毒和剧毒高残留农药，进行分类监管。

3）加强农药生物基准和降解技术研究

市售茶叶中残留农药的品种多、频次高、禁用农药多次检出这一现状，说明了我国的田间土壤和水体因农药长期、频繁、不合理的使用而遭到严重污染。为此，建议中国相关部门出台相关政策，鼓励高校及科研院所积极开展分子生物学、酶学等研究，加强土壤、水体中残留农药的生物修复及降解新技术研究，切实加大农药监管力度，以控制农药的面源污染问题。

综上所述，在本工作基础上，根据茶叶残留危害，可进一步针对其成因提出和采取严格管理、大力推广无公害茶叶种植与生产、健全食品安全控制技术体系、加强茶叶食品质量检测体系建设和积极推行茶叶食品质量追溯制度等相应对策。建立和完善食品安全综合评价指数与风险监测预警系统，对食品安全进行实时、全面的监控与分析，为我国的食品安全科学监管与决策提供新的技术支持，可实现各类检验数据的信息化系统管理，降低食品安全事故的发生。

第7章　GC-Q-TOF/MS侦测武汉市141例市售茶叶样品农药残留报告

从武汉市所属3个区，随机采集了141例茶叶样品，使用气相色谱-四极杆飞行时间质谱(GC-Q-TOF/MS)对684种农药化学污染物示范侦测。

7.1　样品种类、数量与来源

7.1.1　样品采集与检测

为了真实反映百姓日常饮用的茶叶中农药残留污染状况，本次所有检测样品均由检验人员于2019年1月期间，从武汉市所属6个采样点，包括5个茶叶专营店1个超市，以随机购买方式采集，总计6批141例样品，从中检出农药35种，520频次。采样及监测概况见图7-1及表7-1，样品及采样点明细见表7-2及表7-3(侦测原始数据见附表1)。

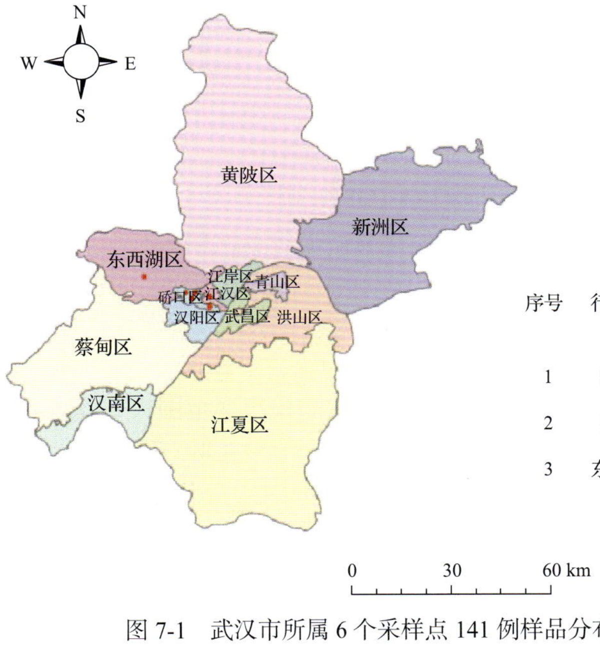

序号	行政区域	茶叶采样量
1	江汉区	25
2	硚口区	87
3	东西湖区	29

图7-1　武汉市所属6个采样点141例样品分布图

表7-1　农药残留监测总体概况

采样地区	武汉市所属3个区
采样点(茶叶专营店+超市)	6
样本总数	141
检出农药品种/频次	35/520
各采样点样本农药残留检出率范围	82.8%~100.0%

表 7-2 样品分类及数量

样品分类	样品名称（数量）	数量小计
1. 茶叶		141
1）发酵类茶叶	红茶（31），黄茶（10）	41
2）未发酵类茶叶	绿茶（100）	100
合计	1.茶叶 3 种	141

表 7-3 武汉市采样点信息

采样点序号	行政区域	采样点
茶叶专营店（5）		
1	硚口区	***茶业店
2	硚口区	***茶庄
3	硚口区	***茶叶店
4	硚口区	***茶业店
5	东西湖区	***茶叶有限公司
超市（1）		
1	江汉区	***超市（常青店）

7.1.2 检测结果

这次使用的检测方法是庞国芳院士团队最新研发的不需使用标准品对照，而以高分辨精确质量数（0.0001 *m/z*）为基准的 GC-Q-TOF/MS 检测技术，对于 141 例样品，每个样品均侦测了 684 种农药化学污染物的残留现状。通过本次侦测，在 141 例样品中共计检出农药化学污染物 35 种，检出 520 频次。

7.1.2.1 各采样点样品检出情况

统计分析发现 6 个采样点中，被测样品的农药检出率范围为 82.8%~100.0%。其中，***茶业店和***茶庄的检出率最高，均为 100.0%。***茶叶有限公司的检出率最低，为 82.8%，见图 7-2。

7.1.2.2 检出农药的品种总数与频次

统计分析发现，对于 141 例样品中 684 种农药化学污染物的侦测，共检出农药 520 频次，涉及农药 35 种，结果如图 7-3 所示。其中联苯菊酯检出频次最高，共检出 102 次。检出频次排名前 10 的农药如下：①联苯菊酯（102），②醚菊酯（88），③氯氟氰菊酯（60），④噻嗪酮（60），⑤毒死蜱（44），⑥甲氰菊酯（29），⑦虫螨腈（22），⑧炔螨特（16），⑨仲丁威（15），⑩水胺硫磷（10）。

由图 7-4 可见，绿茶、红茶和黄茶这 3 种茶叶样品中检出的农药品种数较高，均超过 10 种，其中，绿茶检出农药品种最多，为 30 种。由图 7-5 可见，绿茶、红茶和黄茶这 3 种茶叶样品中的农药检出频次较高，均超过 30 次，其中，绿茶检出农药频次最高，为 417 次。

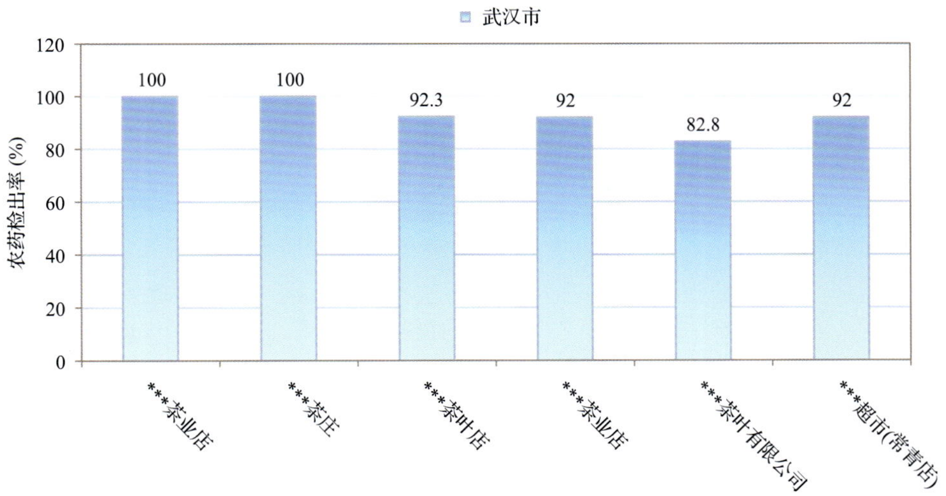

图 7-2　各采样点样品中的农药检出率

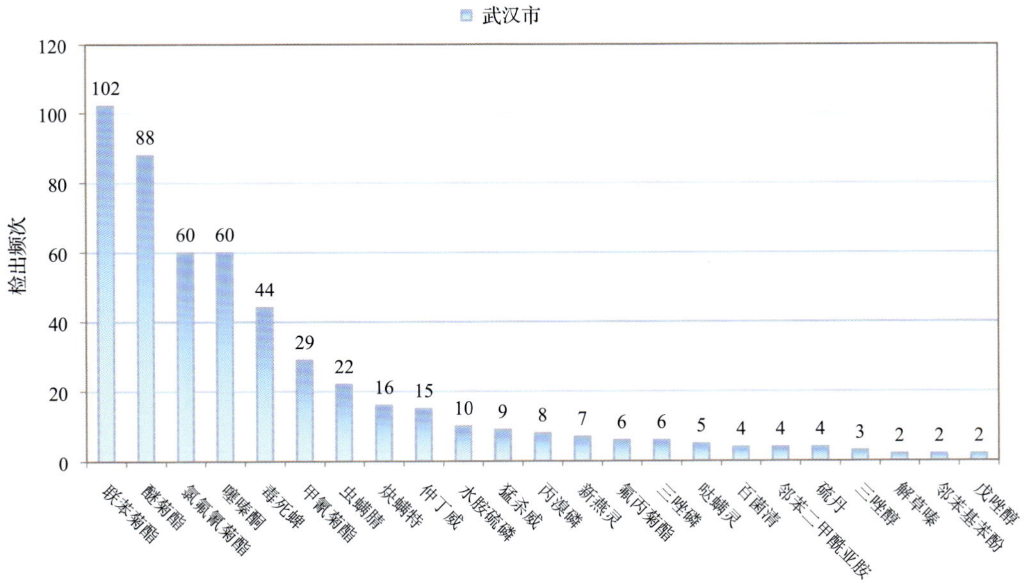

图 7-3　检出农药品种及频次(仅列出检出农药 2 频次及以上的数据)

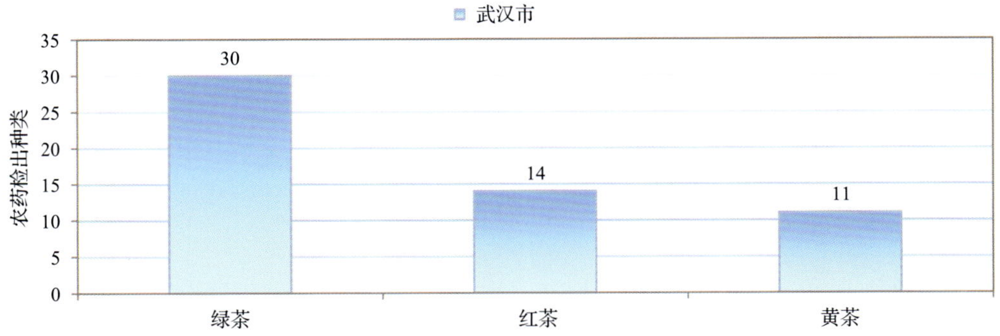

图 7-4　单种茶叶检出农药的种类数

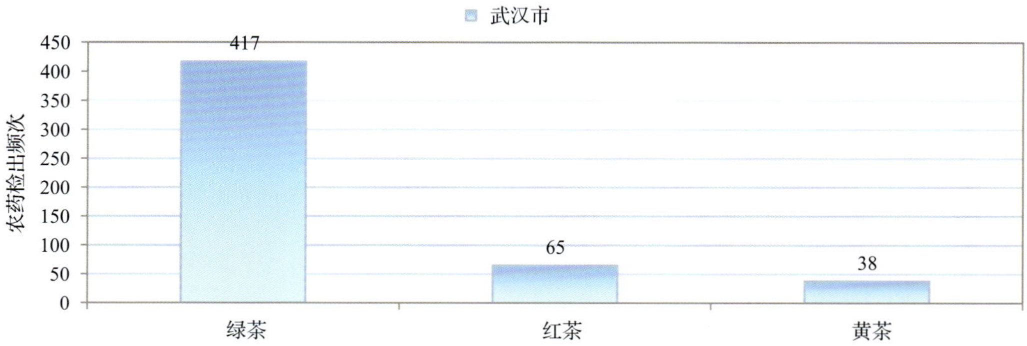

图 7-5　单种茶叶检出农药频次

7.1.2.3　单例样品农药检出种类与占比

对单例样品检出农药种类和频次进行统计发现，未检出农药的样品占总样品数的 7.1%，检出 1 种农药的样品占总样品数的 14.9%，检出 2~5 种农药的样品占总样品数的 52.5%，检出 6~10 种农药的样品占总样品数的 24.8%，检出大于 10 种农药的样品占总样品数的 0.7%。每例样品中平均检出农药为 3.7 种，数据见表 7-4 及图 7-6。

表 7-4　单例样品检出农药品种占比

检出农药品种数	样品数量/占比(%)
未检出	10/7.1
1 种	21/14.9
2~5 种	74/52.5
6~10 种	35/24.8
大于 10 种	1/0.7
单例样品平均检出农药品种	3.7 种

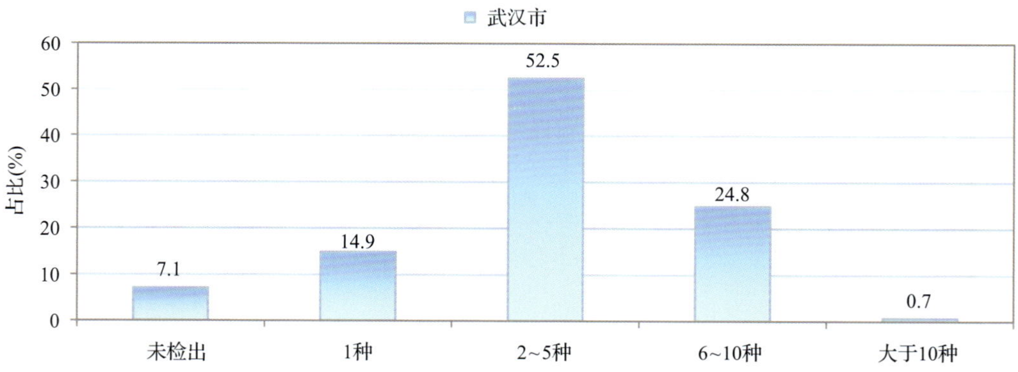

图 7-6　单例样品平均检出农药品种及占比

7.1.2.4　检出农药类别与占比

所有检出农药按功能分类，包括杀虫剂、杀菌剂、杀螨剂、除草剂共 4 类。其中杀虫剂与杀菌剂为主要检出的农药类别，分别占总数的 45.7%和 22.9%，见表 7-5 及图 7-7。

表 7-5　检出农药所属类别/占比

农药类别	数量/占比(%)
杀虫剂	16/45.7
杀菌剂	8/22.9
杀螨剂	6/17.1
除草剂	5/14.3

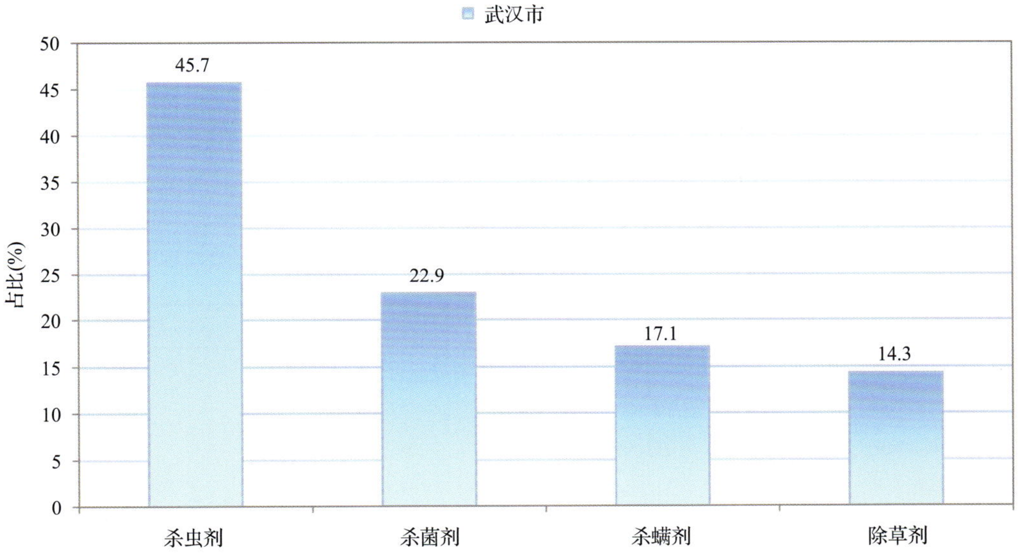

图 7-7　检出农药所属类别和占比

7.1.2.5　检出农药的残留水平

按检出农药残留水平进行统计，残留水平在 1~5 μg/kg(含)的农药占总数的 2.7%，在 5~10 μg/kg(含)的农药占总数的 19.4%，在 10~100 μg/kg(含)的农药占总数的 61.9%，在 100~1000 μg/kg(含)的农药占总数的 15.8%，在>1000 μg/kg 的农药占总数的 0.2%。

由此可见，这次检测的 6 批 141 例茶叶样品中农药多数处于中高残留水平。结果见表 7-6 及图 7-8，数据见附表 2。

表 7-6　农药残留水平/占比

残留水平(μg/kg)	检出频次数/占比(%)
1~5(含)	14/2.7
5~10(含)	101/19.4
10~100(含)	322/61.9
100~1000(含)	82/15.8
>1000	1/0.2

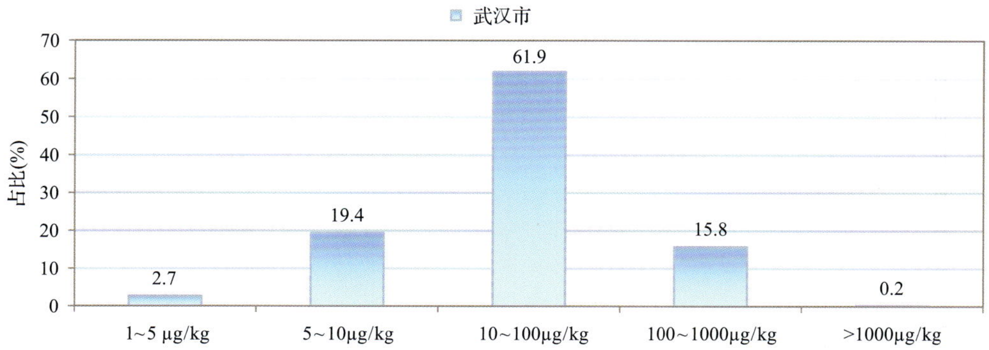

图 7-8　检出农药残留水平及占比

7.1.2.6　检出农药的毒性类别、检出频次和超标频次及占比

对这次检出的 35 种 520 频次的农药，按剧毒、高毒、中毒、低毒和微毒这五个毒性类别进行分类，从中可以看出，武汉市目前普遍使用的农药为中低微毒农药，品种占 94.3%，频次占 96.9%。结果见表 7-7 及图 7-9。

表 7-7　检出农药毒性类别/占比

毒性分类	农药品种/占比(%)	检出频次/占比(%)	超标频次/超标率(%)
剧毒农药	0/0	0/0.0	0/0.0
高毒农药	2/5.7	16/3.1	0/0.0
中毒农药	16/45.7	299/57.5	0/0.0
低毒农药	11/31.4	103/19.8	0/0.0
微毒农药	6/17.1	102/19.6	0/0.0

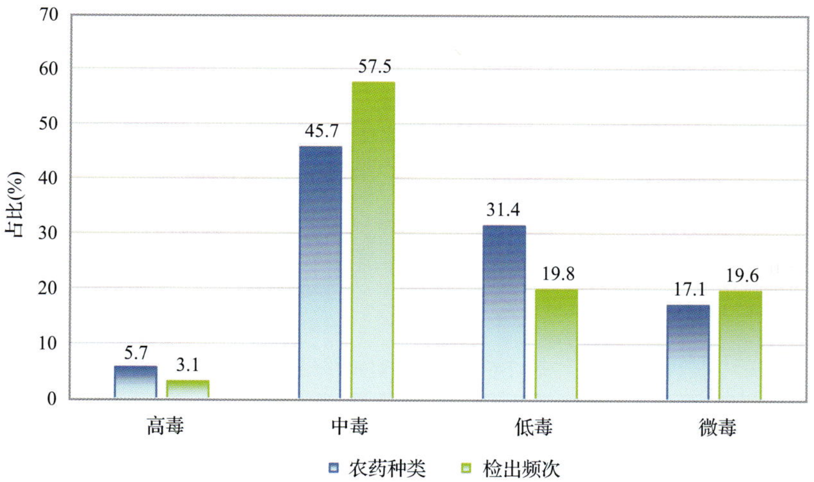

图 7-9　检出农药的毒性分类和占比

7.1.2.7　检出剧毒/高毒类农药的品种和频次

值得特别关注的是，在此次侦测的 141 例样品中有 3 种茶叶的 15 例样品检出了 2

种 16 频次的剧毒和高毒农药，占样品总量的 10.6%，详见图 7-10、表 7-8 及表 7-9。

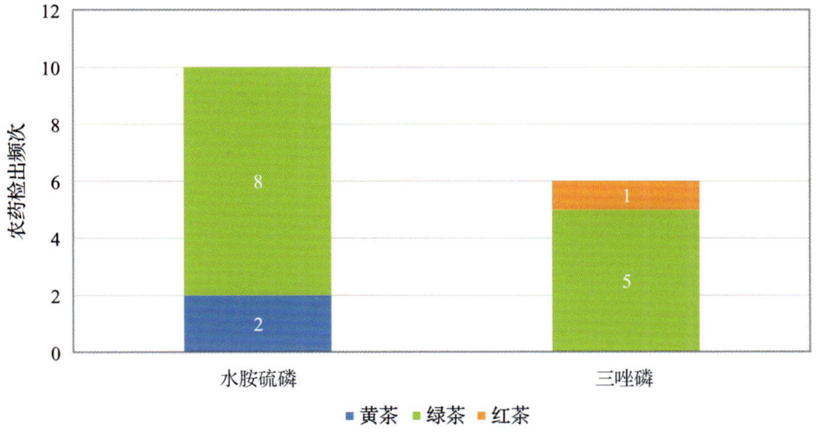

图 7-10　检出剧毒/高毒农药的样品情况

*表示允许在茶叶上使用的农药

表 7-8　剧毒农药检出情况

序号	农药名称	检出频次	超标频次	超标率
茶叶中未检出剧毒农药				
合计		0	0	超标率：0.0%

表 7-9　高毒农药检出情况

序号	农药名称	检出频次	超标频次	超标率
从 3 种茶叶中检出 2 种高毒农药，共计检出 16 次				
1	水胺硫磷	10	0	0.0%
2	三唑磷	6	0	0.0%
合计		16	0	超标率：0.0%

在检出的剧毒和高毒农药中，有 2 种是我国早已禁止在茶叶上使用的，分别是：三唑磷和水胺硫磷。禁用农药的检出情况见表 7-10。

表 7-10　禁用农药检出情况

序号	农药名称	检出频次	超标频次	超标率
从 3 种茶叶中检出 6 种禁用农药，共计检出 66 次				
1	毒死蜱	44	0	0.0%
2	水胺硫磷	10	0	0.0%
3	三唑磷	6	0	0.0%
4	硫丹	4	0	0.0%
5	乐果	1	0	0.0%
6	三氯杀螨醇	1	0	0.0%
合计		66	0	超标率：0.0%

注：表中*为剧毒农药；超标结果参考 MRL 中国国家标准计算

此次抽检的茶叶样品中，没有检出剧毒农药。

样品中检出剧毒和高毒农药残留水平没有超过 MRL 中国国家标准,但本次检出结果仍表明，高毒、剧毒农药的使用现象依旧存在，详见表 7-11。

表 7-11　各样本中检出剧毒/高毒农药情况

样品名称	农药名称	检出频次	超标频次	检出浓度（μg/kg）
		茶叶 3 种		
红茶	三唑磷▲	1	0	11.9
黄茶	水胺硫磷▲	2	0	12.1, 9.5
绿茶	水胺硫磷▲	8	0	9.4, 43.1, 26.1, 9.3, 7.8, 18.6, 6.5, 11.7
绿茶	三唑磷▲	5	0	16.0, 53.4, 26.3, 18.5, 36.5
合计		16	0	超标率：0.0%

注：表中*为剧毒农药；▲为禁用农药；a 为超标结果（参考 MRL 中国国家标准）

7.2　农药残留检出水平与最大残留限量标准对比分析

我国于 2016 年 12 月 18 日正式颁布并于 2017 年 06 月 18 日正式实施食品农药残留限量国家标准《食品中农药最大残留限量》（GB 2763—2016）。该标准包括 417 个农药条目，涉及最大残留限量（MRL）标准 4140 项。将 520 频次检出农药的浓度水平与 4140 项国家 MRL 标准进行核对，其中只有 293 频次的结果找到了对应的 MRL，占 56.3%，还有 227 频次的结果则无相关 MRL 标准供参考，占 43.7%。

将此次侦测结果与国际上现行 MRL 对比发现，在 520 频次的检出结果中有 520 频次的结果找到了对应的 MRL 欧盟标准，占 100.0%；其中，468 频次的结果有明确对应的 MRL，占 90.0%，其余 52 频次按照欧盟一律标准判定，占 10.0%；有 520 频次的结果找到了对应的 MRL 日本标准，占 100.0%；其中，456 频次的结果有明确对应的 MRL，占 87.7%，其余 64 频次按照日本一律标准判定，占 12.3%；有 270 频次的结果找到了对应的 MRL 中国香港标准，占 51.9%；有 234 频次的结果找到了对应的 MRL 美国标准，占 45.0%；有 258 频次的结果找到了对应的 MRL CAC 标准，占 49.6%（见图 7-11 和图 7-12，数据见附表 3 至附表 8）。

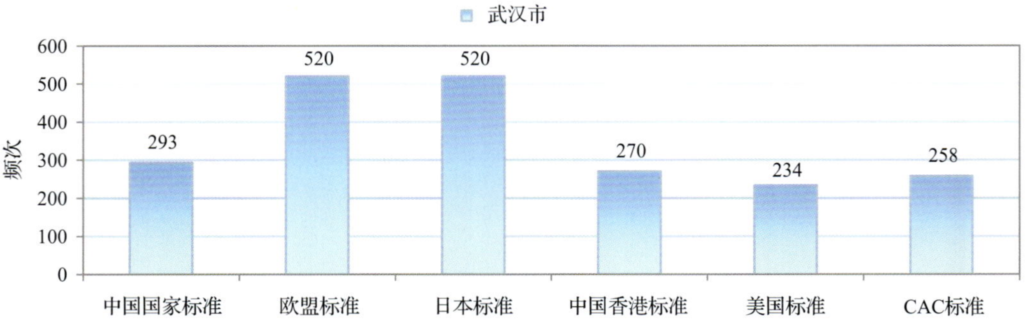

图 7-11　520 频次检出农药可用 MRL 中国国家标准、欧盟标准、日本标准、中国香港标准、美国标准、CAC 标准判定衡量的数量

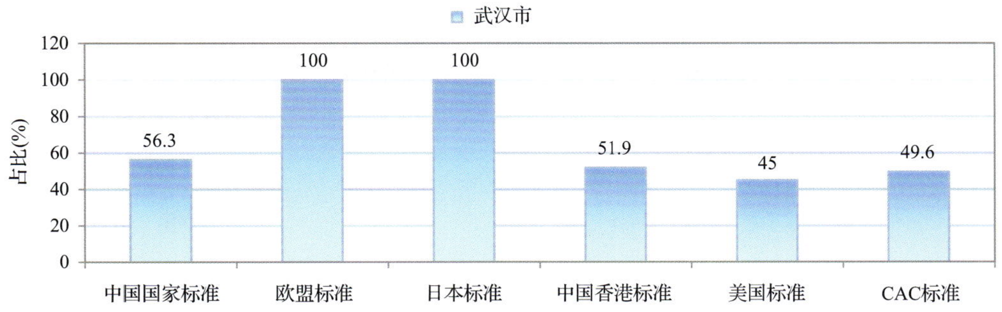

图 7-12 520 频次检出农药可用 MRL 中国国家标准、欧盟标准、日本标准、中国香港标准、美国标准、CAC 标准衡量的占比

7.2.1 超标农药样品分析

本次侦测的 141 例样品中，10 例样品未检出任何残留农药，占样品总量的 7.1%，131 例样品检出不同水平、不同种类的残留农药，占样品总量的 92.9%。在此，我们将本次侦测的农残检出情况与 MRL 中国国家标准、欧盟标准、日本标准、中国香港标准、美国标准和 CAC 标准这 6 大国际主流 MRL 标准进行对比分析，样品农残检出与超标情况见表 7-12、图 7-13 和图 7-14，详细数据见附表 9 至附表 14。

表 7-12 各 MRL 标准下样本农残检出与超标数量及占比

	MRL 中国国家标准 数量/占比(%)	MRL 欧盟标准 数量/占比(%)	MRL 日本标准 数量/占比(%)	MRL 中国香港标准 数量/占比(%)	MRL 美国标准 数量/占比(%)	MRL CAC 标准 数量/占比(%)
未检出	10/7.1	10/7.1	10/7.1	10/7.1	10/7.1	10/7.1
检出未超标	131/92.9	52/36.9	91/64.5	131/92.9	131/92.9	131/92.9
检出超标	0/0.0	79/56.0	40/28.4	0/0.0	0/0.0	0/0.0

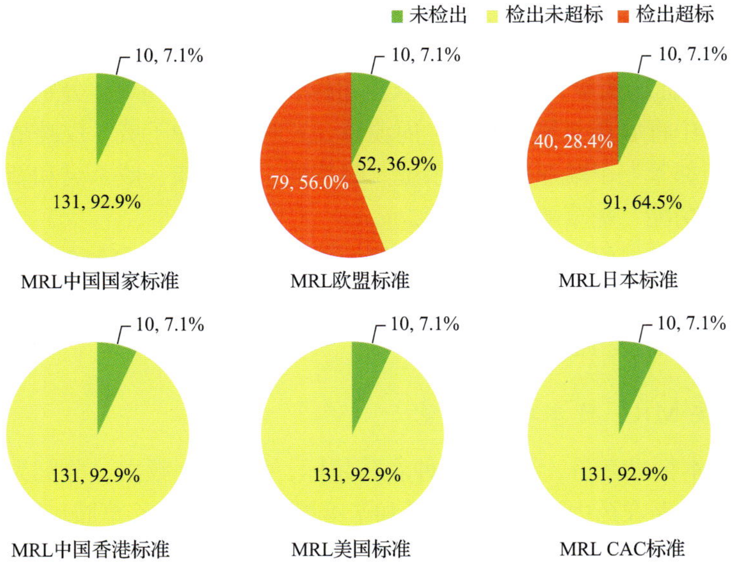

图 7-13 检出和超标样品比例情况

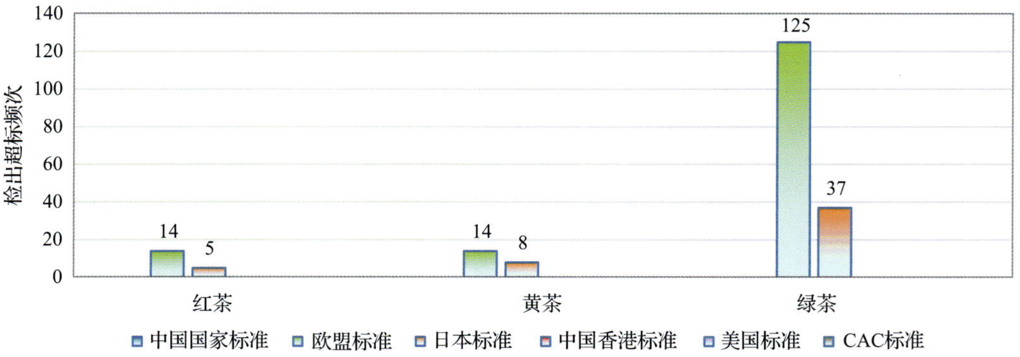

图 7-14 超过 MRL 中国国家标准、欧盟标准、日本标准、中国香港标准、美国标准和 CAC 标准结果在茶叶中的分布

7.2.2 超标农药种类分析

按照 MRL 中国国家标准、欧盟标准、日本标准、中国香港标准、美国标准和 CAC 标准这 6 大国际主流 MRL 标准衡量,本次侦测检出的农药超标品种及频次情况见表 7-13。

表 7-13 各 MRL 标准下超标农药品种及频次

	MRL 中国国家标准	MRL 欧盟标准	MRL 日本标准	MRL 中国香港标准	MRL 美国标准	MRL CAC 标准
超标农药品种	0	19	13	0	0	0
超标农药频次	0	153	50	0	0	0

7.2.2.1 按 MRL 中国国家标准衡量

按 MRL 中国国家标准衡量,无样品检出超标农药残留。

7.2.2.2 按 MRL 欧盟标准衡量

按 MRL 欧盟标准衡量,共有 19 种农药超标,检出 153 频次,分别为高毒农药三唑磷和水胺硫磷,中毒农药氯氟氰菊酯、丙溴磷、三唑醇、仲丁威、戊唑醇、辛噻酮和哒螨灵,低毒农药邻苯二甲酰亚胺、猛杀威、噻嗪酮、螺螨酯、威杀灵和新燕灵,微毒农药醚菊酯、氟丙菊酯、咪草酸和解草嗪。

按超标程度比较,绿茶中氯氟氰菊酯超标 56.1 倍,黄茶中氯氟氰菊酯超标 31.3 倍,绿茶中噻嗪酮超标 20.4 倍,黄茶中解草嗪超标 15.1 倍,绿茶中猛杀威超标 10.0 倍。检测结果见图 7-15 和附表 16。

7.2.2.3 按 MRL 日本标准衡量

按 MRL 日本标准衡量,共有 13 种农药超标,检出 50 频次,分别为高毒农药三唑磷和水胺硫磷,中毒农药丙溴磷、仲丁威和辛噻酮,低毒农药乙草胺、邻苯二甲酰亚胺、猛杀威、邻苯基苯酚、威杀灵和新燕灵,微毒农药咪草酸和解草嗪。

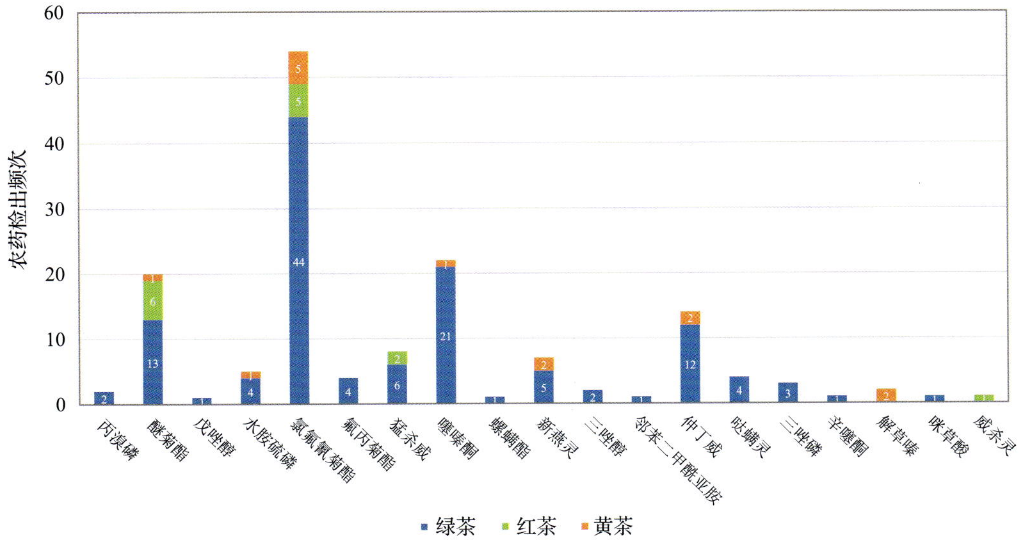

图 7-15　超过 MRL 欧盟标准农药品种及频次

按超标程度比较，黄茶中解草嗪超标 15.1 倍，绿茶中猛杀威超标 10.0 倍，红茶中猛杀威超标 9.4 倍，绿茶中仲丁威超标 8.8 倍，黄茶中仲丁威超标 7.2 倍。检测结果见图 7-16 和附表 17。

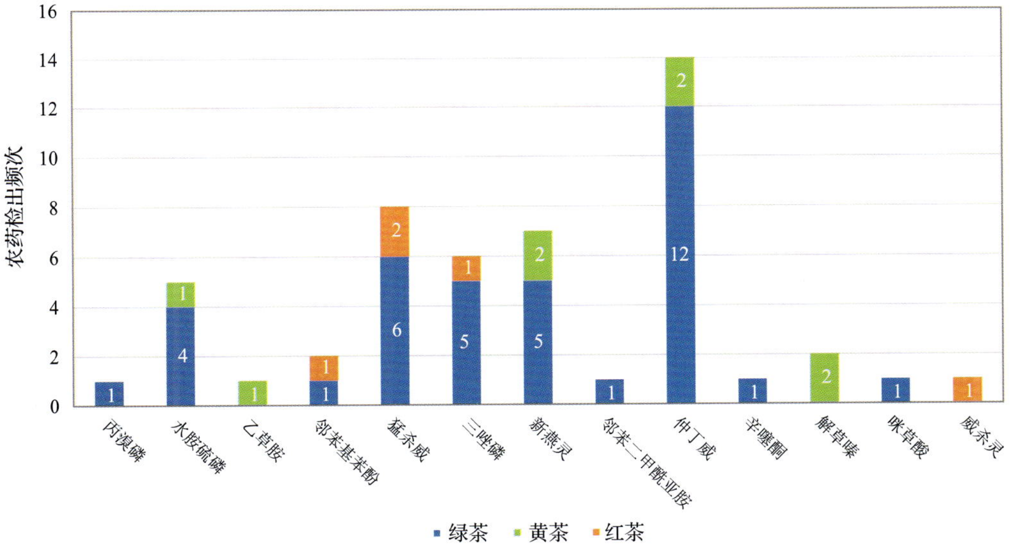

图 7-16　超过 MRL 日本标准农药品种及频次

7.2.2.4　按 MRL 中国香港标准衡量

按 MRL 中国香港标准衡量，无样品检出超标农药残留。

7.2.2.5　按 MRL 美国标准衡量

按 MRL 美国标准衡量，无样品检出超标农药残留。

7.2.2.6 按 MRL CAC 标准衡量

按 MRL CAC 标准衡量，无样品检出超标农药残留。

7.2.3 6 个采样点超标情况分析

7.2.3.1 按 MRL 中国国家标准衡量

按 MRL 中国国家标准衡量，所有采样点的样品均未检出超标农药残留。

7.2.3.2 按 MRL 欧盟标准衡量

按 MRL 欧盟标准衡量，所有采样点的样品存在不同程度的超标农药检出，其中***茶叶店的超标率最高，为 76.9%，如表 7-14 和图 7-17 所示。

表 7-14　超过 MRL 欧盟标准茶叶在不同采样点分布

	采样点	样品总数	超标数量	超标率(%)	行政区域
1	***茶业店	33	20	60.6	硚口区
2	***茶叶有限公司	29	11	37.9	东西湖区
3	***超市(常青店)	25	16	64.0	江汉区
4	***茶业店	25	10	40.0	硚口区
5	***茶庄	16	12	75.0	硚口区
6	***茶叶店	13	10	76.9	硚口区

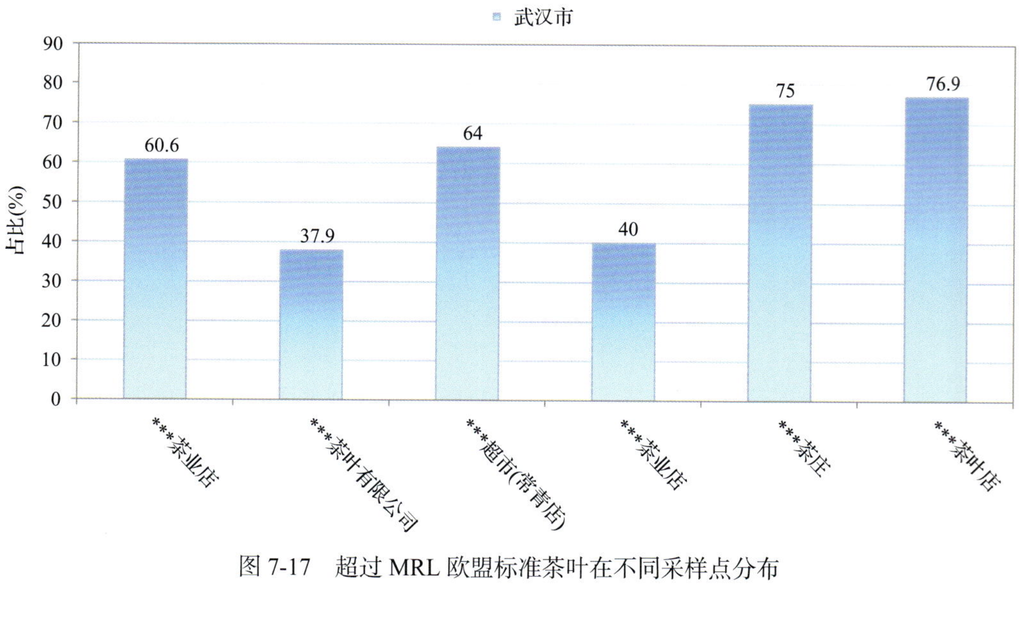

图 7-17　超过 MRL 欧盟标准茶叶在不同采样点分布

7.2.3.3　按 MRL 日本标准衡量

按 MRL 日本标准衡量，所有采样点的样品存在不同程度的超标农药检出，其中***超市(常青店)的超标率最高，为 44.0%，如表 7-15 和图 7-18 所示。

表 7-15　超过 MRL 日本标准茶叶在不同采样点分布

	采样点	样品总数	超标数量	超标率(%)	行政区域
1	***茶业店	33	13	39.4	硚口区
2	***茶叶有限公司	29	3	10.3	东西湖区
3	***超市(常青店)	25	11	44.0	江汉区
4	***茶业店	25	4	16.0	硚口区
5	***茶庄	16	4	25.0	硚口区
6	***茶叶店	13	5	38.5	硚口区

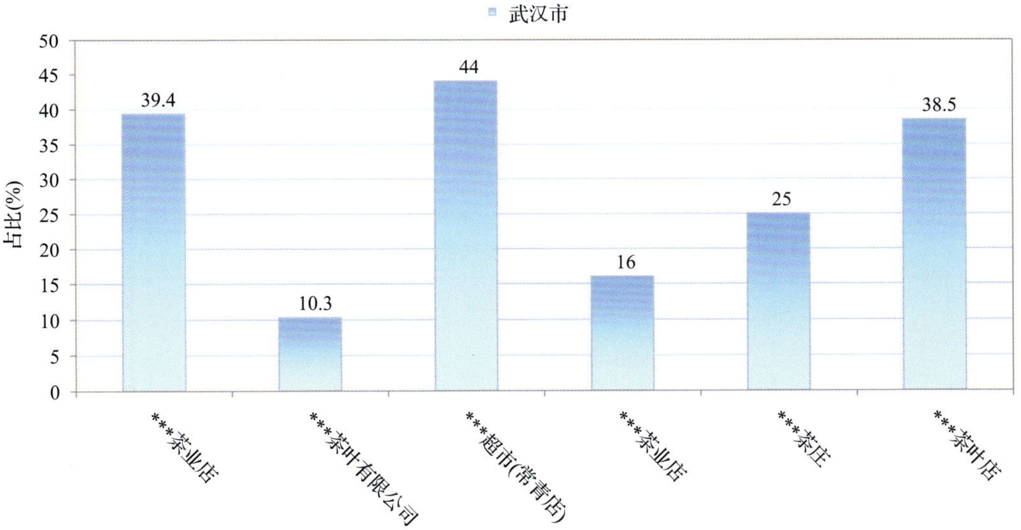

图 7-18　超过 MRL 日本标准茶叶在不同采样点分布

7.2.3.4　按 MRL 中国香港标准衡量

按 MRL 中国香港标准衡量，所有采样点的样品均未检出超标农药残留。

7.2.3.5　按 MRL 美国标准衡量

按 MRL 美国标准衡量，所有采样点的样品均未检出超标农药残留。

7.2.3.6　按 MRL CAC 标准衡量

按 MRL CAC 标准衡量，所有采样点的样品均未检出超标农药残留。

7.3 茶叶中农药残留分布

7.3.1 茶叶按检出农药品种和频次排名

本次残留侦测的茶叶共 3 种，包括红茶、黄茶和绿茶。

根据检出农药品种及频次进行排名，将各项排名茶叶样品检出情况列表说明，详见表 7-16。

表 7-16 茶叶按检出农药品种和频次排名

按检出农药品种排名(品种)	①绿茶(30),②红茶(14),③黄茶(11)
按检出农药频次排名(频次)	①绿茶(417),②红茶(65),③黄茶(38)
按检出禁用、高毒及剧毒农药品种排名(品种)	①绿茶(5),②红茶(4),③黄茶(2)
接检出禁用、高毒及剧毒农药频次排名(频次)	①绿茶(55),②红茶(8),③黄茶(3)

7.3.2 茶叶按超标农药品种和频次排名

鉴于 MRL 欧盟标准和日本标准制定比较全面且覆盖率较高,我们参照 MRL 中国国家标准、欧盟标准和日本标准衡量茶叶样品中农残检出情况，将茶叶按超标农药品种及频次排名列表说明，详见表 7-17。

表 7-17 茶叶按超标农药品种和频次排名

按超标农药品种排名(农药品种数)	MRL 中国国家标准	
	MRL 欧盟标准	①绿茶(17),②黄茶(7),③红茶(4)
	MRL 日本标准	①绿茶(10),②黄茶(5),③红茶(4)
按超标农药频次排名(农药频次数)	MRL 中国国家标准	
	MRL 欧盟标准	①绿茶(125),②红茶(14),③黄茶(14)
	MRL 日本标准	绿茶(37),②黄茶(8),③红茶(5)

通过对各品种茶叶样本总数及检出率进行综合分析发现，绿茶、红茶和黄茶的残留污染最为严重，在此，我们参照 MRL 中国国家标准、欧盟标准和日本标准对这 3 种茶叶的农残检出情况进行进一步分析。

7.3.3 农药残留检出率较高的茶叶样品分析

7.3.3.1 绿茶

这次共检测 100 例绿茶样品，95 例样品中检出了农药残留，检出率为 95.0%，检出农药共计 30 种。其中联苯菊酯、醚菊酯、噻嗪酮、氯氟氰菊酯和毒死蜱检出频次较高，分别检出了 72、65、54、50 和 39 次。绿茶中农药检出品种和频次见图 7-19，超标农药见图 7-20 和表 7-18。

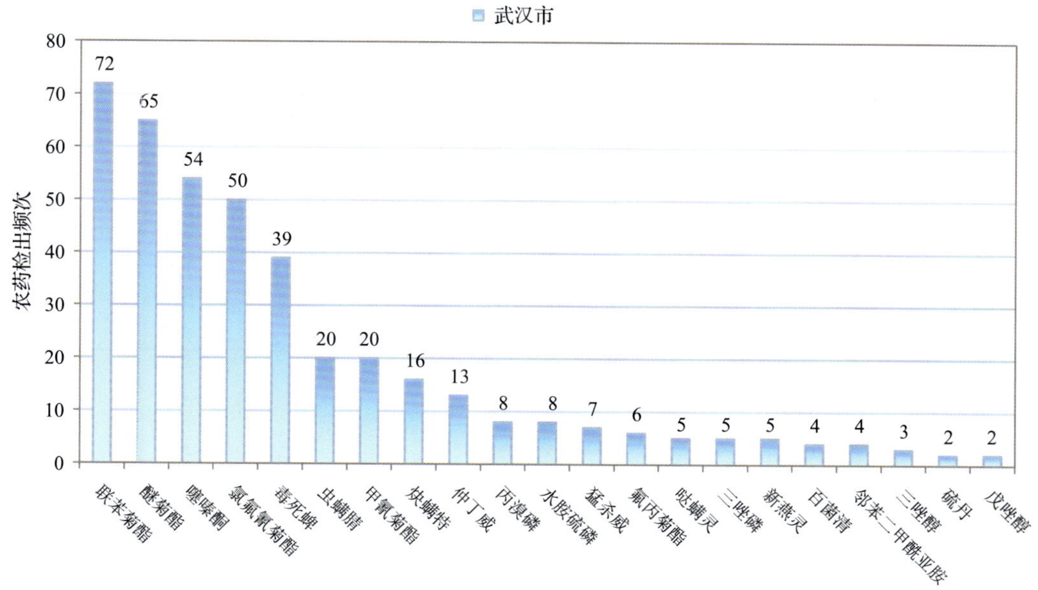

图 7-19　绿茶样品检出农药品种和频次分析(仅列出 2 频次及以上的数据)

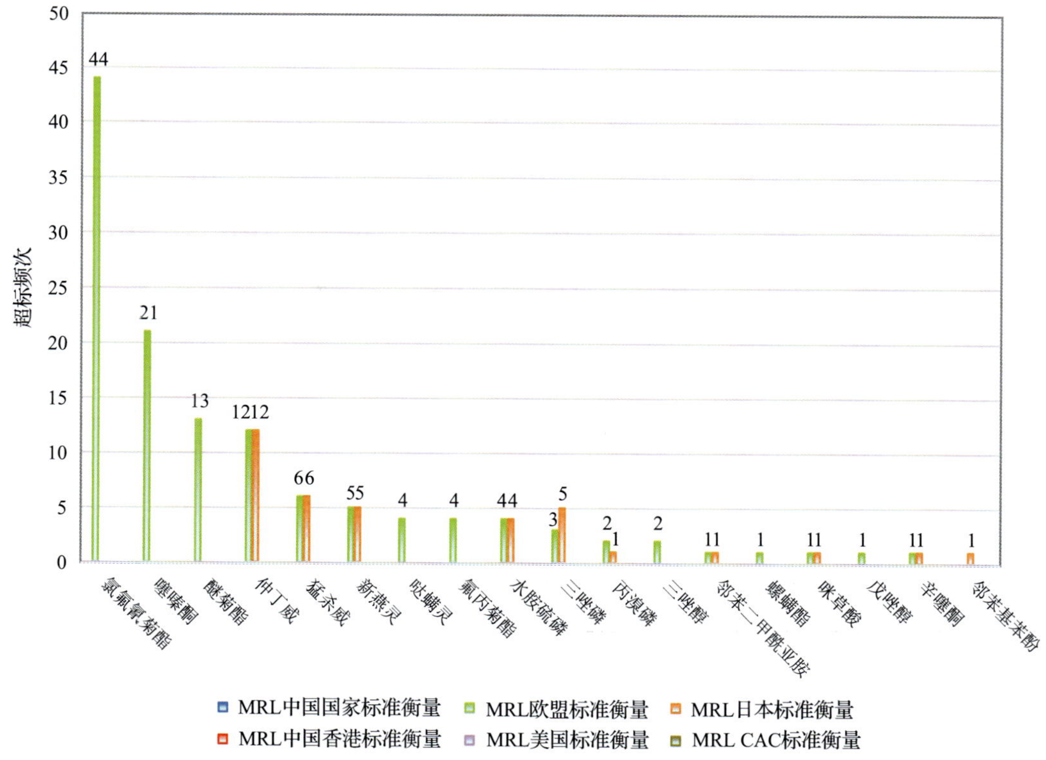

图 7-20　绿茶样品中超标农药分析

表 7-18　绿茶中农药残留超标情况明细表

样品总数			检出农药样品数	样品检出率(%)	检出农药品种总数
100			95	95	30
	超标农药品种	超标农药频次	按照 MRL 中国国家标准、欧盟标准和日本标准衡量超标农药名称及频次		
中国国家标准	0	0			
欧盟标准	17	125	氯氟氰菊酯(44),噻嗪酮(21),醚菊酯(13),仲丁威(12),猛杀威(6),新燕灵(5),哒螨灵(4),氟丙菊酯(4),水胺硫磷(4),三唑磷(3),丙溴磷(2),三唑醇(2),邻苯二甲酰亚胺(1),螺螨酯(1),咪草酸(1),戊唑醇(1),辛噻酮(1)		
日本标准	10	37	仲丁威(12),猛杀威(6),三唑磷(5),新燕灵(5),水胺硫磷(4),丙溴磷(1),邻苯二甲酰亚胺(1),邻苯基苯酚(1),咪草酸(1),辛噻酮(1)		

7.3.3.2　红茶

这次共检测 31 例红茶样品，27 例样品中检出了农药残留，检出率为 87.1%，检出农药共计 14 种。其中联苯菊酯、醚菊酯、毒死蜱、氯氟氰菊酯和甲氰菊酯检出频次较高，分别检出了 23、17、5、5 和 3 次。红茶中农药检出品种和频次见图 7-21，超标农药见图 7-22 和表 7-19。

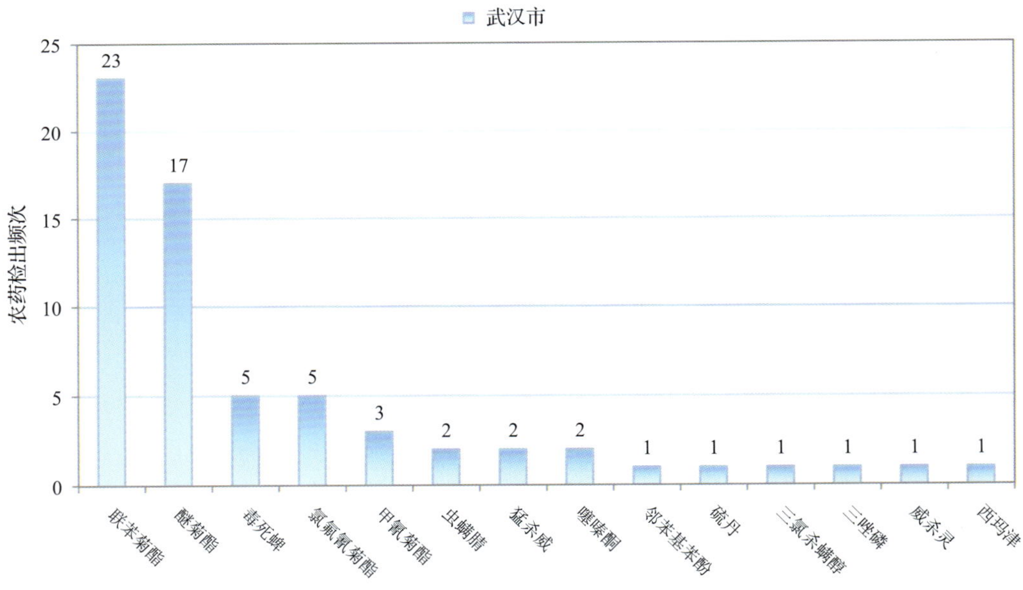

图 7-21　红茶样品检出农药品种和频次分析

7.3.3.3　黄茶

这次共检测 10 例黄茶样品，9 例样品中检出了农药残留，检出率为 90.0%，检出农药共计 11 种。其中联苯菊酯、甲氰菊酯、醚菊酯、氯氟氰菊酯和噻嗪酮检出频次较高，分别检出了 7、6、6、5 和 4 次。黄茶中农药检出品种和频次见图 7-23，超标农药见图 7-24 和表 7-20。

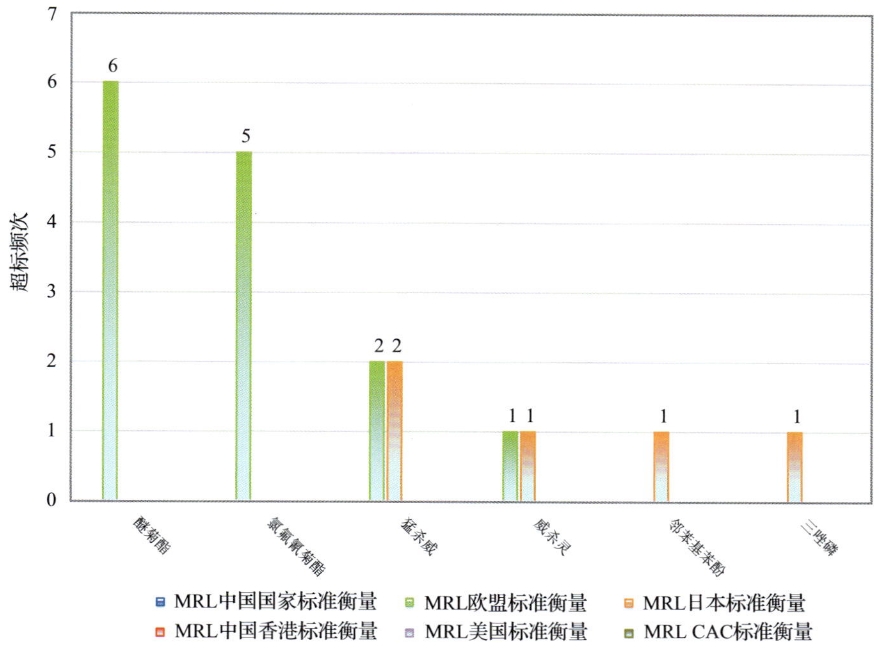

图 7-22　红茶样品中超标农药分析

表 7-19　红茶中农药残留超标情况明细表

样品总数			检出农药样品数	样品检出率(%)	检出农药品种总数
31			27	87.1	14
	超标农药品种	超标农药频次	按照 MRL 中国国家标准、欧盟标准和日本标准衡量超标农药名称及频次		
中国国家标准	0	0			
欧盟标准	4	14	醚菊酯(6),氯氟氰菊酯(5),猛杀威(2),威杀灵(1)		
日本标准	4	5	猛杀威(2),邻苯基苯酚(1),三唑磷(1),威杀灵(1)		

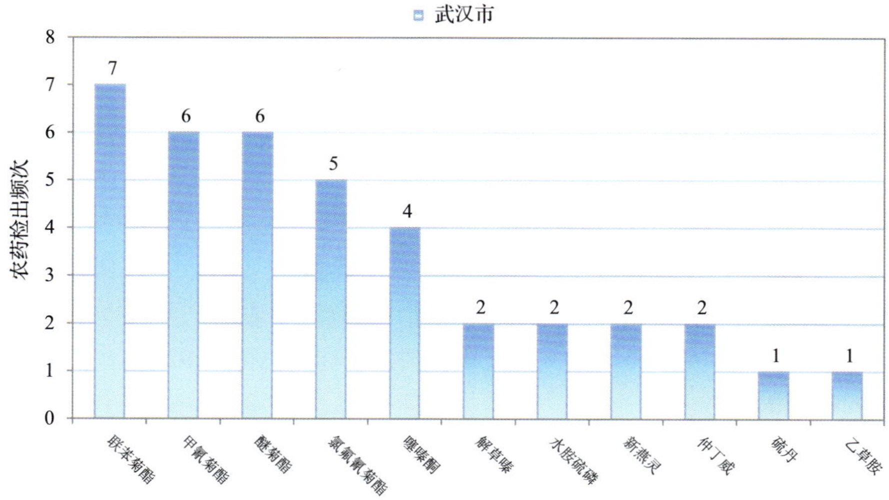

图 7-23　黄茶样品检出农药品种和频次分析

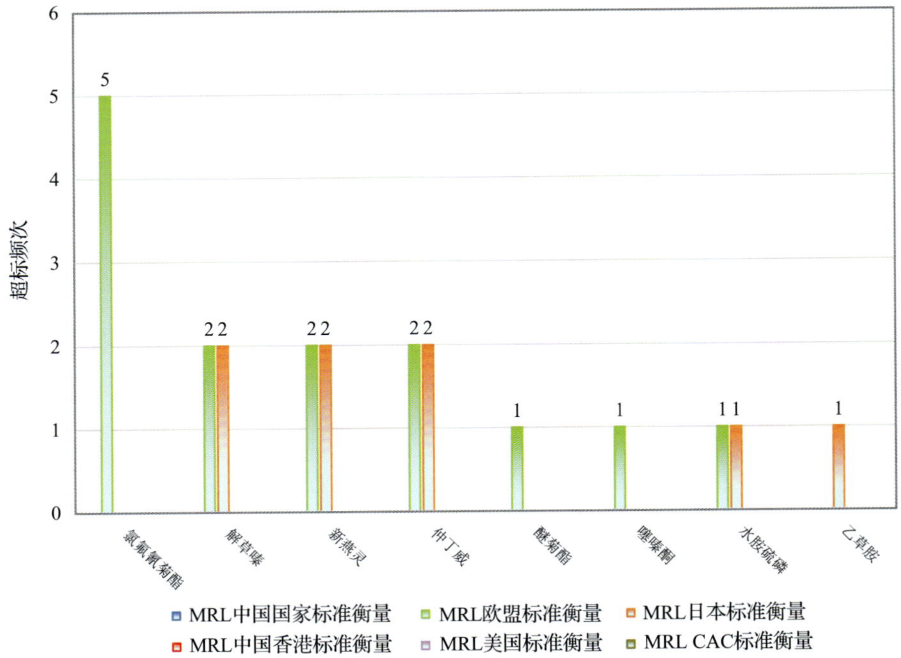

图 7-24　黄茶样品中超标农药分析

表 7-20　黄茶中农药残留超标情况明细表

样品总数		检出农药样品数	样品检出率(%)	检出农药品种总数
10		9	90	11
	超标农药品种	超标农药频次	按照 MRL 中国国家标准、欧盟标准和日本标准衡量超标农药名称及频次	
中国国家标准	0	0		
欧盟标准	7	14	氯氟氰菊酯(5),解草嗪(2),新燕灵(2),仲丁威(2),醚菊酯(1),噻嗪酮(1),水胺硫磷(1)	
日本标准	5	8	解草嗪(2),新燕灵(2),仲丁威(2),水胺硫磷(1),乙草胺(1)	

7.4　初步结论

7.4.1　武汉市市售茶叶按 MRL 中国国家标准和国际主要 MRL 标准衡量的合格率

本次侦测的 141 例样品中，10 例样品未检出任何残留农药，占样品总量的 7.1%，131 例样品检出不同水平、不同种类的残留农药，占样品总量的 92.9%。在这 131 例检出农药残留的样品中：

按照 MRL 中国国家标准衡量，有 131 例样品检出残留农药但含量没有超标，占样品总数的 92.9%，无检出残留农药超标的样品。

按照 MRL 欧盟标准衡量，有 52 例样品检出残留农药但含量没有超标，占样品总数的 36.9%，有 79 例样品检出了超标农药，占样品总数的 56.0%。

按照 MRL 日本标准衡量，有 91 例样品检出残留农药但含量没有超标，占样品总数的 64.5%，有 40 例样品检出了超标农药，占样品总数的 28.4%。

按照 MRL 中国香港标准衡量，有 131 例样品检出残留农药但含量没有超标，占样品总数的 92.9%，无检出残留农药超标的样品。

按照 MRL 美国标准衡量，有 131 例样品检出残留农药但含量没有超标，占样品总数的 92.9%，无检出残留农药超标的样品。

按照 MRL CAC 标准衡量，有 131 例样品检出残留农药但含量没有超标，占样品总数的 92.9%，无检出残留农药超标的样品。

7.4.2 武汉市市售茶叶中检出农药以中低微毒农药为主，占市场主体的 94.3%

这次侦测的 141 例茶叶样品共检出了 35 种农药，检出农药的毒性以中低微毒为主，详见表 7-21。

表 7-21 市场主体农药毒性分布

毒性	检出品种	占比	检出频次	占比
高毒农药	2	5.7%	16	3.1%
中毒农药	16	45.7%	299	57.5%
低毒农药	11	31.4%	103	19.8%
微毒农药	6	17.1%	102	19.6%
中低微毒农药，品种占比 94.3%，频次占比 96.9%				

7.4.3 检出剧毒、高毒和禁用农药现象应该警醒

在此次侦测的 141 例样品中有 3 种茶叶的 53 例样品检出了 6 种 66 频次的剧毒和高毒或禁用农药，占样品总量的 37.6%。其中高毒农药水胺硫磷和三唑磷检出频次较高。

按 MRL 中国国家标准衡量，高毒农药按超标程度比较未超标。

剧毒、高毒或禁用农药的检出情况及按照 MRL 中国国家标准衡量的超标情况见表 7-22。

表 7-22 剧毒、高毒或禁用农药的检出及超标明细

序号	农药名称	样品名称	检出频次	超标频次	最大超标倍数	超标率
1.1	三唑磷◊▲	绿茶	5	0	0	0.0%
1.2	三唑磷◊▲	红茶	1	0	0	0.0%
2.1	水胺硫磷◊▲	绿茶	8	0	0	0.0%
2.2	水胺硫磷◊▲	黄茶	2	0	0	0.0%
3.1	毒死蜱▲	绿茶	39	0	0	0.0%
3.2	毒死蜱▲	红茶	5	0	0	0.0%
4.1	乐果▲	绿茶	1	0	0	0.0%
5.1	硫丹▲	绿茶	2	0	0	0.0%
5.2	硫丹▲	红茶	1	0	0	0.0%

续表

序号	农药名称	样品名称	检出频次	超标频次	最大超标倍数	超标率
5.3	硫丹▲	黄茶	1	0	0	0.0%
6.1	三氯杀螨醇▲	红茶	1	0	0	0.0%
合计			66	0		0.0%

注：表中*为剧毒农药；◇ 为高毒农药；▲为禁用农药；超标倍数参照 MRL 中国国家标准衡量

这些剧毒和高毒农药都是中国政府早有规定禁止在茶叶中使用的，为什么还屡次被检出，应该引起警惕。

7.4.4 残留限量标准与先进国家或地区差距较大

520 频次的检出结果与我国公布的《食品中农药最大残留限量》（GB 2763—2016）对比，有 293 频次能找到对应的 MRL 中国国家标准，占 56.3%；还有 227 频次的侦测数据无相关 MRL 标准供参考，占 43.7%。

与国际上现行 MRL 对比发现：

有 520 频次能找到对应的 MRL 欧盟标准，占 100.0%；

有 520 频次能找到对应的 MRL 日本标准，占 100.0%；

有 270 频次能找到对应的 MRL 中国香港标准，占 51.9%；

有 234 频次能找到对应的 MRL 美国标准，占 45.0%；

有 258 频次能找到对应的 MRL CAC 标准，占 49.6%。

由上可见，MRL 中国国家标准与先进国家或地区标准还有很大差距，我们无标准，境外有标准，这就会导致我们在国际贸易中，处于受制于人的被动地位。

7.4.5 茶叶单种样品检出 11~30 种农药残留，拷问农药使用的科学性

通过此次监测发现，绿茶、红茶和黄茶是检出农药品种最多的 3 种茶叶，从中检出农药品种及频次详见表 7-23。

表 7-23 单种样品检出农药品种及频次

样品名称	样品总数	检出农药样品数	检出率	检出农药品种数	检出农药(频次)
绿茶	100	95	95.0%	30	联苯菊酯(72),醚菊酯(65),噻嗪酮(54),氯氟氰菊酯(50),毒死蜱(39),虫螨腈(20),甲氰菊酯(20),炔螨特(16),仲丁威(13),丙溴磷(8),水胺硫磷(8),猛杀威(7),氟丙菊酯(6),哒螨灵(5),三唑磷(5),新燕灵(5),百菌清(4),邻苯二甲酰亚胺(4),三唑醇(3),硫丹(2),戊唑醇(2),o,p'~滴滴伊(1),安硫磷(1),己唑醇(1),乐果(1),邻苯基苯酚(1),螺螨酯(1),咪草酸(1),五氯苯(1),辛噻酮(1)
红茶	31	27	87.1%	14	联苯菊酯(23),醚菊酯(17),毒死蜱(5),氯氟氰菊酯(5),甲氰菊酯(3),虫螨腈(2),猛杀威(2),噻嗪酮(2),邻苯基苯酚(1),硫丹(1),三氯杀螨醇(1),三唑磷(1),威杀灵(1),西玛津(1)
黄茶	10	9	90.0%	11	联苯菊酯(7),甲氰菊酯(6),醚菊酯(6),氯氟氰菊酯(5),噻嗪酮(4),解草嗪(2),水胺硫磷(2),新燕灵(2),仲丁威(2),硫丹(1),乙草胺(1)

上述 3 种茶叶，检出农药 11~30 种，是多种农药综合防治，还是未严格实施农业良好管理规范（GAP），抑或根本就是乱施药，值得我们思考。

第8章　GC-Q-TOF/MS 侦测武汉市市售茶叶农药残留膳食暴露风险与预警风险评估

8.1　农药残留风险评估方法

8.1.1　武汉市农药残留侦测数据分析与统计

庞国芳院士科研团队建立的农药残留高通量侦测技术以高分辨精确质量数(0.0001 *m/z* 为基准)为识别标准，采用 GC-Q-TOF/MS 技术对 684 种农药化学污染物进行侦测。

科研团队于 2019 年 1 月期间在武汉市 6 个采样点，包括 5 个茶叶专营店 1 个超市，以随机购买方式采集，总计 6 批 141 例样品，具体位置如图 8-1 所示。

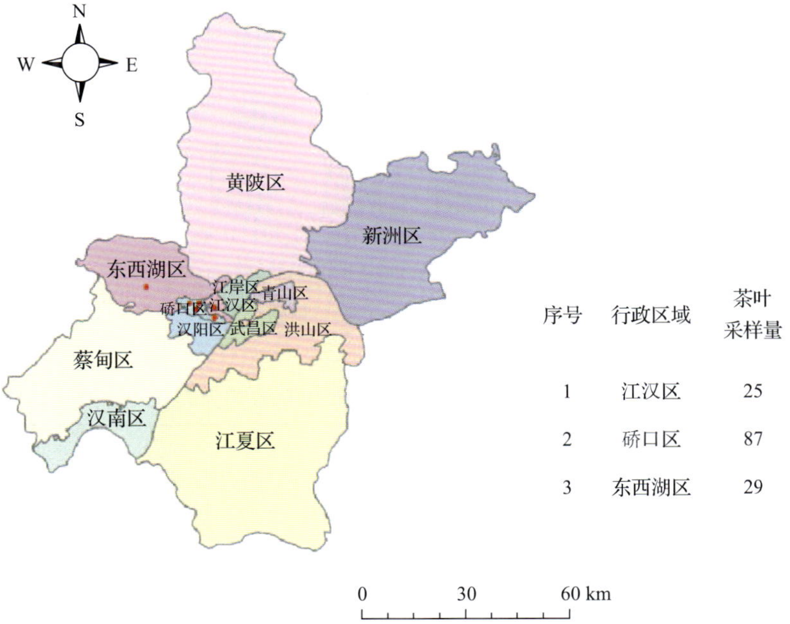

图 8-1　GC-Q-TOF/MS 侦测武汉市 6 个采样点 141 例样品分布示意图

利用 GC 的数据改成 GC-Q-TOF/MS 技术对 141 例样品中的农药进行侦测，侦测出残留农药 35 种，520 频次。侦测出农药残留水平如表 8-1 和图 8-2 所示。检出频次最高的前 10 种农药如表 8-2 所示。从检测结果中可以看出，在茶叶中农药残留普遍存在，且有些茶叶存在高浓度的农药残留，这些可能存在膳食暴露风险，对人体健康产生危害，因此，为了定量地评价茶叶中农药残留的风险程度，有必要对其进行风险评价。

表 8-1　侦测出农药的不同残留水平及其所占比例列表

残留水平（μg/kg)	检出频次	占比（%）
1~5（含）	14	2.7
5~10（含）	101	19.4
10~100（含）	322	61.9
100~1000（含）	82	15.8
＞1000	1	0.2
合计	520	100

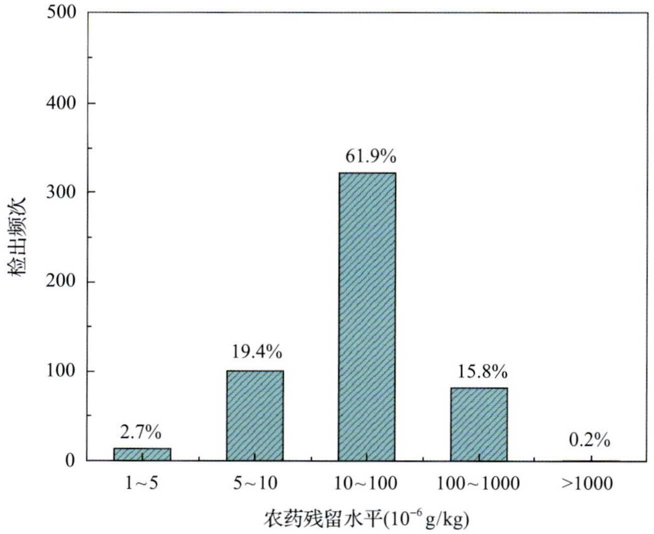

图 8-2　残留农药检出浓度频数分布图

表 8-2　检出频次最高的前 10 种农药列表

序号	农药	检出频次（次）
1	联苯菊酯	102
2	醚菊酯	88
3	氯氟氰菊酯	60
4	噻嗪酮	60
5	毒死蜱	44
6	甲氰菊酯	29
7	虫螨腈	22
8	炔螨特	16
9	仲丁威	15
10	水胺硫磷	10

8.1.2　农药残留风险评价模型

对武汉市茶叶中农药残留分别开展暴露风险评估和预警风险评估。膳食暴露风险评估利用食品安全指数模型对茶叶中的残留农药对人体可能产生的危害程度进行评价，该模型结合残留监测和膳食暴露评估评价化学污染物的危害；预警风险评价模型运用风险系数(risk index，R)，风险系数综合考虑了危害物的超标率、施检频率及其本身敏感性的影响，能直观而全面地反映出危害物在一段时间内的风险程度。

8.1.2.1　食品安全指数模型

为了加强食品安全管理，《中华人民共和国食品安全法》第二章第十七条规定“国家建立食品安全风险评估制度，运用科学方法，根据食品安全风险监测信息、科学数据以及有关信息，对食品、食品添加剂、食品相关产品中生物性、化学性和物理性危害因素进行风险评估”[1]，膳食暴露评估是食品危险度评估的重要组成部分，也是膳食安全性的衡量标准[2]。国际上最早研究膳食暴露风险评估的机构主要是 JMPR(FAO、WHO 农药残留联合会议)，该组织自 1995 年就已制定了急性毒性物质的风险评估急性毒性农药残留摄入量的预测。1960 年美国规定食品中不得加入致癌物质进而提出零阈值理论，渐渐零阈值理论发展成在一定概率条件下可接受风险的概念[3]，后衍变为食品中每日允许最大摄入量(ADI)，而国际食品农药残留法典委员会(CCPR)认为 ADI 不是独立风险评估的唯一标准[4]，1995 年 JMPR 开始研究农药急性膳食暴露风险评估，并对食品国际短期摄入量的计算方法进行了修正，亦对膳食暴露评估准则及评估方法进行了修正[5]，2002 年，在对世界上现行的食品安全评价方法，尤其是国际公认的 CAC 评价方法、全球环境监测系统/食品污染监测和评估规划(WHO GEMS/Food)及 FAO、WHO 食品添加剂联合专家委员会(JECFA)和 JMPR 对食品安全风险评估工作研究的基础之上，检验检疫食品安全管理的研究人员提出了结合残留监控和膳食暴露评估，以食品安全指数 IFS 计算食品中各种化学污染物对消费者的健康危害程度[6]。IFS 是表示食品安全状态的新方法，可有效地评价某种农药的安全性，进而评价食品中各种农药化学污染物对消费者健康的整体危害程度[7, 8]。从理论上分析，IFS_c 可指出食品中的污染物 c 对消费者健康是否存在危害及危害的程度[9]。其优点在于操作简单且结果容易被接受和理解，不需要大量的数据来对结果进行验证，使用默认的标准假设或者模型即可[10, 11]。

1) IFS_c 的计算

IFS_c 计算公式如下：

$$IFS_c = \frac{EDI_c \times f}{SI_c \times bw} \tag{8-1}$$

式中，c 为所研究的农药；EDI_c 为农药 c 的实际日摄入量估算值，等于 $\sum(R_i \times F_i \times E_i \times P_i)$($i$ 为食品种类；R_i 为食品 i 中农药 c 的残留水平，mg/kg；F_i 为食品 i 的估计日消费量，g/(人·天)；E_i 为食品 i 的可食用部分因子；P_i 为食品 i 的加工处理因子)；SI_c 为安全摄入量，可采用每日允许最大摄入量 ADI；bw 为人平均体重，kg；f 为校正因子，如果安全摄入量采用 ADI，则 f 取 1。

$IFS_c \ll 1$，农药 c 对食品安全没有影响；$IFS_c \leqslant 1$，农药 c 对食品安全的影响可以接受；$IFS_c > 1$，农药 c 对食品安全的影响不可接受。

本次评价中：

$IFS_c \leqslant 0.1$，农药 c 对茶叶安全没有影响；

$0.1 < IFS_c \leqslant 1$，农药 c 对茶叶安全的影响可以接受；

$IFS_c > 1$，农药 c 对茶叶安全的影响不可接受。

本次评价中残留水平 R_i 取值为中国检验检疫科学研究院庞国芳院士课题组利用以高分辨精确质量数（0.0001 *m/z*）为基准的 GC-Q-TOF/MS 侦测技术于 2019 年 1 月期间对武汉市茶叶农药残留的侦测结果，估计日消费量 F_i 取值 0.0047 kg/(人·天)，E_i=1，P_i=1，f=1，SI_c 采用《食品安全国家标准　食品中农药最大残留限量》（GB 2763—2016）中 ADI 值（具体数值见表 8-3），人平均体重（bw）取值 60 kg。

表 8-3　武汉市茶叶中侦测出农药的 ADI 值

序号	农药	ADI	序号	农药	ADI	序号	农药	ADI
1	噻嗪酮	0.009	13	丙溴磷	0.03	25	o,p'-滴滴伊	—
2	联苯菊酯	0.01	14	仲丁威	0.06	26	五氯苯	—
3	毒死蜱	0.01	15	三唑醇	0.03	27	咪草酸	—
4	氯氟氰菊酯	0.02	16	螺螨酯	0.01	28	威杀灵	—
5	三唑磷	0.001	17	戊唑醇	0.03	29	安硫磷	—
6	炔螨特	0.01	18	百菌清	0.02	30	新燕灵	—
7	甲氰菊酯	0.03	19	乐果	0.002	31	氟丙菊酯	—
8	水胺硫磷	0.003	20	三氯杀螨醇	0.002	32	猛杀威	—
9	虫螨腈	0.03	21	己唑醇	0.005	33	解草嗪	—
10	哒螨灵	0.01	22	乙草胺	0.02	34	辛噻酮	—
11	醚菊酯	0.03	23	邻苯基苯酚	0.4	35	邻苯二甲酰亚胺	—
12	硫丹	0.006	24	西玛津	0.018			

注：“—”表示为国家标准中无 ADI 值规定；ADI 值单位为 mg/kg bw

2）计算 IFS_c 的平均值 $\overline{IFS}$，评价农药对食品安全的影响程度

以 $\overline{IFS}$ 评价各种农药对人体健康危害的总程度，评价模型见公式（8-2）。

$$\overline{IFS} = \frac{\sum_{i=1}^{n} IFS_c}{n} \tag{8-2}$$

$\overline{IFS} \ll 1$，所研究消费者人群的食品安全状态很好；$\overline{IFS} \leqslant 1$，所研究消费者人群的食品安全状态可以接受；$\overline{IFS} > 1$，所研究消费者人群的食品安全状态不可接受。

本次评价中：

$\overline{IFS} \leqslant 0.1$，所研究消费者人群的茶叶安全状态很好；

$0.1 < \overline{\mathrm{IFS}} \leqslant 1$，所研究消费者人群的茶叶安全状态可以接受；

$\overline{\mathrm{IFS}} > 1$，所研究消费者人群的茶叶安全状态不可接受。

8.1.2.2　预警风险评估模型

2003 年，我国检验检疫食品安全管理的研究人员根据 WTO 的有关原则和我国的具体规定，结合危害物本身的敏感性、风险程度及其相应的施检频率，首次提出了食品中危害物风险系数 R 的概念[12]。R 是衡量一个危害物的风险程度大小最直观的参数，即在一定时期内其超标率或阳性检出率的高低，但受其施检频率的高低及其本身的敏感性（受关注程度）影响。该模型综合考察了农药在茶叶中的超标率、施检频率及其本身敏感性，能直观而全面地反映出农药在一段时间内的风险程度[13]。

1）R 计算方法

危害物的风险系数综合考虑了危害物的超标率或阳性检出率、施检频率和其本身的敏感性影响，并能直观而全面地反映出危害物在一段时间内的风险程度。风险系数 R 的计算公式如式（8-3）：

$$R = aP + \frac{b}{F} + S \tag{8-3}$$

式中，P 为该种危害物的超标率；F 为危害物的施检频率；S 为危害物的敏感因子；a, b 分别为相应的权重系数。

本次评价中 F=1；S=1；a =100；b =0.1，对参数 P 进行计算，计算时首先判断是否为禁用农药，如果为非禁用农药，P=超标的样品数（侦测出的含量高于食品最大残留限量标准值，即 MRL）除以总样品数（包括超标、不超标、未侦测出）；如果为禁用农药，则侦测出即为超标，P=能侦测出的样品数除以总样品数。判断武汉市茶叶农药残留是否超标的标准限值 MRL 分别以 MRL 中国国家标准[14]和 MRL 欧盟标准作为对照，具体值列于本报告附表一中。

2）评价风险程度

$R \leqslant 1.5$，受检农药处于低度风险；

$1.5 < R \leqslant 2.5$，受检农药处于中度风险；

$R > 2.5$，受检农药处于高度风险。

8.1.2.3　食品膳食暴露风险和预警风险评估应用程序的开发

1）应用程序开发的步骤

为成功开发膳食暴露风险和预警风险评估应用程序，与软件工程师多次沟通讨论，逐步提出并描述清楚计算需求，开发了初步应用程序。为明确出不同茶叶、不同农药、不同地域的风险水平，向软件工程师提出不同的计算需求，软件工程师对计算需求进行逐一分析，经过反复的细节沟通，需求分析得到明确后，开始进行解决方案的设计，在保证需求的完整性、一致性的前提下，编写出程序代码，最后设计出满足需求的风险评估专用计算软件，并通过一系列的软件测试和改进，完成专用程序的开发。软件开发基本步骤见图 8-3。

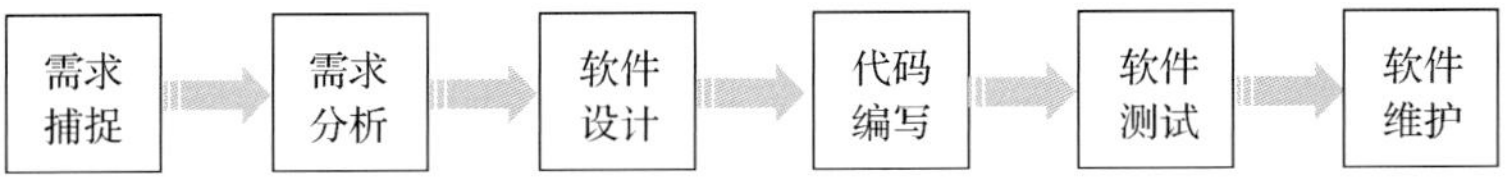

图 8-3　专用程序开发总体步骤

2）膳食暴露风险评估专业程序开发的基本要求

首先直接利用公式（8-1），分别计算 LC-Q-TOF/MS 和 GC-Q-TOF/MS 仪器侦测出的各茶叶样品中每种农药 IFS_c，将结果列出。为考察超标农药和禁用农药的使用安全性，分别以我国《食品安全国家标准　食品中农药最大残留限量》（GB 2763—2016）和欧盟食品中农药最大残留限量（以下简称 MRL 中国国家标准和 MRL 欧盟标准）为标准，对侦测出的禁用农药和超标的非禁用农药 IFS_c 单独进行评价；按 IFS_c 大小列表，并找出 IFS_c 值排名前 20 的样本重点关注。

对不同茶叶 i 中每一种侦测出的农药 c 的安全指数进行计算，多个样品时求平均值。按农药种类，计算整个监测时间段内每种农药的 IFS_c，不区分茶叶种类。

3）预警风险评估专业程序开发的基本要求

分别以 MRL 中国国家标准和 MRL 欧盟标准，按公式（8-3）逐个计算不同茶叶、不同农药的风险系数，禁用农药和非禁用农药分别列表。

为清楚了解各种农药的预警风险，不分时间，不分茶叶，按禁用农药和非禁用农药分类，分别计算各种侦测出农药全部检测时段内风险系数。由于有 MRL 中国国家标准的农药种类太少，无法计算超标数，非禁用农药的风险系数只以 MRL 欧盟标准为标准，进行计算。

4）风险程度评价专业应用程序的开发方法

采用 Python 计算机程序设计语言，Python 是一个高层次地结合了解释性、编译性、互动性和面向对象的脚本语言。风险评价专用程序主要功能包括：分别读入每例样品 LC-Q-TOF/MS 和 GC-Q-TOF/MS 农药残留检测数据，根据风险评价工作要求，依次对不同农药、不同食品、不同时间、不同采样点的 IFS_c 值和 R 值分别进行数据计算，筛选出禁用农药、超标农药（分别与 MRL 中国国家标准、MRL 欧盟标准限值进行对比）单独重点分析，再分别对各农药、各茶叶种类分类处理，设计出计算和排序程序，编写计算机代码，最后将生成的膳食暴露风险评估和超标风险评估定量计算结果列入设计好的各个表格中，并定性判断风险对目标的影响程度，直接用文字描述风险发生的高低，如“不可接受”、“可以接受”、“没有影响”、“高度风险”、“中度风险”、“低度风险”。

8.2　GC-Q-TOF/MS 侦测武汉市市售茶叶农药残留膳食暴露风险评估

8.2.1　每例茶叶样品中农药残留安全指数分析

基于 2019 年 1 月的农药残留侦测数据，发现在 141 例样品中侦测出农药 520 频次，计算样品中每种残留农药的安全指数 IFS_c，并分析农药对样品安全的影响程度，结果详见附表二，农药残留对茶叶样品安全的影响程度频次分布情况如图 8-4 所示。

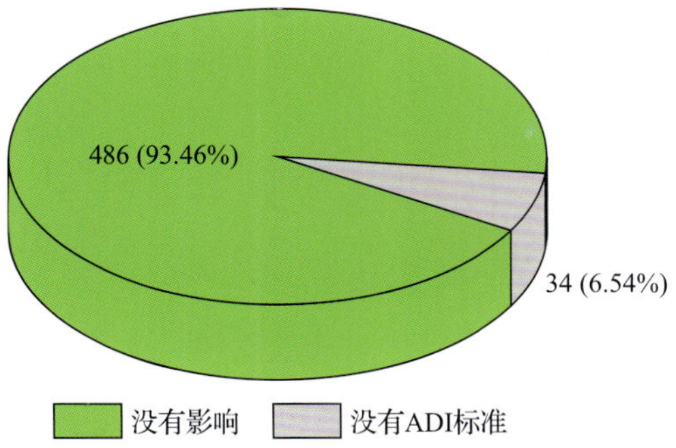

图 8-4　农药残留对茶叶样品安全的影响程度频次分布图

由图 1-4 可以看出，农药残留对样品安全的没有影响的频次为 486，占 93.46%；农药残留对样品安全的影响没有 ADI 标准为 34，占 6.54%。

部分样品侦测出禁用农药 6 种 66 频次，为了明确残留的禁用农药对样品安全的影响，分析侦测出禁用农药残留的样品安全指数，禁用农药残留对茶叶样品安全的影响程度频次分布情况如图 8-5 所示，农药残留对样品安全没有影响的频次为 66，占 100%。

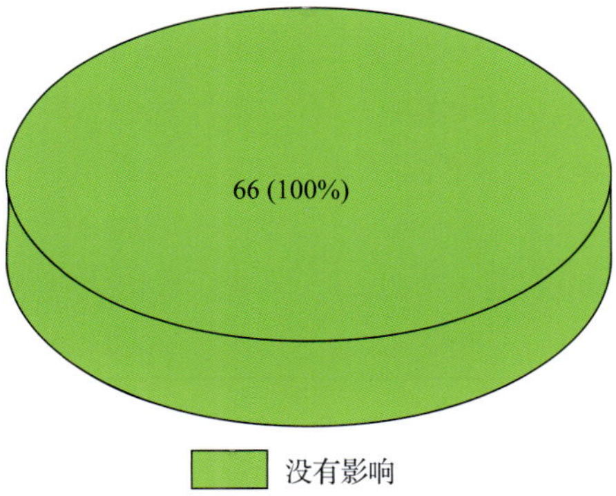

图 8-5　禁用农药对茶叶样品安全影响程度的频次分布图

此外，本次侦测发现部分样品中非禁用农药残留量超过了 MRL 欧盟标准，为了明确超标的非禁用农药对样品安全的影响，分析了非禁用农药残留超标的样品安全指数。

残留量超过 MRL 欧盟标准的非禁用农药对茶叶样品安全的影响程度频次分布情况如图 8-6 所示。可以看出超过 MRL 欧盟标准的非禁用农药共 145 频次，其中农药没有 ADI 的频次为 25，占 17.24%；农药残留对样品安全没有影响的频次为 120，占 82.76%。表 8-4 为茶叶样品中安全指数排名前 10 的残留超标非禁用农药列表。

8.2.2　单种茶叶中农药残留安全指数分析

本次 3 种茶叶侦测 35 种农药，检出频次为 520 次，其中 11 种农药没有 ADI，24 种农药存在 ADI 标准。3 种茶叶按不同种类分别计算侦测出的具有 ADI 标准的各种农药的 IFS_c 值，农药残留对茶叶的安全指数分布图如图 8-7 所示。

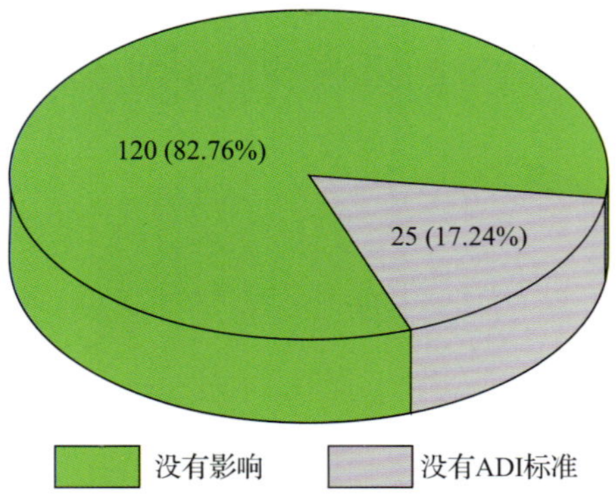

图 8-6　残留超标的非禁用农药对茶叶样品安全的影响程度频次分布图（MRL 欧盟标准）

表 8-4　茶叶样品中安全指数排名前 10 的残留超标非禁用农药列表（MRL 欧盟标准）

序号	样品编号	采样点	基质	农药	含量(mg/kg)	欧盟标准	IFS_c	影响程度
1	20190119-420100-FJCIQ-GT-06J	***茶叶店	绿茶	噻嗪酮	1.0686	0.05	0.0093	没有影响
2	20190121-420100-FJCIQ-GT-01Q	***茶业店	绿茶	噻嗪酮	0.7791	0.05	0.0068	没有影响
3	20190121-420100-FJCIQ-GT-03C	***茶叶有限公司	绿茶	噻嗪酮	0.6543	0.05	0.0057	没有影响
4	20190118-420100-FJCIQ-GT-04N	***超市（常青店）	绿茶	噻嗪酮	0.3093	0.05	0.0027	没有影响
5	20190119-420100-FJCIQ-GT-06E	***茶叶店	绿茶	噻嗪酮	0.2728	0.05	0.0024	没有影响
6	20190121-420100-FJCIQ-GT-01O	***茶业店	绿茶	氯氟氰菊酯	0.5708	0.01	0.0022	没有影响
7	20190121-420100-FJCIQ-GT-01P	***茶业店	绿茶	噻嗪酮	0.2396	0.05	0.0021	没有影响
8	20190121-420100-FJCIQ-GT-01X	***茶业店	绿茶	噻嗪酮	0.2229	0.05	0.0019	没有影响
9	20190121-420100-FJCIQ-GT-01Q	***茶业店	绿茶	氯氟氰菊酯	0.402	0.01	0.0018	没有影响
10	20190121-420100-FJCIQ-GT-01W	***茶业店	绿茶	氯氟氰菊酯	0.3964	0.01	0.0016	没有影响

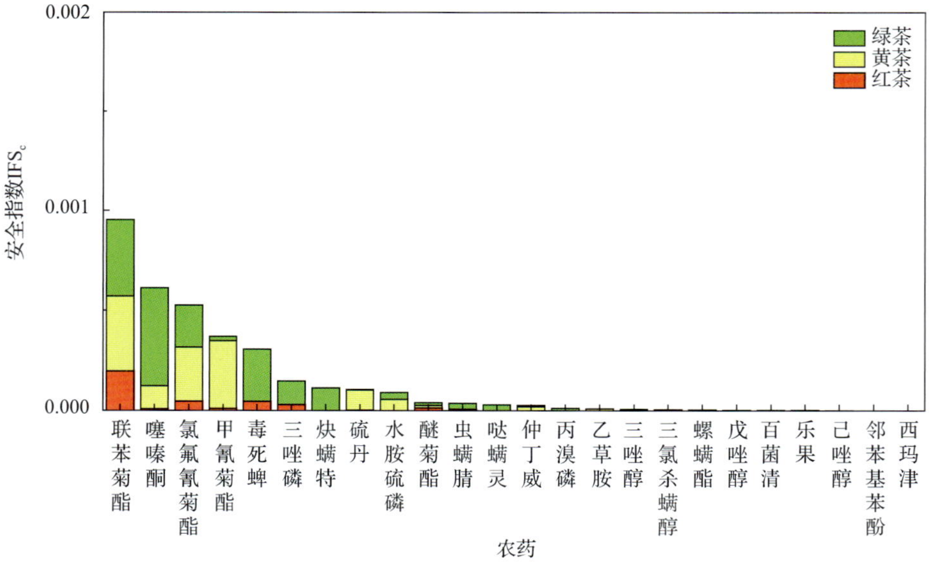

图 8-7　3 种茶叶中 24 种残留农药的安全指数分布图

本次侦测中，3 种茶叶和 35 种残留农药(包括没有 ADI)共涉及 55 个分析样本，农药对单种茶叶安全的影响程度分布情况如图 8-8 所示。可以看出，76.36%的样本中农药对茶叶安全没有影响，23.64%的样本中农药对茶叶安全的影响没有 ADI 标准。

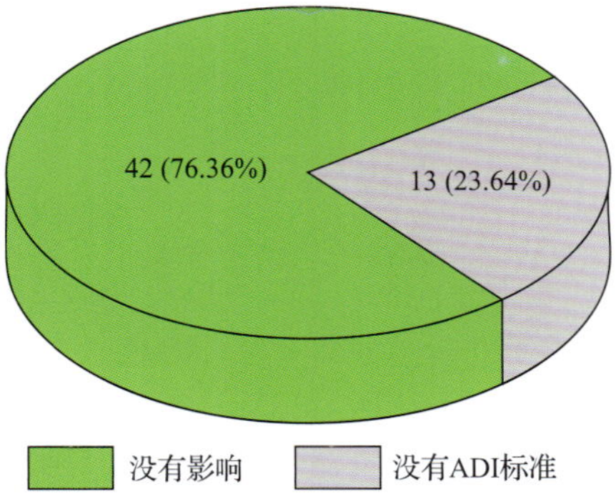

图 8-8 55 个分析样本的影响程度频次分布图

8.2.3 所有茶叶中农药残留安全指数分析

计算所有茶叶中 24 种农药的 IFS_c 值，结果如图 8-9 及表 8-5 所示。

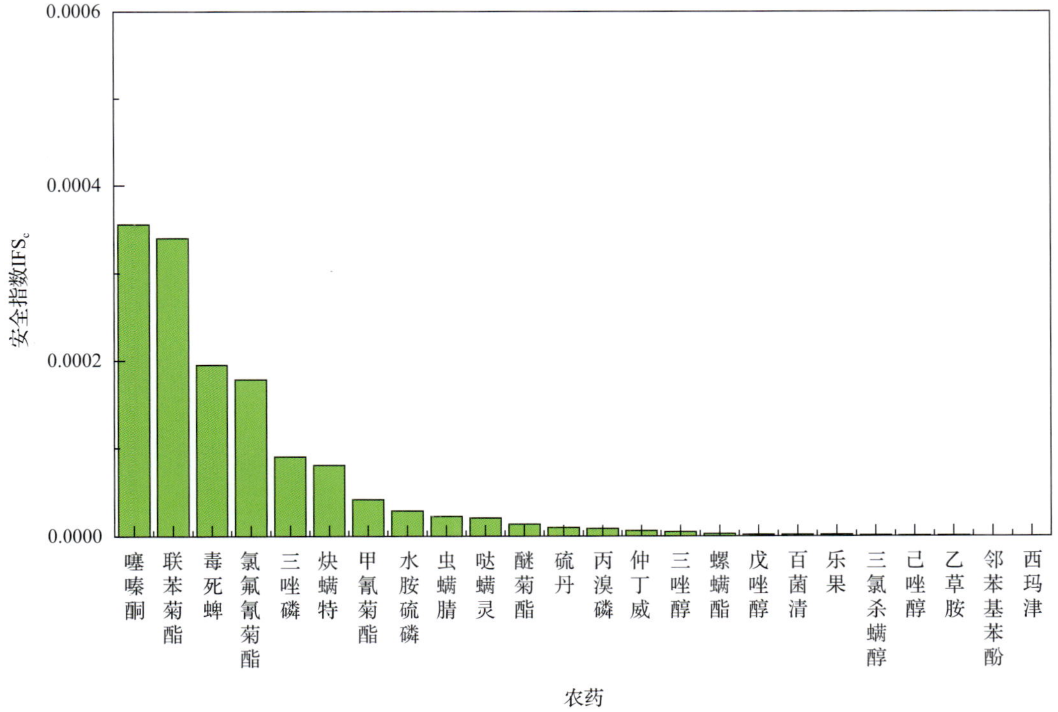

图 8-9 24 种残留农药对茶叶的安全影响程度统计图

分析发现，所有的农药对茶叶安全的影响程度均为没有影响，说明茶叶中残留的农药不会对茶叶安全造成影响。

表 8-5 茶叶中 24 种农药残留的安全指数表

序号	农药	检出频次	检出率(%)	IFS_c	影响程度	序号	农药	检出频次	检出率(%)	IFS_c	影响程度
1	噻嗪酮	60	42.55	3.56×10^{-4}	没有影响	13	丙溴磷	8	5.67	8.69×10^{-6}	没有影响
2	联苯菊酯	102	72.34	3.40×10^{-4}	没有影响	14	仲丁威	15	10.64	6.47×10^{-6}	没有影响
3	毒死蜱	44	31.21	1.95×10^{-4}	没有影响	15	三唑醇	3	2.13	4.83×10^{-6}	没有影响
4	氯氟氰菊酯	60	42.55	1.78×10^{-4}	没有影响	16	螺螨酯	1	0.71	2.92×10^{-6}	没有影响
5	三唑磷	6	4.26	9.03×10^{-5}	没有影响	17	戊唑醇	2	1.42	1.78×10^{-6}	没有影响
6	炔螨特	16	11.35	8.06×10^{-5}	没有影响	18	百菌清	4	2.84	1.73×10^{-6}	没有影响
7	甲氰菊酯	29	20.57	4.18×10^{-5}	没有影响	19	乐果	1	0.71	1.58×10^{-6}	没有影响
8	水胺硫磷	10	7.09	2.85×10^{-5}	没有影响	20	三氯杀螨醇	1	0.71	1.06×10^{-6}	没有影响
9	虫螨腈	22	15.60	2.23×10^{-5}	没有影响	21	己唑醇	1	0.71	8.44×10^{-7}	没有影响
10	哒螨灵	5	3.55	2.07×10^{-5}	没有影响	22	乙草胺	1	0.71	6.50×10^{-7}	没有影响
11	醚菊酯	88	62.41	1.35×10^{-5}	没有影响	23	邻苯基苯酚	2	1.42	7.93×10^{-8}	没有影响
12	硫丹	4	2.84	9.68×10^{-6}	没有影响	24	西玛津	1	0.71	6.48×10^{-8}	没有影响

8.3 GC-Q-TOF/MS 侦测武汉市市售茶叶农药残留预警风险评估

基于武汉市茶叶样品中农药残留 GC-Q-TOF/MS 侦测数据，分析禁用农药的检出率，同时参照中华人民共和国国家标准 GB2763—2016 和欧盟农药最大残留限量（MRL）标准分析非禁用农药残留的超标率，并计算农药残留风险系数。分析单种茶叶中农药残留以及所有茶叶中农药残留的风险程度。

8.3.1 单种茶叶中农药残留风险系数分析

8.3.1.1 单种茶叶中禁用农药残留风险系数分析

侦测出的 35 种残留农药中有 6 种为禁用农药，且它们分布在 3 种茶叶中，计算 3 种茶叶中禁用农药的检出率，根据检出率计算风险系数 R，进而分析茶叶中禁用农药的风险程度，结果如图 8-10 与表 8-6 所示。分析发现 5 种禁用农药在 3 种茶叶中的残留处均于高度风险，1 种禁用农药在 1 种茶叶中的残留处于中度风险。

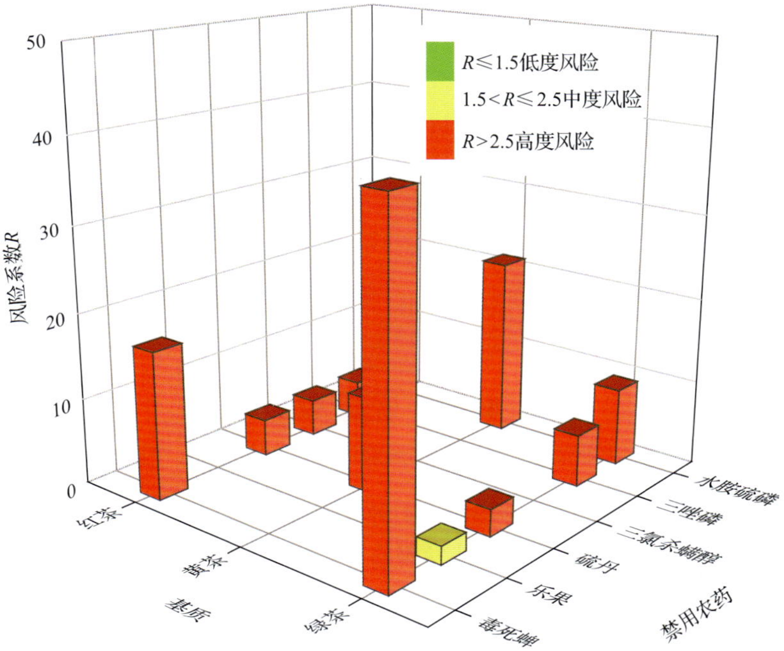

图 8-10　3 种茶叶中 6 种禁用农药残留的风险系数

表 8-6　3 种茶叶中 6 种禁用农药残留的风险系数表

序号	基质	农药	检出频次	检出率(%)	风险系数 R	风险程度
1	绿茶	毒死蜱	39	0.39	40.1	高度风险
2	黄茶	水胺硫磷	2	0.2	21.1	高度风险
3	红茶	毒死蜱	5	16.13	17.23	高度风险
4	黄茶	硫丹	1	0.1	11.1	高度风险
5	绿茶	水胺硫磷	8	0.08	9.1	高度风险
6	绿茶	三唑磷	5	0.05	6.1	高度风险
7	红茶	三唑磷	1	3.23	4.33	高度风险
8	红茶	三氯杀螨醇	1	3.23	4.33	高度风险
9	红茶	硫丹	1	3.23	4.33	高度风险
10	绿茶	硫丹	2	0.02	3.1	高度风险
11	绿茶	乐果	1	0.01	2.1	中度风险

8.3.1.2　基于 MRL 中国国家标准的单种茶叶中非禁用农药残留风险系数分析

参照中华人民共和国国家标准 GB 2763—2016 中农药残留限量计算每种茶叶中每种非禁用农药的超标率，进而计算其风险系数，根据风险系数大小判断残留农药的预警风险程度，茶叶中非禁用农药残留风险程度分布情况如图 8-11 所示。

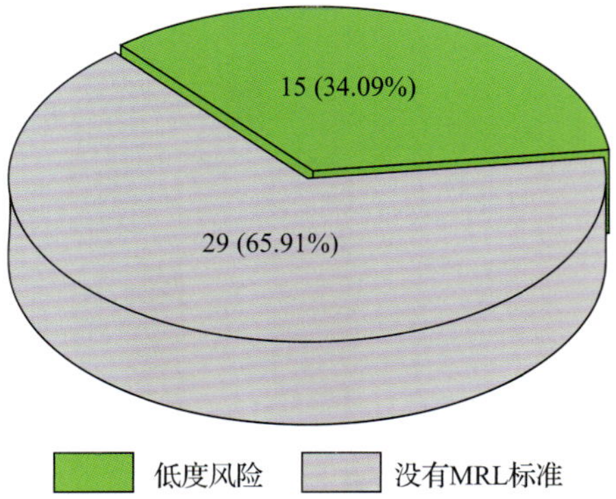

图 8-11　茶叶中非禁用农药残留的风险程度分布图（MRL 中国国家标准）

本次分析中，发现在 3 种茶叶检出 29 种残留非禁用农药，涉及样本 44 个，在 44 个样本中，34.09%处于低度风险，此外发现有 29 个样本没有 MRL 中国国家标准值，无法判断其风险程度，有 MRL 中国国家标准值的 15 个样本涉及 3 种茶叶中的 6 种非禁用农药，其风险系数 *R* 值如图 8-12 所示。

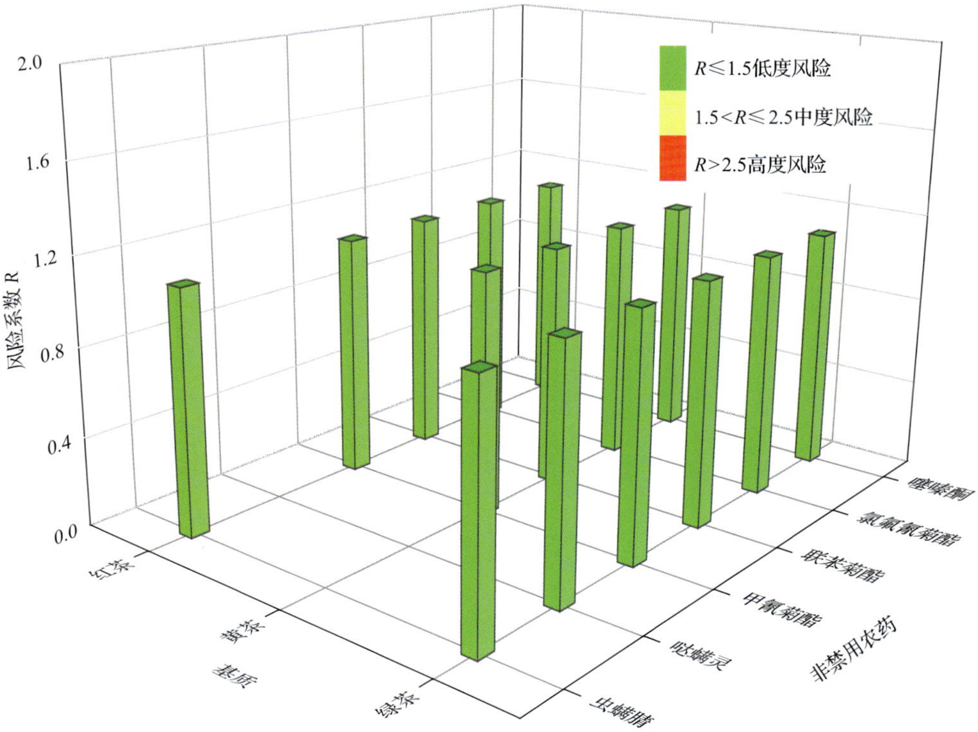

图 8-12　3 种茶叶中 6 种非禁用农药的风险系数分布图（MRL 中国国家标准）

8.3.1.3　基于 MRL 欧盟标准的单种茶叶中非禁用农药残留风险系数分析

参照 MRL 欧盟标准计算每种茶叶中每种非禁用农药的超标率，进而计算其风险系数，根据风险系数大小判断农药残留的预警风险程度，茶叶中非禁用农药残留风险程度分布情况如图 8-13 所示。

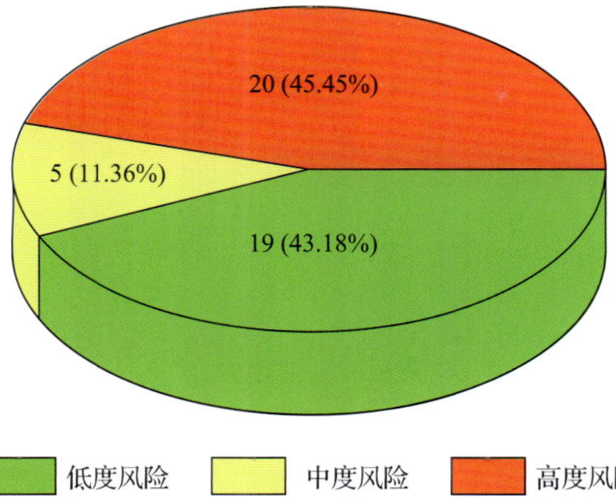

图 8-13　茶叶中非禁用农药残留的风险程度分布图(MRL 欧盟标准)

本次分析中，发现在 3 种茶叶中共侦测出 29 种非禁用农药，涉及样本 44 个，其中，45.45%处于高度风险，涉及 3 种茶叶和 12 种农药；11.36%处于中度风险，涉及 1 种茶叶和 5 种农药；43.18%处于低度风险，涉及 3 种茶叶和 13 种农药。单种茶叶中的非禁用农药风险系数分布图如图 8-14 所示。单种茶叶中处于高度风险的非禁用农药风险系数如图 8-15 和表 8-7 所示。

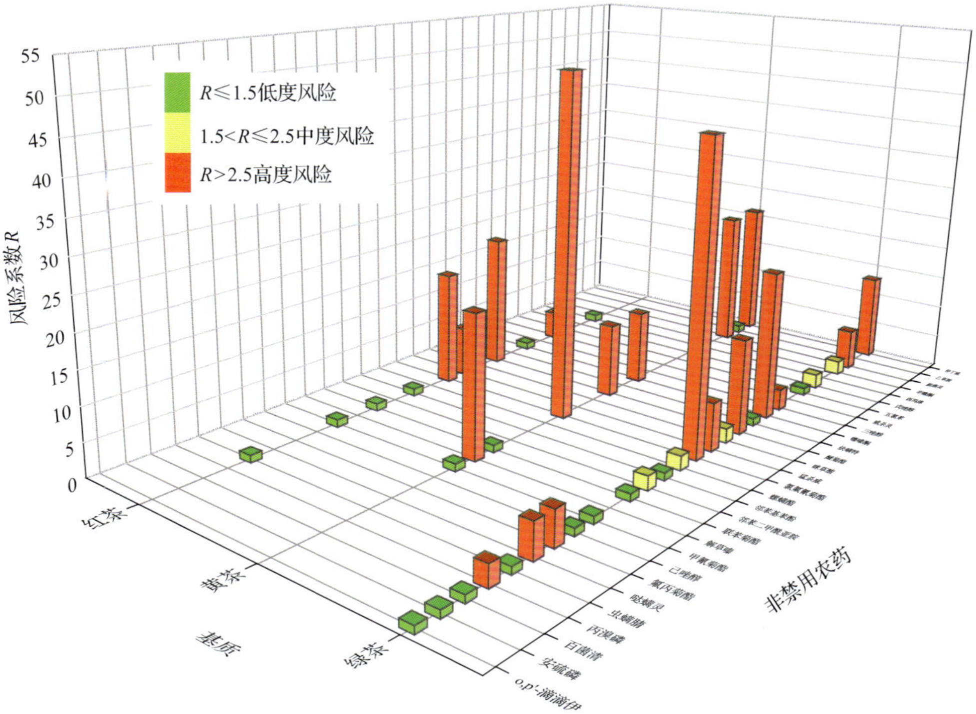

图 8-14　3 种茶叶中 29 种非禁用农药残留的风险系数(MRL 欧盟标准)

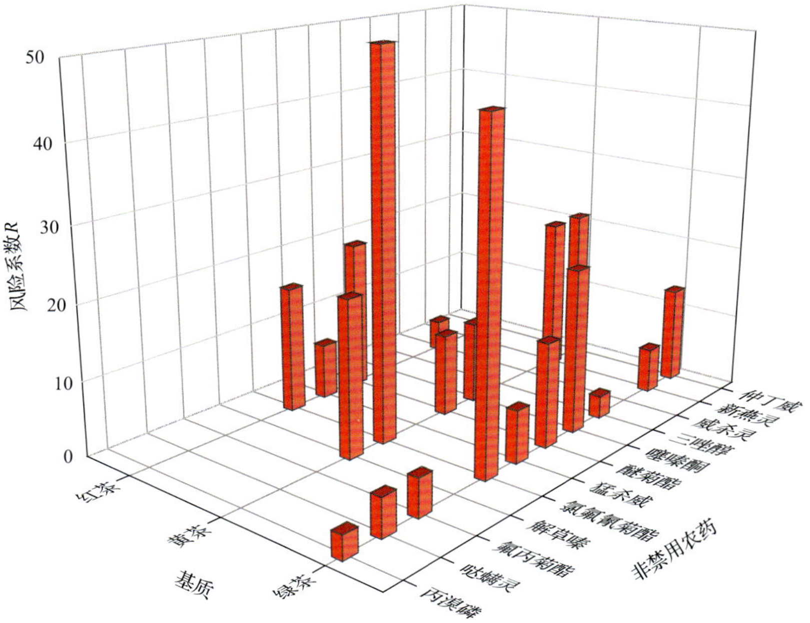

图 8-15　单种茶叶中处于高度风险的非禁用农药的风险系数(MRL 欧盟标准)

表 8-7　单种茶叶中处于高度风险的非禁用农药残留的风险系数表(MRL 欧盟标准)

序号	基质	农药	超标频次	超标率 P(%)	风险系数 R
1	黄茶	氯氟氰菊酯	5	50.00	51.10
2	绿茶	氯氟氰菊酯	44	44.00	45.10
3	绿茶	噻嗪酮	21	21.00	22.10
4	黄茶	仲丁威	2	20.00	21.10
5	黄茶	新燕灵	2	20.00	21.10
6	黄茶	解草嗪	2	20.00	21.10
7	红茶	醚菊酯	6	19.35	20.45
8	红茶	氯氟氰菊酯	5	16.13	17.23
9	绿茶	醚菊酯	13	13.00	14.10
10	绿茶	仲丁威	12	12.00	13.10
11	黄茶	噻嗪酮	1	10.00	11.10
12	黄茶	醚菊酯	1	10.00	11.10
13	红茶	猛杀威	2	6.45	7.55
14	绿茶	猛杀威	6	6.00	7.10
15	绿茶	新燕灵	5	5.00	6.10
16	绿茶	哒螨灵	4	4.00	5.10
17	绿茶	氟丙菊酯	4	4.00	5.10
18	红茶	威杀灵	1	3.23	4.33
19	绿茶	三唑醇	2	2.00	3.10
20	绿茶	丙溴磷	2	2.00	3.10

8.3.2　所有茶叶中农药残留风险系数分析

8.3.2.1　所有茶叶中禁用农药残留风险系数分析

在侦测出的 35 种农药中有 6 种为禁用农药，计算所有茶叶中禁用农药的风险系数，结果如表 8-8 所示。在 6 种禁用农药中，4 种农药残留处于高度风险，2 种农药残留处于中度风险。

表 8-8　茶叶中 6 种禁用农药的风险系数表

序号	农药	检出频次	检出率(%)	风险系数 R	风险程度
1	毒死蜱	44	31.21	32.31	高度风险
2	水胺硫磷	10	7.09	8.19	高度风险
3	三唑磷	6	4.26	5.36	高度风险
4	硫丹	4	2.84	3.94	高度风险
5	三氯杀螨醇	1	0.71	1.81	中度风险
6	乐果	1	0.71	1.81	中度风险

8.3.2.2　所有茶叶中非禁用农药残留风险系数分析

参照 MRL 欧盟标准计算所有茶叶中每种非禁用农药残留的风险系数，如图 8-16 与表 8-9 所示。在侦测出的 29 种非禁用农药中，11 种农药(37.93%)残留处于高度风险，6 种农药(11.11%)残留处于中度风险，12 种农药(41.38%)残留处于低度风险。

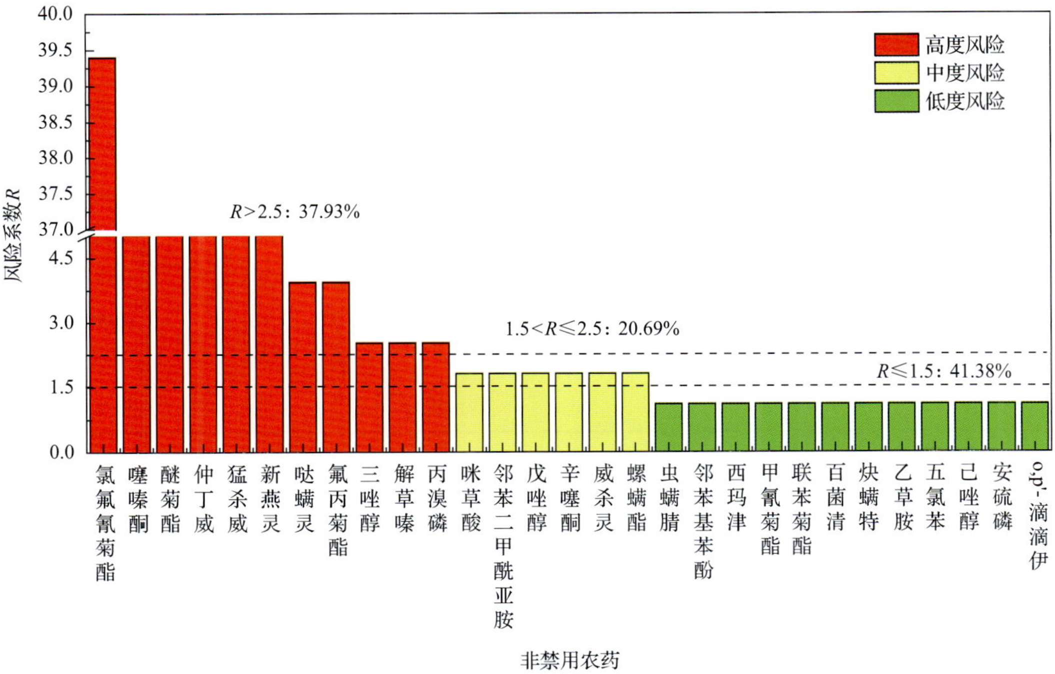

图 8-16　茶叶中 29 种非禁用农药的风险程度统计图

表 8-9　茶叶中 29 种非禁用农药的风险系数表

序号	农药	超标频次	超标率 *P*(%)	风险系数 *R*	风险程度
1	氯氟氰菊酯	54	38.30	39.40	高度风险
2	噻嗪酮	22	15.60	16.70	高度风险
3	醚菊酯	20	14.18	15.28	高度风险
4	仲丁威	14	9.93	11.03	高度风险
5	猛杀威	8	5.67	6.77	高度风险
6	新燕灵	7	4.96	6.06	高度风险
7	哒螨灵	4	2.84	3.94	高度风险
8	氟丙菊酯	4	2.84	3.94	高度风险
9	三唑醇	2	1.42	2.52	高度风险
10	解草嗪	2	1.42	2.52	高度风险
11	丙溴磷	2	1.42	2.52	高度风险
12	咪草酸	1	0.71	1.81	中度风险
13	邻苯二甲酰亚胺	1	0.71	1.81	中度风险
14	戊唑醇	1	0.71	1.81	中度风险
15	辛噻酮	1	0.71	1.81	中度风险
16	威杀灵	1	0.71	1.81	中度风险
17	螺螨酯	1	0.71	1.81	中度风险
18	虫螨腈	0	0	1.10	低度风险
19	邻苯基苯酚	0	0	1.10	低度风险
20	西玛津	0	0	1.10	低度风险
21	甲氰菊酯	0	0	1.10	低度风险
22	联苯菊酯	0	0	1.10	低度风险
23	百菌清	0	0	1.10	低度风险
24	炔螨特	0	0	1.10	低度风险
25	乙草胺	0	0	1.10	低度风险
26	五氯苯	0	0	1.10	低度风险
27	己唑醇	0	0	1.10	低度风险
28	安硫磷	0	0	1.10	低度风险
29	o,p'-滴滴伊	0	0	1.10	低度风险

8.4　GC-Q-TOF/MS 侦测武汉市市售茶叶农药残留风险评估结论与建议

农药残留是影响茶叶安全和质量的主要因素，也是我国食品安全领域备受关注的敏感话题和亟待解决的重大问题之一[15,16]。各种茶叶均存在不同程度的农药残留现象，本研究主要针对武汉市各类茶叶存在的农药残留问题，基于 2019 年 1 月对武汉市 141 例茶叶样品中农药残留侦测得出的 520 个侦测结果，分别采用食品安全指数模型和风险系数模型，开展茶叶中农药残留的膳食暴露风险和预警风险评估。茶叶样品取自超市和茶叶专营店，符合大众的膳食来源，风险评价时更具有代表性和可信度。

本研究力求通用简单地反映食品安全中的主要问题，且为管理部门和大众容易接受，为政府及相关管理机构建立科学的食品安全信息发布和预警体系提供科学的规律与方法，加强对农药残留的预警和食品安全重大事件的预防，控制食品风险。

8.4.1　武汉市茶叶中农药残留膳食暴露风险评价结论

1) 茶叶样品中农药残留安全状态评价结论

采用食品安全指数模型，对 2019 年 1 月期间武汉市茶叶食品农药残留膳食暴露风险进行评价，根据 IFS_c 的计算结果发现，茶叶中农药的 $\overline{IFS}$ 为 5.86×10^{-5}，说明武汉市茶叶总体处于可以接受的安全状态，但部分禁用农药、高残留农药在茶中仍有侦测出，导致膳食暴露风险的存在，成为不安全因素。

2) 禁用农药膳食暴露风险评价

本次检测发现部分茶叶样品中有禁用农药侦测出，侦测出禁用农药 6 种，侦测出频次为 66，茶叶样品中的禁用农药 IFS_c 计算结果表明，禁用农药残留膳食暴露风险不可接受的频次为 66，占 100%。

8.4.2　武汉市茶叶中农药残留预警风险评价结论

1) 单种茶叶中禁用农药残留的预警风险评价结论

本次检测过程中，在 3 种茶叶中检测出 6 种禁用农药，禁用农药为：三唑磷、三氯杀螨醇、毒死蜱、硫丹、乐果、水胺硫磷，茶叶为：红茶、绿茶、黄茶，茶叶中禁用农药的风险系数分析结果显示，5 种禁用农药在 6 种茶叶中的残留均处于高度风险，1 种禁用农药在 1 种茶叶中的残留处于中度风险，说明在单种茶叶中禁用农药的残留会导致较高的预警风险。

2) 单种茶叶中非禁用农药残留的预警风险评价结论

以 MRL 中国国家标准为标准，计算茶叶中非禁用农药风险系数情况下，44 个样本中，15 个处于低度风险 (34.09%)，29 个样本没有 MRL 中国国家标准 (65.91%)。以 MRL 欧盟标准为标准，计算茶叶中非禁用农药风险系数情况下，发现有 20 个处于高度风险 (45.45%)，5 个处于中度风险 (11.36%)，19 个处于低度风险 (43.18%)。基于两种 MRL 标准，评价的结果差异显著，可以看出 MRL 欧盟标准比中国国家标准更加严格和完善，过于宽松的 MRL 中国国家标准值能否有效保障人体的健康有待研究。

8.4.3　加强武汉市茶叶食品安全建议

我国食品安全风险评价体系仍不够健全，相关制度不够完善，多年来，由于农药用药次数多、用药量大或用药间隔时间短，产品残留量大，农药残留所造成的食品安全问题日益严峻，给人体健康带来了直接或间接的危害。据估计，美国与农药有关的癌症患者数约占全国癌症患者总数的 50%，中国更高。同样，农药对其他生物也会形成直接杀伤和慢性危害，植物中的农药可经过食物链逐级传递并不断蓄积，对人和动物构成潜在威胁，并影响生态系统。

基于本次农药残留侦测数据的风险评价结果，提出以下几点建议：

1）加快食品安全标准制定步伐

我国食品标准中对农药每日允许最大摄入量 ADI 的数据严重缺乏，在本次评价所涉及的 35 种农药中，仅有 68.6%的农药具有 ADI 值，而 31.4%的农药中国尚未规定相应的 ADI 值，亟待完善。

我国食品中农药最大残留限量值的规定严重缺乏，对评估涉及的不同茶叶中不同农药 55 个 MRL 限值进行统计来看，我国仅制定出 21 个标准，我国标准完整率仅为 38.2%，欧盟的完整率达到 100%（表 8-10）。因此，中国更应加快 MRL 的制定步伐。

表 8-10　我国国家食品标准农药的 ADI、MRL 值与欧盟标准的数量差异

分类		中国 ADI	MRL 中国国家标准	MRL 欧盟标准
标准限值（个）	有	24	21	55
	无	11	34	0
总数（个）		35	55	55
无标准限值比例（%）		31.4	61.8	0

此外，MRL 中国国家标准限值普遍高于欧盟标准限值，这些标准中共有 12 个高于欧盟。过高的 MRL 值难以保障人体健康，建议继续加强对限值基准和标准的科学研究，将农产品中的危险性减少到尽可能低的水平。

2）加强农药的源头控制和分类监管

在武汉市某些茶叶中仍有禁用农药残留，利用 GC-Q-TOF/MS 技术侦测出 6 种禁用农药，检出频次为 66 次，残留禁用农药均存在较大的膳食暴露风险和预警风险。早已列入黑名单的禁用农药在我国并未真正退出，有些药物由于价格便宜、工艺简单，此类高毒农药一直生产和使用。建议在我国采取严格有效的控制措施，从源头控制禁用农药。

对于非禁用农药，在我国作为“田间地头”最典型单位的县级茶叶产地中，农药残留的检测几乎缺失。建议根据农药的毒性，对高毒、剧毒、中毒农药实现分类管理，减少使用高毒和剧毒高残留农药，进行分类监管。

3）加强农药生物基准和降解技术研究

市售茶叶中残留农药的品种多、频次高、禁用农药多次检出这一现状，说明了我国的田间土壤和水体因农药长期、频繁、不合理的使用而遭到严重污染。为此，建议中国相关部门出台相关政策，鼓励高校及科研院所积极开展分子生物学、酶学等研究，加强土壤、水体中残留农药的生物修复及降解新技术研究，切实加大农药监管力度，以控制农药的面源污染问题。

综上所述，在本工作基础上，根据茶叶残留危害，可进一步针对其成因提出和采取严格管理、大力推广无公害茶叶种植与生产、健全食品安全控制技术体系、加强茶叶质量检测体系建设和积极推行茶叶质量追溯制度等相应对策。建立和完善食品安全综合评价指数与风险监测预警系统，对食品安全进行实时、全面的监控与分析，为我国的食品安全科学监管与决策提供新的技术支持，可实现各类检验数据的信息化系统管理，降低食品安全事故的发生。

长 沙 市

第 9 章　LC-Q-TOF/MS 侦测长沙市 155 例市售茶叶样品农药残留报告

从长沙市所属 2 个区，随机采集了 155 例茶叶样品，使用液相色谱-四极杆飞行时间质谱(LC-Q-TOF/MS)对 825 种农药化学污染物示范侦测(7 种负离子模式 ESI^-未涉及)。

9.1　样品种类、数量与来源

9.1.1　样品采集与检测

为了真实反映百姓日常饮用的茶叶中农药残留污染状况，本次所有检测样品均由检验人员于 2019 年 1 月期间，从长沙市所属 8 个采样点，包括 6 个茶叶专营店 2 个超市，以随机购买方式采集，总计 8 批 155 例样品，从中检出农药 114 种，1446 频次。采样及监测概况见图 9-1 及表 9-1，样品及采样点明细见表 9-2 及表 9-3(侦测原始数据见附表 1)。

图 9-1　长沙市所属 8 个采样点 155 例样品分布图

表 9-1　农药残留监测总体概况

采样地区	长沙市所属 2 个区
采样点(茶叶专营店+超市)	8
样本总数	155
检出农药品种/频次	114/1446
各采样点样本农药残留检出率范围	85.7%～100.0%

表 9-2　样品分类及数量

样品分类	样品名称（数量）	数量小计
1. 茶叶		155
1）发酵类茶叶	黑茶（30），红茶（21），黄茶（20）	71
2）未发酵类茶叶	绿茶（84）	84
合计	1.茶叶 4 种	155

表 9-3　长沙市采样点信息

采样点序号	行政区域	采样点
茶叶专营店（6）		
1	雨花区	***茶业店
2	雨花区	***茶业店
3	雨花区	***茶叶店
4	雨花区	***茶业店
5	雨花区	***茶厂店
6	雨花区	***茶店
超市（2）		
1	天心区	***超市（天心店）
2	雨花区	***超市（韶山南路店）

9.1.2　检测结果

这次使用的检测方法是庞国芳院士团队最新研发的不需使用标准品对照，而以高分辨精确质量数（0.0001 *m/z*）为基准的 LC-Q-TOF/MS 检测技术，对于 155 例样品，每个样品均侦测了 825 种农药化学污染物的残留现状。通过本次侦测，在 155 例样品中共计检出农药化学污染物 114 种，检出 1446 频次。

9.1.2.1　各采样点样品检出情况

统计分析发现 8 个采样点中，被测样品的农药检出率范围为 85.7%～100.0%。其中，有 3 个采样点样品的检出率最高，达到了 100.0%，分别是：***茶业店、***茶厂店和***茶店。***茶业店的检出率最低，为 85.7%，见图 9-2。

9.1.2.2　检出农药的品种总数与频次

统计分析发现，对于 155 例样品中 825 种农药化学污染物的侦测，共检出农药 1446 频次，涉及农药 114 种，结果如图 9-3 所示。其中唑虫酰胺检出频次最高，共检出 118 次。检出频次排名前 10 的农药如下：①唑虫酰胺（118），②噻嗪酮（117），③啶虫脒（110），

④哒螨灵(105)，⑤吡虫啉(71)，⑥茚虫威(61)，⑦烯丙菊酯(60)，⑧毒死蜱(56)，⑨三唑磷(49)，⑩噻虫嗪(47)。

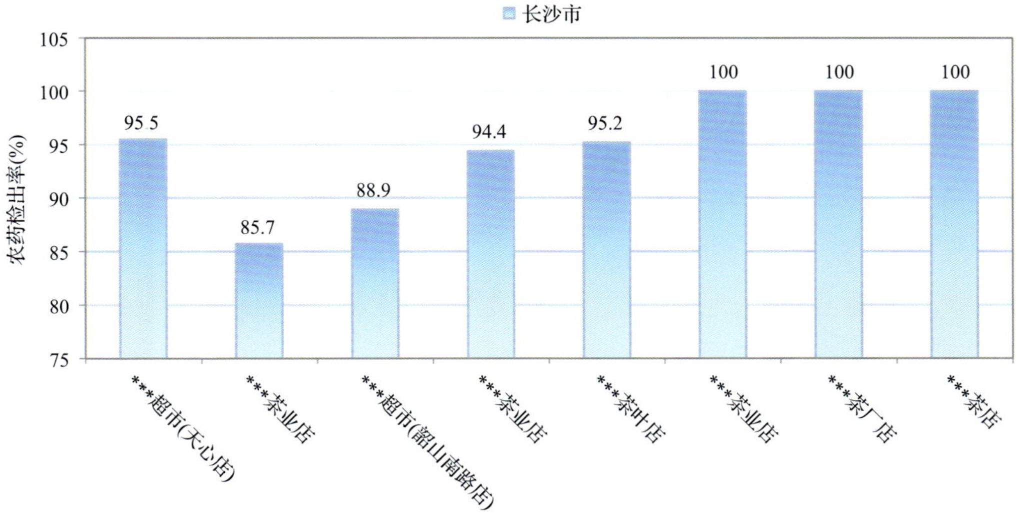

图 9-2　各采样点样品中的农药检出率

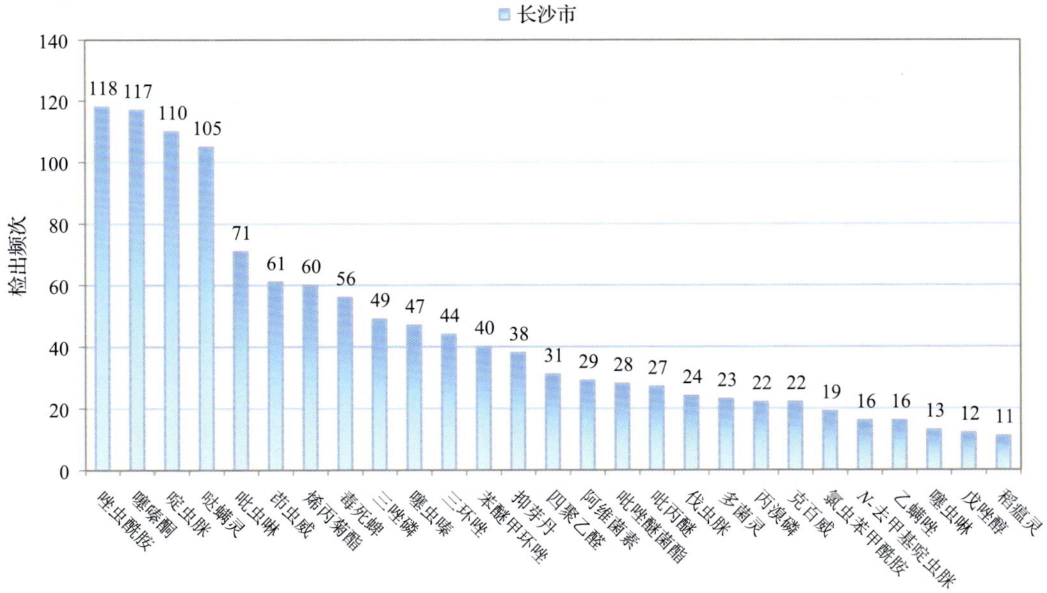

图 9-3　检出农药品种及频次(仅列出 11 频次及以上的数据)

由图 9-4 可见，绿茶、黑茶、红茶和黄茶这 4 种茶叶样品中检出的农药品种数较高，均超过 30 种，其中，绿茶检出农药品种最多，为 71 种。由图 9-5 可见，绿茶、黑茶、红茶和黄茶这 4 种茶叶样品中的农药检出频次较高，均超过 100 次，其中，绿茶检出农药频次最高，为 843 次。

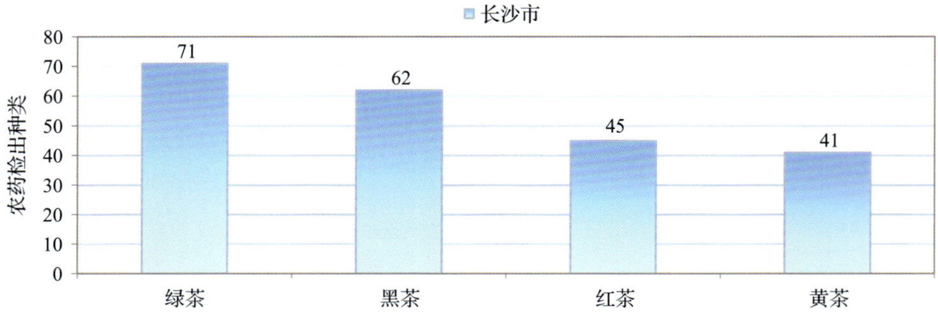

图 9-4　单种茶叶检出农药的种类数

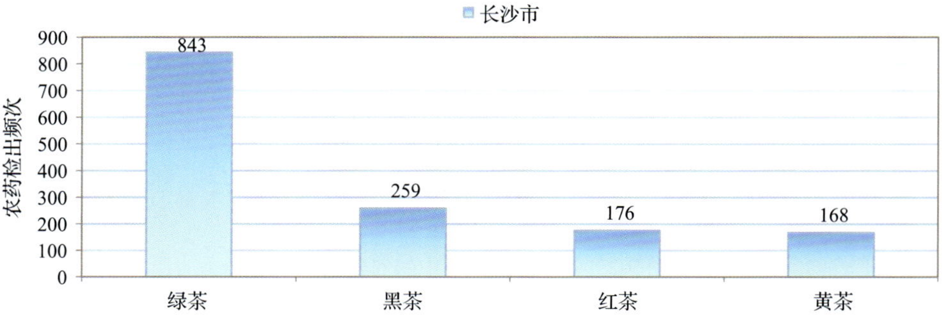

图 9-5　单种茶叶检出农药频次

9.1.2.3　单例样品农药检出种类与占比

对单例样品检出农药种类和频次进行统计发现，未检出农药的样品占总样品数的 3.2%，检出 1 种农药的样品占总样品数的 2.6%，检出 2～5 种农药的样品占总样品数的 20.0%，检出 6～10 种农药的样品占总样品数的 34.8%，检出大于 10 种农药的样品占总样品数的 39.4%。每例样品中平均检出农药为 9.3 种，数据见表 9-4 及图 9-6。

表 9-4　单例样品检出农药品种占比

检出农药品种数	样品数量/占比（%）
未检出	5/3.2
1 种	4/2.6
2～5 种	31/20.0
6～10 种	54/34.8
大于 10 种	61/39.4
单例样品平均检出农药品种	9.3 种

9.1.2.4　检出农药类别与占比

所有检出农药按功能分类，包括杀虫剂、杀菌剂、除草剂、杀螨剂、植物生长调节剂、灭鼠剂、增效剂共 7 类。其中杀虫剂与杀菌剂为主要检出的农药类别，分别占总数的 41.2%和 28.9%，见表 9-5 及图 9-7。

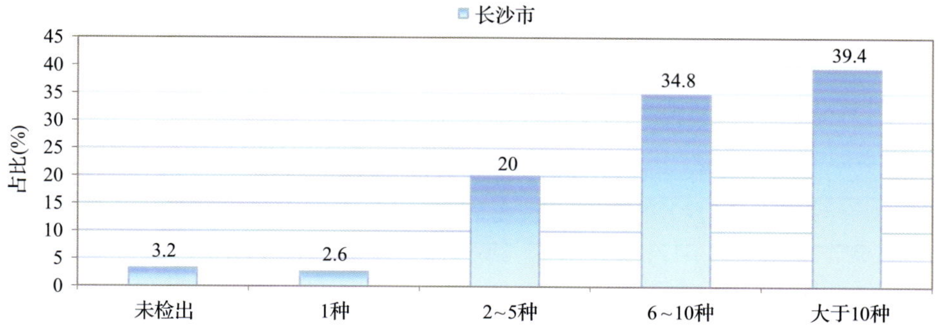

图 9-6　单例样品平均检出农药品种及占比

表 9-5　检出农药所属类别/占比

农药类别	数量/占比(%)
杀虫剂	47/41.2
杀菌剂	33/28.9
除草剂	14/12.3
杀螨剂	10/8.8
植物生长调节剂	8/7.0
灭鼠剂	1/0.9
增效剂	1/0.9

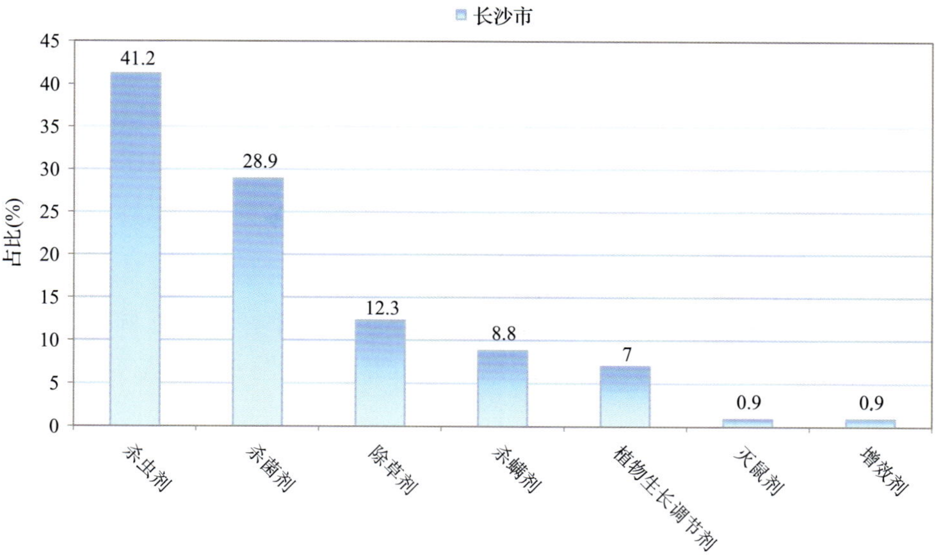

图 9-7　检出农药所属类别和占比

9.1.2.5　检出农药的残留水平

按检出农药残留水平进行统计，残留水平在 1～5 μg/kg(含)的农药占总数的 41.9%，在 5～10 μg/kg(含)的农药占总数的 18.5%，在 10～100 μg/kg(含)的农药占总数的 32.4%，在 100～1000 μg/kg 的农药占总数的 7.1%。

由此可见，这次检测的 8 批 155 例茶叶样品中农药多数处于较低残留水平。结果见表 9-6 及图 9-8，数据见附表 2。

表 9-6　农药残留水平/占比

残留水平（μg/kg）	检出频次数/占比（%）
1～5（含）	606/41.9
5～10（含）	268/18.5
10～100（含）	469/32.4
100～1000	103/7.1

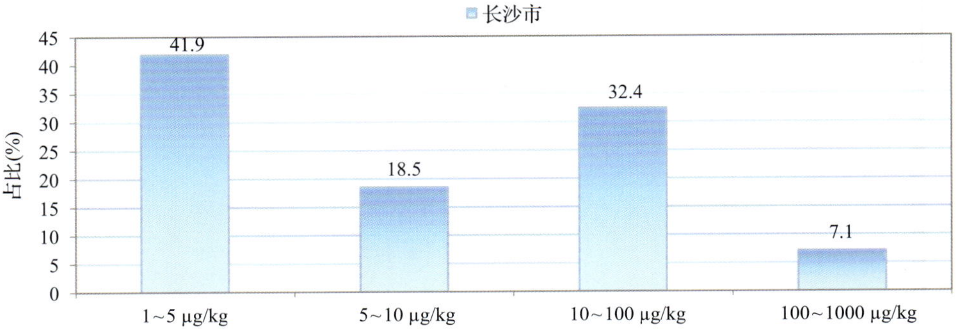

图 9-8　检出农药残留水平及占比

9.1.2.6　检出农药的毒性类别、检出频次和超标频次及占比

对这次检出的 114 种 1446 频次的农药，按剧毒、高毒、中毒、低毒和微毒这五个毒性类别进行分类，从中可以看出，长沙市目前普遍使用的农药为中低微毒农药，品种占 87.7%，频次占 90.2%。结果见表 9-7 及图 9-9。

9.1.2.7　检出剧毒/高毒类农药的品种和频次

值得特别关注的是，在此次侦测的 155 例样品中有 4 种茶叶的 92 例样品检出了 14 种 141 频次的剧毒和高毒农药，占样品总量的 59.4%，详见图 9-10、表 9-8 及表 9-9。

表 9-7　检出农药毒性类别/占比

毒性分类	农药品种/占比（%）	检出频次/占比（%）	超标频次/超标率（%）
剧毒农药	3/2.6	4/0.3	0/0.0
高毒农药	11/9.6	137/9.5	0/0.0
中毒农药	49/43.0	902/62.4	0/0.0
低毒农药	33/28.9	241/16.7	0/0.0
微毒农药	18/15.8	162/11.2	0/0.0

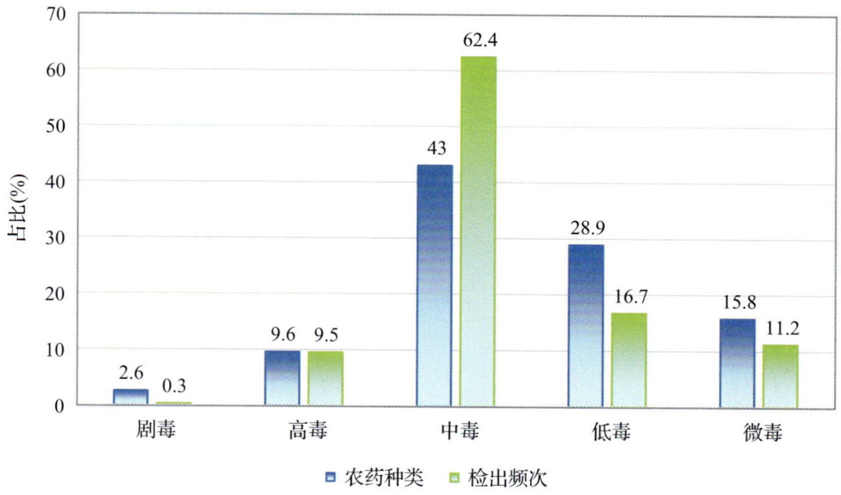

图 9-9 检出农药的毒性分类和占比

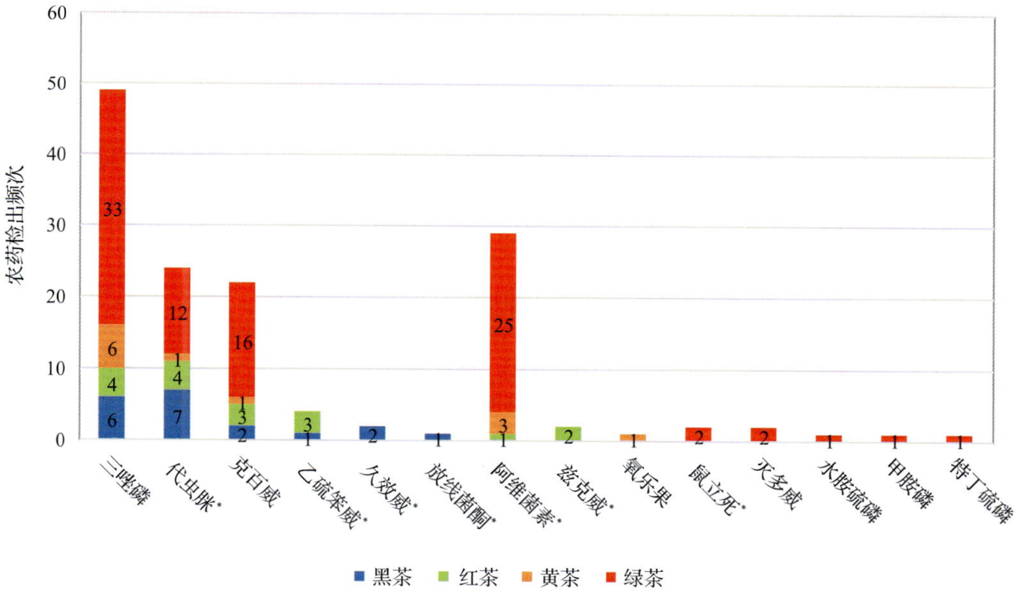

图 9-10 检出剧毒/高毒农药的样品情况

注：*表示允许在茶叶上使用的农药

表 9-8 剧毒农药检出情况

序号	农药名称	检出频次	超标频次	超标率
从 2 种茶叶中检出 3 种剧毒农药，共计检出 4 次				
1	鼠立死*	2	0	0.0%
2	放线菌酮*	1	0	0.0%
3	特丁硫磷*	1	0	0.0%
合计		4	0	超标率：0.0%

表 9-9　高毒农药检出情况

序号	农药名称	检出频次	超标频次	超标率
从 4 种茶叶中检出 11 种高毒农药，共计检出 137 次				
1	三唑磷	49	0	0.0%
2	阿维菌素	29	0	0.0%
3	伐虫脒	24	0	0.0%
4	克百威	22	0	0.0%
5	乙硫苯威	4	0	0.0%
6	久效威	2	0	0.0%
7	灭多威	2	0	0.0%
8	兹克威	2	0	0.0%
9	甲胺磷	1	0	0.0%
10	水胺硫磷	1	0	0.0%
11	氧乐果	1	0	0.0%
合计		137	0	超标率：0.0%

在检出的剧毒和高毒农药中，有 7 种是我国早已禁止在茶叶上使用的，分别是：灭多威、克百威、氧乐果、三唑磷、特丁硫磷、水胺硫磷和甲胺磷。禁用农药的检出情况见表 9-10。

表 9-10　禁用农药检出情况

序号	农药名称	检出频次	超标频次	超标率
从 4 种茶叶中检出 11 种禁用农药，共计检出 144 次				
1	毒死蜱	56	0	0.0%
2	三唑磷	49	0	0.0%
3	克百威	22	0	0.0%
4	丁硫克百威	6	0	0.0%
5	乐果	3	0	0.0%
6	氟苯虫酰胺	2	0	0.0%
7	灭多威	2	0	0.0%
8	甲胺磷	1	0	0.0%
9	水胺硫磷	1	0	0.0%
10	特丁硫磷*	1	0	0.0%
11	氧乐果	1	0	0.0%
合计		144	0	超标率：0.0%

注：表中*为剧毒农药；超标结果参考 MRL 中国国家标准计算

此次抽检的茶叶样品中，有 2 种茶叶检出了剧毒农药，分别是：黑茶中检出放线菌酮 1 次；绿茶中检出特丁硫磷 1 次，检出鼠立死 2 次。

样品中检出剧毒和高毒农药残留水平没有超过 MRL 中国国家标准，但本次检出结果仍表明，高毒、剧毒农药的使用现象依旧存在。详见表 9-11。

表 9-11　各样本中检出剧毒/高毒农药情况

样品名称	农药名称	检出频次	超标频次	检出浓度(μg/kg)
		茶叶 4 种		
黑茶	放线菌酮*	1	0	2.7
黑茶	伐虫脒	7	0	675.5，713.1，632.4，480.0，644.9，665.2，961.4
黑茶	三唑磷▲	6	0	2.0，11.0，5.2，2.1，1.1，2.1
黑茶	久效威	2	0	33.4，109.6
黑茶	克百威▲	2	0	3.0，1.3
黑茶	乙硫苯威	1	0	1.5
红茶	伐虫脒	4	0	378.1，325.8，575.3，20.4
红茶	三唑磷▲	4	0	5.5，6.6，5.6，1.7
红茶	克百威▲	3	0	5.3，5.4，10.8
红茶	乙硫苯威	3	0	3.1，21.8，2.9
红茶	兹克威	2	0	8.2，3.0
红茶	阿维菌素	1	0	4.9
黄茶	三唑磷▲	6	0	8.2，5.8，1.0，1.4，9.5，12.9
黄茶	阿维菌素	3	0	7.7，56.6，48.0
黄茶	伐虫脒	1	0	2.6
黄茶	克百威▲	1	0	4.0
黄茶	氧乐果▲	1	0	4.7
绿茶	鼠立死*	2	0	1.1，1.8
绿茶	特丁硫磷*▲	1	0	3.9
绿茶	三唑磷▲	33	0	3.7，4.0，12.5，1.2，18.1，2.7，10.1，3.2，4.8，2.7，2.6，1.1，51.9，1.1，3.1，5.2，51.5，1.3，3.2，44.1，3.1，46.5，7.0，7.8，17.0，9.0，7.1，5.4，1.1，6.5，11.3，9.7，2.3
绿茶	阿维菌素	25	0	107.0，154.0，127.5，271.3，66.0，119.5，32.5，147.4，97.0，35.9，55.3，82.1，36.2，212.6，185.9，55.9，106.7，78.7，44.6，345.1，56.6，116.0，160.2，113.6，155.5
绿茶	克百威▲	16	0	1.4，2.6，3.1，3.2，1.1，1.7，3.3，1.5，20.1，1.2，2.0，43.3，1.2，1.3，5.3，3.8
绿茶	伐虫脒	12	0	54.7，44.1，47.6，32.6，63.4，15.0，1.9，51.0，63.0，29.4，36.7，60.5
绿茶	灭多威▲	2	0	12.9，24.5
绿茶	甲胺磷▲	1	0	6.0
绿茶	水胺硫磷▲	1	0	13.4
合计		141	0	超标率：0.0%

注：表中*为剧毒农药；▲为禁用农药；a 为超标结果(参考 MRL 中国国家标准)

9.2 农药残留检出水平与最大残留限量标准对比分析

我国于 2016 年 12 月 18 日正式颁布并于 2017 年 6 月 18 日正式实施食品农药残留限量国家标准《食品中农药最大残留限量》(GB 2763—2016)。该标准包括 417 个农药条目，涉及最大残留限量(MRL)标准 4140 项。将 1446 频次检出农药的浓度水平与 4140 项 MRL 中国国家标准进行核对，其中只有 617 频次的结果找到了对应的 MRL，占 42.7%，还有 829 频次的结果则无相关 MRL 标准供参考，占 57.3%。

将此次侦测结果与国际上现行 MRL 对比发现，在 1446 频次的检出结果中有 1446 频次的结果找到了对应的 MRL 欧盟标准，占 100.0%；其中，1159 频次的结果有明确对应的 MRL，占 80.2%，其余 287 频次按照欧盟一律标准判定，占 19.8%；有 1446 频次的结果找到了对应的 MRL 日本标准，占 100.0%；其中，1061 频次的结果有明确对应的 MRL，占 73.4%，其余 385 频次按照日本一律标准判定，占 26.6%；有 517 频次的结果找到了对应的 MRL 中国香港标准，占 35.8%；有 519 频次的结果找到了对应的 MRL 美国标准，占 35.9%；有 434 频次的结果找到了对应的 MRL CAC 标准，占 30.0%（见图 9-11 和图 9-12，数据见附表 3 至附表 8）。

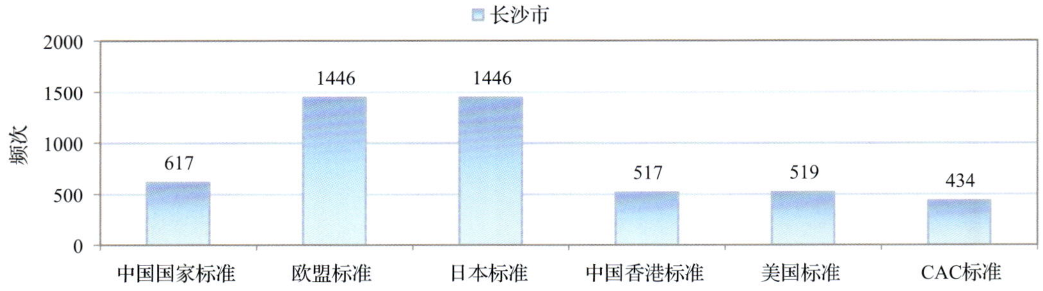

图 9-11 1446 频次检出农药可用 MRL 中国国家标准、欧盟标准、日本标准、中国香港标准、美国标准、CAC 标准判定衡量的数量

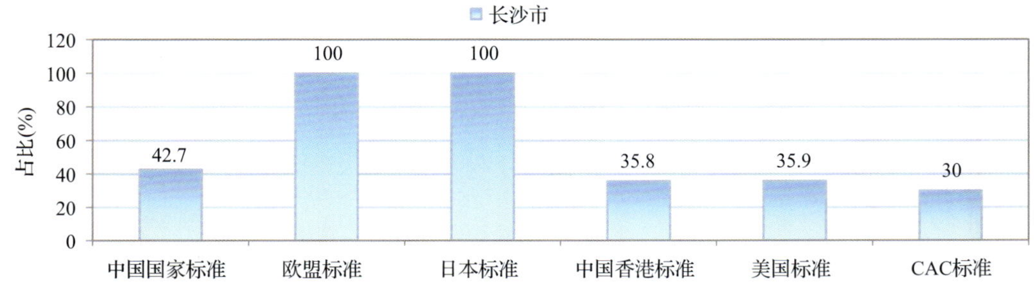

图 9-12 1446 频次检出农药可用 MRL 中国国家标准、欧盟标准、日本标准、中国香港标准、美国标准、CAC 标准衡量的占比

9.2.1 超标农药样品分析

本次侦测的 155 例样品中，5 例样品未检出任何残留农药，占样品总量的 3.2%，150 例样品检出不同水平、不同种类的残留农药，占样品总量的 96.8%。在此，我们将本次

侦测的农残检出情况与 MRL 中国国家标准、欧盟标准、日本标准、中国香港标准、美国标准和 CAC 标准这 6 大国际主流标准进行对比分析，样品农残检出与超标情况见表 9-12、图 9-13 和图 9-14，详细数据见附表 9 至附表 14。

表 9-12　各 MRL 标准下样本农残检出与超标数量及占比

	中国国家标准	欧盟标准	日本标准	中国香港标准	美国标准	CAC 标准
	数量/占比(%)	数量/占比(%)	数量/占比(%)	数量/占比(%)	数量/占比(%)	数量/占比(%)
未检出	5/3.2	5/3.2	5/3.2	5/3.2	5/3.2	5/3.2
检出未超标	150/96.8	26/16.8	40/25.8	150/96.8	150/96.8	150/96.8
检出超标	0/0.0	124/80.0	110/71.0	0/0.0	0/0.0	0/0.0

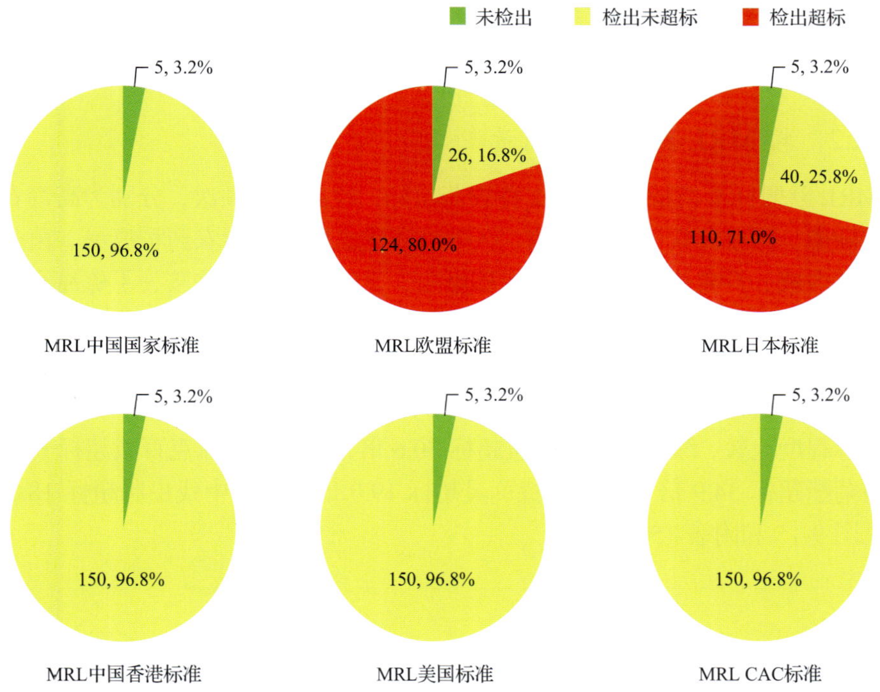

图 9-13　检出和超标样品比例情况

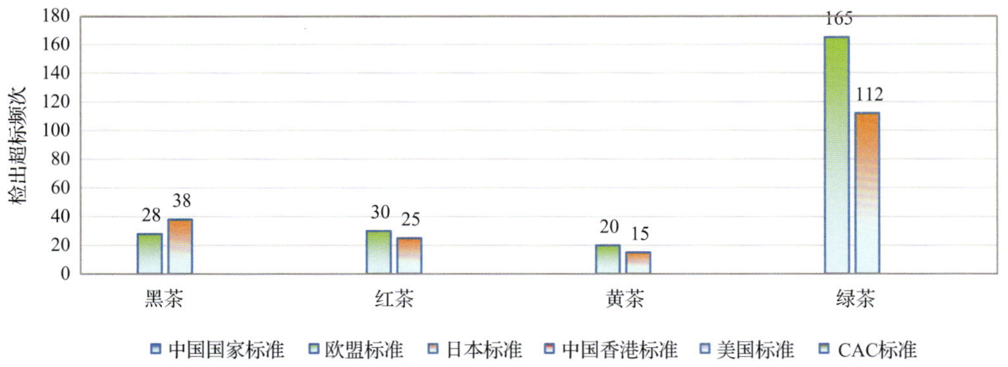

图 9-14　超过 MRL 中国国家标准、欧盟标准、日本标准、中国香港标准、美国标准和 CAC 标准判定结果在茶叶中的分布

9.2.2　超标农药种类分析

按照 MRL 中国国家标准、欧盟标准、日本标准、中国香港标准、美国标准和 CAC 标准这 6 大国际主流标准衡量，本次侦测检出的农药超标品种及频次情况见表 9-13。

表 9-13　各 MRL 标准下超标农药品种及频次

	中国国家标准	欧盟标准	日本标准	中国香港标准	美国标准	CAC 标准
超标农药品种	0	32	34	0	0	0
超标农药频次	0	243	190	0	0	0

9.2.2.1　按 MRL 中国国家标准衡量

按 MRL 中国国家标准衡量，无样品检出超标农药残留。

9.2.2.2　按 MRL 欧盟标准衡量

按 MRL 欧盟标准衡量，共有 32 种农药超标，检出 243 频次，分别为高毒农药三唑磷、水胺硫磷、阿维菌素、乙硫苯威、久效威和伐虫脒，中毒农药稻瘟灵、茵多酸、烯丙菊酯、异丙威、抑食肼、种菌唑、异稻瘟净、三唑醇、唑虫酰胺、丁硫克百威、哒螨灵、噁虫威、3，4，5-混杀威和二氧威，低毒农药丁草胺、去乙基阿特拉津、特草灵、苄氨基嘌呤、三异丁基磷酸盐、噻嗪酮、呋虫胺和灭菌唑，微毒农药异噁酰草胺、增效醚、多菌灵和苯醚菊酯。

按超标程度比较，绿茶中唑虫酰胺超标 70.6 倍，绿茶中丁硫克百威超标 65.2 倍，红茶中烯丙菊酯超标 34.9 倍，黑茶中特草灵超标 19.0 倍，黑茶中伐虫脒超标 18.2 倍。检测结果见图 9-15 和附表 15。

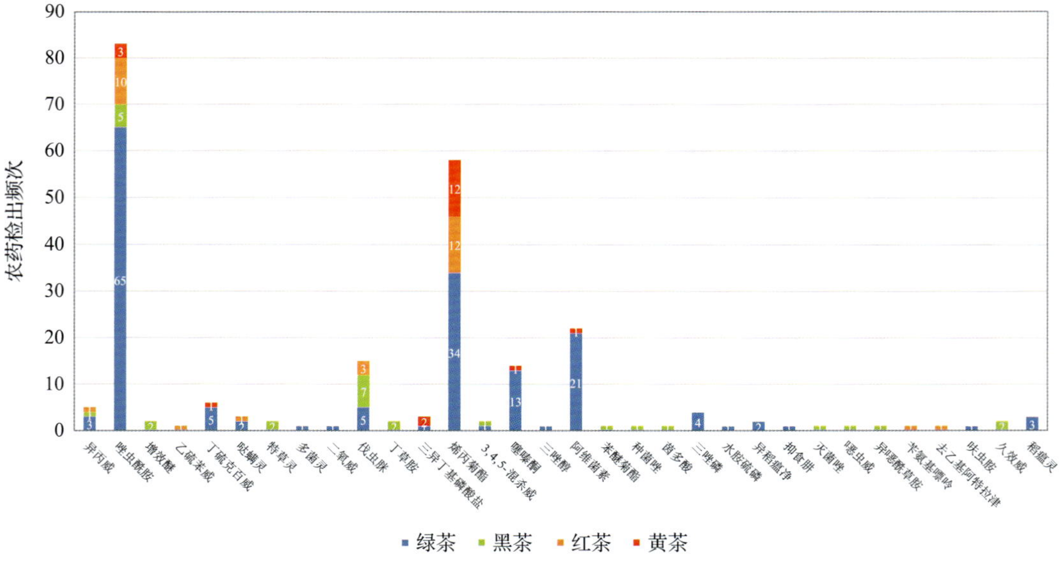

图 9-15　超过 MRL 欧盟标准农药品种及频次

9.2.2.3　按 MRL 日本标准衡量

按 MRL 日本标准衡量，共有 34 种农药超标，检出 190 频次，分别为高毒农药三唑磷、水胺硫磷、乙硫苯威、久效威和伐虫脒，中毒农药茵多酸、异丙隆、稻瘟灵、烯丙菊酯、异丙威、抑食肼、种菌唑、异稻瘟净、丁硫克百威、三环唑、茚虫威、四聚乙醛、噁虫威、3，4，5-混杀威、霜脲氰和二氧威，低毒农药丁草胺、去乙基阿特拉津、特草灵、苄氨基嘌呤、三异丁基磷酸盐、醚菌胺、炔草酯、己唑醇和灭菌唑，微毒农药异噁酰草胺、苯酰菌胺、增效醚和苯醚菊酯。

按超标程度比较，黑茶中伐虫脒超标 95.1 倍，红茶中伐虫脒超标 56.5 倍，黑茶中苯醚菊酯超标 35.7 倍，红茶中烯丙菊酯超标 34.9 倍，黑茶中特草灵超标 19.0 倍。检测结果见图 9-16 和附表 16。

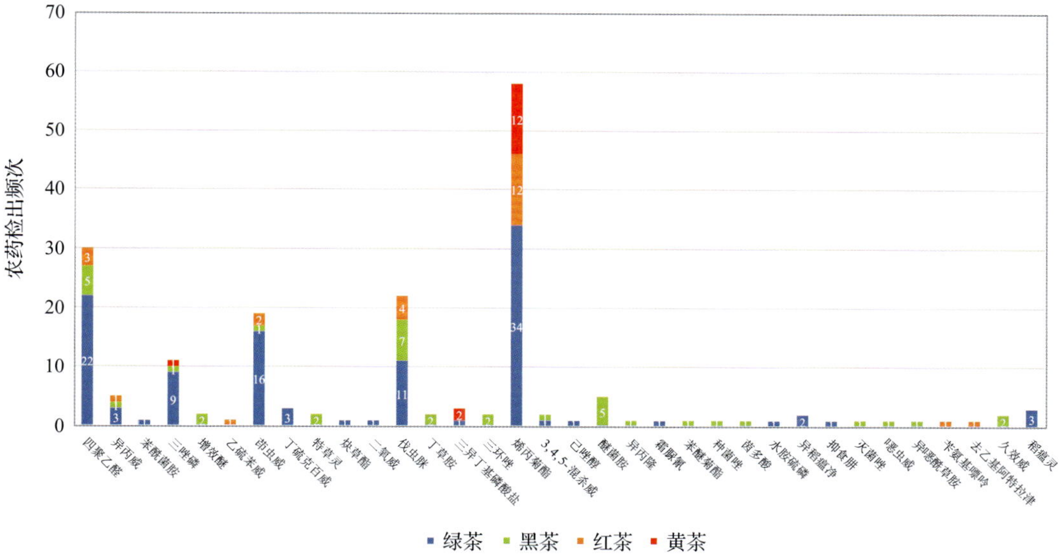

图 9-16　超过 MRL 日本标准农药品种及频次

9.2.2.4　按 MRL 中国香港标准衡量

按 MRL 中国香港标准衡量，无样品检出超标农药残留。

9.2.2.5　按 MRL 美国标准衡量

按 MRL 美国标准衡量，无样品检出超标农药残留。

9.2.2.6　按 MRL CAC 标准衡量

按 MRL CAC 标准衡量，无样品检出超标农药残留。

9.2.3 8 个采样点超标情况分析

9.2.3.1 按 MRL 中国国家标准衡量

按 MRL 中国国家标准衡量，所有采样点的样品均未检出超标农药残留。

9.2.3.2 按 MRL 欧盟标准衡量

按 MRL 欧盟标准衡量，所有采样点的样品存在不同程度的超标农药检出，其中***茶店的超标率最高，为 92.7%，如表 9-14 和图 9-17 所示。

表 9-14 超过 MRL 欧盟标准茶叶在不同采样点分布

	采样点	样品总数	超标数量	超标率（%）	行政区域
1	***茶店	41	38	92.7	雨花区
2	***茶业店	31	22	71.0	雨花区
3	***超市（天心店）	22	20	90.9	天心区
4	***茶叶店	21	18	85.7	雨花区
5	***茶业店	18	13	72.2	雨花区
6	***超市（韶山南路店）	9	6	66.7	雨花区
7	***茶业店	7	3	42.9	雨花区
8	***茶厂店	6	4	66.7	雨花区

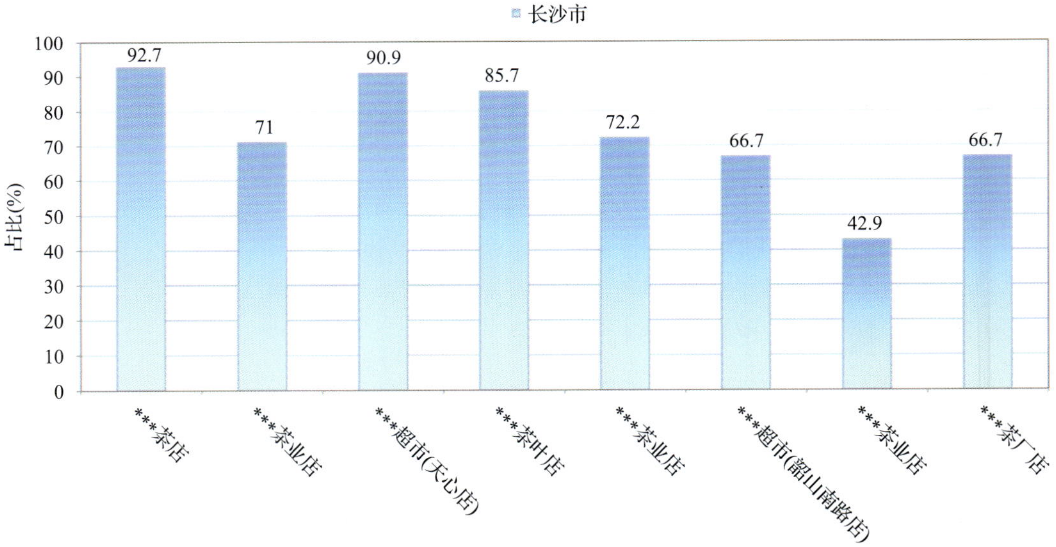

图 9-17 超过 MRL 欧盟标准茶叶在不同采样点分布

9.2.3.3 按 MRL 日本标准衡量

按 MRL 日本标准衡量，所有采样点的样品存在不同程度的超标农药检出，其中***茶店的超标率最高，为 82.9%，如表 9-15 和图 9-18 所示。

表 9-15　超过 MRL 日本标准茶叶在不同采样点分布

	采样点	样品总数	超标数量	超标率(%)	行政区域
1	***茶店	41	34	82.9	雨花区
2	***茶业店	31	22	71.0	雨花区
3	***超市(天心店)	22	15	68.2	天心区
4	***茶叶店	21	15	71.4	雨花区
5	***茶业店	18	12	66.7	雨花区
6	***超市(韶山南路店)	9	5	55.6	雨花区
7	***茶业店	7	3	42.9	雨花区
8	***茶厂店	6	4	66.7	雨花区

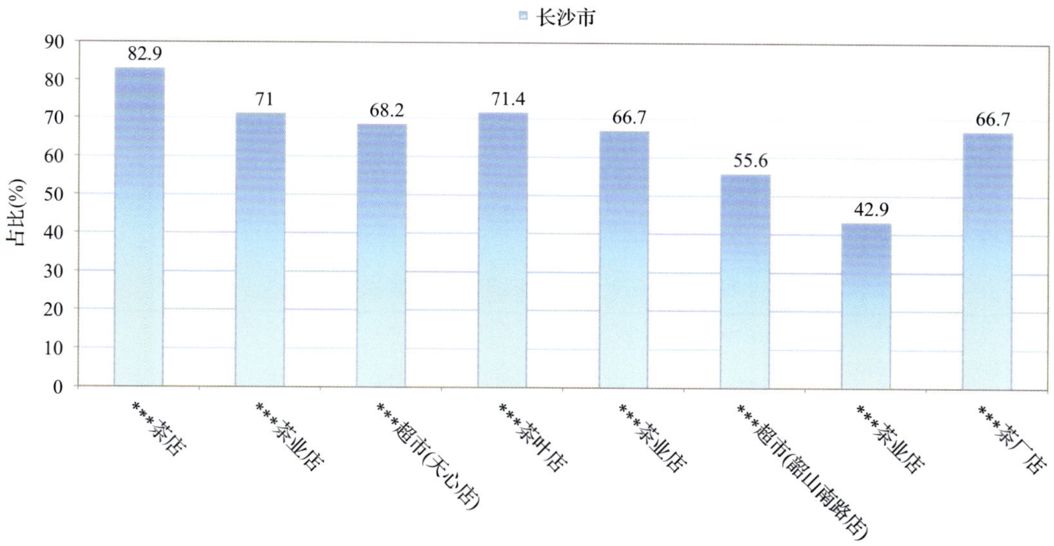

图 9-18　超过 MRL 日本标准茶叶在不同采样点分布

9.2.3.4　按 MRL 中国香港标准衡量

按 MRL 中国香港标准衡量，所有采样点的样品均未检出超标农药残留。

9.2.3.5　按 MRL 美国标准衡量

按 MRL 美国标准衡量，所有采样点的样品均未检出超标农药残留。

9.2.3.6　按 MRL CAC 标准衡量

按 MRL CAC 标准衡量，所有采样点的样品均未检出超标农药残留。

9.3　茶叶中农药残留分布

9.3.1　茶叶按检出农药品种和频次排名

本次残留侦测的茶叶共 4 种，包括黑茶、红茶、黄茶和绿茶。

根据检出农药品种及频次进行排名，将各项排名茶叶样品检出情况列表说明，详见表 9-16。

表 9-16　茶叶按检出农药品种和频次排名

按检出农药品种排名（品种）	①绿茶（71），②黑茶（62），③红茶（45），④黄茶（41）
按检出农药频次排名（频次）	①绿茶（843），②黑茶（259），③红茶（176），④黄茶（168）
按检出禁用、高毒及剧毒农药品种排名（品种）	①绿茶（12），②黄茶（8），③黑茶（7），④红茶（7）
按检出禁用、高毒及剧毒农药频次排名（频次）	①绿茶（146），②黄茶（22），③黑茶（20），④红茶（20）

9.3.2　超标农药品种和频次排名

鉴于 MRL 欧盟标准和日本标准的制定比较全面且覆盖率较高，我们参照 MRL 中国国家标准、欧盟标准和日本标准衡量茶叶样品中农残检出情况，将茶叶按超标农药品种及频次排名列表说明，详见表 9-17。

表 9-17　茶叶按超标农药品种和频次排名

按超标农药品种排名（农药品种数）	MRL 中国国家标准	
	MRL 欧盟标准	①绿茶（19），②黑茶（14），③红茶（8），④黄茶（6）
	MRL 日本标准	①黑茶（19），②绿茶（18），③红茶（8），④黄茶（3）
按超标农药频次排名（农药频次数）	MRL 中国国家标准	
	MRL 欧盟标准	①绿茶（165），②红茶（30），③黑茶（28），④黄茶（20）
	MRL 日本标准	①绿茶（112），②黑茶（38），③红茶（25），④黄茶（15）

通过对各品种茶叶样本总数及检出率进行综合分析发现，绿茶、黑茶和黄茶的残留污染最为严重，在此，我们参照 MRL 中国国家标准、欧盟标准和日本标准对这 3 种茶叶的农残检出情况进行进一步分析。

9.3.3　农药残留检出率较高的茶叶样品分析

9.3.3.1　绿茶

这次共检测 84 例绿茶样品，80 例样品中检出了农药残留，检出率为 95.2%，检出农药共计 71 种。其中唑虫酰胺、噻嗪酮、哒螨灵、啶虫脒和吡虫啉检出频次较高，分别检出了 76、67、62、59 和 46 次。绿茶中农药检出品种和频次见图 9-19，超标农药见图 9-20 和表 9-18。

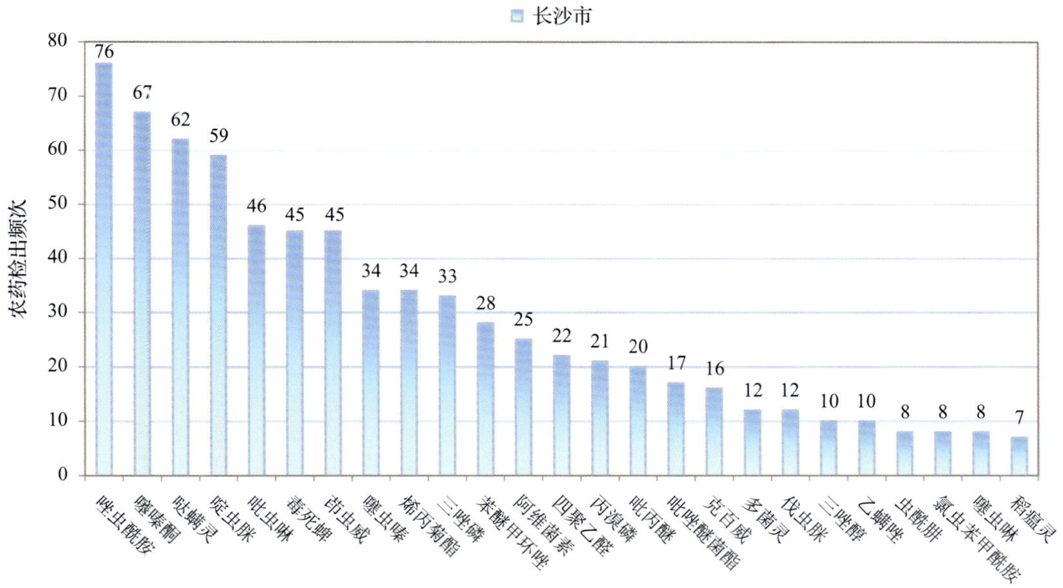

图 9-19　绿茶样品检出农药品种和频次分析(仅列出 7 频次及以上的数据)

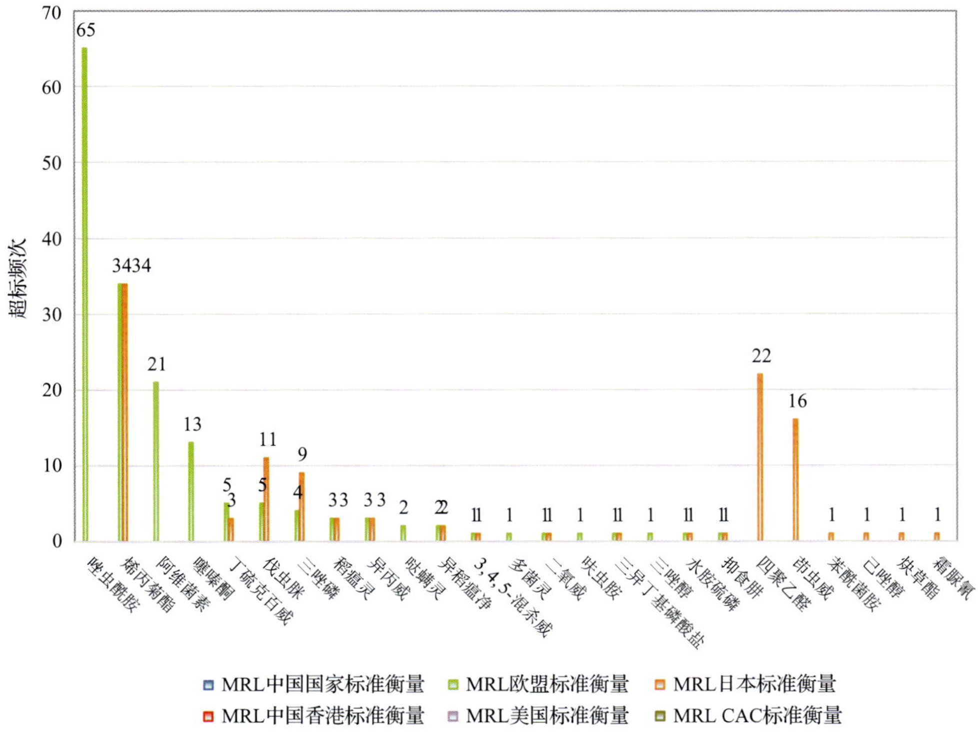

图 9-20　绿茶样品中超标农药分析

表 9-18　绿茶中农药残留超标情况明细表

样品总数			检出农药样品数	样品检出率(%)	检出农药品种总数
84			80	95.2	71
	超标农药品种	超标农药频次	按照 MRL 中国国家标准、欧盟标准和日本标准衡量超标农药名称及频次		
中国国家标准	0	0			
欧盟标准	19	165	唑虫酰胺(65)，烯丙菊酯(34)，阿维菌素(21)，噻嗪酮(13)，丁硫克百威(5)，伐虫脒(5)，三唑磷(4)，稻瘟灵(3)，异丙威(3)，哒螨灵(2)，异稻瘟净(2)，3，4，5-混杀威(1)，多菌灵(1)，二氧威(1)，呋虫胺(1)，三异丁基磷酸盐(1)，三唑醇(1)，水胺硫磷(1)，抑食肼(1)		
日本标准	18	112	烯丙菊酯(34)，四聚乙醛(22)，茚虫威(16)，伐虫脒(11)，三唑磷(9)，稻瘟灵(3)，丁硫克百威(3)，异丙威(3)，异稻瘟净(2)，3，4，5-混杀威(1)，苯酰菌胺(1)，二氧威(1)，己唑醇(1)，炔草酯(1)，三异丁基磷酸盐(1)，霜脲氰(1)，水胺硫磷(1)，抑食肼(1)		

9.3.3.2　黑茶

这次共检测 30 例黑茶样品，全部检出了农药残留，检出率为 100.0%，检出农药共计 62 种。其中啶虫脒、噻嗪酮、抑芽丹、哒螨灵和唑虫酰胺检出频次较高，分别检出了 27、22、20、19 和 19 次。黑茶中农药检出品种和频次见图 9-21，超标农药见图 9-22 和表 9-19。

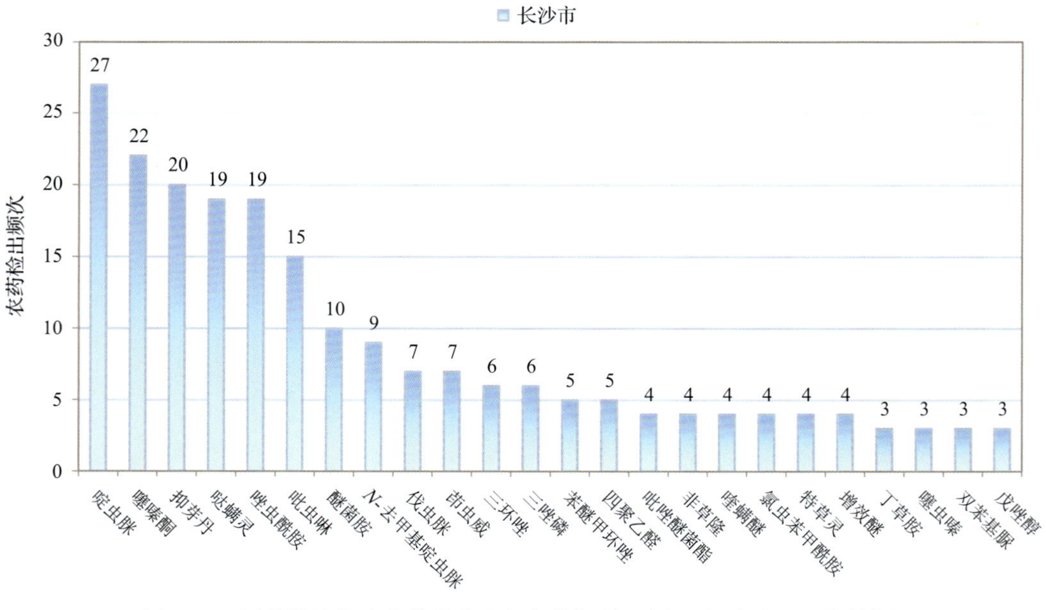

图 9-21　黑茶样品检出农药品种和频次分析（仅列出 3 频次及以上的数据）

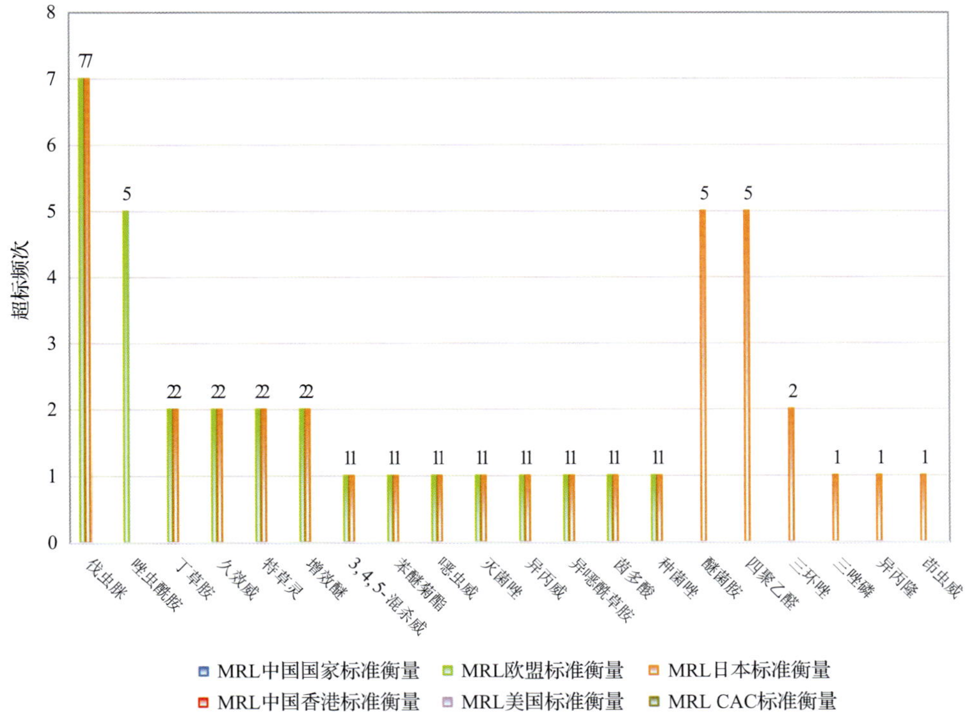

图 9-22　黑茶样品中超标农药分析

表 9-19　黑茶中农药残留超标情况明细表

样品总数			检出农药样品数	样品检出率(%)	检出农药品种总数
30			30	100	62
	超标农药品种	超标农药频次	按照 MRL 中国国家标准、欧盟标准和日本标准衡量超标农药名称及频次		
中国国家标准	0	0			
欧盟标准	14	28	伐虫脒(7)，唑虫酰胺(5)，丁草胺(2)，久效威(2)，特草灵(2)，增效醚(2)，3，4，5-混杀威(1)，苯醚菊酯(1)，噁虫威(1)，灭菌唑(1)，异丙威(1)，异噁酰草胺(1)，茵多酸(1)，种菌唑(1)		
日本标准	19	38	伐虫脒(7)，醚菌胺(5)，四聚乙醛(5)，丁草胺(2)，久效威(2)，三环唑(2)，特草灵(2)，增效醚(2)，3，4，5-混杀威(1)，苯醚菊酯(1)，噁虫威(1)，灭菌唑(1)，三唑磷(1)，异丙隆(1)，异丙威(1)，异噁酰草胺(1)，茵多酸(1)，茚虫威(1)，种菌唑(1)		

9.3.3.3　黄茶

这次共检测 20 例黄茶样品，全部检出了农药残留，检出率为 100.0%，检出农药共计 41 种。其中三环唑、噻嗪酮、烯丙菊酯、哒螨灵和啶虫脒检出频次较高，分别检出了 17、15、13、11 和 11 次。黄茶中农药检出品种和频次见图 9-23，超标农药见图 9-24 和表 9-20。

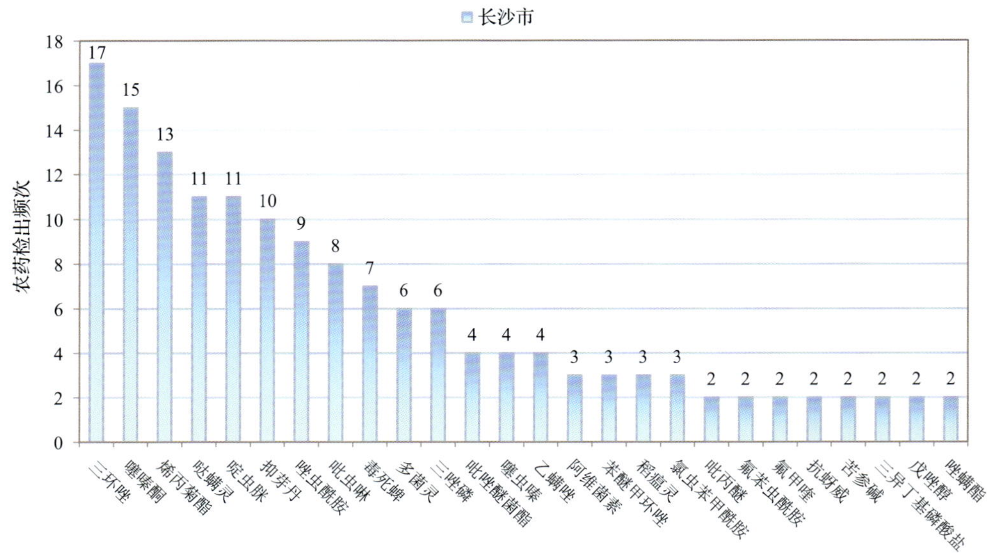

图 9-23　黄茶样品检出农药品种和频次分析（仅列出 2 频次及以上的数据）

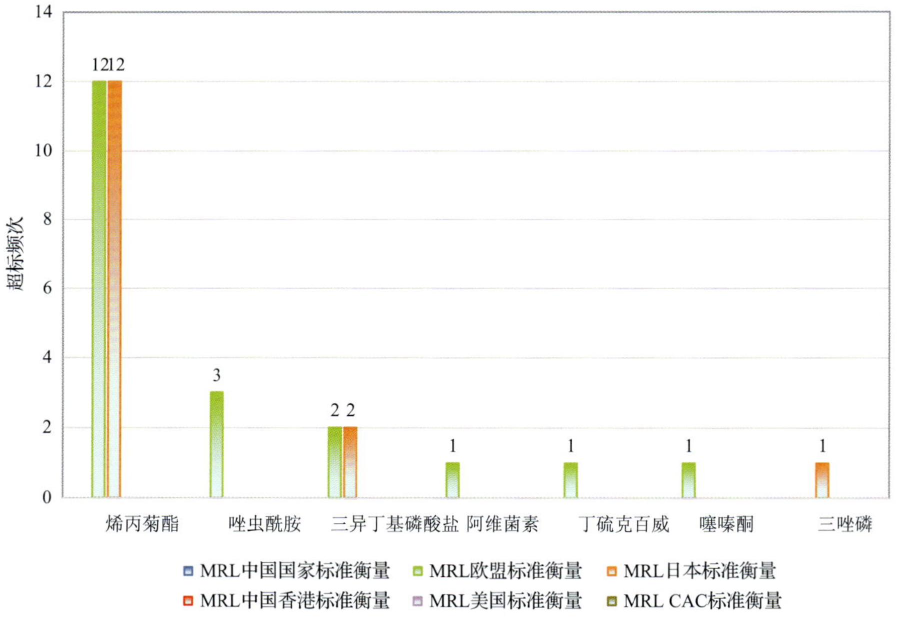

图 9-24　黄茶样品中超标农药分析

表 9-20　黄茶中农药残留超标情况明细表

样品总数			检出农药样品数	样品检出率(%)	检出农药品种总数
20			20	100	41
	超标农药品种	超标农药频次	按照 MRL 中国国家标准、欧盟标准和日本标准衡量超标农药名称及频次		
中国国家标准	0	0			
欧盟标准	6	20	烯丙菊酯(12)，唑虫酰胺(3)，三异丁基磷酸盐(2)，阿维菌素(1)，丁硫克百威(1)，噻嗪酮(1)		
日本标准	3	15	烯丙菊酯(12)，三异丁基磷酸盐(2)，三唑磷(1)		

9.4　初 步 结 论

9.4.1　长沙市市售茶叶按 MRL 中国国家标准和国际主要 MRL 标准衡量的合格率

本次侦测的 155 例样品中，5 例样品未检出任何残留农药，占样品总量的 3.2%，150 例样品检出不同水平、不同种类的残留农药，占样品总量的 96.8%。在这 150 例检出农药残留的样品中：

按照 MRL 中国国家标准衡量，有 150 例样品检出残留农药但含量没有超标，占样品总数的 96.8%，无检出残留农药超标的样品。

按照 MRL 欧盟标准衡量，有 26 例样品检出残留农药但含量没有超标，占样品总数的 16.8%，有 124 例样品检出了超标农药，占样品总数的 80.0%。

按照 MRL 日本标准衡量，有 40 例样品检出残留农药但含量没有超标，占样品总数的 25.8%，有 110 例样品检出了超标农药，占样品总数的 71.0%。

按照 MRL 中国香港标准衡量，有 150 例样品检出残留农药但含量没有超标，占样品总数的 96.8%，无检出残留农药超标的样品。

按照 MRL 美国标准衡量，有 150 例样品检出残留农药但含量没有超标，占样品总数的 96.8%，无检出残留农药超标的样品。

按照 MRL CAC 标准衡量，有 150 例样品检出残留农药但含量没有超标，占样品总数的 96.8%，无检出残留农药超标的样品。

9.4.2　长沙市市售茶叶中检出农药以中低微毒农药为主，占市场主体的 87.7%

这次侦测的 155 例茶叶样品共检出了 114 种农药，检出农药的毒性以中低微毒为主，详见表 9-21。

表 9-21　市场主体农药毒性分布

毒性	检出品种	占比	检出频次	占比
剧毒农药	3	2.6%	4	0.3%
高毒农药	11	9.6%	137	9.5%
中毒农药	49	43.0%	902	62.4%
低毒农药	33	28.9%	241	16.7%
微毒农药	18	15.8%	162	11.2%
中低微毒农药，品种占比 87.7%，频次占比 90.2%				

9.4.3　检出剧毒、高毒和禁用农药现象应该警醒

在此次侦测的 155 例样品中有 4 种茶叶的 103 例样品检出了 18 种 208 频次的剧毒和高毒或禁用农药，占样品总量的 66.5%。其中剧毒农药鼠立死、放线菌酮和特丁硫磷

以及高毒农药三唑磷、阿维菌素和伐虫脒检出频次较高。

按 MRL 中国国家标准衡量，检出剧毒农药和高毒农药按超标程度比较均未超标。

剧毒、高毒或禁用农药的检出情况及按照MRL中国国家标准衡量的超标情况见表9-22。

表 9-22　剧毒、高毒或禁用农药的检出及超标明细

序号	农药名称	样品名称	检出频次	超标频次	最大超标倍数	超标率
1.1	放线菌酮*	黑茶	1	0	0	0.0%
2.1	鼠立死*	绿茶	2	0	0	0.0%
3.1	特丁硫磷*▲	绿茶	1	0	0	0.0%
4.1	阿维菌素◊	绿茶	25	0	0	0.0%
4.2	阿维菌素◊	黄茶	3	0	0	0.0%
4.3	阿维菌素◊	红茶	1	0	0	0.0%
5.1	伐虫脒◊	绿茶	12	0	0	0.0%
5.2	伐虫脒◊	黑茶	7	0	0	0.0%
5.3	伐虫脒◊	红茶	4	0	0	0.0%
5.4	伐虫脒◊	黄茶	1	0	0	0.0%
6.1	甲胺磷◊▲	绿茶	1	0	0	0.0%
7.1	久效威◊	黑茶	2	0	0	0.0%
8.1	克百威◊▲	绿茶	16	0	0	0.0%
8.2	克百威◊▲	红茶	3	0	0	0.0%
8.3	克百威◊▲	黑茶	2	0	0	0.0%
8.4	克百威◊▲	黄茶	1	0	0	0.0%
9.1	灭多威◊▲	绿茶	2	0	0	0.0%
10.1	三唑磷◊▲	绿茶	33	0	0	0.0%
10.2	三唑磷◊▲	黑茶	6	0	0	0.0%
10.3	三唑磷◊▲	黄茶	6	0	0	0.0%
10.4	三唑磷◊▲	红茶	4	0	0	0.0%
11.1	水胺硫磷◊▲	绿茶	1	0	0	0.0%
12.1	氧乐果◊▲	黄茶	1	0	0	0.0%
13.1	乙硫苯威◊	红茶	3	0	0	0.0%
13.2	乙硫苯威◊	黑茶	1	0	0	0.0%
14.1	兹克威◊	红茶	2	0	0	0.0%
15.1	丁硫克百威▲	绿茶	5	0	0	0.0%
15.2	丁硫克百威▲	黄茶	1	0	0	0.0%
16.1	毒死蜱▲	绿茶	45	0	0	0.0%
16.2	毒死蜱▲	黄茶	7	0	0	0.0%
16.3	毒死蜱▲	红茶	3	0	0	0.0%
16.4	毒死蜱▲	黑茶	1	0	0	0.0%
17.1	乐果▲	绿茶	3	0	0	0.0%
18.1	氟苯虫酰胺▲	黄茶	2	0	0	0.0%
合计			208	0		0.0%

注：表中*为剧毒农药；◊ 为高毒农药；▲为禁用农药；超标倍数参照 MRL 中国国家标准衡量

这些剧毒和高毒农药都是中国政府早有规定禁止在茶叶中使用的，为什么还屡次被检出，应该引起警惕。

9.4.4　残留限量标准与先进国家或地区差距较大

1446 频次的检出结果与我国公布的《食品中农药最大残留限量》(GB 2763—2016)对比，有 617 频次能找到对应的 MRL 中国国家标准，占 42.7%；还有 829 频次的侦测数据无相关 MRL 标准供参考，占 57.3%。

与国际上现行 MRL 对比发现：

有 1446 频次能找到对应的 MRL 欧盟标准，占 100.0%；

有 1446 频次能找到对应的 MRL 日本标准，占 100.0%；

有 517 频次能找到对应的 MRL 中国香港标准，占 35.8%；

有 519 频次能找到对应的 MRL 美国标准，占 35.9%；

有 434 频次能找到对应的 MRL CAC 标准，占 30.0%。

由上可见，MRL 中国国家标准与先进国家或地区标准还有很大差距，我们无标准，境外有标准，这就会导致我们在国际贸易中，处于受制于人的被动地位。

9.4.5　茶叶单种样品检出 45～71 种农药残留，拷问农药使用的科学性

通过此次监测发现，绿茶、黑茶和红茶是检出农药品种最多的 3 种茶叶，从中检出农药品种及频次详见表 9-23。

表 9-23　单种样品检出农药品种及频次

样品名称	样品总数	检出农药样品数	检出率	检出农药品种数	检出农药(频次)
绿茶	84	80	95.2%	71	唑虫酰胺(76)，噻嗪酮(67)，哒螨灵(62)，啶虫脒(59)，吡虫啉(46)，毒死蜱(45)，茚虫威(45)，噻虫嗪(34)，烯丙菊酯(34)，三唑磷(33)，苯醚甲环唑(28)，阿维菌素(25)，四聚乙醛(22)，丙溴磷(21)，吡丙醚(20)，吡唑醚菌酯(17)，克百威(16)，多菌灵(12)，伐虫脒(12)，三唑醇(10)，乙螨唑(10)，虫酰肼(8)，氯虫苯甲酰胺(8)，噻虫啉(8)，稻瘟灵(7)，*N*-去甲基啶虫脒(6)，丙环唑(6)，咪鲜胺(6)，戊唑醇(6)，唑螨酯(6)，丁硫克百威(5)，己唑醇(5)，马拉硫磷(5)，三环唑(5)，腈菌唑(4)，嘧菌酯(4)，三异丁基磷酸盐(4)，呋虫胺(3)，甲氰菊酯(3)，喹螨醚(3)，乐果(3)，螺螨酯(3)，嘧霉胺(3)，异丙威(3)，吡虫啉脲(2)，非草隆(2)，氟环唑(2)，灭多威(2)，噻虫胺(2)，鼠立死(2)，乙嘧硫磷(2)，异稻瘟净(2)，3，4，5-混杀威(1)，苯酰菌胺(1)，噁霜灵(1)，二氧威(1)，氟硅唑(1)，氟甲喹(1)，甲胺磷(1)，甲哌(1)，炔草酯(1)，霜脲氰(1)，水胺硫磷(1)，特草灵(1)，特丁硫磷(1)，肟菌酯(1)，烯酰吗啉(1)，乙草胺(1)，抑食肼(1)，增效醚(1)，唑啉草酯(1)
黑茶	30	30	100.0%	62	啶虫脒(27)，噻嗪酮(22)，抑芽丹(20)，哒螨灵(19)，唑虫酰胺(19)，吡虫啉(15)，醚菌胺(10)，*N*-去甲基啶虫脒(9)，伐虫脒(7)，茚虫威(7)，三环唑(6)，三唑磷(6)，苯醚甲环唑(5)，四聚乙醛(5)，吡唑醚菌酯(4)，非草隆(4)，喹螨醚(4)，氯虫苯甲酰胺(4)，特草灵(4)，增效醚(4)，丁草胺(3)，噻虫嗪(3)，双苯基脲(3)，

续表

样品名称	样品总数	检出农药样品数	检出率	检出农药品种数	检出农药(频次)
黑茶	30	30	100.0%	62	戊唑醇(3)，吡丙醚(2)，虫酰肼(2)，除虫脲(2)，久效威(2)，克百威(2)，苦参碱(2)，异丙威(2)，莠灭净(2)，3，4，5-混杀威(1)，胺鲜酯(1)，苯醚菊酯(1)，苯氧菌胺-(Z)(1)，吡螨胺(1)，丙环唑(1)，毒死蜱(1)，多菌灵(1)，噁虫威(1)，二甲嘧酚(1)，放线菌酮(1)，氟甲喹(1)，甲哌(1)，甲氰菊酯(1)，腈菌唑(1)，灭菌唑(1)，萘乙酸(1)，炔丙菊酯(1)，噻虫啉(1)，噻螨酮(1)，三异丁基磷酸盐(1)，烯肟菌酯(1)，乙硫苯威(1)，乙嘧硫磷(1)，异丙隆(1)，异噁酰草胺(1)，茵多酸(1)，种菌唑(1)，唑啉草酯(1)，唑螨酯(1)
红茶	21	20	95.2%	45	三环唑(16)，唑虫酰胺(14)，哒螨灵(13)，啶虫脒(13)，噻嗪酮(13)，烯丙菊酯(13)，抑芽丹(8)，茚虫威(8)，噻虫嗪(6)，苯醚甲环唑(4)，多菌灵(4)，伐虫脒(4)，氯虫苯甲酰胺(4)，噻虫啉(4)，三唑磷(4)，四聚乙醛(4)，吡丙醚(3)，吡唑醚菌酯(3)，毒死蜱(3)，克百威(3)，嘧菌酯(3)，乙硫苯威(3)，吡虫啉(2)，乙螨唑(2)，兹克威(2)，阿维菌素(1)，苯噻酰草胺(1)，苄氨基嘌呤(1)，丙环唑(1)，稻瘟灵(1)，敌草隆(1)，氟硅唑(1)，苦参碱(1)，喹菌酮(1)，螺螨酯(1)，去乙基阿特拉津(1)，杀铃脲(1)，杀螟丹(1)，双丙氨膦(1)，双甲脒(1)，戊唑醇(1)，乙嘧硫磷(1)，乙氧喹啉(1)，异丙威(1)，吲哚乙酸(1)

上述 3 种茶叶，检出农药 45～71 种，是多种农药综合防治，还是未严格实施农业良好管理规范(GAP)，抑或根本就是乱施药，值得我们思考。

第 10 章　LC-Q-TOF/MS 侦测长沙市市售茶叶农药残留膳食暴露风险与预警风险评估

10.1　农药残留风险评估方法

10.1.1　长沙市农药残留侦测数据分析与统计

庞国芳院士科研团队建立的农药残留高通量侦测技术以高分辨精确质量数(0.0001 *m/z* 为基准)为识别标准,采用LC-Q-TOF/MS技术对825种农药化学污染物进行侦测。

科研团队于 2019 年 1 月期间在长沙市 8 个采样点，包括 6 个茶叶专营店 2 个超市，以随机购买方式采集，总计 8 批 155 例样品，具体位置如图 10-1 所示。

图 10-1　LC-Q-TOF/MS 侦测长沙市 8 个采样点 155 例样品分布示意图

利用 LC-Q-TOF/MS 技术对 155 例样品中的农药进行侦测，侦测出残留农药 114 种，1446 频次。侦测出农药残留水平如表 10-1 和图 10-2 所示。检出频次最高的前 10 种农药如表 10-2 所示。从检测结果中可以看出，在茶叶中农药残留普遍存在，且有些茶叶存在高浓度的农药残留，这些可能存在膳食暴露风险，对人体健康产生危害，因此，为了定量地评价茶叶中农药残留的风险程度，有必要对其进行风险评价。

表 10-1　侦测出农药的不同残留水平及其所占比例列表

残留水平(μg/kg)	检出频次	占比(%)
1～5(含)	606	41.9
5～10(含)	268	18.5
10～100(含)	469	32.5
100～1000	103	7.1
合计	1446	100

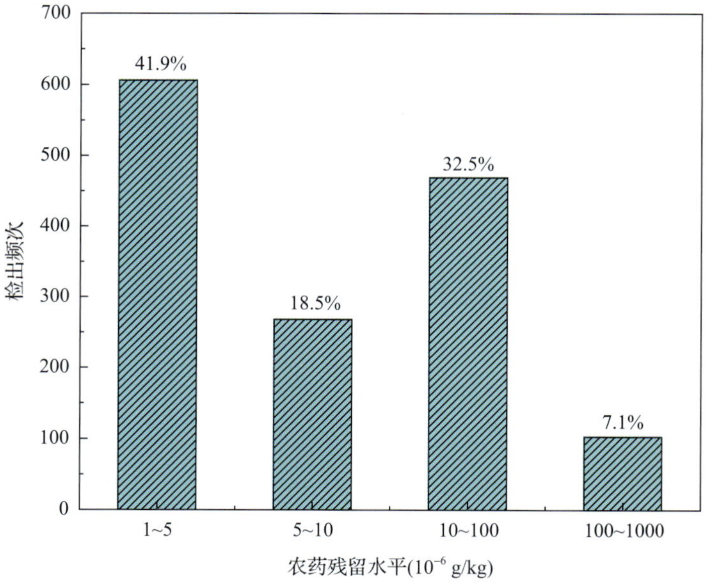

图 10-2　残留农药检出浓度频数分布图

表 10-2　检出频次最高的前 10 种农药列表

序号	农药	检出频次（次）
1	唑虫酰胺	118
2	噻嗪酮	117
3	啶虫脒	110
4	哒螨灵	105
5	吡虫啉	71
6	茚虫威	61
7	烯丙菊酯	60
8	毒死蜱	56
9	三唑磷	49
10	噻虫嗪	47

10.1.2　农药残留风险评价模型

对长沙市茶叶中农药残留分别开展暴露风险评估和预警风险评估。膳食暴露风险评估利用食品安全指数模型对茶叶中的残留农药对人体可能产生的危害程度进行评价，该模型结合残留监测和膳食暴露评估评价化学污染物的危害；预警风险评价模型运用风险系数(risk index，*R*)，风险系数综合考虑了危害物的超标率、施检频率及其本身敏感性的影响，能直观而全面地反映出危害物在一段时间内的风险程度。

10.1.2.1　食品安全指数模型

为了加强食品安全管理，《中华人民共和国食品安全法》第二章第十七条规定“国家建立食品安全风险评估制度，运用科学方法，根据食品安全风险监测信息、科学数据以及有关信息，对食品、食品添加剂、食品相关产品中生物性、化学性和物理性危害因素进行风险评估”[1]，膳食暴露评估是食品危险度评估的重要组成部分，也是膳食安全性的衡量标准[2]。国际上最早研究膳食暴露风险评估的机构主要是 JMPR（FAO、WHO 农药残留联合专家会议），该组织自 1995 年就已制定了急性毒性物质的风险评估急性毒性农药残留摄入量的预测。1960 年美国规定食品中不得加入致癌物质进而提出零阈值理论，渐渐零阈值理论发展成在一定概率条件下可接受风险的概念[3]，后衍变为食品中每日允许最大摄入量（ADI），而国际食品农药残留法典委员会（CCPR）认为 ADI 不是独立风险评估的唯一标准[4]，1995 年 JMPR 开始研究农药急性膳食暴露风险评估，并对食品国际短期摄入量的计算方法进行了修正，亦对膳食暴露评估准则及评估方法进行了修正[5]，2002 年，在对世界上现行的食品安全评价方法，尤其是国际公认的 CAC 评价方法、全球环境监测系统/食品污染监测和评估规划（WHO GEMS/Food）及 FAO、WHO 食品添加剂联合专家委员会（JECFA）和 JMPR 对食品安全风险评估工作研究的基础之上，检验检疫食品安全管理的研究人员提出了结合残留监控和膳食暴露评估，以食品安全指数 IFS 计算食品中各种化学污染物对消费者的健康危害程度[6]。IFS 是表示食品安全状态的新方法，可有效地评价某种农药的安全性，进而评价食品中各种农药化学污染物对消费者健康的整体危害程度[7, 8]。从理论上分析，IFS_c 可指出食品中的污染物 c 对消费者健康是否存在危害及危害的程度[9]。其优点在于操作简单且结果容易被接受和理解，不需要大量的数据来对结果进行验证，使用默认的标准假设或者模型即可[10, 11]。

1）IFS_c 的计算

IFS_c 计算公式如下：

$$IFS_c = \frac{EDI_c \times f}{SI_c \times bw} \tag{10-1}$$

式中，c 为所研究的农药；EDI_c 为农药 c 的实际日摄入量估算值，等于 $\sum(R_i \times F_i \times E_i \times P_i)$（$i$ 为食品种类；R_i 为食品 i 中农药 c 的残留水平，mg/kg；F_i 为食品 i 的估计日消费量，g/(人·天)；E_i 为食品 i 的可食用部分因子；P_i 为食品 i 的加工处理因子）；SI_c 为安全摄入量，可采用每日允许最大摄入量 ADI；bw 为人平均体重，kg；f 为校正因子，如果安全摄入量采用 ADI，则 f 取 1。

$IFS_c \ll 1$，农药 c 对食品安全没有影响；$IFS_c \leqslant 1$，农药 c 对食品安全的影响可以接受；$IFS_c > 1$，农药 c 对食品安全的影响不可接受。

本次评价中：

$IFS_c \leqslant 0.1$，农药 c 对茶叶安全没有影响；

$0.1 < IFS_c \leqslant 1$，农药 c 对茶叶安全的影响可以接受；

$IFS_c > 1$，农药 c 对茶叶安全的影响不可接受。

本次评价中残留水平 R_i 取值为中国检验检疫科学研究院庞国芳院士课题组利用以高分辨精确质量数（0.0001 m/z）为基准的 LC-Q-TOF/MS 侦测技术于 2019 年 1 月期间对长沙市茶叶农药残留的侦测结果，估计日消费量 F_i 取值 0.0047 kg/(人·天)，E_i=1，P_i=1，f=1，SI_c 采用《食品安全国家标准　食品中农药最大残留限量》（GB 2763—2016）中 ADI

值（具体数值见表 10-3），人平均体重（bw）取值 60 kg。

表 10-3　长沙市茶叶中侦测出农药的 ADI 值

序号	农药	ADI	序号	农药	ADI	序号	农药	ADI
1	唑虫酰胺	0.006	39	甲胺磷	0.004	77	萘乙酸	0.15
2	阿维菌素	0.002	40	除虫脲	0.02	78	烯酰吗啉	0.2
3	毒死蜱	0.01	41	戊唑醇	0.03	79	3,4,5-混杀威	—
4	三唑磷	0.001	42	氟硅唑	0.007	80	*N*-去甲基啶虫脒	—
5	噻嗪酮	0.009	43	苯噻酰草胺	0.007	81	三异丁基磷酸盐	—
6	炔草酯	0.0003	44	乙螨唑	0.05	82	久效威	—
7	丁硫克百威	0.01	45	腈菌唑	0.03	83	乙嘧硫磷	—
8	克百威	0.001	46	丙环唑	0.07	84	乙硫苯威	—
9	四聚乙醛	0.01	47	异稻瘟净	0.035	85	二氧威	—
10	哒螨灵	0.01	48	丁草胺	0.1	86	二甲嘧酚	—
11	喹螨醚	0.005	49	异丙隆	0.015	87	伐虫脒	—
12	异丙威	0.002	50	噁霜灵	0.01	88	兹克威	—
13	茚虫威	0.01	51	乙氧喹啉	0.005	89	去乙基阿特拉津	—
14	苯醚甲环唑	0.01	52	甲氰菊酯	0.03	90	双丙氨膦	—
15	氧乐果	0.0003	53	噻螨酮	0.03	91	双苯基脲	—
16	多菌灵	0.03	54	氟苯虫酰胺	0.02	92	吡虫啉脲	—
17	啶虫脒	0.07	55	增效醚	0.2	93	吡螨胺	—
18	三唑醇	0.03	56	杀铃脲	0.014	94	吲哚乙酸	—
19	己唑醇	0.005	57	呋虫胺	0.2	95	喹菌酮	—
20	吡唑醚菌酯	0.03	58	双甲脒	0.01	96	噁虫威	—
21	吡虫啉	0.06	59	乙草胺	0.02	97	异噁酰草胺	—
22	依维菌素	0.001	60	抗蚜威	0.02	98	抑食肼	—
23	稻瘟灵	0.016	61	噻虫胺	0.1	99	放线菌酮	—
24	唑螨酯	0.01	62	氟环唑	0.02	100	氟甲喹	—
25	丙溴磷	0.03	63	苦参碱	0.1	101	灭菌唑	—
26	特丁硫磷	0.0006	64	嘧霉胺	0.2	102	炔丙菊酯	—
27	三环唑	0.04	65	胺鲜酯	0.023	103	烯丙菊酯	—
28	水胺硫磷	0.003	66	嘧菌酯	0.2	104	特草灵	—
29	虫酰肼	0.02	67	烯肟菌酯	0.024	105	甲哌	—
30	噻虫嗪	0.08	68	莠灭净	0.072	106	种菌唑	—
31	乐果	0.002	69	马拉硫磷	0.3	107	苄氨基嘌呤	—
32	噻虫啉	0.01	70	杀螟丹	0.1	108	苯氧菌胺-(Z)	—
33	抑芽丹	0.3	71	肟菌酯	0.04	109	苯醚菊酯	—
34	敌草隆	0.001	72	苯酰菌胺	0.5	110	茵多酸	—
35	螺螨酯	0.01	73	氯虫苯甲酰胺	2	111	醚菌胺	—
36	灭多威	0.02	74	唑啉草酯	0.3	112	霜脲氰	—
37	咪鲜胺	0.01	75	噻菌灵	0.1	113	非草隆	—
38	吡丙醚	0.1	76	啶氧菌酯	0.09	114	鼠立死	—

注：“—”表示为国家标准中无 ADI 值规定；ADI 值单位为 mg/kg bw

2) 计算 IFS_c 的平均值 $\overline{IFS}$，评价农药对食品安全的影响程度

以 $\overline{IFS}$ 评价各种农药对人体健康危害的总程度，评价模型见公式(10-2)。

$$\overline{IFS}=\frac{\sum_{i=1}^{n} IFS_c}{n} \tag{10-2}$$

$\overline{IFS} \ll 1$，所研究消费者人群的食品安全状态很好；$\overline{IFS} \leq 1$，所研究消费者人群的食品安全状态可以接受；$\overline{IFS} > 1$，所研究消费者人群的食品安全状态不可接受。

本次评价中：

$\overline{IFS} \leqslant 0.1$，所研究消费者人群的茶叶安全状态很好；

$0.1 < \overline{IFS} \leqslant 1$，所研究消费者人群的茶叶安全状态可以接受；

$\overline{IFS} > 1$，所研究消费者人群的茶叶安全状态不可接受。

10.1.2.2 预警风险评估模型

2003 年，我国检验检疫食品安全管理的研究人员根据 WTO 的有关原则和我国的具体规定，结合危害物本身的敏感性、风险程度及其相应的施检频率，首次提出了食品中危害物风险系数 R 的概念[12]。R 是衡量一个危害物的风险程度大小最直观的参数，即在一定时期内其超标率或阳性检出率的高低,但受其施检频率的高低及其本身的敏感性(受关注程度)影响。该模型综合考察了农药在茶叶中的超标率、施检频率及其本身敏感性，能直观而全面地反映出农药在一段时间内的风险程度[13]。

1) R 计算方法

危害物的风险系数综合考虑了危害物的超标率或阳性检出率、施检频率和其本身的敏感性影响，并能直观而全面地反映出危害物在一段时间内的风险程度。风险系数 R 的计算公式如式(10-3)：

$$R = aP + \frac{b}{F} + S \tag{10-3}$$

式中 P 为该种危害物的超标率；F 为危害物的施检频率；S 为危害物的敏感因子；a, b 分别为相应的权重系数。

本次评价中 F=1；S=1；a=100；b=0.1，对参数 P 进行计算，计算时首先判断是否为禁用农药，如果为非禁用农药，P=超标的样品数(侦测出的含量高于食品最大残留限量标准值，即 MRL)除以总样品数(包括超标、不超标、未侦测出)；如果为禁用农药，则侦测出即为超标，P=能侦测出的样品数除以总样品数。判断长沙市茶叶农药残留是否超标的标准限值 MRL 分别以 MRL 中国国家标准[14]和 MRL 欧盟标准作为对照，具体值列于本报告附表一中。

2) 评价风险程度

$R \leqslant 1.5$，受检农药处于低度风险；

$1.5 < R \leqslant 2.5$，受检农药处于中度风险；

$R>2.5$，受检农药处于高度风险。

10.1.2.3　食品膳食暴露风险和预警风险评估应用程序的开发

1) 应用程序开发的步骤

为成功开发膳食暴露风险和预警风险评估应用程序，与软件工程师多次沟通讨论，逐步提出并描述清楚计算需求，开发了初步应用程序。为明确出不同茶叶、不同农药、不同地域的风险水平，向软件工程师提出不同的计算需求，软件工程师对计算需求进行逐一分析，经过反复的细节沟通，需求分析得到明确后，开始进行解决方案的设计，在保证需求的完整性、一致性的前提下，编写出程序代码，最后设计出满足需求的风险评估专用计算软件，并通过一系列的软件测试和改进，完成专用程序的开发。软件开发基本步骤见图 10-3。

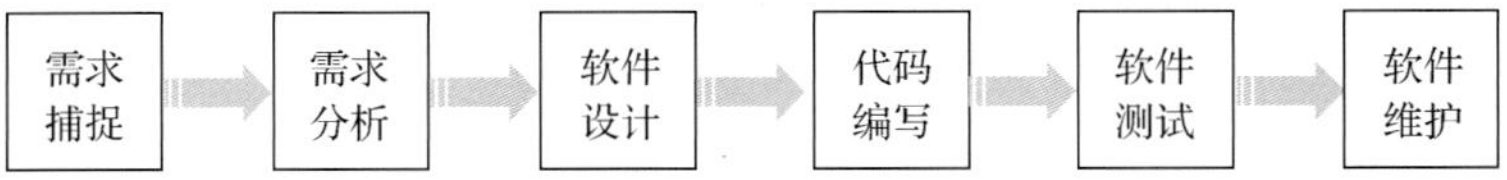

图 10-3　专用程序开发总体步骤

2) 膳食暴露风险评估专业程序开发的基本要求

首先直接利用公式（10-1），分别计算 LC-Q-TOF/MS 和 GC-Q-TOF/MS 仪器侦测出的各茶叶样品中每种农药 IFS_c，将结果列出。为考察超标农药和禁用农药的使用安全性，分别以我国《食品安全国家标准　食品中农药最大残留限量》（GB 2763—2016）和欧盟食品中农药最大残留限量（以下简称 MRL 中国国家标准和 MRL 欧盟标准）为标准，对侦测出的禁用农药和超标的非禁用农药 IFS_c 单独进行评价；按 IFS_c 大小列表，并找出 IFS_c 值排名前 20 的样本重点关注。

对不同茶叶 i 中每一种侦测出的农药 c 的安全指数进行计算，多个样品时求平均值。按农药种类，计算整个监测时间段内每种农药的 IFS_c，不区分茶叶种类。

3) 预警风险评估专业程序开发的基本要求

分别以 MRL 中国国家标准和 MRL 欧盟标准，按公式（10-3）逐个计算不同茶叶、不同农药的风险系数，禁用农药和非禁用农药分别列表。

为清楚了解各种农药的预警风险，不分时间，不分茶叶，按禁用农药和非禁用农药分类，分别计算各种侦测出农药全部检测时段内风险系数。由于有 MRL 中国国家标准的农药种类太少，无法计算超标数，非禁用农药的风险系数只以 MRL 欧盟标准为标准，进行计算。

4) 风险程度评价专业应用程序的开发方法

采用 Python 计算机程序设计语言，Python 是一个高层次地结合了解释性、编译性、互动性和面向对象的脚本语言。风险评价专用程序主要功能包括：分别读入每例样品 LC-Q-TOF/MS 和 GC-Q-TOF/MS 农药残留检测数据，根据风险评价工作要求，依次对不同农药、不同食品、不同时间、不同采样点的 IFS_c 值和 R 值分别进行数据计算，筛选出禁用农药、超标农药（分别与 MRL 中国国家标准、MRL 欧盟标准限值进行对比）单独重点分析，再分别对各农药、各茶叶种类分类处理，设计出计算和排序程序，编写计算机代码，最后将生成的膳食暴露风险评估和超标风险评估定量计算结果列入设计好的各个表格中，并定性判断风险对目标的影响程度，直接用文字描述风险发生的高低，如“不可接受”、“可以接受”、“没有影响”、“高度风险”、“中度风险”、“低度风险”。

10.2　LC-Q-TOF/MS 侦测长沙市市售茶叶农药残留膳食暴露风险评估

10.2.1　每例茶叶样品中农药残留安全指数分析

基于 2019 年 1 月的农药残留侦测数据，发现在 155 例样品中侦测出农药 1446 频次，计算样品中每种残留农药的安全指数 IFS_c，并分析农药对样品安全的影响程度，结果详见附表二，农药残留对茶叶样品安全的影响程度频次分布情况如图 10-4 所示。

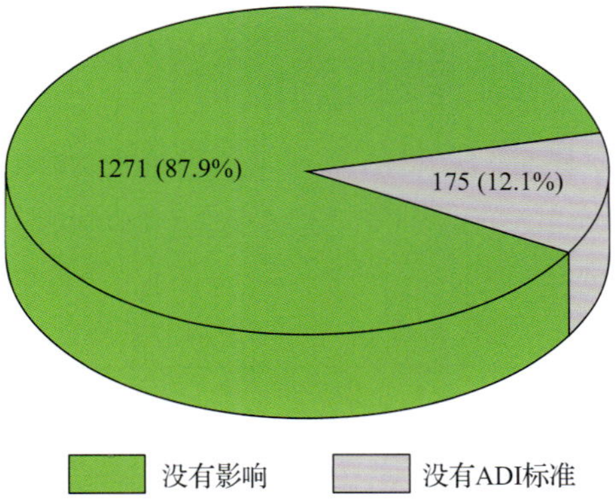

图 10-4　农药残留对茶叶样品安全的影响程度频次分布图

由图 10-4 可以看出，农药残留对样品安全的没有影响的频次为 1271，占 87.9%；农药残留对样品安全的影响没有 ADI 标准的频次为 175，占 12.1%。

部分样品侦测出禁用农药 11 种 144 频次，为了明确残留的禁用农药对样品安全的影响，分析侦测出禁用农药残留的样品安全指数，禁用农药残留对茶叶样品安全的影响程度频次分布情况如图 10-5 所示，农药残留对样品安全没有影响的频次为 144，占 100%。

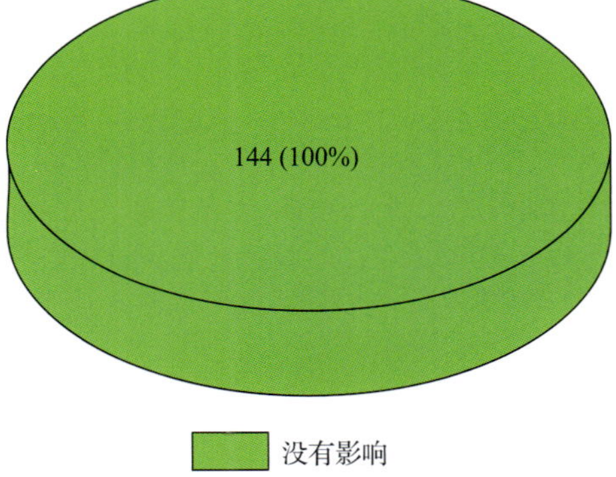

图 10-5　禁用农药对茶叶样品安全影响程度的频次分布图

此外，本次侦测发现部分样品中非禁用农药残留量超过了 MRL 欧盟标准，为了明确超标的非禁用农药对样品安全的影响，分析了非禁用农药残留超标的样品安全指数。

残留量超过 MRL 欧盟标准的非禁用农药对茶叶样品安全的影响程度频次分布情况如图 10-6 所示。可以看出超过 MRL 欧盟标准的非禁用农药共 232 频次，其中农药没有 ADI 的频次为 93，占 40.09%；农药残留对样品安全没有影响的频次为 139，占 59.91%。表 10-4 为茶叶样品中安全指数排名前 10 的残留超标非禁用农药列表。

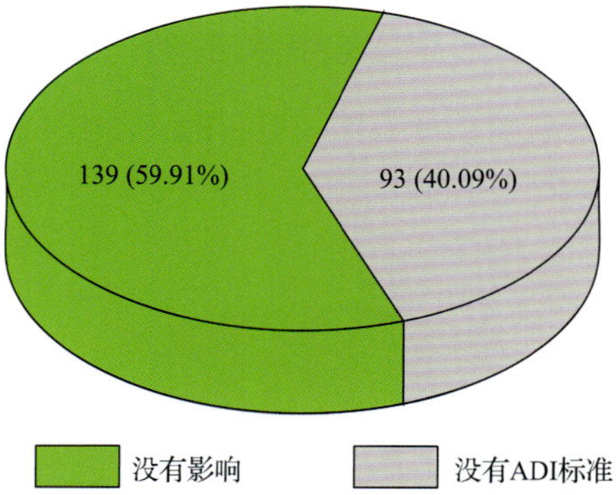

图 10-6　残留超标的非禁用农药对茶叶样品安全的影响程度频次分布图（MRL 欧盟标准）

表 10-4　茶叶样品中安全指数排名前 10 的残留超标非禁用农药列表（MRL 欧盟标准）

序号	样品编号	采样点	基质	农药	含量 (mg/kg)	欧盟标准	IFS_c	影响程度
1	20190121-430100-FJCIQ-GT-04D	***市场（逸然花茶店）	绿茶	阿维菌素	0.3451	0.05	0.0135	没有影响
2	20190121-430100-FJCIQ-GT-01H	***市场（金针山茶叶店）	绿茶	阿维菌素	0.2713	0.05	0.0106	没有影响
3	20190121-430100-FJCIQ-GT-04B	***市场（逸然花茶店）	绿茶	唑虫酰胺	0.7158	0.01	0.0093	没有影响
4	20190121-430100-FJCIQ-GT-04H	***市场（逸然花茶店）	绿茶	唑虫酰胺	0.6607	0.01	0.0086	没有影响
5	20190123-430100-FJCIQ-GT-05L	***超市（天心店）	绿茶	唑虫酰胺	0.6464	0.01	0.0084	没有影响
6	20190121-430100-FJCIQ-GT-03C	***市场（森泰园茶业店）	绿茶	阿维菌素	0.2126	0.05	0.0083	没有影响
7	20190121-430100-FJCIQ-GT-03C	***市场（森泰园茶业店）	绿茶	唑虫酰胺	0.5615	0.01	0.0073	没有影响
8	20190121-430100-FJCIQ-GT-03A	***市场（森泰园茶业店）	绿茶	阿维菌素	0.1859	0.05	0.0073	没有影响
9	20190121-430100-FJCIQ-GT-04D	***市场（逸然花茶店）	绿茶	唑虫酰胺	0.556	0.01	0.0073	没有影响
10	20190123-430100-FJCIQ-GT-05K	***超市（天心店）	绿茶	唑虫酰胺	0.5416	0.01	0.0071	没有影响

10.2.2　单种茶叶中农药残留安全指数分析

本次 4 种茶叶侦测 114 种农药，检出频次为 1446 次，其中 36 种农药没有 ADI，78 种农药存在 ADI 标准。4 种茶叶按不同种类分别计算侦测出的具有 ADI 标准的各种农药的 IFS_c 值，农药残留对茶叶的安全指数分布图如图 10-7 所示。

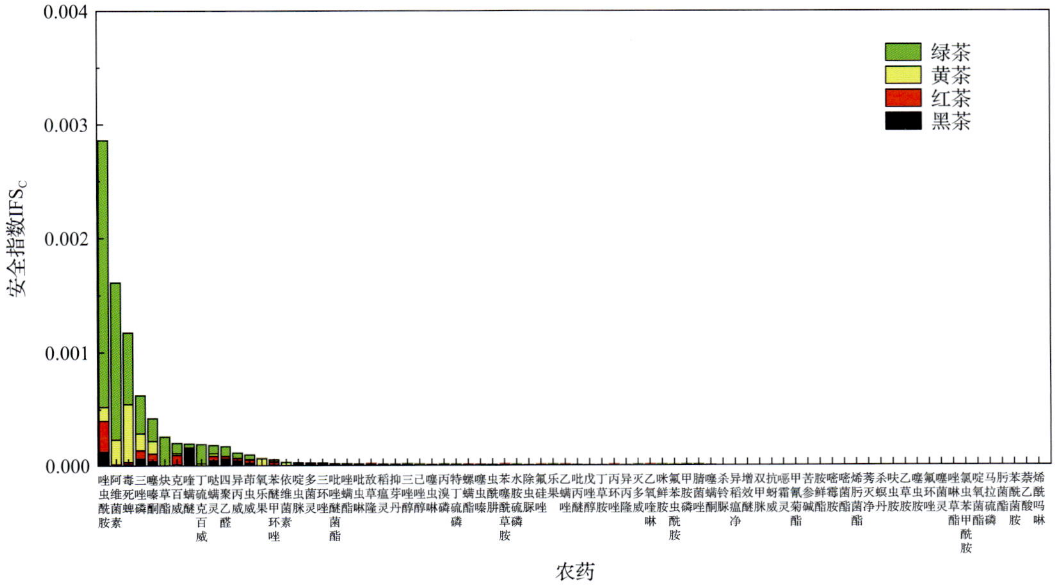

图 10-7　4 种茶叶中 78 种残留农药的安全指数分布图

本次侦测中，4 种茶叶和 114 种残留农药(包括没有 ADI)共涉及 219 个分析样本，农药对单种茶叶安全的影响程度分布情况如图 10-8 所示。可以看出，74.89%的样本中农药对茶叶安全没有影响，25.11%的样本中农药对茶叶安全的影响没有 ADI 标准。

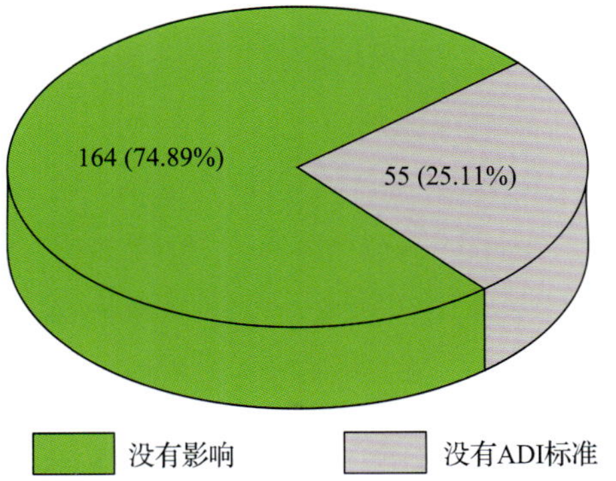

图 10-8　219 个分析样本的影响程度频次分布图

10.2.3　所有茶叶中农药残留安全指数分析

计算所有茶叶中 78 种农药的 IFS_c 值，结果如图 10-9 及表 10-5 所示。

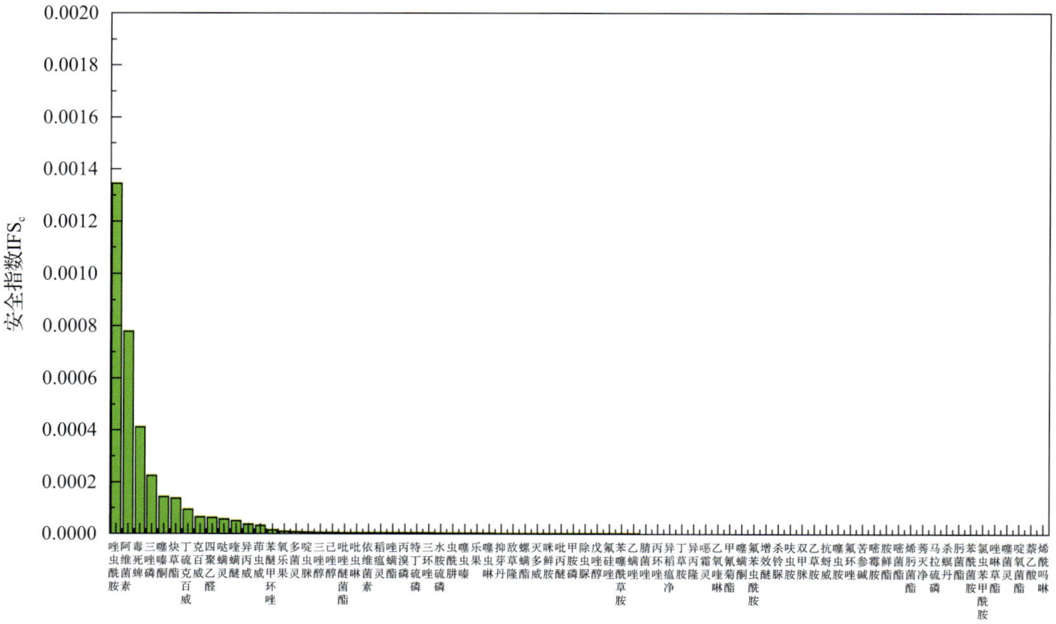

图 10-9　78 种残留农药对茶叶的安全影响程度统计图

分析发现，所有的农药对茶叶安全的影响程度均为没有影响，说明茶叶中残留的农药不会对茶叶安全造成影响。

表 10-5　茶叶中 78 种农药残留的安全指数表

序号	农药	检出频次	检出率(%)	IFS_c	影响程度	序号	农药	检出频次	检出率(%)	IFS_c	影响程度
1	唑虫酰胺	118	76.13	0.0013	没有影响	15	氧乐果	1	0.65	7.92×10^{-6}	没有影响
2	阿维菌素	29	18.71	0.0008	没有影响	16	多菌灵	23	14.84	7.56×10^{-6}	没有影响
3	毒死蜱	56	36.13	0.0004	没有影响	17	啶虫脒	110	70.97	6.34×10^{-6}	没有影响
4	三唑磷	49	31.61	0.0002	没有影响	18	三唑醇	10	6.45	5.17×10^{-6}	没有影响
5	噻嗪酮	117	75.48	0.0001	没有影响	19	己唑醇	5	3.23	4.13×10^{-6}	没有影响
6	炔草酯	1	0.65	0.0001	没有影响	20	吡唑醚菌酯	28	18.06	3.82×10^{-6}	没有影响
7	丁硫克百威	6	3.87	9.39×10^{-5}	没有影响	21	吡虫啉	71	45.81	3.76×10^{-6}	没有影响
8	克百威	22	14.19	6.36×10^{-5}	没有影响	22	依维菌素	1	0.65	3.64×10^{-6}	没有影响
9	四聚乙醛	31	20.00	6.13×10^{-5}	没有影响	23	稻瘟灵	11	7.10	3.39×10^{-6}	没有影响
10	哒螨灵	105	67.74	5.56×10^{-5}	没有影响	24	唑螨酯	9	5.81	3.36×10^{-6}	没有影响
11	喹螨醚	7	4.52	4.89×10^{-5}	没有影响	25	丙溴磷	22	14.20	3.36×10^{-6}	没有影响
12	异丙威	6	3.87	3.63×10^{-5}	没有影响	26	特丁硫磷	1	0.65	3.28×10^{-6}	没有影响
13	茚虫威	61	39.35	3.09×10^{-5}	没有影响	27	三环唑	44	28.39	3.03×10^{-6}	没有影响
14	苯醚甲环唑	40	25.81	1.43×10^{-5}	没有影响	28	水胺硫磷	1	0.65	2.26×10^{-6}	没有影响

续表

序号	农药	检出频次	检出率(%)	IFS_c	影响程度	序号	农药	检出频次	检出率(%)	IFS_c	影响程度
29	虫酰肼	10	6.45	1.94×10^{-6}	没有影响	54	氟苯虫酰胺	2	0.01	2.05×10^{-7}	没有影响
30	噻虫嗪	47	30.32	1.91×10^{-6}	没有影响	55	增效醚	5	0.03	1.14×10^{-7}	没有影响
31	乐果	3	1.94	1.79×10^{-6}	没有影响	56	杀铃脲	1	0.01	1.05×10^{-7}	没有影响
32	噻虫啉	13	8.39	1.75×10^{-6}	没有影响	57	呋虫胺	3	0.02	7.28×10^{-8}	没有影响
33	抑芽丹	38	24.52	1.66×10^{-6}	没有影响	58	双甲脒	1	0.01	7.08×10^{-8}	没有影响
34	敌草隆	1	0.65	1.57×10^{-6}	没有影响	59	乙草胺	1	0.01	6.57×10^{-8}	没有影响
35	螺螨酯	4	2.58	1.53×10^{-6}	没有影响	60	抗蚜威	2	0.01	6.57×10^{-8}	没有影响
36	灭多威	2	1.29	9.45×10^{-7}	没有影响	61	噻虫胺	2	0.01	6.06×10^{-8}	没有影响
37	咪鲜胺	6	3.87	8.95×10^{-7}	没有影响	62	氟环唑	2	0.01	5.56×10^{-8}	没有影响
38	吡丙醚	27	17.4	7.95×10^{-7}	没有影响	63	苦参碱	5	0.03	5.21×10^{-8}	没有影响
39	甲胺磷	1	0.65	7.58×10^{-7}	没有影响	64	嘧霉胺	4	0.03	5.13×10^{-8}	没有影响
40	除虫脲	2	0.01	7.25×10^{-7}	没有影响	65	胺鲜酯	1	0.01	5.05×10^{-8}	没有影响
41	戊唑醇	12	0.08	6.96×10^{-7}	没有影响	66	嘧菌酯	7	0.05	4.65×10^{-8}	没有影响
42	氟硅唑	3	0.02	6.71×10^{-7}	没有影响	67	烯肟菌酯	1	0.01	3.58×10^{-8}	没有影响
43	苯噻酰草胺	1	0.01	6.50×10^{-7}	没有影响	68	莠灭净	2	0.01	3.44×10^{-8}	没有影响
44	乙螨唑	16	0.10	6.31×10^{-7}	没有影响	69	马拉硫磷	5	0.03	3.20×10^{-8}	没有影响
45	腈菌唑	5	0.03	5.69×10^{-7}	没有影响	70	杀螟丹	1	0.01	2.17×10^{-8}	没有影响
46	丙环唑	9	0.06	4.40×10^{-7}	没有影响	71	肟菌酯	1	0.01	2.15×10^{-8}	没有影响
47	异稻瘟净	2	0.01	3.81×10^{-7}	没有影响	72	苯酰菌胺	1	0.01	2.11×10^{-8}	没有影响
48	丁草胺	3	0.02	3.66×10^{-7}	没有影响	73	氯虫苯甲酰胺	19	0.12	1.46×10^{-8}	没有影响
49	异丙隆	1	0.01	3.64×10^{-7}	没有影响	74	唑啉草酯	3	0.02	1.25×10^{-8}	没有影响
50	噁霜灵	1	0.01	2.73×10^{-7}	没有影响	75	噻菌灵	1	0.01	1.16×10^{-8}	没有影响
51	乙氧喹啉	1	0.01	2.32×10^{-7}	没有影响	76	啶氧菌酯	1	0.01	1.01×10^{-8}	没有影响
52	甲氰菊酯	4	0.03	2.21×10^{-7}	没有影响	77	萘乙酸	1	0.01	5.39×10^{-9}	没有影响
53	噻螨酮	1	0.01	2.17×10^{-7}	没有影响	78	烯酰吗啉	1	0.01	3.03×10^{-9}	没有影响

10.3　LC-Q-TOF/MS 侦测长沙市市售茶叶农药残留预警风险评估

基于长沙市茶叶样品中农药残留 LC-Q-TOF/MS 侦测数据，分析禁用农药的检出率，同时参照中华人民共和国国家标准 GB 2763—2016 和欧盟农药最大残留限量（MRL）标准分析非禁用农药残留的超标率，并计算农药残留风险系数。分析单种茶叶中农药残留以及所有茶叶中农药残留的风险程度。

10.3.1 单种茶叶中农药残留风险系数分析

10.3.1.1 单种茶叶中禁用农药残留风险系数分析

侦测出的 114 种残留农药中有 11 种为禁用农药，且它们分布在 4 种茶叶中，计算 4 种茶叶中禁用农药的检出率，根据检出率计算风险系数 R，进而分析茶叶中禁用农药的风险程度，结果如图 10-10 与表 10-6 所示。分析发现 8 种禁用农药在 4 种茶叶中的残留处于高度风险，3 种禁用农药在 1 种茶叶中的残留处于中度风险。

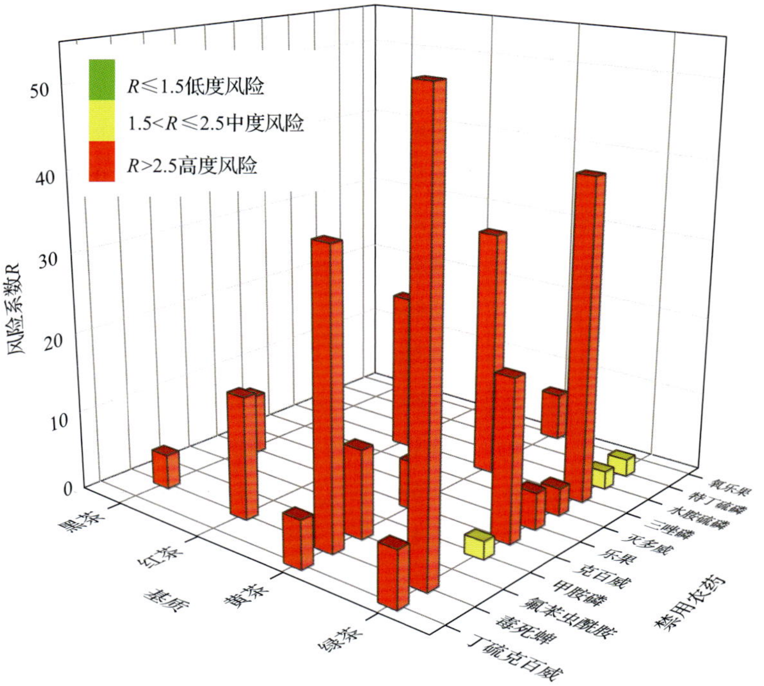

图 10-10　4 种茶叶中 11 种禁用农药残留的风险系数

表 10-6　4 种茶叶中 11 种禁用农药残留的风险系数表

序号	基质	农药	检出频次	检出率(%)	风险系数 R	风险程度
1	绿茶	毒死蜱	45	53.57	54.67	高度风险
2	绿茶	三唑磷	33	39.29	40.39	高度风险
3	黄茶	毒死蜱	7	35.00	36.10	高度风险
4	黄茶	三唑磷	6	30.00	31.10	高度风险
5	黑茶	三唑磷	6	20.00	21.10	高度风险
6	红茶	三唑磷	4	19.05	20.15	高度风险
7	绿茶	克百威	16	19.05	20.15	高度风险
8	红茶	克百威	3	14.29	15.39	高度风险
9	红茶	毒死蜱	3	14.29	15.39	高度风险

续表

序号	基质	农药	检出频次	检出率(%)	风险系数 R	风险程度
10	黄茶	氟苯虫酰胺	2	10.00	11.10	高度风险
11	黑茶	克百威	2	6.67	7.77	高度风险
12	绿茶	丁硫克百威	5	5.95	7.05	高度风险
13	黄茶	丁硫克百威	1	5.00	6.10	高度风险
14	黄茶	克百威	1	5.00	6.10	高度风险
15	黄茶	氧乐果	1	5.00	6.10	高度风险
16	绿茶	乐果	3	3.57	4.67	高度风险
17	黑茶	毒死蜱	1	3.33	4.43	高度风险
18	绿茶	灭多威	2	2.38	3.48	高度风险
19	绿茶	水胺硫磷	1	1.19	2.29	中度风险
20	绿茶	特丁硫磷	1	1.19	2.29	中度风险
21	绿茶	甲胺磷	1	1.19	2.29	中度风险

10.3.1.2　基于 MRL 中国国家标准的单种茶叶中非禁用农药残留风险系数分析

参照中华人民共和国国家标准 GB 2763—2016 中农药残留限量计算每种茶叶中每种非禁用农药的超标率，进而计算其风险系数，根据风险系数大小判断残留农药的预警风险程度，茶叶中非禁用农药残留风险程度分布情况如图 10-11 所示。

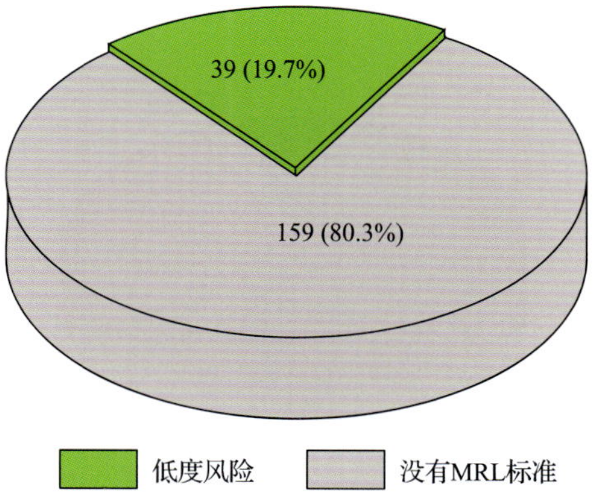

图 10-11　茶叶中非禁用农药残留的风险程度分布图(MRL 中国国家标准)

本次分析中，发现在 4 种茶叶检出 103 种残留非禁用农药，涉及样本 198 个，在 198 个样本中，19.7%处于低度风险，此外发现有 159 个样本没有 MRL 中国国家标准值，无法判断其风险程度，有 MRL 中国国家标准值的 39 个样本涉及 4 种茶叶中的 13 种非禁用农药，其风险系数 R 值如图 10-12 所示。

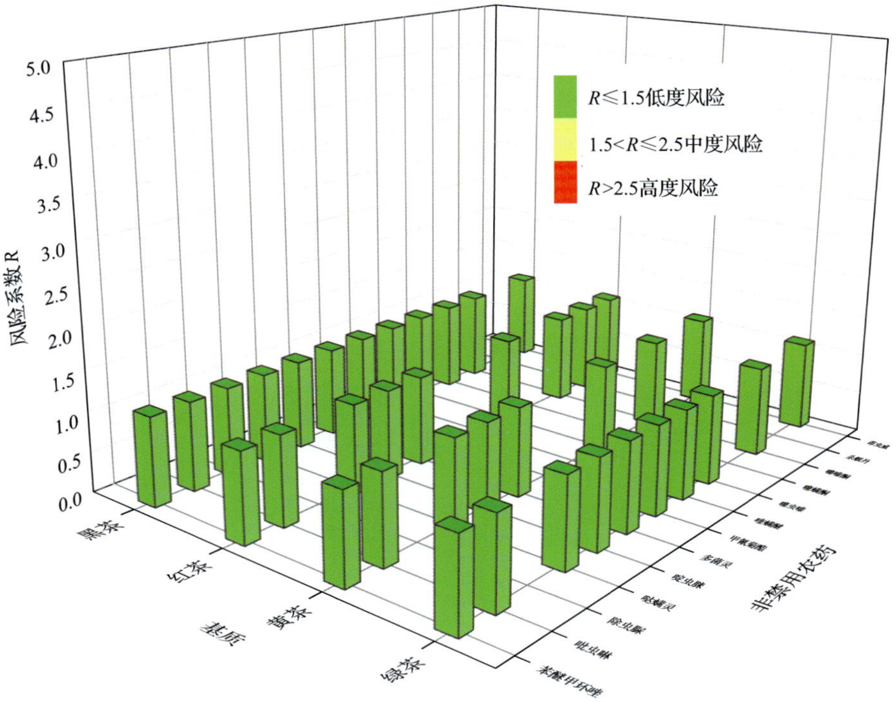

图 10-12　4 种茶叶中 13 种非禁用农药的风险系数分布图（MRL 中国国家标准）

10.3.1.3　基于 MRL 欧盟标准的单种茶叶中非禁用农药残留风险系数分析

参照 MRL 欧盟标准计算每种茶叶中每种非禁用农药的超标率，进而计算其风险系数，根据风险系数大小判断农药残留的预警风险程度，茶叶中非禁用农药残留风险程度分布情况如图 10-13 所示。

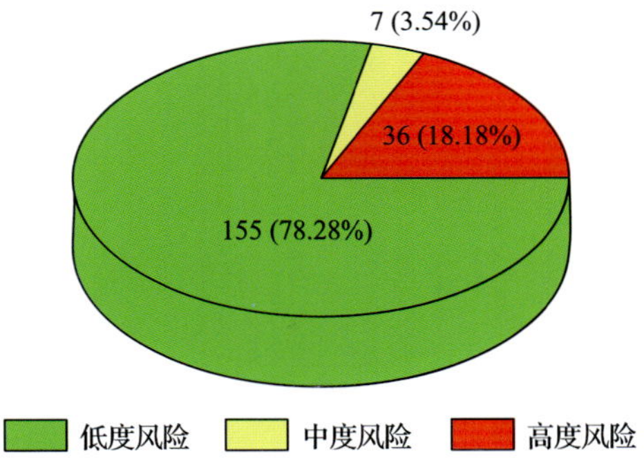

图 10-13　茶叶中非禁用农药的风险程度的频次分布图残留的风险程度分布图（MRL 欧盟标准）

本次分析中，发现在 4 种茶叶中共侦测出 103 种非禁用农药，涉及样本 198 个，其中，18.18%处于高度风险，涉及 4 种茶叶和 24 种农药；3.54%处于中度风险，涉及 1 种茶叶和 7 种农药；78.28%处于低度风险，涉及 4 种茶叶和 84 种农药。单种茶叶中的非禁用农药风险系数分布图如图 10-14 所示。单种茶叶中处于高度风险的非禁用农药风险系数如图 10-15 和表 10-7 所示。

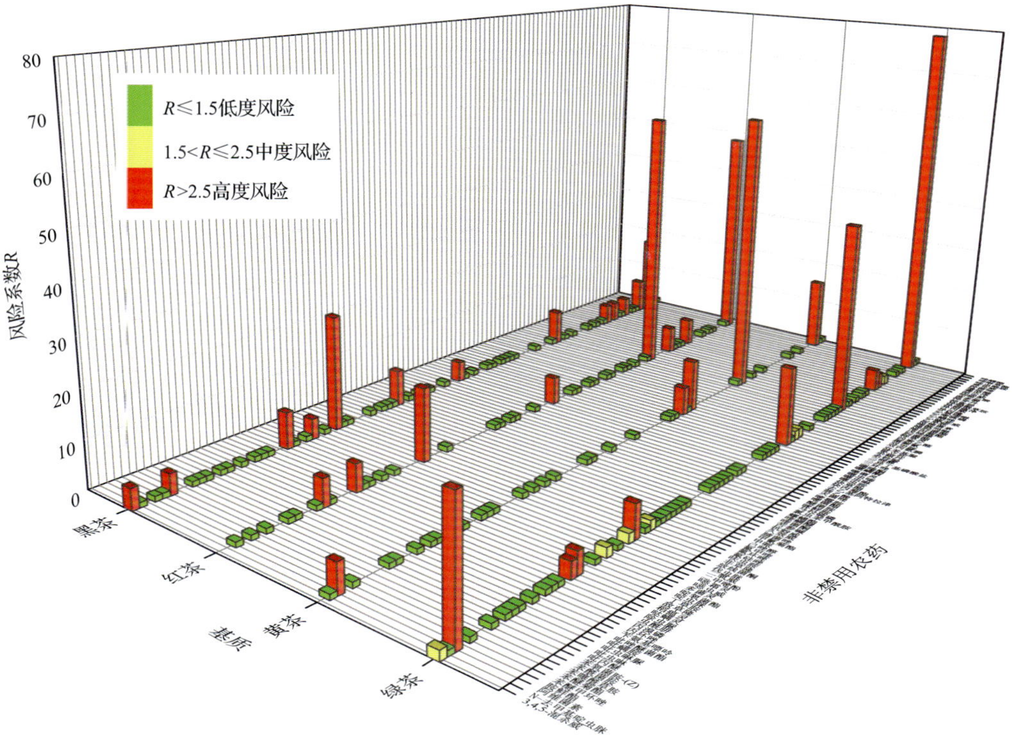

图 10-14　4 种茶叶中 103 种非禁用农药残留的风险系数(MRL 欧盟标准)

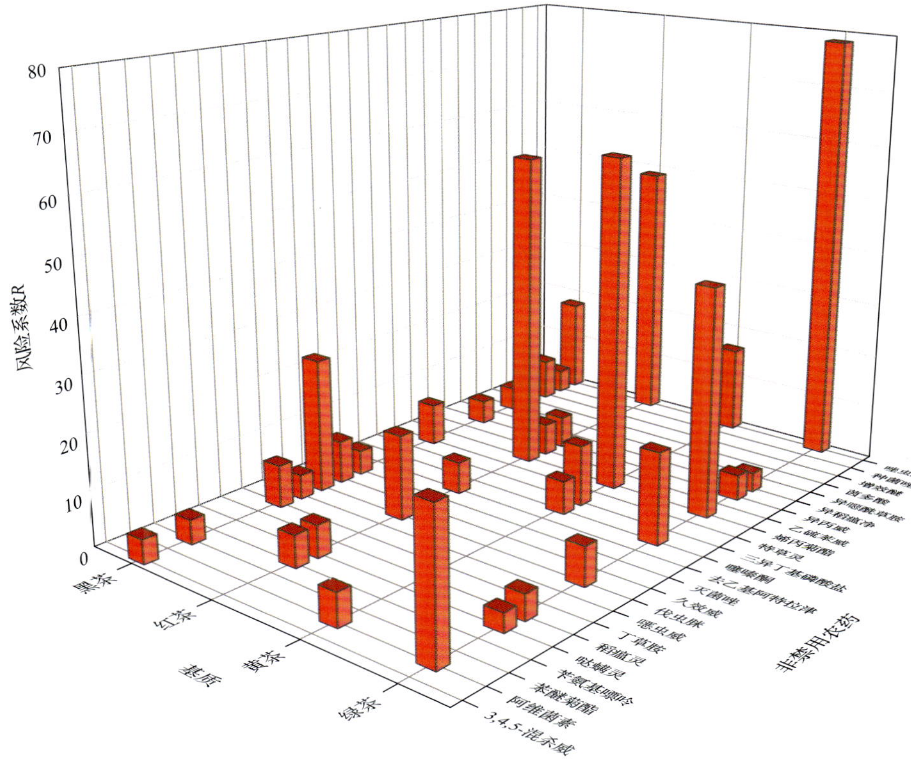

图 10-15　单种茶叶中处于高度风险的非禁用农药的风险系数(MRL 欧盟标准)

表 10-7　单种茶叶中处于高度风险的非禁用农药残留的风险系数表（MRL 欧盟标准）

序号	基质	农药	超标频次	超标率 *P*(%)	风险系数 *R*
1	绿茶	唑虫酰胺	65	77.38	78.48
2	黄茶	烯丙菊酯	12	60.00	61.10
3	红茶	烯丙菊酯	12	57.14	58.24
4	红茶	唑虫酰胺	10	47.62	48.72
5	绿茶	烯丙菊酯	34	40.48	41.58
6	绿茶	阿维菌素	21	25.00	26.10
7	黑茶	伐虫脒	7	23.33	24.43
8	黑茶	唑虫酰胺	5	16.67	17.77
9	绿茶	噻嗪酮	13	15.48	16.58
10	黄茶	唑虫酰胺	3	15.00	16.10
11	红茶	伐虫脒	3	14.29	15.39
12	黄茶	三异丁基磷酸盐	2	10.00	11.10
13	黑茶	丁草胺	2	6.67	7.77
14	黑茶	久效威	2	6.67	7.77
15	黑茶	增效醚	2	6.67	7.77
16	黑茶	特草灵	2	6.67	7.77
17	绿茶	伐虫脒	5	5.95	7.05
18	黄茶	噻嗪酮	1	5.00	6.10
19	黄茶	阿维菌素	1	5.00	6.10
20	红茶	乙硫苯威	1	4.76	5.86
21	红茶	去乙基阿特拉津	1	4.76	5.86
22	红茶	哒螨灵	1	4.76	5.86
23	红茶	异丙威	1	4.76	5.86
24	红茶	苄氨基嘌呤	1	4.76	5.86
25	绿茶	异丙威	3	3.57	4.67
26	绿茶	稻瘟灵	3	3.57	4.67
27	黑茶	3,4,5-混杀威	1	3.33	4.43
28	黑茶	噁虫威	1	3.33	4.43
29	黑茶	异丙威	1	3.33	4.43
30	黑茶	异噁酰草胺	1	3.33	4.43
31	黑茶	灭菌唑	1	3.33	4.43
32	黑茶	种菌唑	1	3.33	4.43
33	黑茶	苯醚菊酯	1	3.33	4.43
34	黑茶	茵多酸	1	3.33	4.43
35	绿茶	哒螨灵	2	2.38	3.48
36	绿茶	异稻瘟净	2	2.38	3.48

10.3.2　所有茶叶中农药残留风险系数分析

10.3.2.1　所有茶叶中禁用农药残留风险系数分析

在侦测出的 78 种农药中有 11 种为禁用农药，计算所有茶叶中禁用农药的风险系数，结果如表 10-8 所示。在 11 种禁用农药中，5 种农药残留处于高度风险，6 种农药残留处于中度风险。

表 10-8　茶叶中 6 种禁用农药的风险系数表

序号	农药	检出频次	检出率(%)	风险系数 R	风险程度
1	毒死蜱	56	36.13	37.23	高度风险
2	三唑磷	49	31.61	32.71	高度风险
3	克百威	22	14.19	15.29	高度风险
4	丁硫克百威	6	3.87	4.97	高度风险
5	乐果	3	1.94	3.04	高度风险
6	氟苯虫酰胺	2	1.29	2.39	中度风险
7	灭多威	2	1.29	2.39	中度风险
8	氧乐果	1	0.65	1.75	中度风险
9	水胺硫磷	1	0.65	1.75	中度风险
10	特丁硫磷	1	0.65	1.75	中度风险
11	甲胺磷	1	0.65	1.75	中度风险

10.3.2.2　所有茶叶中非禁用农药残留风险系数分析

参照 MRL 欧盟标准计算所有茶叶中每种非禁用农药残留的风险系数，如图 10-16 与表 10-9 所示。在侦测出的 103 种非禁用农药中，9 种农药(8.74%)残留处于高度风险，20 种农药(19.42%)残留处于中度风险，74 种农药(71.84%)残留处于低度风险。

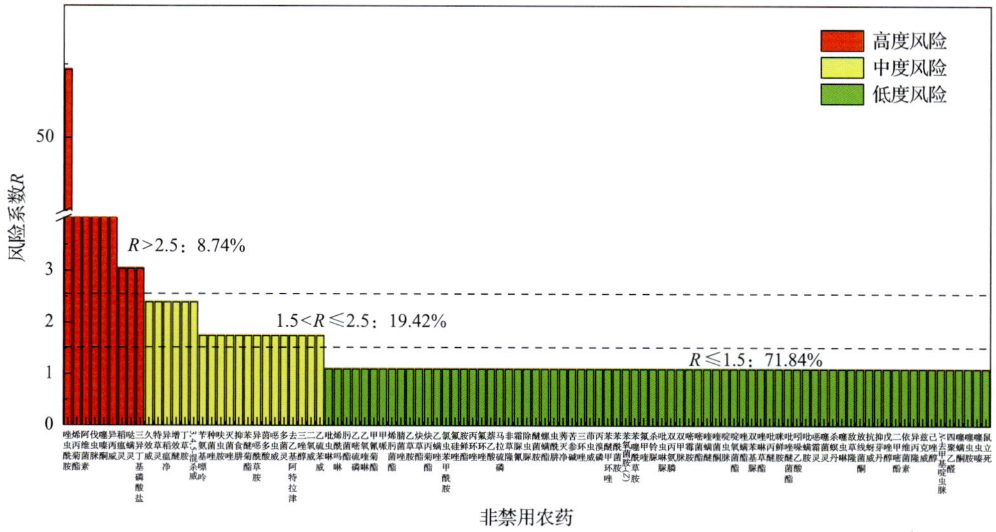

图 10-16　茶叶中 103 种非禁用农药的风险程度统计图

表 10-9　茶叶中 103 种非禁用农药的风险系数表

序号	农药	超标频次	超标率 P(%)	风险系数 R	风险程度
1	唑虫酰胺	83	53.55	54.65	高度风险
2	烯丙菊酯	58	37.42	38.52	高度风险
3	阿维菌素	22	14.19	15.29	高度风险
4	伐虫脒	15	9.68	10.78	高度风险
5	噻嗪酮	14	9.03	10.13	高度风险
6	异丙威	5	3.23	4.33	高度风险
7	稻瘟灵	3	1.94	3.04	高度风险
8	哒螨灵	3	1.94	3.04	高度风险
9	三异丁基磷酸盐	3	1.94	3.04	高度风险
10	久效威	2	1.29	2.39	中度风险
11	特草灵	2	1.29	2.39	中度风险
12	异稻瘟净	2	1.29	2.39	中度风险
13	增效醚	2	1.29	2.39	中度风险
14	丁草胺	2	1.29	2.39	中度风险
15	3,4,5-混杀威	2	1.29	2.39	中度风险
16	苄氨基嘌呤	1	0.65	1.75	中度风险
17	种菌唑	1	0.65	1.75	中度风险
18	呋虫胺	1	0.65	1.75	中度风险
19	灭菌唑	1	0.65	1.75	中度风险
20	抑食肼	1	0.65	1.75	中度风险
21	苯醚菊酯	1	0.65	1.75	中度风险
22	异噁酰草胺	1	0.65	1.75	中度风险
23	茵多酸	1	0.65	1.75	中度风险
24	噁虫威	1	0.65	1.75	中度风险
25	多菌灵	1	0.65	1.75	中度风险
26	去乙基阿特拉津	1	0.65	1.75	中度风险
27	三唑醇	1	0.65	1.75	中度风险
28	二氧威	1	0.65	1.75	中度风险
29	乙硫苯威	1	0.65	1.75	中度风险
30	吡虫啉	0	0	1.10	低度风险
31	烯酰吗啉	0	0	1.10	低度风险
32	肟菌酯	0	0	1.10	低度风险
33	乙嘧硫磷	0	0	1.10	低度风险
34	乙氧喹啉	0	0	1.10	低度风险

续表

序号	农药	超标频次	超标率 P(%)	风险系数 R	风险程度
35	甲氰菊酯	0	0	1.10	低度风险
36	甲哌	0	0	1.10	低度风险
37	烯肟菌酯	0	0	1.10	低度风险
38	腈菌唑	0	0	1.10	低度风险
39	乙草胺	0	0	1.10	低度风险
40	炔草酯	0	0	1.10	低度风险
41	炔丙菊酯	0	0	1.10	低度风险
42	乙螨唑	0	0	1.10	低度风险
43	氯虫苯甲酰胺	0	0	1.10	低度风险
44	氟硅唑	0	0	1.10	低度风险
45	胺鲜酯	0	0	1.10	低度风险
46	丙环唑	0	0	1.10	低度风险
47	氟环唑	0	0	1.10	低度风险
48	萘乙酸	0	0	1.10	低度风险
49	马拉硫磷	0	0	1.10	低度风险
50	非草隆	0	0	1.10	低度风险
51	霜脲氰	0	0	1.10	低度风险
52	除虫脲	0	0	1.10	低度风险
53	醚菌胺	0	0	1.10	低度风险
54	螺螨酯	0	0	1.10	低度风险
55	虫酰肼	0	0	1.10	低度风险
56	莠灭净	0	0	1.10	低度风险
57	苦参碱	0	0	1.10	低度风险
58	三环唑	0	0	1.10	低度风险
59	茚虫威	0	0	1.10	低度风险
60	丙溴磷	0	0	1.10	低度风险
61	苯醚甲环唑	0	0	1.10	低度风险
62	苯酰菌胺	0	0	1.10	低度风险
63	苯氧菌胺-(Z)	0	0	1.10	低度风险
64	苯噻酰草胺	0	0	1.10	低度风险
65	氟甲喹	0	0	1.10	低度风险
66	杀铃脲	0	0	1.10	低度风险
67	吡虫啉脲	0	0	1.10	低度风险
68	双丙氨膦	0	0	1.10	低度风险
69	双甲脒	0	0	1.10	低度风险

续表

序号	农药	超标频次	超标率 P(%)	风险系数 R	风险程度
70	嘧霉胺	0	0	1.10	低度风险
71	嘧菌酯	0	0	1.10	低度风险
72	喹螨醚	0	0	1.10	低度风险
73	喹菌酮	0	0	1.10	低度风险
74	啶虫脒	0	0	1.10	低度风险
75	啶氧菌酯	0	0	1.10	低度风险
76	唑螨酯	0	0	1.10	低度风险
77	双苯基脲	0	0	1.10	低度风险
78	唑啉草酯	0	0	1.10	低度风险
79	吡丙醚	0	0	1.10	低度风险
80	咪鲜胺	0	0	1.10	低度风险
81	吡唑醚菌酯	0	0	1.10	低度风险
82	吲哚乙酸	0	0	1.10	低度风险
83	吡螨胺	0	0	1.10	低度风险
84	噁霜灵	0	0	1.10	低度风险
85	噻菌灵	0	0	1.10	低度风险
86	杀螟丹	0	0	1.10	低度风险
87	噻虫啉	0	0	1.10	低度风险
88	敌草隆	0	0	1.10	低度风险
89	放线菌酮	0	0	1.10	低度风险
90	抗蚜威	0	0	1.10	低度风险
91	抑芽丹	0	0	1.10	低度风险
92	戊唑醇	0	0	1.10	低度风险
93	二甲嘧酚	0	0	1.10	低度风险
94	依维菌素	0	0	1.10	低度风险
95	异丙隆	0	0	1.10	低度风险
96	兹克威	0	0	1.10	低度风险
97	己唑醇	0	0	1.10	低度风险
98	*N*-去甲基啶虫脒	0	0	1.10	低度风险
99	四聚乙醛	0	0	1.10	低度风险
100	噻螨酮	0	0	1.10	低度风险
101	噻虫胺	0	0	1.10	低度风险
102	噻虫嗪	0	0	1.10	低度风险
103	鼠立死	0	0	1.10	低度风险

10.4 LC-Q-TOF/MS 侦测长沙市市售茶叶农药残留风险评估结论与建议

农药残留是影响茶叶安全和质量的主要因素，也是我国食品安全领域备受关注的敏感话题和亟待解决的重大问题之一[15,16]。各种茶叶均存在不同程度的农药残留现象，本研究主要针对长沙市各类茶叶存在的农药残留问题，基于2019年1月对长沙市155例茶叶样品中农药残留侦测得出的1446个侦测结果，分别采用食品安全指数模型和风险系数模型，开展茶叶中农药残留的膳食暴露风险和预警风险评估。茶叶样品取自超市和茶叶专卖店，符合大众的膳食来源，风险评价时更具有代表性和可信度。

本研究力求通用简单地反映食品安全中的主要问题，且为管理部门和大众容易接受，为政府及相关管理机构建立科学的食品安全信息发布和预警体系提供科学的规律与方法，加强对农药残留的预警和食品安全重大事件的预防，控制食品风险。

10.4.1 长沙市茶叶中农药残留膳食暴露风险评价结论

1) 茶叶样品中农药残留安全状态评价结论

采用食品安全指数模型，对2019年1月期间长沙市茶叶农药残留膳食暴露风险进行评价，根据 IFS_c 的计算结果发现，茶叶中农药的 $\overline{IFS}$ 为 4.52×10^{-5}，说明长沙市茶叶总体处于可以接受的安全状态，但部分禁用农药、高残留农药在茶叶中仍有侦测出，导致膳食暴露风险的存在，成为不安全因素。

2) 禁用农药膳食暴露风险评价

本次检测发现部分茶叶样品中有禁用农药侦测出，侦测出禁用农药11种，侦测出频次为144，茶叶样品中的禁用农药 IFS_c 计算结果表明，禁用农药残留膳食暴露风险没有影响的频次为144，占100%。

10.4.2 长沙市茶叶中农药残留预警风险评价结论

1) 单种茶叶中禁用农药残留的预警风险评价结论

本次检测过程中，在4种茶叶中检测出11种禁用农药，禁用农药为：毒死蜱、三唑磷、克百威、氟苯虫酰胺、丁硫克百威、氧乐果、乐果、灭多威、水胺硫磷、特丁硫磷、甲胺磷，茶叶为：红茶、绿茶、黄茶、黑茶，茶叶中禁用农药的风险系数分析结果显示，8种禁用农药在4种茶叶中的残留均处于高度风险，3种禁用农药在1种茶叶中的残留处于中度风险，说明在单种茶叶中禁用农药的残留会导致较高的预警风险。

2) 单种茶叶中非禁用农药残留的预警风险评价结论

以MRL中国国家标准为标准，计算茶叶中非禁用农药风险系数情况下，198个样本中，39个处于低度风险(19.7%)，159个样本没有MRL中国国家标准(80.3%)。以MRL

欧盟标准为标准，计算茶叶中非禁用农药风险系数情况下，发现有 36 个处于高度风险（18.18%），7 个处于中度风险（3.54%），155 个处于低度风险（78.28%）。基于两种 MRL 标准，评价的结果差异显著，可以看出 MRL 欧盟标准比中国国家标准更加严格和完善，过于宽松的 MRL 中国国家标准值能否有效保障人体的健康有待研究。

10.4.3　加强长沙市茶叶食品安全建议

我国食品安全风险评价体系仍不够健全，相关制度不够完善，多年来，由于农药用药次数多、用药量大或用药间隔时间短，产品残留量大，农药残留所造成的食品安全问题日益严峻，给人体健康带来了直接或间接的危害。据估计，美国与农药有关的癌症患者数约占全国癌症患者总数的 50%，中国更高。同样，农药对其他生物也会形成直接杀伤和慢性危害，植物中的农药可经过食物链逐级传递并不断蓄积，对人和动物构成潜在威胁，并影响生态系统。

基于本次农药残留侦测数据的风险评价结果，提出以下几点建议：

1）加快食品安全标准制定步伐

我国食品标准中对农药每日允许最大摄入量 ADI 的数据严重缺乏，在本次评价所涉及的 114 种农药中，仅有 68.4%的农药具有 ADI 值，而 31.6%的农药中国尚未规定相应的 ADI 值，亟待完善。

我国食品中农药最大残留限量值的规定严重缺乏，对评估涉及的不同茶叶中不同农药 219 个 MRL 限值进行统计来看，我国仅制定出 48 个标准，我国标准完整率仅为 21.9%，欧盟的完整率达到 100%（表 10-10）。因此，中国更应加快 MRL 的制定步伐。

表 10-10　我国国家食品标准农药的 ADI、MRL 值与欧盟标准的数量差异

分类		中国 ADI	MRL 中国国家标准	MRL 欧盟标准
标准限值（个）	有	78	48	219
	无	36	171	0
总数（个）		114	219	219
无标准限值比例（%）		31.6	78.1	0

此外，MRL 中国国家标准限值普遍高于欧盟标准限值，这些标准中共有 33 个高于欧盟。过高的 MRL 值难以保障人体健康，建议继续加强对限值基准和标准的科学研究，将农产品中的危险性减少到尽可能低的水平。

2）加强农药的源头控制和分类监管

在长沙市某些茶叶中仍有禁用农药残留，利用 LC-Q-TOF/MS 技术侦测出 11 种禁用农药，检出频次为 144 次，残留禁用农药均存在较大的膳食暴露风险和预警风险。早已列入黑名单的禁用农药在我国并未真正退出，有些药物由于价格便宜、工艺简单，此类高毒农药一直生产和使用。建议在我国采取严格有效的控制措施，从源头控制禁用农药。

对于非禁用农药，在我国作为“田间地头”最典型单位的县级茶叶产地中，农药残留的检测几乎缺失。建议根据农药的毒性，对高毒、剧毒、中毒农药实现分类管理，减少使用高毒和剧毒高残留农药，进行分类监管。

3) 加强农药生物基准和降解技术研究

市售茶叶中残留农药的品种多、频次高、禁用农药多次检出这一现状，说明了我国的田间土壤和水体因农药长期、频繁、不合理的使用而遭到严重污染。为此，建议中国相关部门出台相关政策，鼓励高校及科研院所积极开展分子生物学、酶学等研究，加强土壤、水体中残留农药的生物修复及降解新技术研究，切实加大农药监管力度，以控制农药的面源污染问题。

综上所述，在本工作基础上，根据茶叶残留危害，可进一步针对其成因提出和采取严格管理、大力推广无公害茶叶种植与生产、健全食品安全控制技术体系、加强茶叶质量检测体系建设和积极推行茶叶质量追溯制度等相应对策。建立和完善食品安全综合评价指数与风险监测预警系统，对食品安全进行实时、全面的监控与分析，为我国的食品安全科学监管与决策提供新的技术支持，可实现各类检验数据的信息化系统管理，降低食品安全事故的发生。

第 11 章　GC-Q-TOF/MS 侦测长沙市 155 例市售茶叶样品农药残留报告

从长沙市所属 2 个区，随机采集了 155 例茶叶样品，使用气相色谱-四极杆飞行时间质谱（GC-Q-TOF/MS）对 684 种农药化学污染物进行示范侦测。

11.1　样品种类、数量与来源

11.1.1　样品采集与检测

为了真实反映百姓日常饮用的茶叶中农药残留污染状况，本次所有检测样品均由检验人员于 2019 年 1 月期间，从长沙市所属 8 个采样点，包括 6 个茶叶专营店 2 个超市，以随机购买方式采集，总计 8 批 155 例样品，从中检出农药 49 种，697 频次。采样及监测概况见图 11-1 及表 11-1，样品及采样点明细见表 11-2 及表 11-3（侦测原始数据见附表 1）。

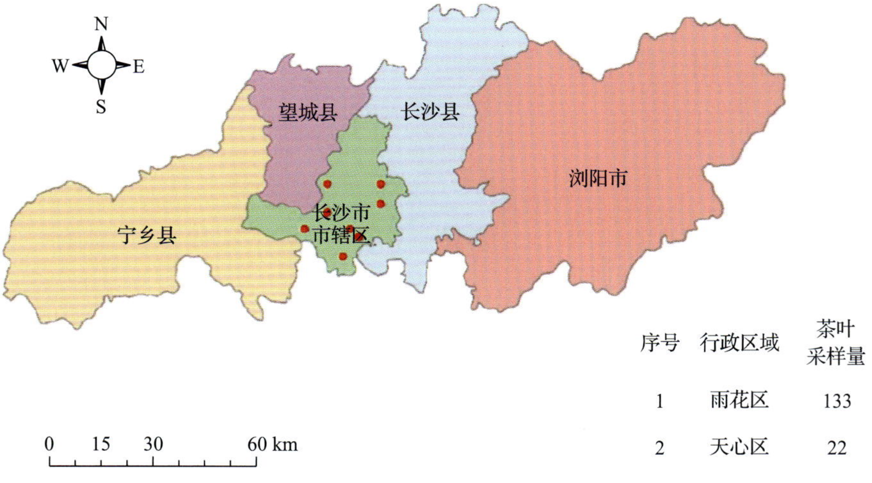

图 11-1　长沙市所属 8 个采样点 155 例样品分布图

表 11-1　农药残留监测总体概况

采样地区	长沙市所属 2 个区
采样点（茶叶专营店+超市）	8
样本总数	155
检出农药品种/频次	49/697
各采样点样本农药残留检出率范围	94.4%～100.0%

表 11-2 样品分类及数量

样品分类	样品名称(数量)	数量小计
1. 茶叶		155
1) 发酵类茶叶	黑茶(30)，红茶(21)，黄茶(20)	71
2) 未发酵类茶叶	绿茶(84)	84
合计	1.茶叶 4 种	155

表 11-3 长沙市采样点信息

采样点序号	行政区域	采样点
茶叶专营店(6)		
1	雨花区	***茶业店
2	雨花区	***茶业店
3	雨花区	***茶叶店
4	雨花区	***茶业店
5	雨花区	***茶厂店
6	雨花区	***花茶店
超市(2)		
1	天心区	***超市(天心店)
2	雨花区	***超市(韶山南路店)

11.1.2 检测结果

这次使用的检测方法是庞国芳院士团队最新研发的不需使用标准品对照，而以高分辨精确质量数(0.0001 *m/z*)为基准的 GC-Q-TOF/MS 检测技术，对于 155 例样品，每个样品均侦测了 684 种农药化学污染物的残留现状。通过本次侦测，在 155 例样品中共计检出农药化学污染物 49 种，检出 697 频次。

11.1.2.1 各采样点样品检出情况

统计分析发现 8 个采样点中，被测样品的农药检出率范围为 94.4%～100.0%。其中，有 6 个采样点样品的检出率最高，达到了 100.0%，分别是：***超市(天心店)、***茶业店、***超市(韶山南路店)、***茶叶店、***茶业店和***茶厂店。***茶业店的检出率最低，为 94.4%，见图 11-2。

11.1.2.2 检出农药的品种总数与频次

统计分析发现，对于 155 例样品中 684 种农药化学污染物的侦测，共检出农药 697 频次，涉及农药 49 种，结果如图 11-3 所示。其中联苯菊酯检出频次最高，共检出 131

次。检出频次排名前 10 的农药如下：①联苯菊酯（131），②氯氟氰菊酯（62），③醚菊酯（58），④毒死蜱（56），⑤噻嗪酮（49），⑥二苯胺（44），⑦甲氰菊酯（39），⑧虫螨腈（38），⑨硫丹（31），⑩炔螨特（28）。

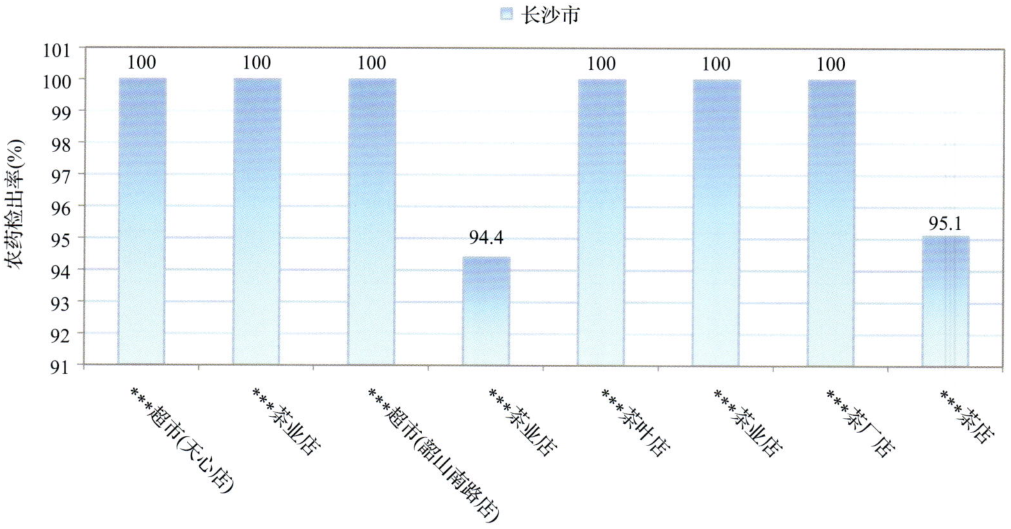

图 11-2　各采样点样品中的农药检出率

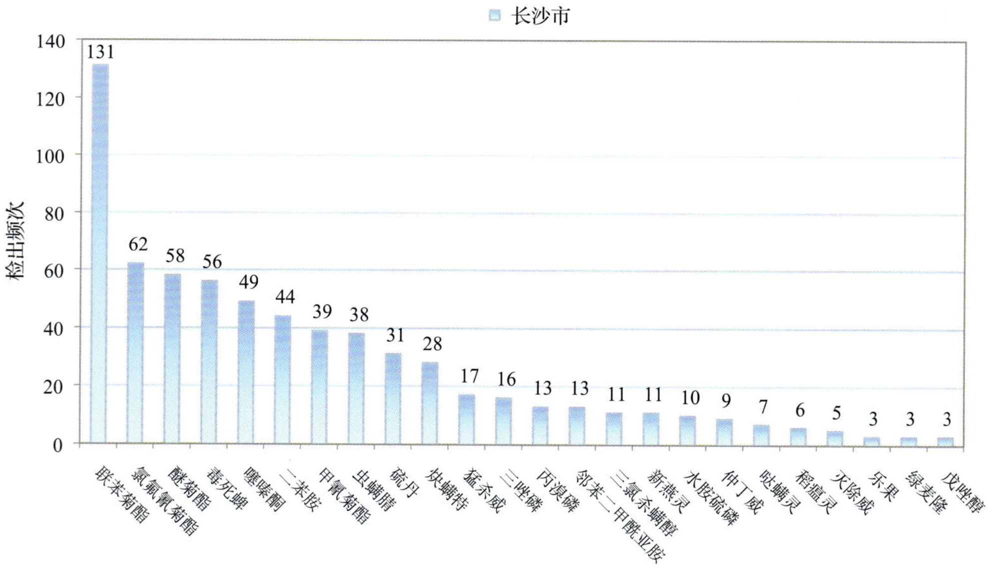

图 11-3　检出农药品种及频次（仅列出 3 频次及以上的数据）

由图 11-4 可见，绿茶、黑茶和红茶这 3 种茶叶样品中检出的农药品种数较高，均超过 15 种，其中，绿茶检出农药品种最多，为 35 种。由图 11-5 可见，绿茶、黑茶和红茶这 3 种茶叶样品中的农药检出频次较高，均超过 60 次，其中，绿茶检出农药频次最高，为 436 次。

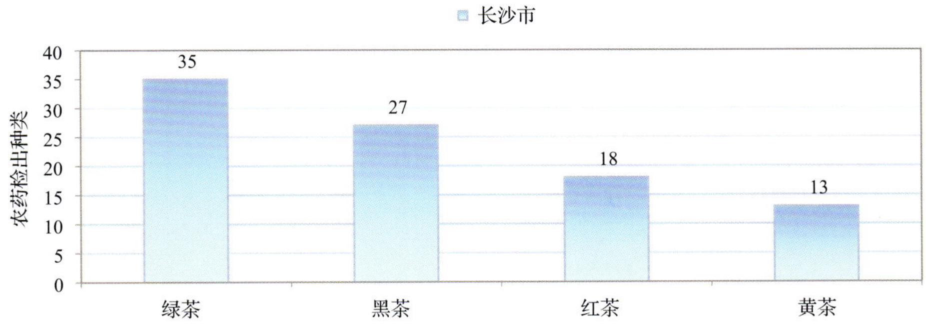

图 11-4 单种茶叶检出农药的种类数

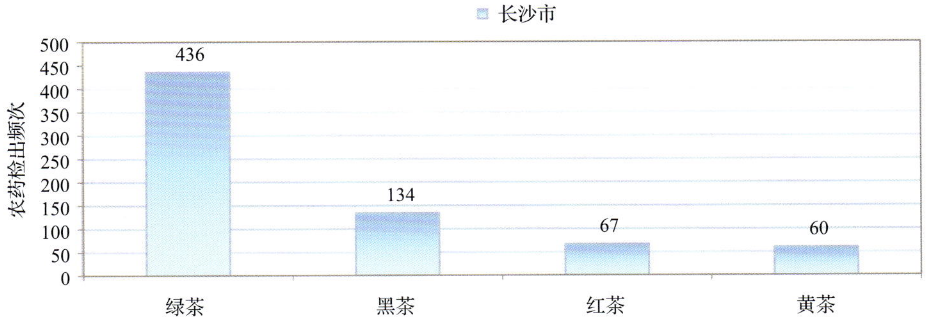

图 11-5 单种茶叶检出农药频次

11.1.2.3 单例样品农药检出种类与占比

对单例样品检出农药种类和频次进行统计发现，未检出农药的样品占总样品数的 1.9%，检出 1 种农药的样品占总样品数的 7.7%，检出 2～5 种农药的样品占总样品数的 55.5%，检出 6～10 种农药的样品占总样品数的 33.5%，检出大于 10 种农药的样品占总样品数的 1.3%。每例样品中平均检出农药为 4.5 种，数据见表 11-4 及图 11-6。

表 11-4 单例样品检出农药品种占比

检出农药品种数	样品数量/占比(%)
未检出	3/1.9
1 种	12/7.7
2～5 种	86/55.5
6～10 种	52/33.5
大于 10 种	2/1.3
单例样品平均检出农药品种	4.5 种

11.1.2.4 检出农药类别与占比

所有检出农药按功能分类，包括杀虫剂、杀菌剂、除草剂、杀螨剂、增效剂、植物生长调节剂共 6 类。其中杀虫剂与杀菌剂为主要检出的农药类别，分别占总数的 42.9% 和 26.5%，见表 11-5 及图 11-7。

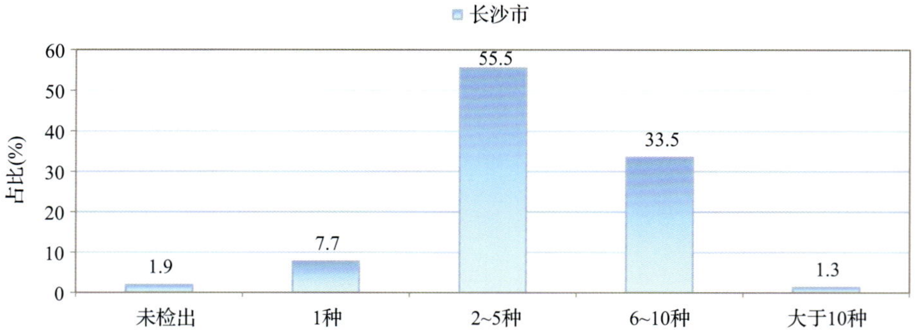

图 11-6　单例样品平均检出农药品种及占比

表 11-5　检出农药所属类别/占比

农药类别	数量/占比（%）
杀虫剂	21/42.9
杀菌剂	13/26.5
除草剂	7/14.3
杀螨剂	6/12.2
增效剂	1/2.0
植物生长调节剂	1/2.0

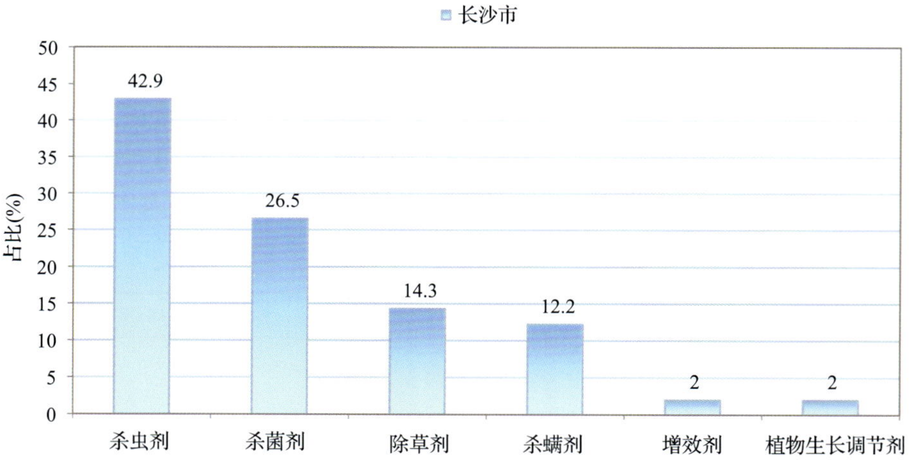

图 11-7　检出农药所属类别和占比

11.1.2.5　检出农药的残留水平

按检出农药残留水平进行统计，残留水平在 1～5 μg/kg（含）的农药占总数的 5.5%，在 5～10 μg/kg（含）的农药占总数的 13.8%，在 10～100 μg/kg（含）的农药占总数的 58.8%，在 100～1000 μg/kg（含）的农药占总数的 21.8%，在>1000 μg/kg 的农药占总数的 0.1%。

由此可见，这次检测的 8 批 155 例茶叶样品中农药多数处于中高残留水平。结果见表 11-6 及图 11-8，数据见附表 2。

表 11-6　农药残留水平/占比

残留水平(μg/kg)	检出频次数/占比(%)
1～5(含)	38/5.5
5～10(含)	96/13.8
10～100(含)	410/58.8
100～1000(含)	152/21.8
>1000	1/0.1

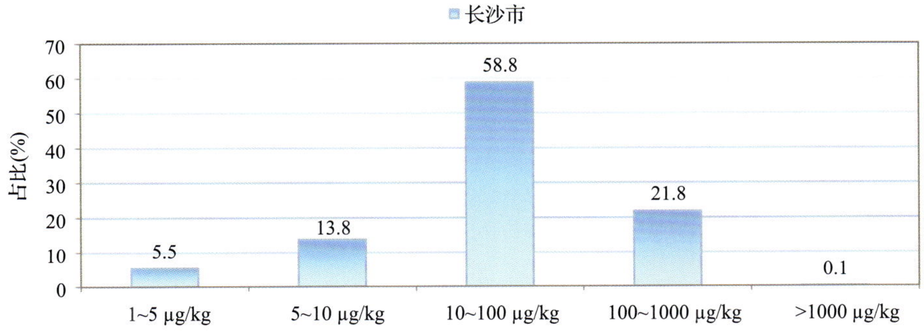

图 11-8　检出农药残留水平及占比

11.1.2.6　检出农药的毒性类别、检出频次和超标频次及占比

对这次检出的 49 种 697 频次的农药，按剧毒、高毒、中毒、低毒和微毒这五个毒性类别进行分类，从中可以看出，长沙市目前普遍使用的农药为中低微毒农药，品种占 93.9%，频次占 96.0%。结果见表 11-7 及图 11-9。

11.1.2.7　检出剧毒/高毒类农药的品种和频次

值得特别关注的是，在此次侦测的 155 例样品中有 4 种茶叶的 23 例样品检出了 3 种 28 频次的剧毒和高毒农药，占样品总量的 14.8%，详见图 11-10、表 11-8 及表 11-9。

表 11-7　检出农药毒性类别/占比

毒性分类	农药品种/占比(%)	检出频次/占比(%)	超标频次/超标率(%)
剧毒农药	0/0	0/0.0	0/0.0
高毒农药	3/6.1	28/4.0	3/10.7
中毒农药	25/51.0	427/61.3	0/0.0
低毒农药	14/28.6	172/24.7	0/0.0
微毒农药	7/14.3	70/10.0	0/0.0

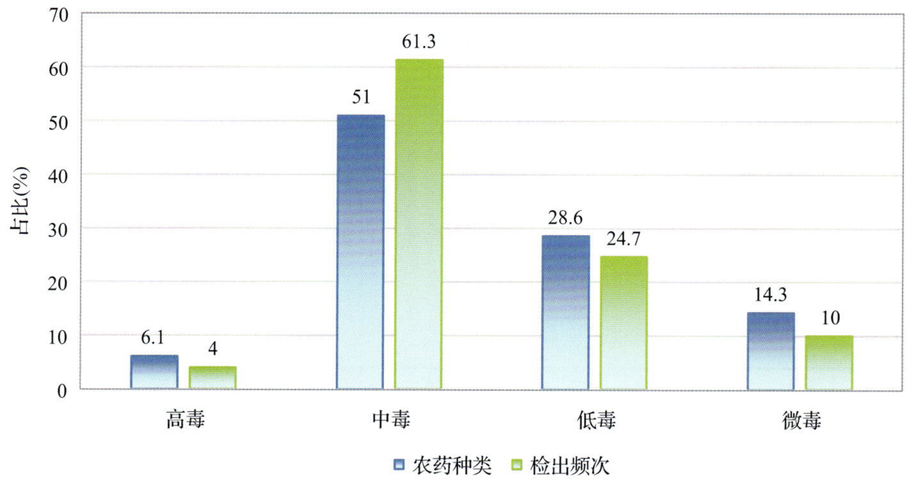

图 11-9　检出农药的毒性分类和占比

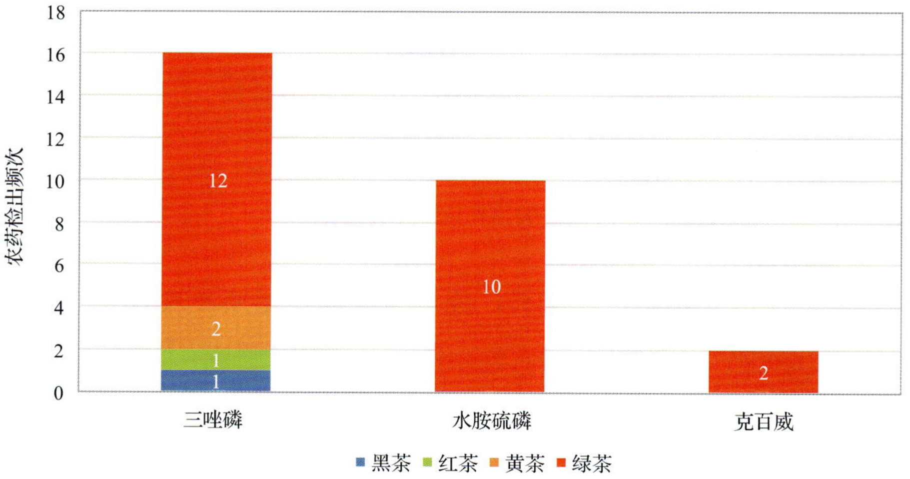

图 11-10　检出剧毒/高毒农药的样品情况

表 11-8　剧毒农药检出情况

序号	农药名称	检出频次	超标频次	超标率
茶叶中未检出剧毒农药				
	合计	0	0	超标率：0.0%

表 11-9　高毒农药检出情况

序号	农药名称	检出频次	超标频次	超标率
从 4 种茶叶中检出 3 种高毒农药，共计检出 28 次				
1	三唑磷	16	0	0.0%
2	水胺硫磷	10	2	20.0%
3	克百威	2	1	50.0%
	合计	28	3	超标率：10.7%

在检出的剧毒和高毒农药中，有 3 种是我国早已禁止在茶叶上使用的，分别是：克百威、三唑磷和水胺硫磷。禁用农药的检出情况见表 11-10。

表 11-10　禁用农药检出情况

序号	农药名称	检出频次	超标频次	超标率
从 4 种茶叶中检出 8 种禁用农药，共计检出 131 次				
1	毒死蜱	56	0	0.0%
2	硫丹	31	0	0.0%
3	三唑磷	16	0	0.0%
4	三氯杀螨醇	11	0	0.0%
5	水胺硫磷	10	2	20.0%
6	乐果	3	0	0.0%
7	氟虫腈	2	0	0.0%
8	克百威	2	1	50.0%
合计		131	3	超标率：2.3%

注：表中*为剧毒农药；超标结果参考 MRL 中国国家标准计算

此次抽检的茶叶样品中，没有检出剧毒农药。

样品中检出剧毒和高毒农药残留水平超过 MRL 中国国家标准的频次为 3 次，其中：绿茶检出水胺硫磷超标 2 次，检出克百威超标 1 次。本次检出结果表明，高毒、剧毒农药的使用现象依旧存在，详见表 11-11。

表 11-11　各样本中检出剧毒/高毒农药情况

样品名称	农药名称	检出频次	超标频次	检出浓度(μg/kg)
茶叶 4 种				
黑茶	三唑磷▲	1	0	17.0
红茶	三唑磷▲	1	0	17.5
黄茶	三唑磷▲	2	0	16.0，19.8
绿茶	三唑磷▲	12	0	51.3，37.9，93.2，133.1，193.3，17.1，20.5，17.2，10.2，5.2，69.4，67.9
绿茶	水胺硫磷▲	10	2	72.2[a]，32.4，13.0，443.8[a]，14.8，14.4，5.4，20.0，13.3，24.0
绿茶	克百威▲	2	1	39.7，63.6[a]
合计		28	3	超标率：10.7%

注：表中*为剧毒农药；▲为禁用农药；a 为超标结果(参考 MRL 中国国家标准)

11.2 农药残留检出水平与最大残留限量标准对比分析

我国于 2016 年 12 月 18 日正式颁布并于 2017 年 6 月 18 日正式实施食品农药残留限量国家标准《食品中农药最大残留限量》(GB 2763—2016)。该标准包括 417 个农药条目，涉及最大残留限量(MRL)标准 4140 项。将 697 频次检出农药的浓度水平与 4140 项 MRL 中国国家标准进行核对,其中只有 380 频次的结果找到了对应的 MRL,占 54.5%,还有 317 频次的结果则无相关 MRL 标准供参考，占 45.5%。

将此次侦测结果与国际上现行 MRL 对比发现，在 697 频次的检出结果中有 697 频次的结果找到了对应的 MRL 欧盟标准，占 100.0%；其中，623 频次的结果有明确对应的 MRL，占 89.4%，其余 74 频次按照欧盟一律标准判定，占 10.6%；有 697 频次的结果找到了对应的 MRL 日本标准，占 100.0%；其中，587 频次的结果有明确对应的 MRL，占 84.2%，其余 110 频次按照日本一律标准判定，占 15.8%；有 363 频次的结果找到了对应的 MRL 中国香港标准，占 52.1%；有 329 频次的结果找到了对应的 MRL 美国标准，占 47.2%；有 346 频次的结果找到了对应的 MRL CAC 标准，占 49.6%(见图 11-11 和图 11-12，数据见附表 3 至附表 8)。

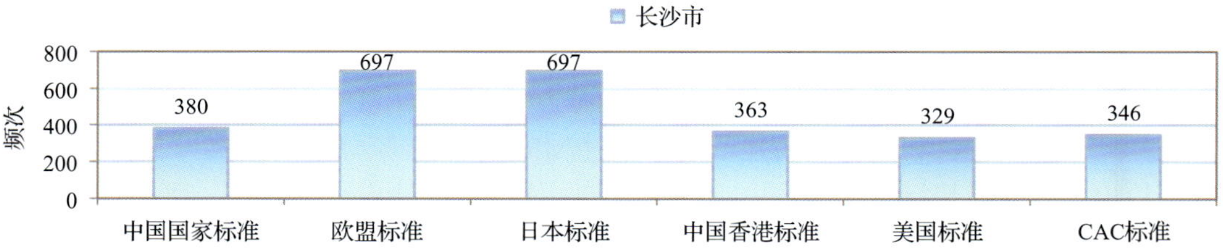

图 11-11　697 频次检出农药可用 MRL 中国国家标准、欧盟标准、日本标准、中国香港标准、美国标准、CAC 标准判定衡量的数量

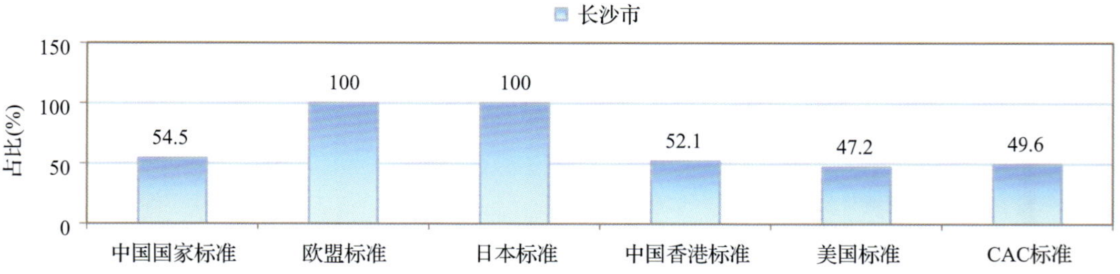

图 11-12　697 频次检出农药可用 MRL 中国国家标准、欧盟标准、日本标准、中国香港标准、美国标准、CAC 标准衡量的占比

11.2.1 超标农药样品分析

本次侦测的 155 例样品中，3 例样品未检出任何残留农药，占样品总量的 1.9%，152 例样品检出不同水平、不同种类的残留农药，占样品总量的 98.1%。在此，我们将本次侦测的农残检出情况与 MRL 中国国家标准、欧盟标准、日本标准、中国香港标准、美

国标准和 CAC 标准这 6 大国际主流 MRL 标准进行对比分析，样品农残检出与超标情况见表 11-12、图 11-13 和图 11-14，详细数据见附表 9 至附表 14。

表 11-12　各 MRL 标准下样本农残检出与超标数量及占比

	中国国家标准	欧盟标准	日本标准	中国香港标准	美国标准	CAC 标准
	数量/占比(%)	数量/占比(%)	数量/占比(%)	数量/占比(%)	数量/占比(%)	数量/占比(%)
未检出	3/1.9	3/1.9	3/1.9	3/1.9	3/1.9	3/1.9
检出未超标	149/96.1	55/35.5	86/55.5	152/98.1	152/98.1	152/98.1
检出超标	3/1.9	97/62.6	66/42.6	0/0.0	0/0.0	0/0.0

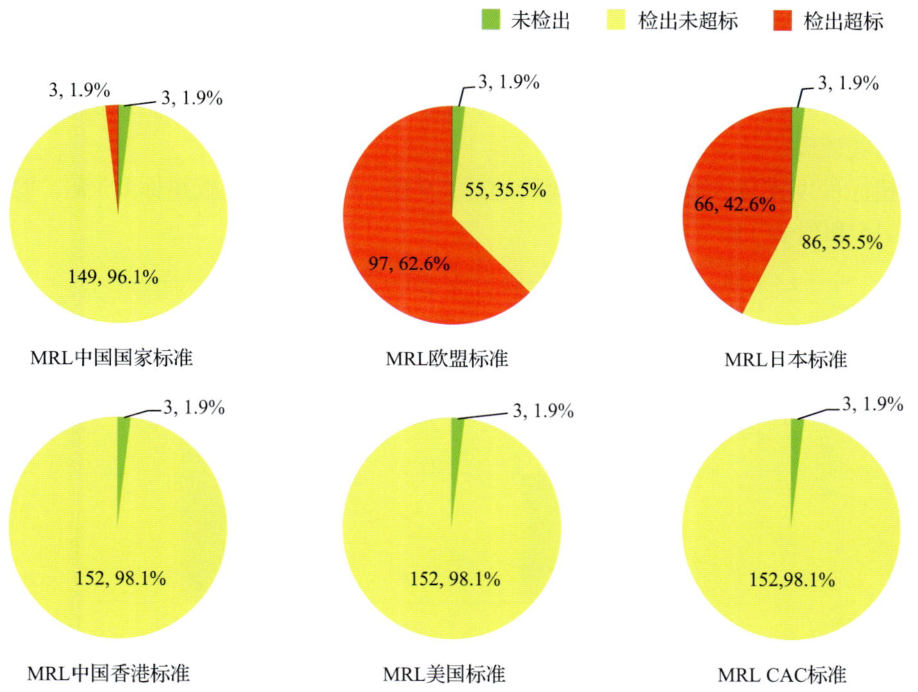

图 11-13　检出和超标样品比例情况

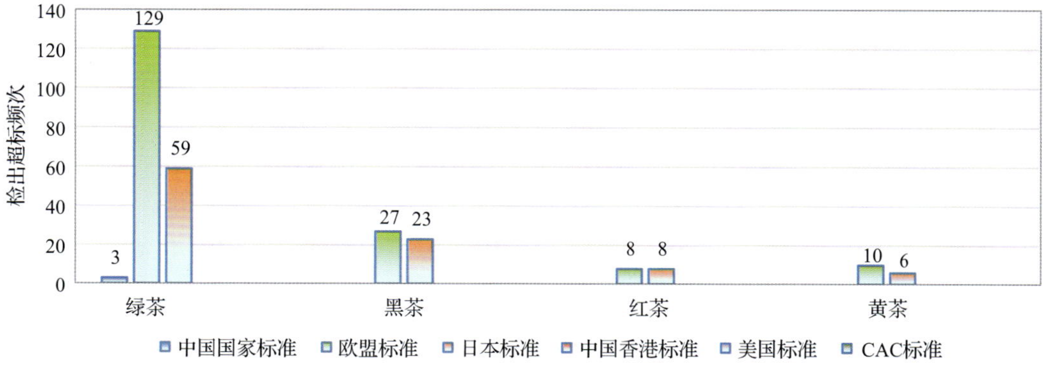

图 11-14　超过 MRL 中国国家标准、欧盟标准、日本标准、中国香港标准、美国标准和 CAC 标准判定结果在茶叶中的分布

11.2.2 超标农药种类分析

按照 MRL 中国国家标准、欧盟标准、日本标准、中国香港标准、美国标准和 CAC 标准这 6 大国际主流标准衡量，本次侦测检出的农药超标品种及频次情况见表 11-13。

表 11-13　各 MRL 标准下超标农药品种及频次

	中国国家标准	欧盟标准	日本标准	中国香港标准	美国标准	CAC 标准
超标农药品种	2	21	21	0	0	0
超标农药频次	3	174	96	0	0	0

11.2.2.1　按 MRL 中国国家标准衡量

按 MRL 中国国家标准衡量，共有 2 种农药超标，检出 3 频次，分别为高毒农药克百威和水胺硫磷。

按超标程度比较，绿茶中水胺硫磷超标 7.9 倍，绿茶中克百威超标 0.3 倍。检测结果见图 11-15 和附表 15。

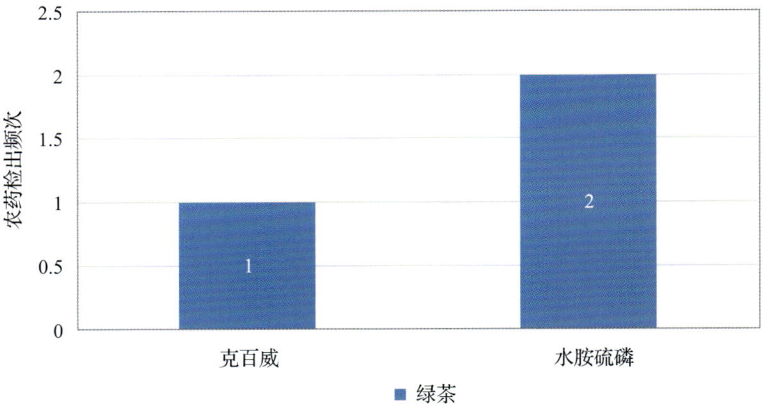

图 11-15　超过 MRL 中国国家标准农药品种及频次

11.2.2.2　按 MRL 欧盟标准衡量

按 MRL 欧盟标准衡量，共有 21 种农药超标，检出 174 频次，分别为高毒农药三唑磷、克百威和水胺硫磷，中毒农药稻瘟灵、氯氟氰菊酯、氟虫腈、三唑醇、灭除威、仲丁威、戊唑醇、哒螨灵和辛酰溴苯腈，低毒农药邻苯二甲酰亚胺、猛杀威、噻嗪酮、新燕灵、威杀灵和二苯胺，微毒农药醚菊酯、氟丙菊酯和解草嗪。

按超标程度比较，绿茶中仲丁威超标 44.4 倍，绿茶中水胺硫磷超标 43.4 倍，黑茶中灭除威超标 36.5 倍，红茶中猛杀威超标 30.8 倍，黑茶中威杀灵超标 26.9 倍。检测结果见图 11-16 和附表 16。

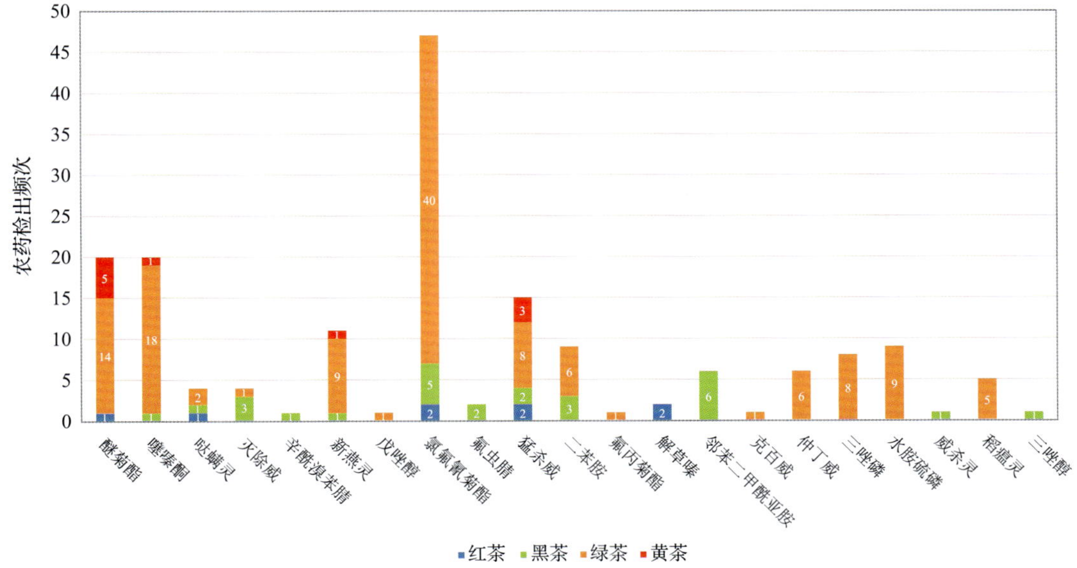

图 11-16　超过 MRL 欧盟标准农药品种及频次

11.2.2.3　按 MRL 日本标准衡量

按 MRL 日本标准衡量，共有 21 种农药超标，检出 96 频次，分别为高毒农药三唑磷和水胺硫磷，中毒农药稻瘟灵、氟虫腈、灭除威、仲丁威、烯唑醇和辛酰溴苯腈，低毒农药乙草胺、嘧霉胺、邻苯二甲酰亚胺、猛杀威、邻苯基苯酚、新燕灵、威杀灵、己唑醇、二苯胺和萘乙酸，微毒农药腐霉利、绿麦隆和解草嗪。

按超标程度比较，绿茶中仲丁威超标 44.4 倍，绿茶中水胺硫磷超标 43.4 倍，黑茶中灭除威超标 36.5 倍，红茶中猛杀威超标 30.8 倍，黑茶中威杀灵超标 26.9 倍。检测结果见图 11-17 和附表 17。

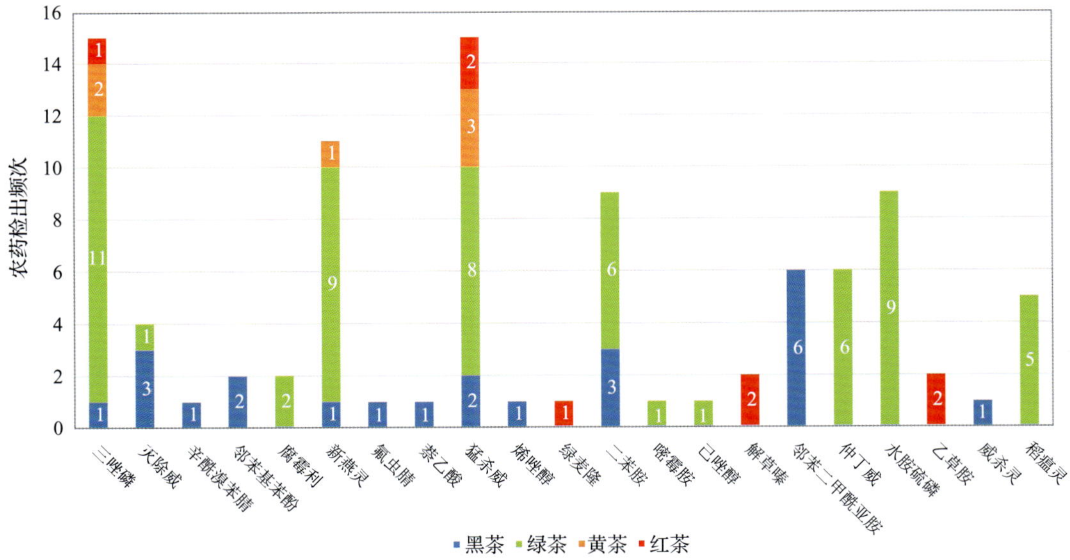

图 11-17　超过 MRL 日本标准农药品种及频次

11.2.2.4　按 MRL 中国香港标准衡量

按 MRL 中国香港标准衡量，无样品检出超标农药残留。

11.2.2.5　按 MRL 美国标准衡量

按 MRL 美国标准衡量，无样品检出超标农药残留。

11.2.2.6　按 MRL CAC 标准衡量

按 MRL CAC 标准衡量，无样品检出超标农药残留。

11.2.3　8 个采样点超标情况分析

11.2.3.1　按 MRL 中国国家标准衡量

按 MRL 中国国家标准衡量，有 2 个采样点的样品存在不同程度的超标农药检出，其中***超市（韶山南路店）的超标率最高，为 11.1%，如表 11-14 和图 11-18 所示。

表 11-14　超过 MRL 中国国家茶叶在不同采样点分布

	采样点	样品总数	超标数量	超标率（%）	行政区域
1	***茶店	41	2	4.9	雨花区
2	***超市（韶山南路店）	9	1	11.1	雨花区

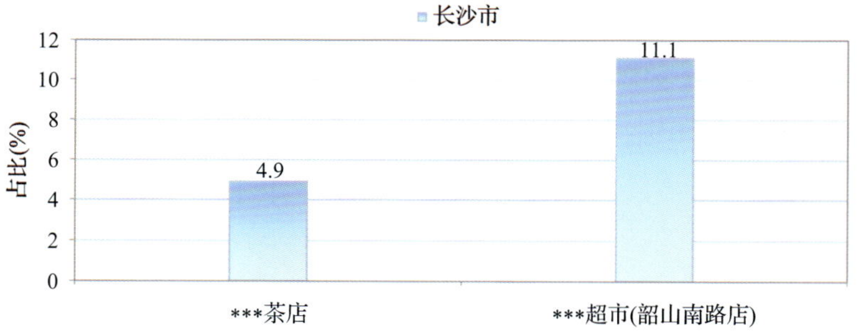

图 11-18　超过 MRL 中国国家标准茶叶在不同采样点分布

11.2.3.2　按 MRL 欧盟标准衡量

按 MRL 欧盟标准衡量，所有采样点的样品存在不同程度的超标农药检出，其中***茶店的超标率最高，为 70.7%，如表 11-15 和图 11-19 所示。

表 11-15　超过 MRL 欧盟标准茶叶在不同采样点分布

	采样点	样品总数	超标数量	超标率（%）	行政区域
1	***茶店	41	29	70.7	雨花区
2	***茶业店	31	20	64.5	雨花区
3	***超市（天心店）	22	15	68.2	天心区

续表

	采样点	样品总数	超标数量	超标率(%)	行政区域
4	***茶叶店	21	12	57.1	雨花区
5	***茶业店	18	11	61.1	雨花区
6	***超市(韶山南路店)	9	5	55.6	雨花区
7	***茶业店	7	3	42.9	雨花区
8	***茶厂店	6	2	33.3	雨花区

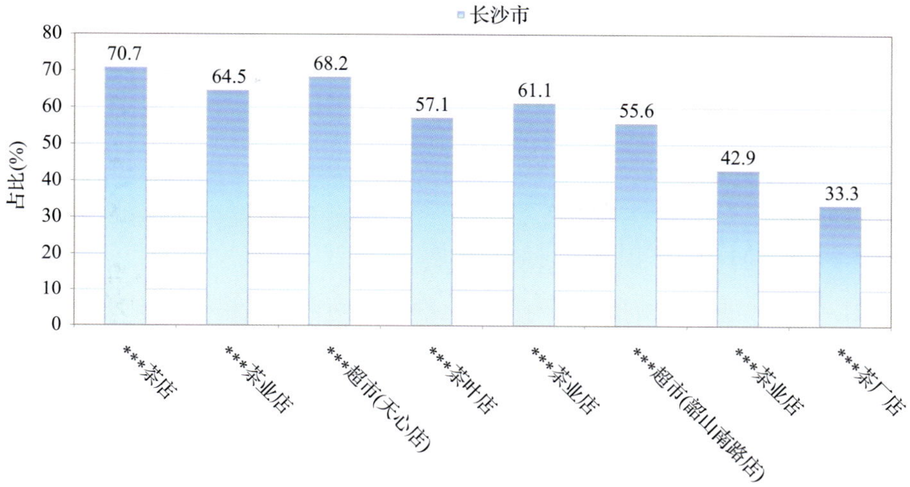

图 11-19　超过 MRL 欧盟标准茶叶在不同采样点分布

11.2.3.3　按 MRL 日本标准衡量

按 MRL 日本标准衡量，所有采样点的样品存在不同程度的超标农药检出，其中***超市(天心店)的超标率最高，为 63.6%，如表 11-16 和图 11-20 所示。

表 11-16　超过 MRL 日本标准茶叶在不同采样点分布

	采样点	样品总数	超标数量	超标率(%)	行政区域
1	***茶店	41	18	43.9	雨花区
2	***茶业店	31	14	45.2	雨花区
3	***超市(天心店)	22	14	63.6	天心区
4	***茶叶店	21	3	14.3	雨花区
5	***茶业店	18	8	44.4	雨花区
6	***超市(韶山南路店)	9	5	55.6	雨花区
7	***茶业店	7	3	42.9	雨花区
8	***茶厂店	6	1	16.7	雨花区

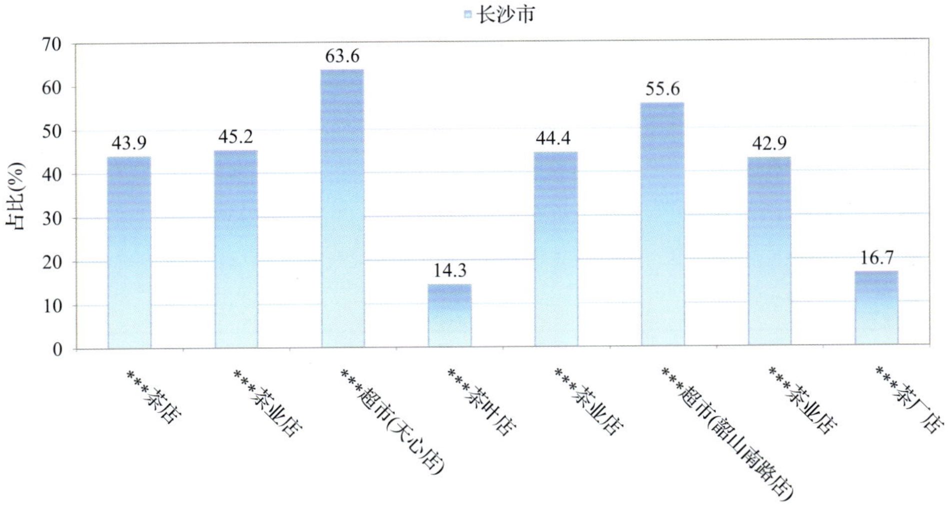

图 11-20　超过 MRL 日本标准茶叶在不同采样点分布

11.2.3.4　按 MRL 中国香港标准衡量

按 MRL 中国香港标准衡量，所有采样点的样品均未检出超标农药残留。

11.2.3.5　按 MRL 美国标准衡量

按 MRL 美国标准衡量，所有采样点的样品均未检出超标农药残留。

11.2.3.6　按 MRL CAC 标准衡量

按 MRL CAC 标准衡量，所有采样点的样品均未检出超标农药残留。

11.3　茶叶中农药残留分布

11.3.1　茶叶按检出农药品种和频次排名

本次残留侦测的茶叶共 4 种，包括黑茶、红茶、黄茶和绿茶。

根据检出农药品种及频次进行排名，将各项排名茶叶样品检出情况列表说明，详见表 11-17。

表 11-17　茶叶按检出农药品种和频次排名

按检出农药品种排名(品种)	①绿茶(35)，②黑茶(27)，③红茶(18)，④黄茶(13)
按检出农药频次排名(频次)	①绿茶(436)，②黑茶(134)，③红茶(67)，④黄茶(60)
按检出禁用、高毒及剧毒农药品种排名(品种)	①绿茶(7)，②黑茶(5)，③黄茶(3)，④红茶(2)
按检出禁用、高毒及剧毒农药频次排名(频次)	①绿茶(81)，②黑茶(38)，③黄茶(8)，④红茶(4)

11.3.2　茶叶按超标农药品种和频次排名

鉴于 MRL 欧盟标准和日本标准的制定比较全面且覆盖率较高，我们参照 MRL 中国国家标准、欧盟标准和日本标准衡量茶叶样品中农残检出情况，将超标农药品种及频次排名列表说明，详见表 11-18。

表 11-18　茶叶按超标农药品种和频次排名

按超标农药品种排名（农药品种数）	MRL 中国国家标准	①绿茶(2)
	MRL 欧盟标准	①绿茶(15)，②黑茶(12)，③红茶(5)，④黄茶(4)
	MRL 日本标准	①黑茶(12)，②绿茶(11)，③红茶(5)，④黄茶(3)
按超标农药频次排名（农药频次数）	MRL 中国国家标准	①绿茶(3)
	MRL 欧盟标准	①绿茶(129)，②黑茶(27)，③黄茶(10)，④红茶(8)
	MRL 日本标准	①绿茶(59)，②黑茶(23)，③红茶(8)，④黄茶(6)

通过对各品种茶叶样本总数及检出率进行综合分析发现，绿茶、黑茶和黄茶的残留污染最为严重，在此，我们参照 MRL 中国国家标准、欧盟标准和日本标准对这 3 种茶叶的农残检出情况进行进一步分析。

11.3.3　农药残留检出率较高的茶叶样品分析

11.3.3.1　绿茶

这次共检测 84 例绿茶样品，82 例样品中检出了农药残留，检出率为 97.6%，检出农药共计 35 种。其中联苯菊酯、氯氟氰菊酯、毒死蜱、噻嗪酮和醚菊酯检出频次较高，分别检出了 76、48、40、37 和 30 次。绿茶中农药检出品种和频次见图 11-21，超标农药见图 11-22 和表 11-19。

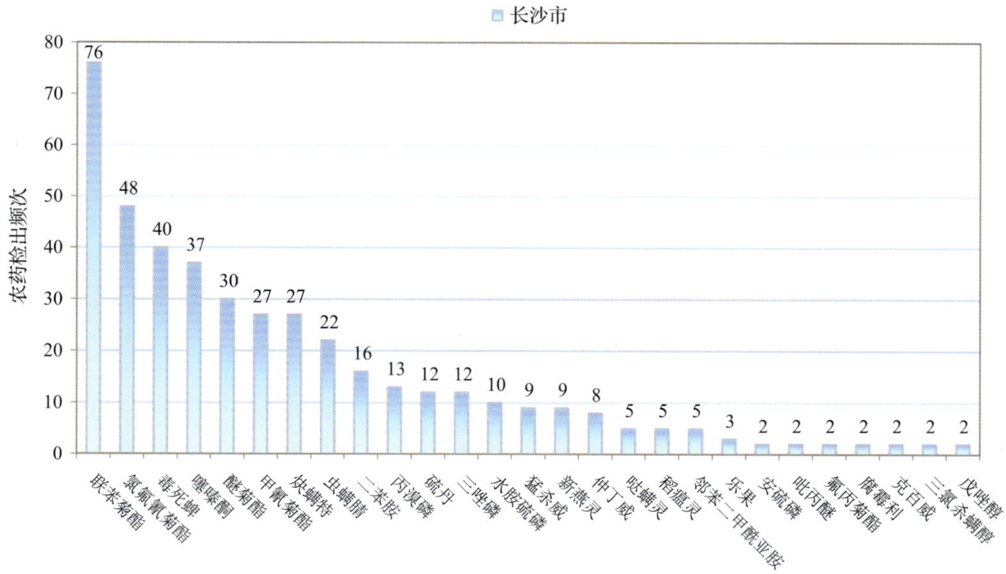

图 11-21　绿茶样品检出农药品种和频次分析（仅列出 2 频次及以上的数据）

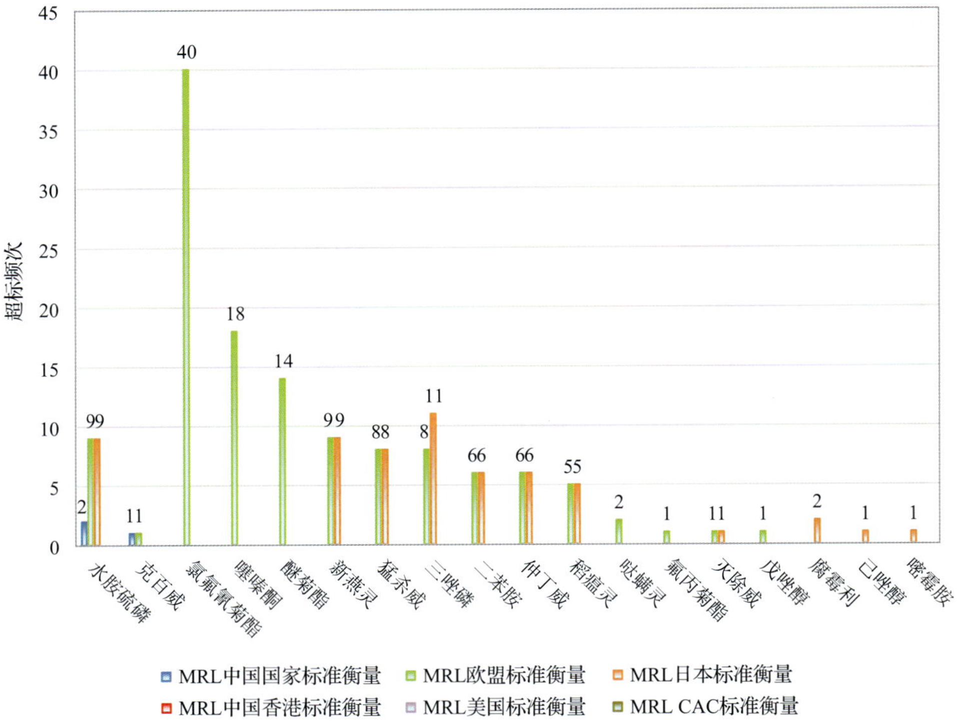

图 11-22　绿茶样品中超标农药分析

表 11-19　绿茶中农药残留超标情况明细表

样品总数			检出农药样品数	样品检出率(%)	检出农药品种总数
84			82	97.6	35
	超标农药品种	超标农药频次	按照 MRL 中国国家标准、欧盟标准和日本标准衡量超标农药名称及频次		
中国国家标准	2	3	水胺硫磷(2)，克百威(1)		
欧盟标准	15	129	氯氟氰菊酯(40)，噻嗪酮(18)，醚菊酯(14)，水胺硫磷(9)，新燕灵(9)，猛杀威(8)，三唑磷(8)，二苯胺(6)，仲丁威(6)，稻瘟灵(5)，哒螨灵(2)，氟丙菊酯(1)，克百威(1)，灭除威(1)，戊唑醇(1)		
日本标准	11	59	三唑磷(11)，水胺硫磷(9)，新燕灵(9)，猛杀威(8)，二苯胺(6)，仲丁威(6)，稻瘟灵(5)，腐霉利(2)，己唑醇(1)，嘧霉胺(1)，灭除威(1)		

11.3.3.2　黑茶

这次共检测 30 例黑茶样品，全部检出了农药残留，检出率为 100.0%，检出农药共计 27 种。其中联苯菊酯、硫丹、虫螨腈、三氯杀螨醇和毒死蜱检出频次较高，分别检出了 29、18、13、9 和 8 次。黑茶中农药检出品种和频次见图 11-23，超标农药见图 11-24 和表 11-20。

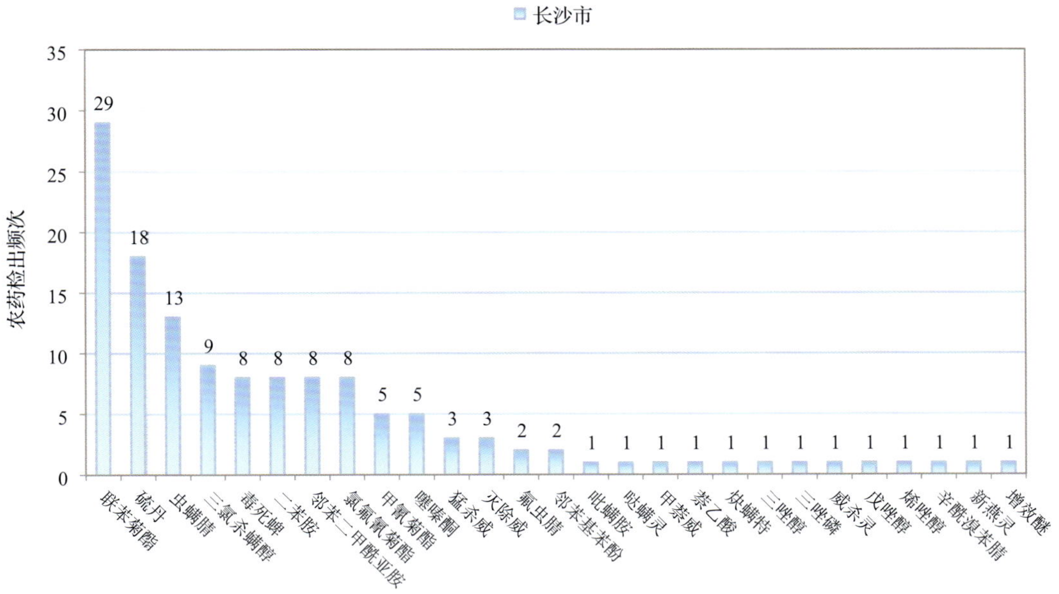

图 11-23　黑茶样品检出农药品种和频次分析

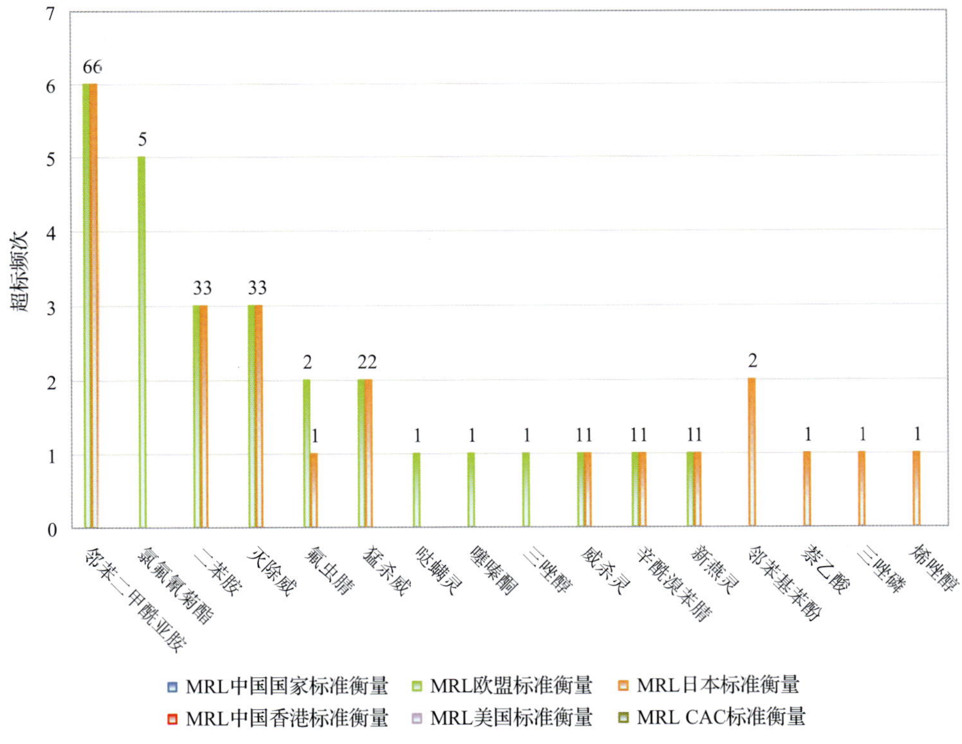

图 11-24　黑茶样品中超标农药分析

表 11-20 黑茶中农药残留超标情况明细表

样品总数			检出农药样品数	样品检出率（%）	检出农药品种总数
30			30	100	27
	超标农药品种	超标农药频次	按照 MRL 中国国家标准、欧盟标准和日本标准衡量超标农药名称及频次		
中国国家标准	0	0			
欧盟标准	12	27	邻苯二甲酰亚胺（6），氯氟氰菊酯（5），二苯胺（3），灭除威（3），氟虫腈（2），猛杀威（2），哒螨灵（1），噻嗪酮（1），三唑醇（1），威杀灵（1），辛酰溴苯腈（1），新燕灵（1）		
日本标准	12	23	邻苯二甲酰亚胺（6），二苯胺（3），灭除威（3），邻苯基苯酚（2），猛杀威（2），氟虫腈（1），萘乙酸（1），三唑磷（1），威杀灵（1），烯唑醇（1），辛酰溴苯腈（1），新燕灵（1）		

11.3.3.3 黄茶

这次共检测 20 例黄茶样品，全部检出了农药残留，检出率为 100.0%，检出农药共计 13 种。其中醚菊酯、联苯菊酯、二苯胺、毒死蜱和甲氰菊酯检出频次较高，分别检出了 16、13、9、5 和 3 次。黄茶中农药检出品种和频次见图 11-25，超标农药见图 11-26 和表 11-21。

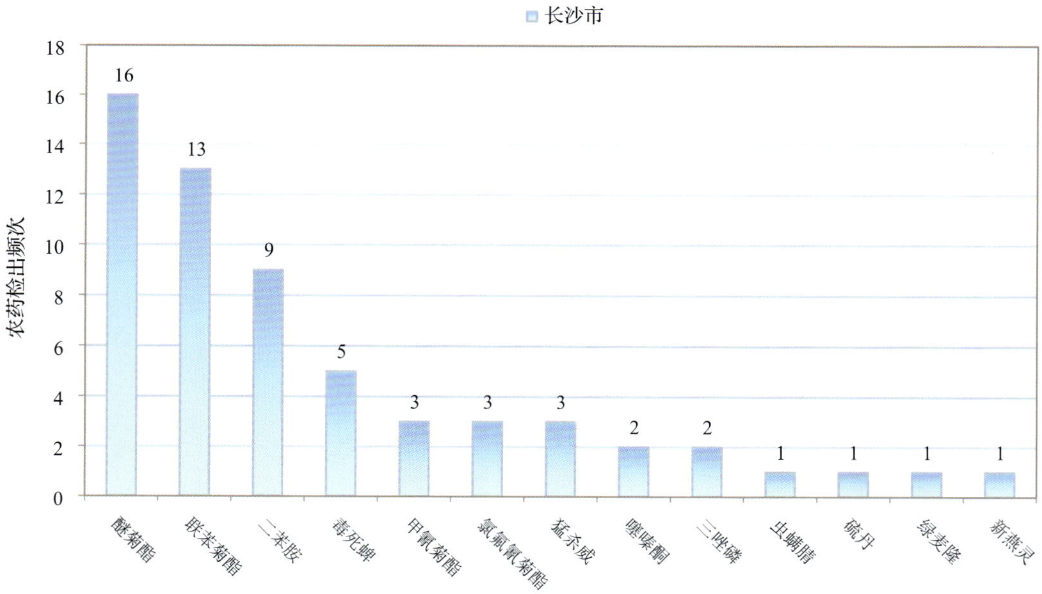

图 11-25 黄茶样品检出农药品种和频次分析

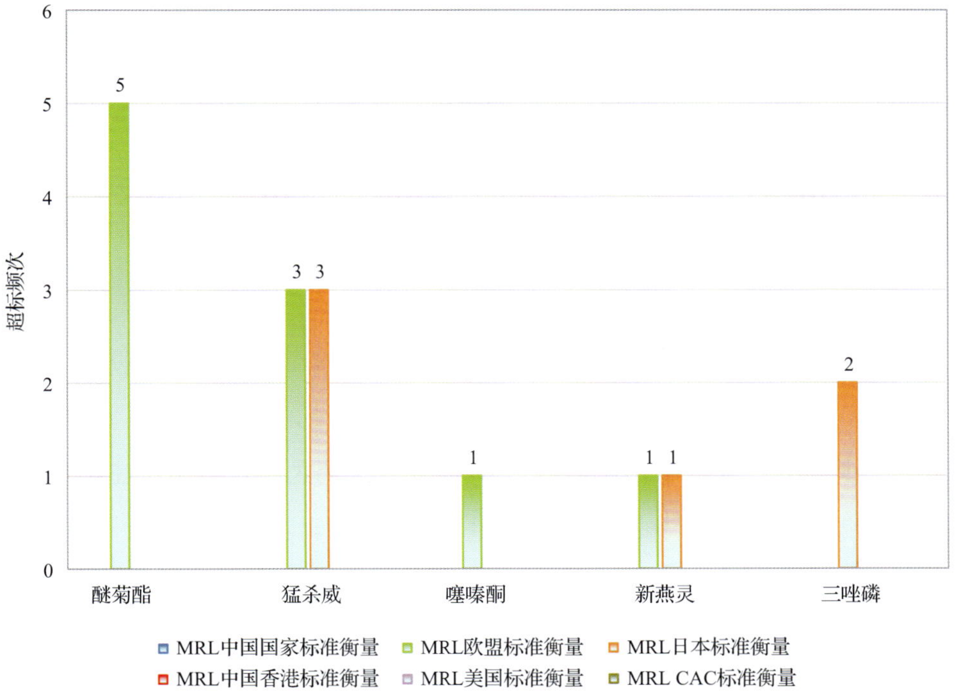

图 11-26 黄茶样品中超标农药分析

表 11-21 黄茶中农药残留超标情况明细表

样品总数			检出农药样品数	样品检出率(%)	检出农药品种总数
20			20	100	13
	超标农药品种	超标农药频次	按照 MRL 中国国家标准、欧盟标准和日本标准衡量超标农药名称及频次		
中国国家标准	0	0			
欧盟标准	4	10	醚菊酯(5)，猛杀威(3)，噻嗪酮(1)，新燕灵(1)		
日本标准	3	6	猛杀威(3)，三唑磷(2)，新燕灵(1)		

11.4 初步结论

11.4.1 长沙市市售茶叶按 MRL 中国国家标准和国际主要 MRL 标准衡量的合格率

本次侦测的 155 例样品中，3 例样品未检出任何残留农药，占样品总量的 1.9%，152 例样品检出不同水平、不同种类的残留农药，占样品总量的 98.1%。在这 152 例检出农药残留的样品中：

按照 MRL 中国国家标准衡量，有 149 例样品检出残留农药但含量没有超标，占样品总数的 96.1%，有 3 例样品检出了超标农药，占样品总数的 1.9%。

按照 MRL 欧盟标准衡量，有 55 例样品检出残留农药但含量没有超标，占样品总数的 35.5%，有 97 例样品检出了超标农药，占样品总数的 62.6%。

按照 MRL 日本标准衡量，有 86 例样品检出残留农药但含量没有超标，占样品总数的 55.5%，有 66 例样品检出了超标农药，占样品总数的 42.6%。

按照 MRL 中国香港标准衡量，有 152 例样品检出残留农药但含量没有超标，占样品总数的 98.1%，无检出残留农药超标的样品。

按照 MRL 美国标准衡量，有 152 例样品检出残留农药但含量没有超标，占样品总数的 98.1%，无检出残留农药超标的样品。

按照 MRL CAC 标准衡量，有 152 例样品检出残留农药但含量没有超标，占样品总数的 98.1%，无检出残留农药超标的样品。

11.4.2 长沙市市售茶叶中检出农药以中低微毒农药为主，占市场主体的 93.9%

这次侦测的 155 例茶叶样品共检出了 49 种农药，检出农药的毒性以中低微毒为主，详见表 11-22。

表 11-22 市场主体农药毒性分布

毒性	检出品种	占比	检出频次	占比
高毒农药	3	6.1%	28	4.0%
中毒农药	25	51.0%	427	61.3%
低毒农药	14	28.6%	172	24.7%
微毒农药	7	14.3%	70	10.0%
中低微毒农药，品种占比 93.9%，频次占比 96.0%				

11.4.3 检出剧毒、高毒和禁用农药现象应该警醒

在此次侦测的 155 例样品中有 4 种茶叶的 86 例样品检出了 8 种 131 频次的剧毒和高毒或禁用农药，占样品总量的 55.5%。其中高毒农药三唑磷、水胺硫磷和克百威检出频次较高。

按 MRL 中国国家标准衡量，高毒农药水胺硫磷，检出 10 次，超标 2 次；克百威，检出 2 次，超标 1 次；按超标程度比较，绿茶中水胺硫磷超标 7.9 倍，绿茶中克百威超标 0.3 倍。

剧毒、高毒或禁用农药的检出情况及按照 MRL 中国国家标准衡量的超标情况见表 11-23。

表 11-23 剧毒、高毒或禁用农药的检出及超标明细

序号	农药名称	样品名称	检出频次	超标频次	最大超标倍数	超标率
1.1	克百威◊▲	绿茶	2	1	0.272	50.0%
2.1	三唑磷◊▲	绿茶	12	0	0	0.0%
2.2	三唑磷◊▲	黄茶	2	0	0	0.0%

续表

序号	农药名称	样品名称	检出频次	超标频次	最大超标倍数	超标率
2.3	三唑磷◊▲	黑茶	1	0	0	0.0%
2.4	三唑磷◊▲	红茶	1	0	0	0.0%
3.1	水胺硫磷◊▲	绿茶	10	2	7.876	20.0%
4.1	毒死蜱▲	绿茶	40	0	0	0.0%
4.2	毒死蜱▲	黑茶	8	0	0	0.0%
4.3	毒死蜱▲	黄茶	5	0	0	0.0%
4.4	毒死蜱▲	红茶	3	0	0	0.0%
5.1	氟虫腈▲	黑茶	2	0	0	0.0%
6.1	乐果▲	绿茶	3	0	0	0.0%
7.1	硫丹▲	黑茶	18	0	0	0.0%
7.2	硫丹▲	绿茶	12	0	0	0.0%
7.3	硫丹▲	黄茶	1	0	0	0.0%
8.1	三氯杀螨醇▲	黑茶	9	0	0	0.0%
8.2	三氯杀螨醇▲	绿茶	2	0	0	0.0%
合计			131	3		2.3%

注：表中*为剧毒农药；◊ 为高毒农药；▲为禁用农药；超标倍数参照 MRL 中国国家标准衡量

这些剧毒和高毒农药都是中国政府早有规定禁止在茶叶中使用的，为什么还屡次被检出，应该引起警惕。

11.4.4　残留限量标准与先进国家差距较大

697 频次的检出结果与我国公布的《食品中农药最大残留限量》(GB 2763—2016) 对比，有 380 频次能找到对应的 MRL 中国国家标准，占 54.5%；还有 317 频次的侦测数据无相关 MRL 标准供参考，占 45.5%。

与国际上现行 MRL 对比发现：

有 697 频次能找到对应的 MRL 欧盟标准，占 100.0%；

有 697 频次能找到对应的 MRL 日本标准，占 100.0%；

有 363 频次能找到对应的 MRL 中国香港标准，占 52.1%；

有 329 频次能找到对应的 MRL 美国标准，占 47.2%；

有 346 频次能找到对应的 MRL CAC 标准，占 49.6%。

由上可见，MRL 中国国家标准与先进国家或地区标准还有很大差距，我们无标准，境外有标准，这就会导致我们在国际贸易中，处于受制于人的被动地位。

11.4.5　茶叶单种样品检出 18～35 种农药残留，拷问农药使用的科学性

通过此次监测发现，绿茶、黑茶和红茶是检出农药品种最多的 3 种茶叶，从中检出农药品种及频次详见表 11-24。

表 11-24　单种样品检出农药品种及频次

样品名称	样品总数	检出农药样品数	检出率	检出农药品种数	检出农药（频次）
绿茶	84	82	97.6%	35	联苯菊酯(76)，氯氟氰菊酯(48)，毒死蜱(40)，噻嗪酮(37)，醚菊酯(30)，甲氰菊酯(27)，炔螨特(27)，虫螨腈(22)，二苯胺(16)，丙溴磷(13)，硫丹(12)，三唑磷(12)，水胺硫磷(10)，猛杀威(9)，新燕灵(9)，仲丁威(8)，哒螨灵(5)，稻瘟灵(5)，邻苯二甲酰亚胺(5)，乐果(3)，安硫磷(2)，吡丙醚(2)，氟丙菊酯(2)，腐霉利(2)，克百威(2)，三氯杀螨醇(2)，戊唑醇(2)，除线磷(1)，己唑醇(1)，腈菌唑(1)，嘧霉胺(1)，灭除威(1)，五氯苯胺(1)，西玛通(1)，异稻瘟净(1)
黑茶	30	30	100.0%	27	联苯菊酯(29)，硫丹(18)，虫螨腈(13)，三氯杀螨醇(9)，毒死蜱(8)，二苯胺(8)，邻苯二甲酰亚胺(8)，氯氟氰菊酯(8)，甲氰菊酯(5)，噻嗪酮(5)，猛杀威(3)，灭除威(3)，氟虫腈(2)，邻苯基苯酚(2)，吡螨胺(1)，哒螨灵(1)，甲萘威(1)，萘乙酸(1)，炔螨特(1)，三唑醇(1)，三唑磷(1)，威杀灵(1)，戊唑醇(1)，烯唑醇(1)，辛酰溴苯腈(1)，新燕灵(1)，增效醚(1)
红茶	21	20	95.2%	18	联苯菊酯(13)，醚菊酯(12)，二苯胺(11)，噻嗪酮(5)，甲氰菊酯(4)，毒死蜱(3)，氯氟氰菊酯(3)，虫螨腈(2)，解草嗪(2)，绿麦隆(2)，猛杀威(2)，乙草胺(2)，哒螨灵(1)，稻瘟灵(1)，二甲草胺(1)，灭除威(1)，三唑磷(1)，仲丁威(1)

上述 3 种茶叶，检出农药 18～35 种，是多种农药综合防治，还是未严格实施农业良好管理规范(GAP)，亦或根本就是乱施药，值得我们思考。

第 12 章　GC-Q-TOF/MS 侦测长沙市市售茶叶农药残留膳食暴露风险与预警风险评估

12.1　农药残留风险评估方法

12.1.1　长沙市农药残留侦测数据分析与统计

庞国芳院士科研团队建立的农药残留高通量侦测技术以高分辨精确质量数（0.0001 *m/z* 为基准）为识别标准，采用 GC-Q-TOF/MS 技术对 684 种农药化学污染物进行侦测。

科研团队于 2019 年 1 月期间在长沙市 8 个采样点，包括 6 个茶叶专营店 2 个超市，以随机购买方式采集，总计 8 批 155 例样品，具体位置如图 12-1 所示。

图 12-1　GC-Q-TOF/MS 侦测长沙市 8 个采样点 155 例样品分布示意图

利用 GC-Q-TOF/MS 技术对 155 例样品中的农药进行侦测，侦测出残留农药 49 种，697 频次。侦测出农药残留水平如表 12-1 和图 12-2 所示。检出频次最高的前 10 种农药如表 12-2 所示。从检测结果中可以看出，在茶叶中农药残留普遍存在，且有些茶叶存在高浓度的农药残留，这些可能存在膳食暴露风险，对人体健康产生危害，因此，为了定量地评价茶叶中农药残留的风险程度，有必要对其进行风险评价。

表 12-1　侦测出农药的不同残留水平及其所占比例列表

残留水平（μg/kg）	检出频次	占比（%）
1～5（含）	38	5.5
5～10（含）	96	13.8
10～100（含）	410	58.8
100～1000（含）	152	21.8
>1000	1	0.1
合计	697	100

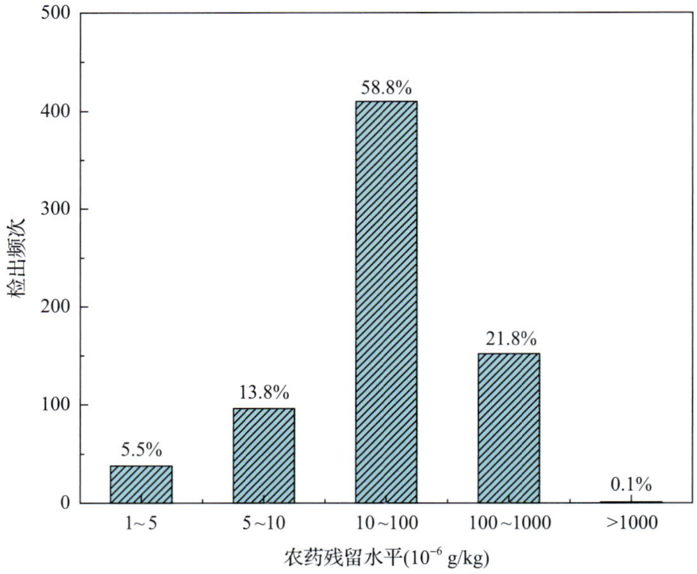

图 12-2　残留农药检出浓度频数分布图

表 12-2　检出频次最高的前 10 种农药列表

序号	农药	检出频次（次）
1	联苯菊酯	131
2	氯氟氰菊酯	62
3	醚菊酯	58
4	毒死蜱	56
5	噻嗪酮	49
6	二苯胺	44
7	甲氰菊酯	39
8	虫螨腈	38
9	硫丹	31
10	炔螨特	28

12.1.2　农药残留风险评价模型

对长沙市茶叶中农药残留分别开展暴露风险评估和预警风险评估。膳食暴露风险评估利用食品安全指数模型对茶叶中的残留农药对人体可能产生的危害程度进行评价，该模型结合残留监测和膳食暴露评估评价化学污染物的危害；预警风险评价模型运用风险系数(risk index，*R*)，风险系数综合考虑了危害物的超标率、施检频率及其本身敏感性的影响，能直观而全面地反映出危害物在一段时间内的风险程度。

12.1.2.1　食品安全指数模型

为了加强食品安全管理，《中华人民共和国食品安全法》第二章第十七条规定“国家建立食品安全风险评估制度，运用科学方法，根据食品安全风险监测信息、科学数据以及有关信息，对食品、食品添加剂、食品相关产品中生物性、化学性和物理性危害因素进行风险评估”[1]，膳食暴露评估是食品危险度评估的重要组成部分，也是膳食安全性的衡量标准[2]。国际上最早研究膳食暴露风险评估的机构主要是 JMPR（FAO、WHO 农药残留联合会议），该组织自 1995 年就已制定了急性毒性物质的风险评估急性毒性农药残留摄入量的预测。1960 年美国规定食品中不得加入致癌物质进而提出零阈值理论，渐渐零阈值理论发展成在一定概率条件下可接受风险的概念[3]，后衍变为食品中每日允许最大摄入量（ADI），而国际食品农药残留法典委员会（CCPR）认为 ADI 不是独立风险评估的唯一标准[4]，1995 年 JMPR 开始研究农药急性膳食暴露风险评估，并对食品国际短期摄入量的计算方法进行了修正，亦对膳食暴露评估准则及评估方法进行了修正[5]，2002 年，在对世界上现行的食品安全评价方法，尤其是国际公认的 CAC 评价方法、全球环境监测系统/食品污染监测和评估规划（WHO GEMS/Food）及 FAO、WHO 食品添加剂联合专家委员会（JECFA）和 JMPR 对食品安全风险评估工作研究的基础之上，检验检疫食品安全管理的研究人员提出了结合残留监控和膳食暴露评估，以食品安全指数 IFS 计算食品中各种化学污染物对消费者的健康危害程度[6]。IFS 是表示食品安全状态的新方法，可有效地评价某种农药的安全性，进而评价食品中各种农药化学污染物对消费者健康的整体危害程度[7, 8]。从理论上分析，IFS_c 可指出食品中的污染物 c 对消费者健康是否存在危害及危害的程度[9]。其优点在于操作简单且结果容易被接受和理解，不需要大量的数据来对结果进行验证，使用默认的标准假设或者模型即可[10, 11]。

1）IFS_c 的计算

IFS_c 计算公式如下：

$$IFS_c = \frac{EDI_c \times f}{SI_c \times bw} \tag{12-1}$$

式中，c 为所研究的农药；EDI_c 为农药 c 的实际日摄入量估算值，等于 $\sum(R_i \times F_i \times E_i \times P_i)$（$i$ 为食品种类；R_i 为食品 i 中农药 c 的残留水平，mg/kg；F_i 为食品 i 的估计日消费量，g/（人·天）；E_i 为食品 i 的可食用部分因子；P_i 为食品 i 的加工处理因子）；SI_c 为安全摄入量，可采用每日允许最大摄入量 ADI；bw 为人平均体重，kg；f 为校正因子，如果安全摄入量采用 ADI，则 f 取 1。

$IFS_c \ll 1$，农药 c 对食品安全没有影响；$IFS_c \leqslant 1$，农药 c 对食品安全的影响可以接受；$IFS_c > 1$，农药 c 对食品安全的影响不可接受。

本次评价中：

$IFS_c \leqslant 0.1$，农药 c 对茶叶安全没有影响；

$0.1 < IFS_c \leqslant 1$，农药 c 对茶叶安全的影响可以接受；

$IFS_c > 1$，农药 c 对茶叶安全的影响不可接受。

本次评价中残留水平 R_i 取值为中国检验检疫科学研究院庞国芳院士课题组利用以高分辨精确质量数（0.0001 m/z）为基准的 GC-Q-TOF/MS 侦测技术于 2019 年 1 月期间对长沙市茶叶农药残留的侦测结果，估计日消费量 F_i 取值 0.0047 kg/（人·天），E_i=1，P_i=1，f=1，SI_c 采用《食品安全国家标准　食品中农药最大残留限量》（GB 2763—2016）中 ADI 值（具体数值见表 12-3），人平均体重（bw）取值 60 kg。

表 12-3　长沙市茶叶中侦测出农药的 ADI 值

序号	农药	ADI	序号	农药	ADI	序号	农药	ADI
1	联苯菊酯	0.01	18	稻瘟灵	0.016	35	嘧霉胺	0.2
2	三唑磷	0.001	19	乐果	0.002	36	增效醚	0.2
3	毒死蜱	0.01	20	丙溴磷	0.03	37	二甲草胺	—
4	噻嗪酮	0.009	21	甲萘威	0.008	38	五氯苯胺	—
5	炔螨特	0.01	22	辛酰溴苯腈	0.015	39	吡螨胺	—
6	水胺硫磷	0.003	23	己唑醇	0.005	40	威杀灵	—
7	甲氰菊酯	0.03	24	戊唑醇	0.03	41	安硫磷	—
8	硫丹	0.006	25	烯唑醇	0.005	42	新燕灵	—
9	虫螨腈	0.03	26	乙草胺	0.02	43	氟丙菊酯	—
10	克百威	0.001	27	三唑醇	0.03	44	灭除威	—
11	氟虫腈	0.0002	28	绿麦隆	0.04	45	猛杀威	—
12	氯氟氰菊酯	0.02	29	腈菌唑	0.03	46	西玛通	—
13	三氯杀螨醇	0.002	30	腐霉利	0.1	47	解草嗪	—
14	哒螨灵	0.01	31	吡丙醚	0.1	48	邻苯二甲酰亚胺	—
15	二苯胺	0.08	32	异稻瘟净	0.035	49	除线磷	—
16	醚菊酯	0.03	33	邻苯基苯酚	0.4			
17	仲丁威	0.06	34	萘乙酸	0.15			

注："—"表示为国家标准中无 ADI 值规定；ADI 值单位为 mg/kg bw

2）计算 IFS_c 的平均值 $\overline{IFS}$，评价农药对食品安全的影响程度

以 $\overline{IFS}$ 评价各种农药对人体健康危害的总程度，评价模型见公式（12-2）。

$$\overline{IFS}=\frac{\sum_{i=1}^{n}IFS_c}{n} \tag{12-2}$$

$\overline{IFS}\ll 1$，所研究消费者人群的食品安全状态很好；$\overline{IFS}\leq 1$，所研究消费者人群的食品安全状态可以接受；$\overline{IFS}>1$，所研究消费者人群的食品安全状态不可接受。

本次评价中：

$\overline{IFS}\leqslant 0.1$，所研究消费者人群的茶叶安全状态很好；

$0.1<\overline{IFS}\leqslant 1$，所研究消费者人群的茶叶安全状态可以接受；

$\overline{\mathrm{IFS}}>1$，所研究消费者人群的茶叶安全状态不可接受。

12.1.2.2　预警风险评估模型

2003 年，我国检验检疫食品安全管理的研究人员根据 WTO 的有关原则和我国的具体规定，结合危害物本身的敏感性、风险程度及其相应的施检频率，首次提出了食品中危害物风险系数 R 的概念[12]。R 是衡量一个危害物的风险程度大小最直观的参数，即在一定时期内其超标率或阳性检出率的高低，但受其施检频率的高低及其本身的敏感性(受关注程度)影响。该模型综合考察了农药在茶叶中的超标率、施检频率及其本身敏感性，能直观而全面地反映出农药在一段时间内的风险程度[13]。

1) R 计算方法

危害物的风险系数综合考虑了危害物的超标率或阳性检出率、施检频率和其本身的敏感性影响，并能直观而全面地反映出危害物在一段时间内的风险程度。风险系数 R 的计算公式如式(12-3)：

$$R = aP + \frac{b}{F} + S \tag{12-3}$$

式中，P 为该种危害物的超标率；F 为危害物的施检频率；S 为危害物的敏感因子；a, b 分别为相应的权重系数。

本次评价中 F=1；S=1；a=100；b=0.1，对参数 P 进行计算，计算时首先判断是否为禁用农药，如果为非禁用农药，P=超标的样品数(侦测出的含量高于食品最大残留限量标准值，即 MRL)除以总样品数(包括超标、不超标、未侦测出)；如果为禁用农药，则侦测出即为超标，P=能侦测出的样品数除以总样品数。判断长沙市茶叶农药残留是否超标的标准限值 MRL 分别以 MRL 中国国家标准[14]和 MRL 欧盟标准作为对照，具体值列于本报告附表一中。

2) 评价风险程度

$R \leqslant 1.5$，受检农药处于低度风险；

$1.5 < R \leqslant 2.5$，受检农药处于中度风险；

$R > 2.5$，受检农药处于高度风险。

12.1.2.3　食品膳食暴露风险和预警风险评估应用程序的开发

1) 应用程序开发的步骤

为成功开发膳食暴露风险和预警风险评估应用程序，与软件工程师多次沟通讨论，逐步提出并描述清楚计算需求，开发了初步应用程序。为明确出不同茶叶、不同农药、不同地域的风险水平，向软件工程师提出不同的计算需求，软件工程师对计算需求进行逐一分析，经过反复的细节沟通，需求分析得到明确后，开始进行解决方案的设计，在保证需求的完整性、一致性的前提下，编写出程序代码，最后设计出满足需求的风险评估专用计算软件，并通过一系列的软件测试和改进，完成专用程序的开发。软件开发基本步骤见图 12-3。

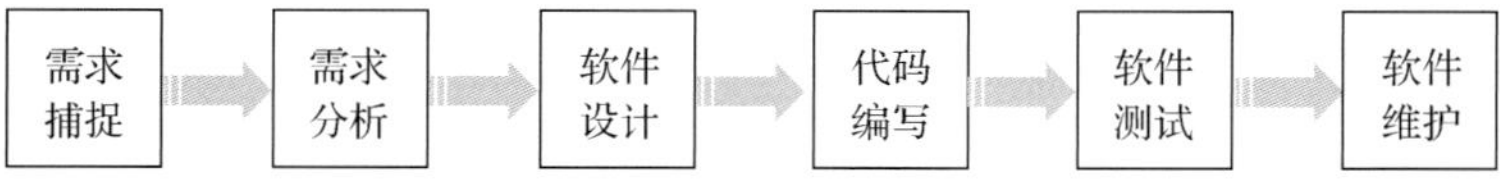

图 12-3　专用程序开发总体步骤

2）膳食暴露风险评估专业程序开发的基本要求

首先直接利用公式（12-1），分别计算 LC-Q-TOF/MS 和 GC-Q-TOF/MS 仪器侦测出的各茶叶样品中每种农药 IFS_c，将结果列出。为考察超标农药和禁用农药的使用安全性，分别以我国《食品安全国家标准　食品中农药最大残留限量》（GB 2763—2016）和欧盟食品中农药最大残留限量（以下简称 MRL 中国国家标准和 MRL 欧盟标准）为标准，对侦测出的禁用农药和超标的非禁用农药 IFS_c 单独进行评价；按 IFS_c 大小列表，并找出 IFS_c 值排名前 20 的样本重点关注。

对不同茶叶 i 中每一种侦测出的农药 c 的安全指数进行计算，多个样品时求平均值。按农药种类，计算整个监测时间段内每种农药的 IFS_c，不区分茶叶种类。

3）预警风险评估专业程序开发的基本要求

分别以 MRL 中国国家标准和 MRL 欧盟标准，按公式（12-3）逐个计算不同茶叶、不同农药的风险系数，禁用农药和非禁用农药分别列表。

为清楚了解各种农药的预警风险，不分时间，按禁药和非禁用农药分类，分别计算各种侦测出农药全部检测时段内风险系数。由于有 MRL 中国国家标准的农药种类太少，无法计算超标数，非禁用农药的风险系数只以 MRL 欧盟标准为标准，进行计算。

4）风险程度评价专业应用程序的开发方法

采用 Python 计算机程序设计语言，Python 是一个高层次地结合了解释性、编译性、互动性和面向对象的脚本语言。风险评价专用程序主要功能包括：分别读入每例样品 LC-Q-TOF/MS 和 GC-Q-TOF/MS 农药残留检测数据，根据风险评价工作要求，依次对不同农药、不同食品、不同时间、不同采样点的 IFS_c 值和 R 值分别进行数据计算，筛选出禁用农药、超标农药（分别与 MRL 中国国家标准、MRL 欧盟标准限值进行对比）单独重点分析，再分别对各农药、各茶叶种类分类处理，设计出计算和排序程序，编写计算机代码，最后将生成的膳食暴露风险评估和超标风险评估定量计算结果列入设计好的各个表格中，并定性判断风险对目标的影响程度，直接用文字描述风险发生的高低，如“不可接受”、“可以接受”、“没有影响”、“高度风险”、“中度风险”、“低度风险”。

12.2　GC-Q-TOF/MS 侦测长沙市市售茶叶农药残留膳食暴露风险评估

12.2.1　每例茶叶样品中农药残留安全指数分析

基于 2019 年 1 月的农药残留侦测数据，发现在 155 例样品中侦测出农药 697 频次，计算样品中每种残留农药的安全指数 IFS_c，并分析农药对样品安全的影响程度，结果详见附表二，农药残留对茶叶样品安全的影响程度频次分布情况如图 12-4 所示。

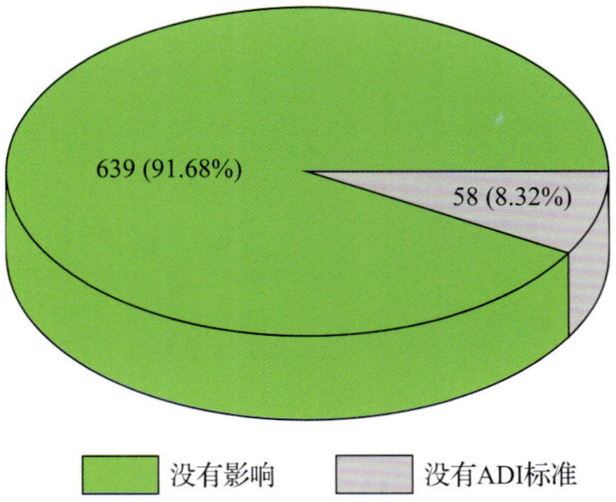

图 12-4　农药残留对茶叶样品安全的影响程度频次分布图

由图 12-4 可以看出，农药残留对样品安全的没有影响的频次为 639，占 91.68%；没有 ADI 标准的频次为 58，占 8.32%。

部分样品侦测出禁用农药 8 种 131 频次，为了明确残留的禁用农药对样品安全的影响，分析侦测出禁用农药残留的样品安全指数，禁用农药残留对茶叶样品安全的影响程度频次分布情况如图 12-5 所示，农药残留对样品安全没有影响的频次为 131，占 100%。

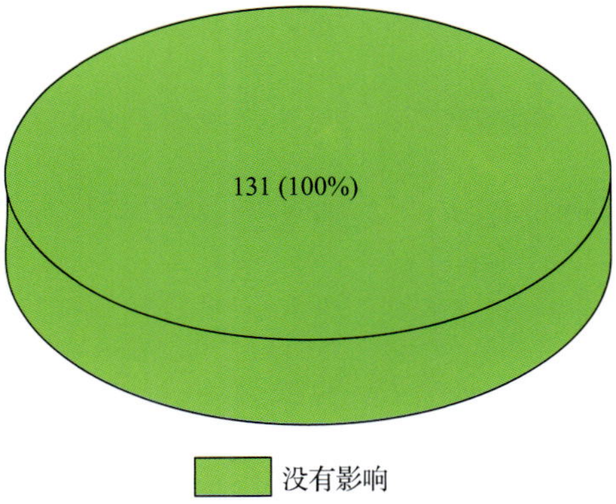

图 12-5　禁用农药对茶叶样品安全影响程度的频次分布图

此外，本次侦测发现部分样品中非禁用农药残留量超过了 MRL 欧盟标准，为了明确超标的非禁用农药对样品安全的影响，分析了非禁用农药残留超标的样品安全指数。

残留量超过 MRL 欧盟标准的非禁用农药对茶叶样品安全的影响程度频次分布情况如图 12-6 所示。可以看出超过 MRL 欧盟标准的非禁用农药共 154 频次，其中农药没有 ADI 的频次为 40，占 25.97%农药残留对样品安全没有影响的频次为 114，占 74.03%。表 12-4 为茶叶样品中安全指数排名前 10 的残留超标非禁用农药列表。

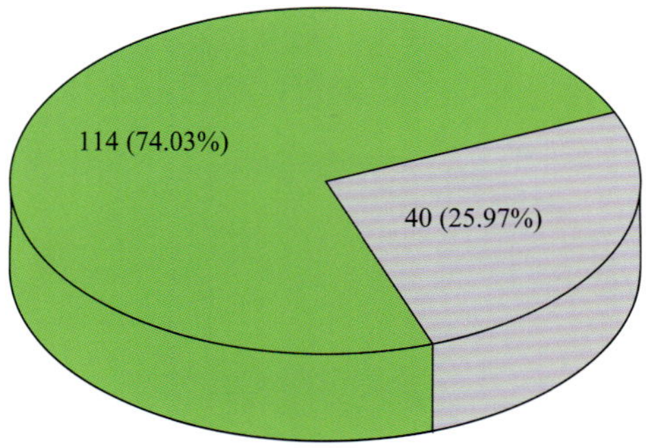

图 12-6　残留超标的非禁用农药对茶叶样品安全的影响程度频次分布图（MRL 欧盟标准）

表 12-4　茶叶样品中安全指数排名前 10 的残留超标非禁用农药列表（MRL 欧盟标准）

序号	样品编号	采样点	基质	农药	含量(mg/kg)	欧盟标准	IFS_c	影响程度
1	20190121-430100-FJCIQ-GT-04D	***市场（逸然花茶店）	绿茶	噻嗪酮	0.843	0.05	0.0073	没有影响
2	20190121-430100-FJCIQ-GT-04P	***市场（逸然花茶店）	绿茶	噻嗪酮	0.4224	0.05	0.0037	没有影响
3	20190121-430100-FJCIQ-GT-04O	***市场（逸然花茶店）	绿茶	噻嗪酮	0.2921	0.05	0.0025	没有影响
4	20190121-430100-FJCIQ-DT-01D	***市场（金针山茶叶店）	黑茶	噻嗪酮	0.2309	0.05	0.0020	没有影响
5	20190121-430100-FJCIQ-GT-03C	***市场（森泰园茶业店）	绿茶	噻嗪酮	0.1873	0.05	0.0016	没有影响
6	20190121-430100-FJCIQ-GT-04K	***市场（逸然花茶店）	绿茶	噻嗪酮	0.1836	0.05	0.0016	没有影响
7	20190121-430100-FJCIQ-GT-03N	***市场（森泰园茶业店）	绿茶	噻嗪酮	0.1475	0.05	0.0013	没有影响
8	20190121-430100-FJCIQ-GT-04C	***市场（逸然花茶店）	绿茶	噻嗪酮	0.1473	0.05	0.0013	没有影响
9	20190121-430100-FJCIQ-GT-04B	***市场（逸然花茶店）	绿茶	噻嗪酮	0.1409	0.05	0.0012	没有影响
10	20190121-430100-FJCIQ-GT-01A	***市场（金针山茶叶店）	绿茶	噻嗪酮	0.1333	0.05	0.0012	没有影响

12.2.2　单种茶叶中农药残留安全指数分析

本次 4 种茶叶侦测 49 种农药，检出频次为 697 次，其中 13 种农药没有 ADI，36 种农药存在 ADI 标准。4 种茶叶按不同种类分别计算侦测出的具有 ADI 标准的各种农药的 IFS_c 值，农药残留对茶叶的安全指数分布图如图 12-7 所示。

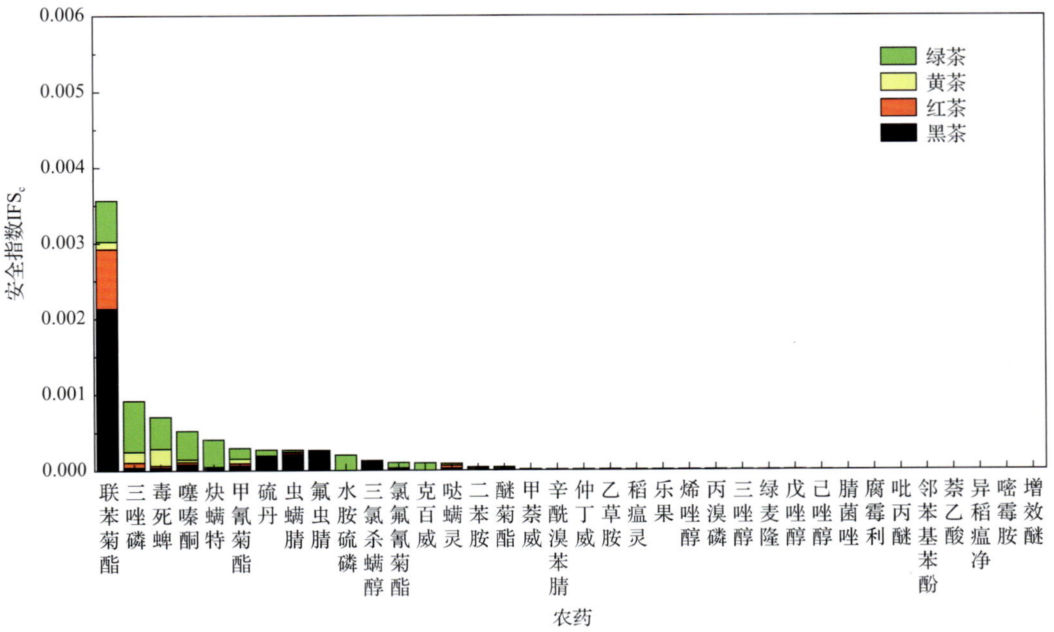

图 12-7　4 种茶叶中 36 种残留农药的安全指数分布图

本次侦测中，4 种茶叶和 36 种残留农药(包括没有 ADI)共涉及 93 个分析样本，农药对单种茶叶安全的影响程度分布情况如图 12-8 所示。可以看出，77.42%的样本中农药对茶叶安全没有影响，22.58%的样本中农药对茶叶安全的影响没有 ADI 标准。

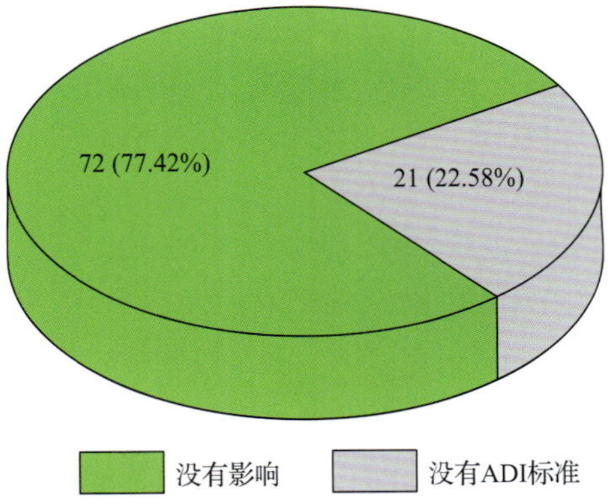

图 12-8　93 个分析样本的影响程度频次分布图

12.2.3　所有茶叶中农药残留安全指数分析

计算所有茶叶中 36 种农药的 IFS_c 值，结果如图 12-9 及表 12-5 所示。

分析发现，所有的农药对茶叶安全的影响程度均为没有影响，说明茶叶中残留的农药不会对茶叶安全造成影响。

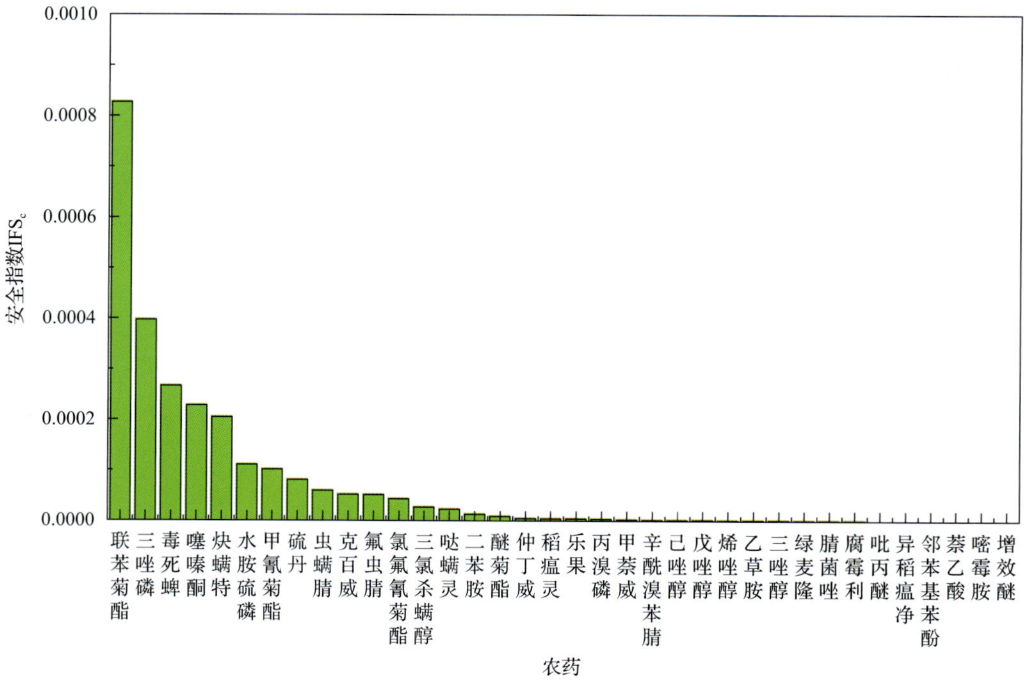

图 12-9　36 种残留农药对茶叶的安全影响程度统计图

表 12-5　茶叶中 36 种农药残留的安全指数表

序号	农药	检出频次	检出率(%)	IFS_c	影响程度	序号	农药	检出频次	检出率(%)	IFS_c	影响程度
1	联苯菊酯	131	84.52	8.28×10^{-4}	没有影响	19	乐果	3	1.94	4.17×10^{-6}	没有影响
2	三唑磷	16	10.32	3.98×10^{-4}	没有影响	20	丙溴磷	13	8.39	3.74×10^{-6}	没有影响
3	毒死蜱	56	36.13	2.67×10^{-4}	没有影响	21	甲萘威	1	0.65	2.33×10^{-6}	没有影响
4	噻嗪酮	49	31.61	2.28×10^{-4}	没有影响	22	辛酰溴苯腈	1	0.65	1.88×10^{-6}	没有影响
5	炔螨特	28	18.06	2.05×10^{-4}	没有影响	23	己唑醇	1	0.65	1.67×10^{-6}	没有影响
6	水胺硫磷	10	6.45	1.10×10^{-4}	没有影响	24	戊唑醇	3	1.94	1.61×10^{-6}	没有影响
7	甲氰菊酯	39	25.16	1.01×10^{-4}	没有影响	25	烯唑醇	1	0.65	1.43×10^{-6}	没有影响
8	硫丹	31	20.00	8.07×10^{-5}	没有影响	26	乙草胺	2	1.29	1.26×10^{-6}	没有影响
9	虫螨腈	38	24.52	5.95×10^{-5}	没有影响	27	三唑醇	1	0.65	1.12×10^{-6}	没有影响
10	克百威	2	1.29	5.22×10^{-5}	没有影响	28	绿麦隆	3	1.94	6.81×10^{-7}	没有影响
11	氟虫腈	2	1.29	5.15×10^{-5}	没有影响	29	腈菌唑	1	0.65	3.91×10^{-7}	没有影响
12	氯氟氰菊酯	62	40.00	4.33×10^{-5}	没有影响	30	腐霉利	2	1.29	2.92×10^{-7}	没有影响
13	三氯杀螨醇	11	7.10	2.68×10^{-5}	没有影响	31	吡丙醚	2	1.29	1.74×10^{-7}	没有影响
14	哒螨灵	7	4.52	2.26×10^{-5}	没有影响	32	异稻瘟净	1	0.65	9.53×10^{-8}	没有影响
15	二苯胺	44	28.39	1.30×10^{-5}	没有影响	33	邻苯基苯酚	2	1.29	5.39×10^{-8}	没有影响
16	醚菊酯	58	37.42	9.04×10^{-6}	没有影响	34	萘乙酸	1	0.65	3.77×10^{-8}	没有影响
17	仲丁威	9	5.81	4.92×10^{-6}	没有影响	35	嘧霉胺	1	0.65	3.66×10^{-8}	没有影响
18	稻瘟灵	6	3.87	4.28×10^{-6}	没有影响	36	增效醚	1	0.65	9.35×10^{-9}	没有影响

12.3　GC-Q-TOF/MS 侦测长沙市市售茶叶农药残留预警风险评估

基于长沙市茶叶样品中农药残留 GC-Q-TOF/MS 侦测数据，分析禁用农药的检出率，同时参照中华人民共和国国家标准 GB 2763—2016 和欧盟农药最大残留限量(MRL)标准分析非禁用农药残留的超标率，并计算农药残留风险系数。分析单种茶叶中农药残留以及所有茶叶中农药残留的风险程度。

12.3.1　单种茶叶中农药残留风险系数分析

12.3.1.1　单种茶叶中禁用农药残留风险系数分析

侦测出的 49 种残留农药中有 8 种为禁用农药，且它们分布在 4 种茶叶中，计算 4 种茶叶中禁用农药的检出率，根据检出率计算风险系数 *R*，进而分析茶叶中禁用农药的风险程度，结果如图 12-10 与表 12-6 所示。分析发现 8 种禁用农药在 4 种茶叶中的残留处均于高度风险。

12.3.1.2　基于 MRL 中国国家标准的单种茶叶中非禁用农药残留风险系数分析

参照中华人民共和国国家标准 GB 2763—2016 中农药残留限量计算每种茶叶中每种非禁用农药的超标率，进而计算其风险系数，根据风险系数大小判断残留农药的预警风险程度，茶叶中非禁用农药残留风险程度分布情况如图 12-11 所示。

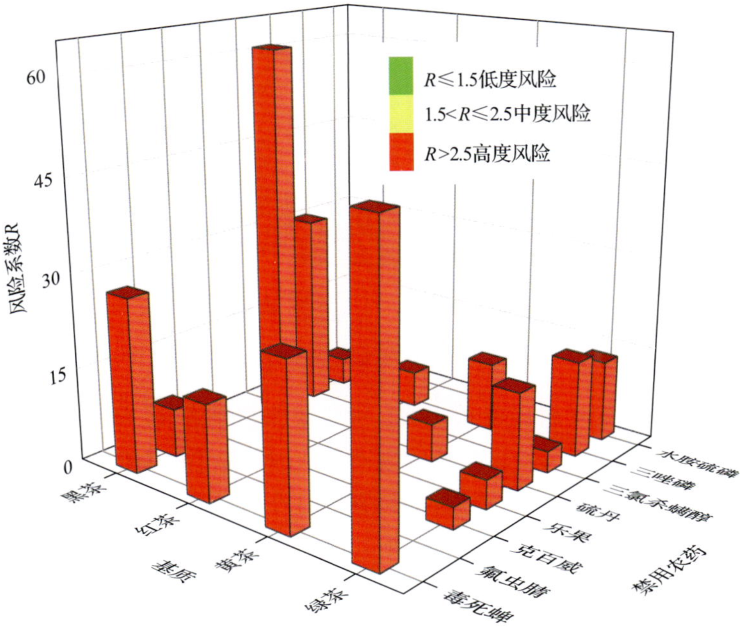

图 12-10　4 种茶叶中 8 种禁用农药残留的风险系数

表 12-6　4 种茶叶中 8 种禁用农药残留的风险系数表

序号	基质	农药	检出频次	检出率(%)	风险系数 *R*	风险程度
1	红茶	三唑磷	1	4.76	5.86	高度风险
2	红茶	毒死蜱	3	14.29	15.39	高度风险
3	绿茶	三唑磷	12	14.29	15.39	高度风险
4	绿茶	三氯杀螨醇	2	2.38	3.48	高度风险
5	绿茶	乐果	3	3.57	4.67	高度风险
6	绿茶	克百威	2	2.38	3.48	高度风险
7	绿茶	毒死蜱	40	47.62	48.72	高度风险
8	绿茶	水胺硫磷	10	11.90	13.00	高度风险
9	绿茶	硫丹	12	14.29	15.39	高度风险
10	黄茶	三唑磷	2	10.00	11.10	高度风险
11	黄茶	毒死蜱	5	25.00	26.10	高度风险
12	黄茶	硫丹	1	5.00	6.11	高度风险
13	黑茶	三唑磷	1	3.33	4.43	高度风险
14	黑茶	三氯杀螨醇	9	30.00	31.10	高度风险
15	黑茶	毒死蜱	8	26.67	27.77	高度风险
16	黑茶	氟虫腈	2	6.67	7.77	高度风险
17	黑茶	硫丹	18	60.00	61.10	高度风险

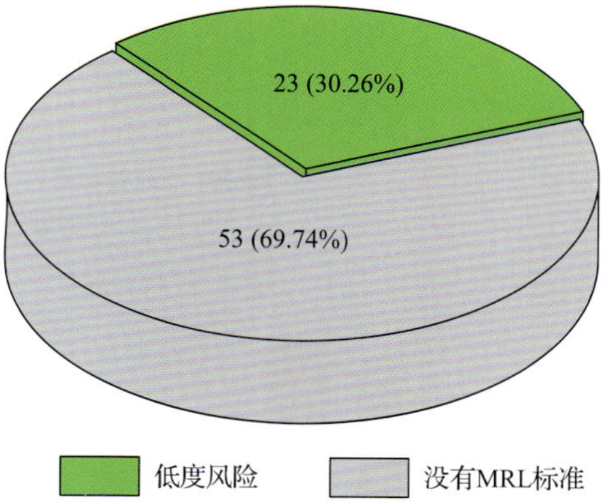

图 12-11　茶叶中非禁用农药残留的风险程度分布图（MRL 中国国家标准）

本次分析中，发现在 4 种茶叶检出 41 种残留非禁用农药，涉及样本 76 个，在 76 个样本中，30.26%处于低度风险，此外发现有 53 个样本没有 MRL 中国国家标准值，无法判断其风险程度，有 MRL 中国国家标准值的 23 个样本涉及 4 种茶叶中的 6 种非禁用农药，其风险系数 *R* 值如图 12-12 所示。表 12-7 为非禁用农药残留处于高度风险的茶叶列表。

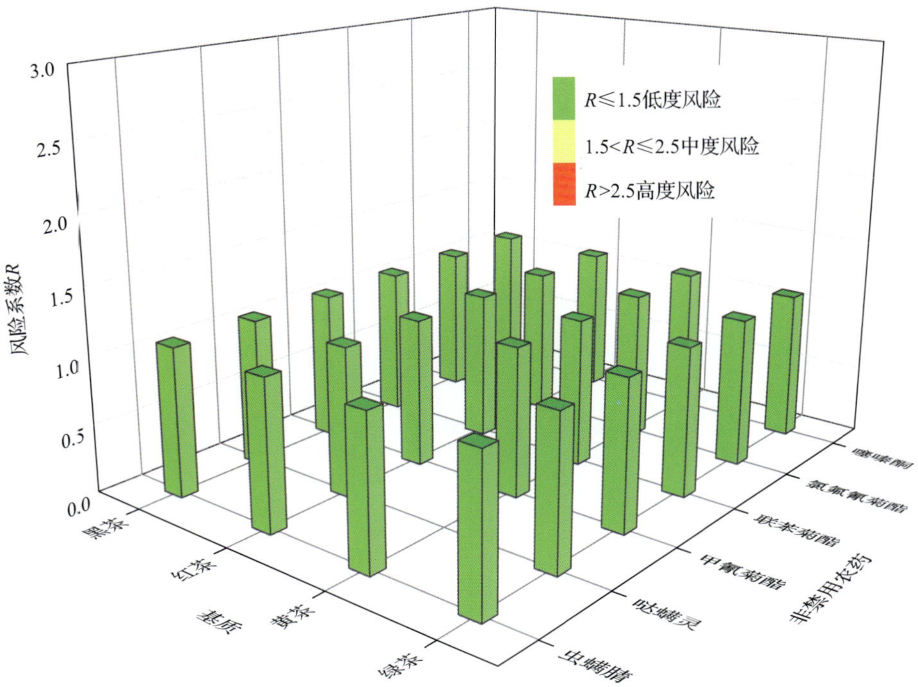

图 12-12 4 种茶叶中 6 种非禁用农药的风险系数分布图(MRL 中国国家标准)

12.3.1.3 基于 MRL 欧盟标准的单种茶叶中非禁用农药残留风险系数分析

参照 MRL 欧盟标准计算每种茶叶中每种非禁用农药的超标率，进而计算其风险系数，根据风险系数大小判断农药残留的预警风险程度，茶叶中非禁用农药残留风险程度分布情况如图 12-13 所示。

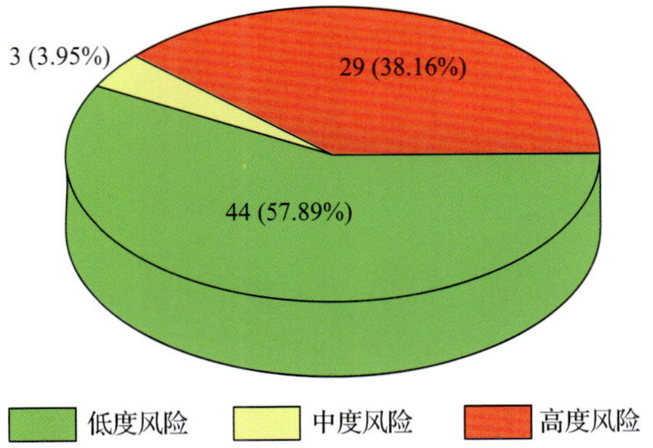

图 12-13 茶叶中非禁用农药残留的风险程度分布图(MRL 欧盟标准)

本次分析中，发现在 4 种茶叶中共侦测出 41 种非禁用农药，涉及样本 76 个，其中，38.16%处于高度风险，涉及 4 种茶叶和 15 种农药；3.95%处于中度风险，涉及 1 种茶叶和 3 种农药；57.89%于低度风险，涉及 4 种茶叶和 32 种农药。单种茶叶中的非禁用农药风险系数分布图如图 12-14 所示。单种茶叶中处于高度风险的非禁用农药风险系数如图 12-15 和表 12-7 所示。

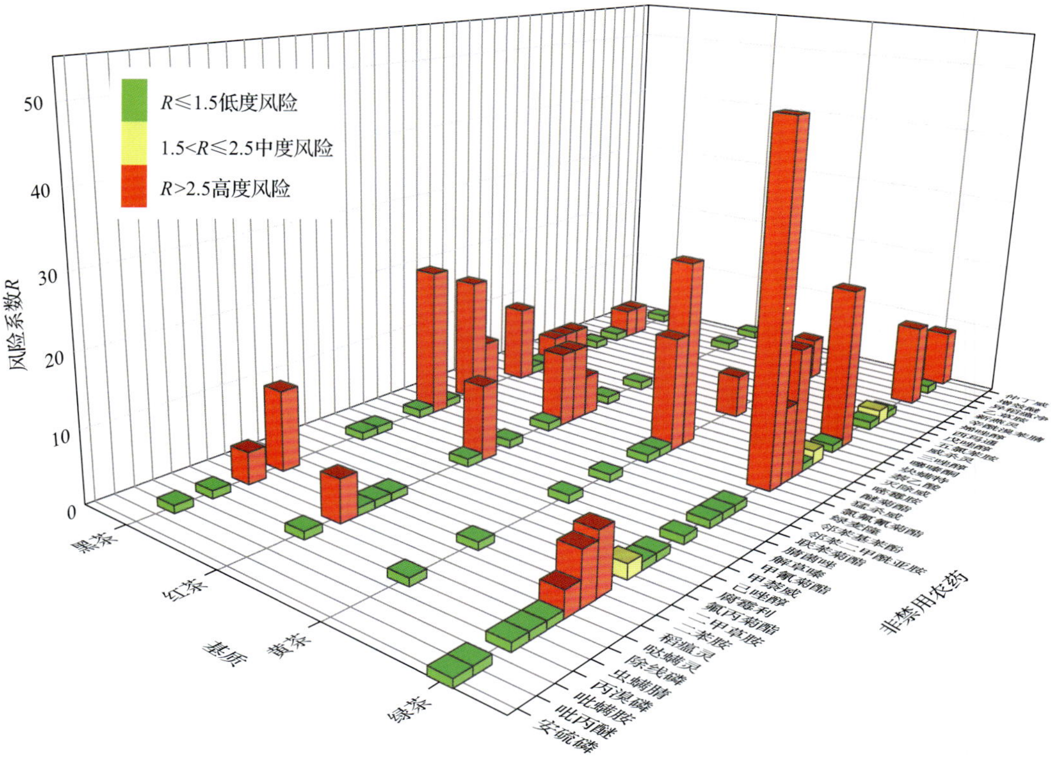

图 12-14　4 种茶叶中 41 种非禁用农药残留的风险系数（MRL 欧盟标准）

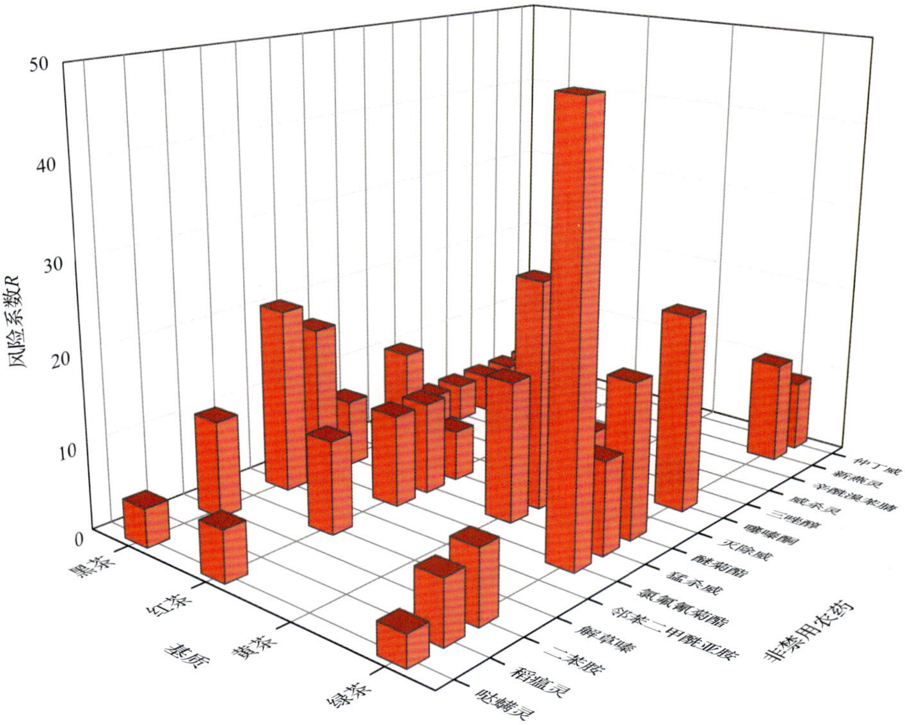

图 12-15　单种茶叶中处于高度风险的非禁用农药的风险系数（MRL 欧盟标准）

表 12-7 单种茶叶中处于高度风险的非禁用农药残留的风险系数表(MRL 欧盟标准)

序号	基质	农药	超标频次	超标率 *P*(%)	风险系数 *R*
1	绿茶	氯氟氰菊酯	40	47.62	48.72
2	黄茶	醚菊酯	5	25	26.1
3	绿茶	噻嗪酮	18	21.43	22.53
4	黑茶	邻苯二甲酰亚胺	6	20	21.1
5	绿茶	醚菊酯	14	16.67	17.77
6	黑茶	氯氟氰菊酯	5	16.67	17.77
7	黄茶	猛杀威	3	15	16.1
8	绿茶	新燕灵	9	10.71	11.81
9	黑茶	二苯胺	3	10	11.1
10	黑茶	灭除威	3	10	11.1
11	红茶	氯氟氰菊酯	2	9.52	10.62
12	红茶	猛杀威	2	9.52	10.62
13	红茶	解草嗪	2	9.52	10.62
14	绿茶	猛杀威	8	9.52	10.62
15	绿茶	二苯胺	6	7.14	8.24
16	绿茶	仲丁威	6	7.14	8.24
17	黑茶	猛杀威	2	6.67	7.77
18	绿茶	稻瘟灵	5	5.95	7.05
19	黄茶	噻嗪酮	1	5	6.1
20	黄茶	新燕灵	1	5	6.1
21	红茶	哒螨灵	1	4.76	5.86
22	红茶	醚菊酯	1	4.76	5.86
23	黑茶	三唑醇	1	3.33	4.43
24	黑茶	哒螨灵	1	3.33	4.43
25	黑茶	噻嗪酮	1	3.33	4.43
26	黑茶	威杀灵	1	3.33	4.43
27	黑茶	新燕灵	1	3.33	4.43
28	黑茶	辛酰溴苯腈	1	3.33	4.43
29	绿茶	哒螨灵	2	2.38	3.48

12.3.2 所有茶叶中农药残留风险系数分析

12.3.2.1 所有茶叶中禁用农药残留风险系数分析

在侦测出的 49 种农药中有 8 种为禁用农药，计算所有茶叶中禁用农药的风险系数，结果如表 12-8 所示。在 8 种禁用农药中，6 种农药残留处于高度风险，2 种农药残留处于中度风险。

表 12-8　茶叶中 6 种禁用农药的风险系数表

序号	农药	检出频次	检出率(%)	风险系数 *R*	风险程度
1	毒死蜱	56	36.13	37.23	高度风险
2	硫丹	31	20	21.1	高度风险
3	三唑磷	16	10.32	11.42	高度风险
4	三氯杀螨醇	11	7.10	8.20	高度风险
5	水胺硫磷	10	6.45	7.55	高度风险
6	乐果	3	1.94	3.04	高度风险
7	克百威	2	1.29	2.39	中度风险
8	氰虫腈	2	1.29	2.39	中度风险

12.3.2.2　所有茶叶中非禁用农药残留风险系数分析

参照 MRL 欧盟标准计算所有茶叶中每种非禁用农药残留的风险系数，如图 12-16 与表 12-9 所示。在侦测出的 41 种非禁用农药中，11 种农药(26.83%)残留处于高度风险，6 种农药(14.63%)残留处于中度风险，24 种农药(58.54%)残留处于低度风险。

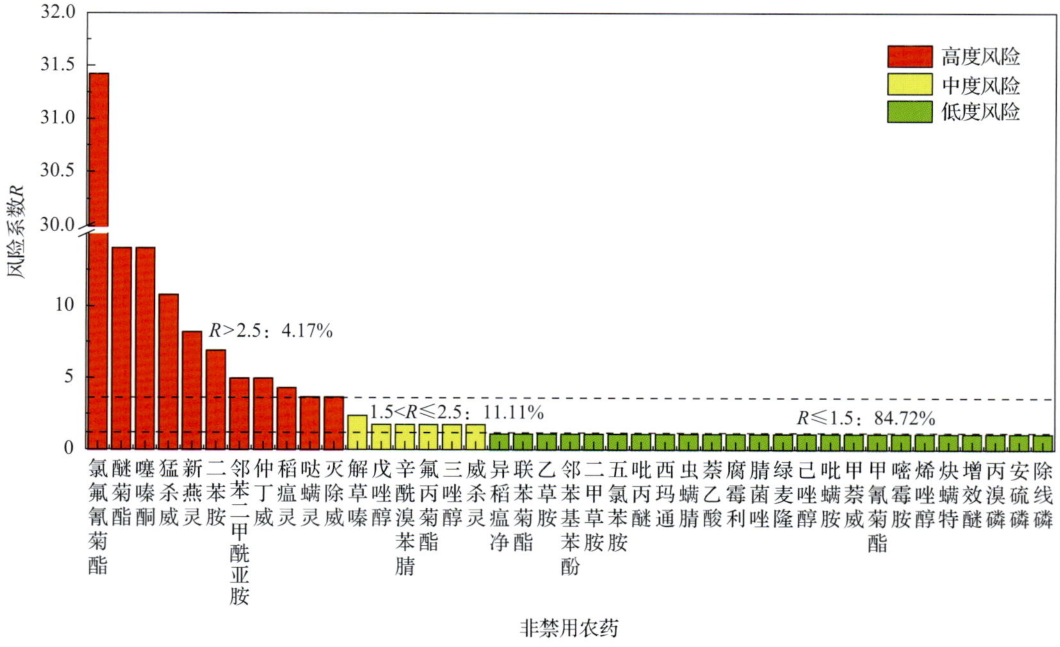

图 12-16　茶叶中 41 种非禁用农药的风险程度统计图

表 12-9　茶叶中 41 种非禁用农药的风险系数表

序号	农药	超标频次	超标率 *P*(%)	风险系数 *R*	风险程度
1	氯氟氰菊酯	47	30.32	31.43	高度风险
2	醚菊酯	20	12.90	14.00	高度风险
3	噻嗪酮	20	12.90	14.00	高度风险
4	猛杀威	15	9.68	10.78	高度风险
5	新燕灵	11	7.10	8.20	高度风险
6	二苯胺	9	5.81	6.91	高度风险
7	邻苯二甲酰亚胺	6	3.87	4.97	高度风险
8	仲丁威	6	3.87	4.97	高度风险
9	稻瘟灵	5	3.23	4.33	高度风险
10	哒螨灵	4	2.58	3.68	高度风险
11	灭除威	4	2.58	3.68	高度风险
12	解草嗪	2	1.29	2.39	中度风险
13	戊唑醇	1	0.65	1.75	中度风险
14	辛酰溴苯腈	1	0.65	1.75	中度风险
15	氟丙菊酯	1	0.65	1.75	中度风险
16	三唑醇	1	0.65	1.75	中度风险
17	威杀灵	1	0.65	1.75	中度风险
18	异稻瘟净	0	0	1.1	低度风险
19	联苯菊酯	0	0	1.1	低度风险
20	乙草胺	0	0	1.1	低度风险
21	邻苯基苯酚	0	0	1.1	低度风险
22	二甲草胺	0	0	1.1	低度风险
23	五氯苯胺	0	0	1.1	低度风险
24	吡丙醚	0	0	1.1	低度风险
25	西玛通	0	0	1.1	低度风险
26	虫螨腈	0	0	1.1	低度风险
27	萘乙酸	0	0	1.1	低度风险
28	腐霉利	0	0	1.1	低度风险
29	腈菌唑	0	0	1.1	低度风险
30	绿麦隆	0	0	1.1	低度风险
31	己唑醇	0	0	1.1	低度风险
32	吡螨胺	0	0	1.1	低度风险
33	甲萘威	0	0	1.1	低度风险

续表

序号	农药	超标频次	超标率 P(%)	风险系数 R	风险程度
34	甲氰菊酯	0	0	1.1	低度风险
35	嘧霉胺	0	0	1.1	低度风险
36	烯唑醇	0	0	1.1	低度风险
37	炔螨特	0	0	1.1	低度风险
38	增效醚	0	0	1.1	低度风险
39	丙溴磷	0	0	1.1	低度风险
40	安硫磷	0	0	1.1	低度风险
41	除线磷	0	0	1.1	低度风险

12.4　GC-Q-TOF/MS 侦测长沙市市售茶叶农药残留风险评估结论与建议

农药残留是影响茶叶安全和质量的主要因素，也是我国食品安全领域备受关注的敏感话题和亟待解决的重大问题之一[15,16]。各种茶叶均存在不同程度的农药残留现象，本研究主要针对长沙市各类茶叶存在的农药残留问题，基于 2019 年 1 月对长沙市 155 例茶叶样品中农药残留侦测得出的 697 个侦测结果，分别采用食品安全指数模型和风险系数模型，开展茶叶中农药残留的膳食暴露风险和预警风险评估。茶叶样品取自超市和茶叶专营店，符合大众的膳食来源，风险评价时更具有代表性和可信度。

本研究力求通用简单地反映食品安全中的主要问题，且为管理部门和大众容易接受，为政府及相关管理机构建立科学的食品安全信息发布和预警体系提供科学的规律与方法，加强对农药残留的预警和食品安全重大事件的预防，控制食品风险。

12.4.1　长沙市茶叶中农药残留膳食暴露风险评价结论

1）茶叶样品中农药残留安全状态评价结论

采用食品安全指数模型，对 2019 年 1 月期间长沙市茶叶农药残留膳食暴露风险进行评价，根据 IFS_c 的计算结果发现，茶叶中农药的 $\overline{IFS}$ 为 7.01×10^{-5}，说明长沙市茶叶总体处于可以接受的安全状态，但部分禁用农药、高残留农药在茶中仍有侦测出，导致膳食暴露风险的存在，成为不安全因素。

2）禁用农药膳食暴露风险评价

本次检测发现部分茶叶样品中有禁用农药侦测出，侦测出禁用农药 8 种，侦测出频次为 131，茶叶样品中的禁用农药 IFS_c 计算结果表明，禁用农药残留膳食暴露风险没有影响的频次为 131，占 100%。

12.4.2 长沙市茶叶中农药残留预警风险评价结论

1）单种茶叶中禁用农药残留的预警风险评价结论

本次检测过程中，在4种茶叶中检测出8种禁用农药，禁用农药为：三唑磷、毒死蜱、三氯杀螨醇、乐果、克百威、水胺硫磷、硫丹、氟虫腈，茶叶为：红茶、绿茶、黄茶、黑茶，茶叶中禁用农药的风险系数分析结果显示，4种禁用农药在8种茶叶中的残留均处于高度风险，说明在单种茶叶中禁用农药的残留会导致较高的预警风险。

2）单种茶叶中非禁用农药残留的预警风险评价结论

以MRL中国国家标准为标准，计算茶叶中非禁用农药风险系数情况下，76个样本中，23个处于低度风险（30.26%），53个样本没有MRL中国国家标准（69.74%）。以MRL欧盟标准为标准，计算茶叶中非禁用农药风险系数情况下，发现有29个处于高度风险（38.16%），3个处于中度风险（3.95%），44个处于低度风险（57.89%）。基于两种MRL标准，评价的结果差异显著，可以看出MRL欧盟标准比中国国家标准更加严格和完善，过于宽松的MRL中国国家标准值能否有效保障人体的健康有待研究。

12.4.3 加强长沙市茶叶食品安全建议

我国食品安全风险评价体系仍不够健全，相关制度不够完善，多年来，由于农药用药次数多、用药量大或用药间隔时间短，产品残留量大，农药残留所造成的食品安全问题日益严峻，给人体健康带来了直接或间接的危害。据估计，美国与农药有关的癌症患者数约占全国癌症患者总数的50%，中国更高。同样，农药对其他生物也会形成直接杀伤和慢性危害，植物中的农药可经过食物链逐级传递并不断蓄积，对人和动物构成潜在威胁，并影响生态系统。

基于本次农药残留侦测数据的风险评价结果，提出以下几点建议：

1）加快食品安全标准制定步伐

我国食品标准中对农药每日允许最大摄入量ADI的数据严重缺乏，在本次评价所涉及的49种农药中，仅有73.5%的农药具有ADI值，而26.5%的农药中国尚未规定相应的ADI值，亟待完善。

我国食品中农药最大残留限量值的规定严重缺乏，对评估涉及的不同茶叶中不同农药93个MRL限值进行统计来看，我国仅制定出30个标准，我国标准完整率仅为32.3%，欧盟的完整率达到100%（表12-10）。因此，中国更应加快MRL的制定步伐。

表12-10　我国国家食品标准农药的ADI、MRL值与欧盟标准的数量差异

分类		中国ADI	MRL中国国家标准	MRL欧盟标准
标准限值（个）	有	36	30	93
	无	13	63	0
总数（个）		49	93	93
无标准限值比例（%）		26.5	67.7	0

此外，MRL 中国国家标准限值普遍高于欧盟标准限值，这些标准中共有 16 个高于欧盟。过高的 MRL 值难以保障人体健康，建议继续加强对限值基准和标准的科学研究，将农产品中的危险性减少到尽可能低的水平。

2）加强农药的源头控制和分类监管

在长沙市某些茶叶中仍有禁用农药残留，利用 GC-Q-TOF/MS 技术侦测出 8 种禁用农药，检出频次为 131 次，残留禁用农药均存在较大的膳食暴露风险和预警风险。早已列入黑名单的禁用农药在我国并未真正退出，有些药物由于价格便宜、工艺简单，此类高毒农药一直生产和使用。建议在我国采取严格有效的控制措施，从源头控制禁用农药。

对于非禁用农药，在我国作为“田间地头”最典型单位的县级茶叶产地中，农药残留的检测几乎缺失。建议根据农药的毒性，对高毒、剧毒、中毒农药实现分类管理，减少使用高毒和剧毒高残留农药，进行分类监管。

3）加强农药生物基准和降解技术研究

市售茶叶中残留农药的品种多、频次高、禁用农药多次检出这一现状，说明了我国的田间土壤和水体因农药长期、频繁、不合理的使用而遭到严重污染。为此，建议中国相关部门出台相关政策，鼓励高校及科研院所积极开展分子生物学、酶学等研究，加强土壤、水体中残留农药的生物修复及降解新技术研究，切实加大农药监管力度，以控制农药的面源污染问题。

综上所述，在本工作基础上，根据茶叶残留危害，可进一步针对其成因提出和采取严格管理、大力推广无公害茶叶种植与生产、健全食品安全控制技术体系、加强茶叶质量检测体系建设和积极推行茶叶质量追溯制度等相应对策。建立和完善食品安全综合评价指数与风险监测预警系统，对食品安全进行实时、全面的监控与分析，为我国的食品安全科学监管与决策提供新的技术支持，可实现各类检验数据的信息化系统管理，降低食品安全事故的发生。

参 考 文 献

[1] 全国人民代表大会常务委员会. 中华人民共和国食品安全法[Z]. 2015-04-24.

[2] 钱永忠, 李耘. 农产品质量安全风险评估: 原理、方法和应用[M]. 北京: 中国标准出版社, 2007.

[3] 高仁君, 陈隆智, 郑明奇, 等. 农药对人体健康影响的风险评估[J]. 农药学学报, 2004, 6(3): 8-14.

[4] 高仁君, 王蔚, 陈隆智, 等. JMPR 农药残留急性膳食摄入量计算方法[J]. 中国农学通报, 2006, 22(4): 101-104.

[5] FAO/WHO Recommendation for the revision of the guidelines for predicting dietary intake of pesticide residues, Report of a FAO/WHO Consultation, 2-6 May 1995, York, United Kingdom.

[6] 李聪, 张艺兵, 李朝伟, 等. 暴露评估在食品安全状态评价中的应用[J]. 检验检疫学刊, 2002, 12(1): 11-12.

[7] Liu Y, Li S, Ni Z, et al. Pesticides in persimmons, jujubes and soil from China: Residue levels, risk assessment and relationship between fruits and soils[J]. Science of the Total Environment, 2016, 542(Pt A): 620-628.

[8] Claeys W L, Schmit J F O, Bragard C, et al. Exposure of several Belgian consumer groups to pesticide residues through fresh fruit and vegetable consumption[J]. Food Control, 2011, 22(3): 508-516.

[9] Quijano L, Yusà V, Font G, et al. Chronic cumulative risk assessment of the exposure to organophosphorus, carbamate and pyrethroid and pyrethrin pesticides through fruit and vegetables consumption in the region of Valencia (Spain)[J]. Food & Chemical Toxicology, 2016, 89: 39-46.

[10] Fang L, Zhang S, Chen Z, et al. Risk assessment of pesticide residues in dietary intake of celery in China[J]. Regulatory Toxicology & Pharmacology, 2015, 73(2): 578-586.

[11] Nuapia Y, Chimuka L, Cukrowska E. Assessment of organochlorine pesticide residues in raw food samples from open markets in two African cities[J]. Chemosphere, 2016, 164: 480-487.

[12] 秦燕, 李辉, 李聪. 危害物的风险系数及其在食品检测中的应用[J]. 检验检疫学刊, 2003, 13(5): 13-14.

[13] 金征宇. 食品安全导论[M]. 北京: 化学工业出版社, 2005.

[14] 中华人民共和国国家卫生和计划生育委员会, 中华人民共和国农业部, 中华人民共和国国家食品药品监督管理总局. GB 2763—2016 食品安全国家标准 食品中农药最大残留限量[S]. 2016.

[15] Chen C, Qian Y Z, Chen Q, et al. Evaluation of pesticide residues in fruits and vegetables from Xiamen, China[J]. Food Control, 2011, 22: 1114-1120.

[16] Lehmann E, Turrero N, Kolia M, et al. Dietary risk assessment of pesticides from vegetables and drinking water in gardening areas in Burkina Faso[J]. Science of the Total Environment, 2017, 601-602: 1208-1216.